民族文字出版专项资金资助项目

壮族植物文化探微

蒙元耀 著

Gvangjsih Minzcuz Cuzbanjse
广西民族出版社

图书在版编目（CIP）数据

壮族植物文化探微：汉文、壮文 / 蒙元耀著 . —
南宁：广西民族出版社，2021.10（2025.9 重印）
ISBN 978-7-5363-7433-1

Ⅰ . ①壮… Ⅱ . ①蒙… Ⅲ . ①壮族 — 植物 — 文化 — 研究 — 中国 — 汉、壮 Ⅳ . ① Q94

中国版本图书馆 CIP 数据核字（2021）第 000989 号

民族文字出版专项资金资助项目

Cekgej Gij Vwnzva Doenghgo Bouxcuengh

壮族植物文化探微

ZHUANGZU ZHIWU WENHUA TANWEI

蒙元耀 著

出 版 人：石朝雄
责任编辑：韦秀美 卢芳芳
美术编辑：何世春
装帧设计：何世春
责任校对：郑季銮 翟芳婷
责任印制：梁海彪
出版发行：广西民族出版社
地址：广西南宁市青秀区桂春路 3 号 邮编：530028
电话：0771-5523216 传真：0771-5523225
电子邮箱：bws@gxmzbook.com
印 刷：广西壮族自治区地质印刷厂
规 格：787 毫米 ×1092 毫米 1/16
印 张：37.75
字 数：550 千
版 次：2021 年 10 月第 1 版 2025 年 7 月修订
印 次：2025 年 9 月第 2 次印刷
书 号：ISBN 978-7-5363-7433-1
定 价：260.00 元

目录

绪论

植物是人类赖以生存的重要资源。植物是人类繁衍生息的重要保证。归根结底，无论科技如何发达，人类的衣食住行都离不开植物。自远古洪荒时代起，人类就仰赖大自然的恩赐，和植物界建立了非常密切的关系。在漫长的历史发展过程中，各族人民利用自己周边的植物，创造了丰富多彩的文化。广西这片土地拥有十分丰富的植物资源。壮族是一个农耕民族，人们对植物给予高度的重视。识别植物，运用植物，这是普通民众日常生活不可或缺的活动。从这些活动中获取的知识通过人们口耳相传，形成经验，最后构成地域色彩浓郁的壮族植物文化。要了解壮族，要研究壮族文化，从植物的角度切入，观察壮族人民如何认识和运用植物，这是一个很好的视角。透过植物文化，我们可以探求壮族人民的生产、生活知识体系，观察壮族怎样认识周边自然环境以及如何利用这些资源，由此探讨壮族的生活方式，进而考察壮族人民的活动与植物乃至生态环境之间的相互影响。

在经济社会迅猛发展的现代，如何保护自然环境，如何做到资源的永续利用，各国政府和学术界都在努力寻找对策。研究壮族的植物文化，有助于了解壮族的传统文化特质，让壮族的传统文化在传承过程中成为保护植物资源的可靠社会力量，为保护自然发挥积极的作用。壮族人民在漫长的历史过程中一直与大自然和谐相处，并创造了辉煌的稻作文化和独具特色的壮医壮药文化。这些相关的知识与经验，是人类文明的宝贵财富。从民族植物学的角度来探查壮族人民的植物文化知识体系，对人类的文化研究也是一种特殊贡献。

民族植物学专门研究某个特定地区的人群与植物界的种种关系，研究当地各种重要的植物，尤其是那些对少数民族地区经济、文化有重要作用的植物，研究这些植物如何被少数民族人民所认识与利用，并研究由此产生的社会生产模式、社区生活方式以及人与植物之间的相互影响，等等。一般来说，这门学问的研究对象涉及少数民族地区的植物（包括野生和栽培两大类），少数民族对植物的命名与分类，人们衣食住行所用的植物及其产品，植物环境对人们的生活习俗、意识的影响等。

人类社会越是现代化，人们追求天然食物、药物的愿望就越发强烈，进而越来越重视探究民间流传的知识和民间传统文化所崇尚的返璞归真的生活方式。利用民间流传的知识来寻找新食物、新药物，充分利用民族地区的植物资源，这是现代科技发展的一个新趋势。2015年诺贝尔生理学或医学奖颁发给中国科学家屠呦呦，就是表彰她从草药青蒿里提取青蒿素来治疗疟疾的重大贡献。可见，利用民间流传的医药知识来为现代社会服务，这是一个很有前景的领域。

过去，壮族乡村交通不便，农业经济发展普遍较慢。因此，研究壮族民间传统的植物文化，有助于老百姓利用周边的资源来发展生产，脱贫致富，这为壮族地区的经济开发与建设赋予了时代意义。广西的田七牙膏、两面针牙膏，云南的白药牙膏等，就是利用当地药物的成功范例。云南文山开发三七的人工栽培产业并形成巨大的产业链，不仅造福了一方百姓，也给人们开发利用植物资源提供了新的启示。

壮族是中国南方古老的本土民族。旧石器时代初期，广西大地上就有人类活动。[1]柳江人是旧石器时代晚期的古人类，于今至少已有五万年的历史。[2]自彼以降，人类的足迹在广西大地上从未间断，各类文化遗存愈晚近愈丰富。商周之后，华南古越人的活动已渐见于史。

从地缘上看，整个侗台语族（壮侗语族）地区是连成一片的。这些民族不单比邻而居，语言相近，许多文化因素也非常相似，如稻作农业、干栏住房、文身、嗜食水产品等，甚至连神话传说、节日风俗等方面也有诸多相似之处。这一系列特点暗示他们的历史文化关系非常密切。基于这种族际关系的历史背景，可以认定，壮族的基础文化大体是一种本土的原生文化。

壮族的基础文化虽是原生的，但发展至今已经融汇了许多外来因素，其中来自汉文化的影响最为深刻。秦始皇经营岭南后，汉文化凭借政治、军事、经济、教育上的优势，渗透到壮族人民生活的各个领域。加上汉语汉文是国家通用的语言文字，故其对壮族的影响是全民性的。最明显的要数语言中的借词，几乎每个时期都有大批汉语词涌入壮语。壮族对外来文化持包容态度，以兼收并蓄求得自身的发展，这是历史形成的格局。但百越人世居于东南沿海和岭南这片大地，其原生文化有根深蒂固的基础。现今，壮族文化对杂居于壮族地区的汉族而言，其影响是相当大的。族际通婚及经济往来会促使一大批人成为双语使用者，壮族风俗习惯势必随之渗透到当地汉人的文化生活之中。不论人们是否出于自觉，粤语、客家话、平话、桂柳话，这些汉语方言都有数量不少的壮语因素沉淀在其中。

当然，这是据目前看到的状况而论。在古代，百越人

①黄慰文等：《百色石器的时代问题》，载《纪念马坝人化石发现三十周年文集》第73—74页，北京：文物出版社，1988年。

②吴汝康：《广西柳江发现的人类化石》，载《古脊椎动物学报》1959年9月第1卷第3期。

的活动并非局限于岭南一隅。《吕氏春秋·恃君览》说："扬汉之南，百越之际。"[①]《汉书·地理志》有颜师古引臣瓒的注："自交阯至会稽七八千里，百粤杂处，各有种姓。"[②]这些史料表明，秦汉之际，长江以南的广大地区是百越人的居所。百越文化在上古时代，无疑曾对中原的华夏文化产生过重大影响。从物质文明角度看，稻、茶、棉是人民生活的重要物资。按游修龄等农史专家的意见，水稻栽培起源于中国东南的百越民族。迄今为止，新石器时期水稻遗址年代经测定在万年以上的有三处：湖南道县玉蟾岩遗址、江西万年仙人洞和吊桶环遗址。[③] 这些地方在远古是百越人的分布地带。根据李锦芳等人的考证，仡央语支民族和其他侗台语民族，也是最早学会饮茶的民族。[④] 最早的茶是当药物来使用的，如：今来宾市的部分壮族民众依旧把熬煮草药叫作 tseːn[1] tsa[2]（cen caz），即"煎茶"；传说神农尝百草日遇七十毒而用茶来解毒。棉是重要的纤维植物，棉花是人类衣物的主要纺织原料。棉的原产地为印度，传入中国有两条主要途径：西路从新疆向内地传播，南路自两广向北传播。称棉为贝或吉贝，当是壮族先民语言的记音（见本书第二章）。稻、茶、棉在中国的传播，百越人功不可没。此亦证明了族际交流及影响是相互的，只不过是此消彼长罢了。用历史的眼光来看，壮族文化带有浓重的地域农业色彩。事实上，在壮族聚居的东起广东连山，横跨广西，西至云南文山的这片广袤的土地上，别具一格的壮族文化就很有自己的民族个性。

在诸多文化事象中，壮族原生文化的根基何在？从哪些途径探求壮族文化的真谛呢？壮族过去没有通用的统一文字，没有记载历史的典籍，也没有勒石记功的习惯，更没

①柴剑虹、李肇翔主编：《吕氏春秋》第318页，北京：九州出版社，2001年。

②班固：《汉书》（六）第1669页，北京：中华书局，2014年。古籍中"百越"也常写作"百粤"。

③游修龄、曾雄生：《中国稻作文化史》第28页，上海：上海人民出版社，2010年。

④李锦芳、周国炎：《仡央语言探索》第235—240页，北京：中央民族大学出版社，1999年。

有自己的政治、经济、文化和宗教中心，除个别文人因猎奇而偶有记述外，整个民族的历史几乎为一片空白。

无通用文字的民族，其文化信息的最大载体即民众口头的语言。在过去的农耕社会里，个人终生奋斗创造出来的物质财富，最终自己也把它耗费殆尽。但一个人，一个群体，乃至一个社会时期人们共同创造的精神财富，却似涓涓细流，通过子孙的传承而绵延不绝。这些精神财富是民族文化的精髓，是民族的灵魂，是千万年的历史沉淀与积累，同时也是社会的信仰支柱。它们体现在物质生活、宗教信仰、风俗习惯、伦理观念以及语言、文学等层面上。一个民族之所以不同于别的民族，其实就是因为这些文化特质在起作用。

尽管先民创造的辉煌业绩已被沧桑岁月湮没，但起于地下的文物，以及语言中的不少词，还隐约折射出往昔的光彩。可以说，壮族原生文化的底层隐藏在语言词汇之中。尤其是地名与植物名称，蕴藏着丰富的历史文化内涵。因此，借助语言认识壮族文化，这是一条比较可靠而有效的途径。

自李方桂对武鸣、龙州、迁江、剥隘等地的壮语做了描述后，壮语研究便步入科学轨道。按语言学的语音、词汇、语法三大领域来考察，壮语研究的发展极不均衡。壮语语音、语法研究开展得比较充分，成果相当丰厚，而词汇方面的研究成果就显得较少。迄今为止，除了《壮汉词汇》《汉壮词汇》《壮语词典》《壮汉英词典》《古壮字字典》几本工具书外，尚未出现解释完备的壮语文词典，可见这方面的工作亟待深化。词汇研究之中，专用名词研究又是相对薄弱的一环。地名研究尚有一部《广西壮语地名选集》，收录了近5500个地名条目①，可是专门研究植物名称的著作，除了笔者的《壮语常见植物的命名与分类》外，其他成果至今尚未见到。

①张声震主编：《广西壮语地名选集》前言，南宁：广西民族出版社，1988年。

壮族地区的植物资源极为丰富。植物名称如同地名，它们相对稳定而且很常用。可是很遗憾，从壮语角度研究植物名称，这方面的工作一直不能尽如人意。究其原因，绝大部分的壮语研究者多从人文社会科学角度进行探讨，他们不具备植物学方面的知识，很难涉足这一领域；而植物学界、农学界、林学界、药物学界的研究者，更多的是关注植物的生态特征、用途及经济价值等，他们或许不懂壮族语言文字，或许认为壮语的植物名称对其研究无关紧要。总之，现有的广西植物研究成果多从汉语角度来描述，能兼顾壮语名称的，实属凤毛麟角。人们无法从这些植物学著作中领会到壮族文化的实质。一方面是做不来，另一方面是顾不上，这种各走一端的做法导致了壮语植物名称研究这一领域的薄弱。

目前收录壮语植物名称较多且较有参考价值的，是《壮汉词汇》一书。书中把不少植物名称作为一般词目来收录，但其中不少词目的注释未得要领，如：

bo［po^1］麻的一种（木本植物，树高大，皮可用来制麻绳）。

gobo［ko^1po^1］波麻。①

这两个条目同指一物，但书中注解语焉不详。“麻的一种”及“波麻”，注犹不注。其实这是俗称的家麻树，规范的植物名称是棉毛苹婆，学名 *Sterculia pexa*，英文名 Woolly Sterculia，落叶乔木，高 5~10 米。树皮富含纤维素，纤维坚韧结实，耐水性好，用于制作绳索或当作造纸原料。木料可做家具。种子煮熟可食。②

家麻树在广西分布于桂南、桂西山区，山区民众的房前屋后或后山常有此树。人们剥取树皮时，通常只取其中

①广西壮族自治区少数民族语言文字工作委员会研究室编：《壮汉词汇》，南宁：广西民族出版社，1984年。bo见第50页，gobo 见第337页。原文无音标，这里标出国际音标，以便比较。

②钟济新主编：《广西石灰岩石山植物图谱》第77页，南宁：广西人民出版社，1982年。学名、英文名见中国科学院植物研究所编《新编拉汉英植物名称》第704页，北京：航空工业出版社，1996年。书中以家麻树、哥波、九层皮为此树别名。哥波即壮语 ko^1po^1的汉字记音。下引此书只标书名和页码。

的一小部分。留待树皮生成后，再剥另外一部分。此树犹如家中之物，家麻树名即因此而得。

《壮汉词汇》中，真正具备标准学名的植物十无二三，多数还是处于无确诂状态。如goaen，乔木名。govamai，灌木名（花呈黄色，春季花盛开时，采回取其黄水，染糯米饭）。诸如此类，不胜枚举。条目如此作注，未能提供更多的准确信息，其工具书的作用就大打折扣。其实 goaen 是菜豆树，govamai 是密蒙花，两者均是壮乡常见植物。植物不仅在日常生活里具有重大的现实意义，同时也是文化构成的重要因素。由于壮语文尚无现代科学意义上的植物学著作，人们无法从这一方面来领略壮族植物文化的内涵。

壮语文虽无植物学的研究成果，但壮族地区丰富的植物资源却引人注目。早在古代，就有文人墨客对壮乡的植物投以关注的目光。他们以地方行政长官、旅游观光者等身份，用文学的笔调对壮乡大地的部分植物做过描述。虽然其中不乏猎奇的成分，以奇闻异录而旁及民风民俗来作为文坛的掌故，但是，他们的妙笔的确给后人留下不少可资借鉴的珍贵资料。

其中，东汉杨孚的《异物志》开了先河，之后有晋代嵇含的《南方草木状》，唐代段公路的《北户录》、刘恂的《岭表录异》、莫休符的《桂林风土记》，宋代范成大的《桂海虞衡志》、周去非的《岭外代答》，明代徐霞客的《徐霞客游记》、邝露的《赤雅》，清代吴其濬的《植物名实图考》、赵翼的《檐曝杂记》，等等。这些古籍中都有不少关于广西植物的描述。此外，很多医书还从药物性能、功效等角度来记载植物的性状，这些都是如今极为难得的历史资料。

广西现代植物分类学研究约始于19世纪70年代。1850—1860 年，美国牧师 R. H. Graves 到广西采集植物标本，寄给英国植物学家 N. F. Hance 研究。N.F. Hance 于1871年发表“Ternis Eugeniarum Novarum Sinensum”一文，载于《英国与外国植物杂志》（*Journal of Botany*，*British and Foreign*

11:915-916），共发表两个广西植物新种。随后N.F. Hance还发表几篇研究广西植物的文章。后来，英国人 W. T. Thiseldon-Dyer 及 J. E. Dandy、德国人 L. Diels 等，也相继有文章探讨广西的植物。[①]

1920 年代后期，中国的植物学家开始在广西进行植物调查。首先进行系统调查采集的是秦仁昌先生。他于1928年5月进入桂北，自罗城经大苗山（在今融水）、宜北（今宜州）、东兰、河池、凤山、凌云、百色，于10月南下十万大山，采集了大量的标本。[②]在此基础上，他建立了秦仁昌蕨类分类系统。这一系统后来一直为植物分类学者所采用。随后植物学界、药物学界对壮族地区的植物调查采集取得相当多的成果。1935年广西大学成立经济植物研究所，中国著名植物分类学家陈焕镛教授为首任所长，系统研究广西植物即始于此时。可惜在后来很长一段时间里，受社会条件所限，广西的植物只见采集和研究，系统的科研成果发表不多，有分量的著作多为1970年后才出现，如：

《广西中草药》，1970年出版，分2册，共收录常用草药400种，附有植物的黑白线条图，并有文字介绍植物的形状、生长环境及主要作用等。

《广西植物名录》，1970—1973年刊印，共3册，收录广西植物5590种，有植物的中文名称及别名、拉丁学名，并记有产地、主要作用等。

《兽医中草药彩色图谱》，1974年初版，1994年再版，1996年再次印刷，收录常用草药219种，每种植物均录有中文名称、别名及拉丁学名，附有彩图和简洁的形态描写，并介绍植物的生长环境、主要用途等。

《广西石灰岩石山植物图谱》，1982年出版，收录广

①李树刚：《广西现代植物分类学研究的发展》，载《广西植物》1995年第3期。

②李树刚：《广西现代植物分类学研究的发展》，载《广西植物》1995年第3期。今河池、百色均为地级市，宜州区、东兰县、凤山县为河池市所辖，凌云县归百色市管辖。

西石山植物320种，采用图文对照形式，介绍每一种植物的形态特点、产地分布、经济用途及繁殖方法等。

《广西药用植物名录》，1986年出版，收载3623种植物，记有植物的中文名称、别名、拉丁学名、药用部位、分布地方等。

《广西竹种及其栽培》，1987年出版，收录近百种广西竹类，对其习性、形态做了细致的描写，并附有插图及拉丁学名以便识别。

《热带亚热带主要树种物候图谱》，1988年出版，从植物生长周期的物候变化特征切入，记述了150种广西树木在每年常规气候条件下的生长发育情况，并附有每种植物的拉丁学名、经济价值、相宜的种植范围等。

《热带亚热带主要树木种子果实图谱》，1989年出版，收载有494种广西植物，重点介绍植物的种子果实状况及繁殖技术。

《广西多来源药材及混杂品种的调查与考证》，1989年出版，主要是对同名异物的药材进行甄别考证，收载了广西药用植物165种，录有中文名称、别名、拉丁学名，并简介植物的形状特征及鉴别方法。

《南方花卉》，1989年出版，收录有100多种广西植物，主要从栽培角度来介绍所录的观赏植物。

《广西植物志》第一卷，1991年出版，收载植物1380种，对植物的中文名称、拉丁学名、形态特征、产地、生长环境及用途等，均做了扼要介绍。插图356幅，展示植物982种，有助于人们识别所描写的植物。

《广西植物志》第二卷，2005年出版，记录的植物1556种，含亚种、变种等。插图358幅，涉及植物861种。

《广西植物志》第三卷，2011年出版，描述广西的种子植物1571种，包括亚种、变种等。插图391幅，涉及植物790种。

《广西植物志》第四卷，2017年出版，收录广西的种子植物1612种（含646种10亚种17变种），插图269幅。

《广西植物志》第五卷，2016年出版，收录的单子叶植物1677种，其中有19个亚种、90个变种以及1个杂交种。插图298幅，含植物681种。

《广西植物志》第六卷，2013年出版，收载广西的蕨类植物833种。插图112幅，涉及植物232种。[①]

《金花茶彩色图集》，1992年出版，收载广西境内发现的金花茶组植物21种，分别介绍其形态特征及分布地点等。

《广西中药资源名录》，1993年出版，收录广西药用植物4064种，载有植物的中文名称、拉丁学名、效用及产地分布等。

《中国民间生草药原色图谱》，1994年出版，收入草药500种，其中多数是广西本地所产。书中以精美的照片和翔实的文字介绍草药的中文名称、别名、拉丁学名、形态、分布、药用部分、应用范围、配方等。

《红水河上游地区植物调查研究报告集》，1996年出版，收载的植物有5804种，记述植物的中文名称、拉丁学名、产地分布及主要用途等（红水河上游地区除广西西部、西北部以外，尚含云南曲靖地区9个县、市，贵州西南部的兴义、望谟、册亨、安龙4个县、市）。[②]

《实用中草药原色图谱》一至四册，2008—2009年出版，收录药用植物662种（其中第三册是动物，第四册有一部分是矿物），记录植物的中文名称、别名、拉丁学名、产地分布区域、主要用途等。这些草药大部分广西有产。

《药用植物花谱》，2009年出版，收录广西入药的高等植物1200种，分4册出版，每册300种，以精美的照片配以文字说明，简介各种植物的中文名称、别名、拉丁学名、药用部位、性味功效、形态特征及分布地方等。

①《广西植物志》全套书共六卷，广西科学技术出版社出版。

②吴德邻主编：《红水河上游地区植物调查研究报告集》第49页，北京：科学出版社，1996年。

《广西植物名录》，2010年出版，收录广西植物309科9168种，载有植物的中文名称、拉丁学名及产地分布等。

除以上著作外，尚有不少全国性的研究成果涉及广西植物，如《中国植物志》《中国树木志》《中国竹类植物图志》等。一些史论性的著作也有篇章介绍广西植物，如《广西农业经济史稿》《广西风物志》《广西林业史》《广西通志·农业志》《中国稻作史》《中国壮医学》等。国际上也有人从文化研究角度涉猎壮族植物，如美国北伊利诺斯大学哈德曼教授做侗台语族稻作文化研究，就涉及壮族地区的稻作植物及其传播问题。

这些著作中，最有趣的是《广西石灰岩石山植物图谱》，书中有许多地方把壮语植物名称用汉语记音标记出来，这种做法便于读者了解到部分植物的壮语名。如该书第59页"擎天树"下有"肥劳、咪劳、咪甚"，此即壮语$fai^4la{:}u^4$（faexlaux）、$mai^4la{:}u^4$（maexlaux）、$mai^4çan^1$（maexcaen）的汉语记音。第76页的"苹婆"亦有别名"米旺"，这是壮语$mai^4wa{:}ŋ^6$（maexvangh）的汉语记音，标准壮文则读作$fai^4wa{:}ŋ^6$（faexvangh）。第46页的"米念芭"，就是根据广西壮语南部方言的$mai^4nim^1pja^1$（maexnimbya）来命名的。[①]《广西中药资源名录》等书也有同样的做法。

谢福惠等人编著的《木材树种识别、材性及用途》一书也用汉字记录了部分植物的壮语名称。如擎天树也叫"肥劳、咪劳、咪甚"。金丝李叫"费累"，是壮语$fai^4lu{:}i^3$（faexluij）的汉语记音用字。喙核桃叫"费仇"，是壮语$fai^4çau^2$（faexcaeuz）的汉语记音用字。[②]

①钟济新主编：《广西石灰岩石山植物图谱》第46页，南宁：广西人民出版社，1982年。

②谢福惠、徐峰、祝俊新、李重九编著：《木材树种识别、材性及用途》，北京：学术书刊出版社，1990年。擎天树见第259页，金丝李见第278页，喙核桃见第529页。

值得注意的是，滕红丽、梅之南主编的《中国壮药资源名录》收录壮族地区药用植物2063种，每种植物按门、科分类排列，给出汉名、拉丁学名、壮名、中药名、生长环境、分布、性味功用等。[①] 可惜未能点明植物壮名是何地说法。

此外还有朱华、蔡毅编著的《中国壮药原色图谱》。该书收集临床常用的重要壮药200余种，按主要功效作用分别编目，每种药物给出汉名、壮名、英文名、来源、形态、分布、性能、主要用法等。书中附有汉文、拉丁文、英文和壮文索引，便于检索。[②]

然而，多数情况下，植物的壮名与汉名、拉丁学名等形成脱离现象，未能实现一一对应。可见，用汉语表述的植物研究成果再丰厚，也无法反映出壮族文化的特质。

壮族是农耕民族，植物在壮族文化构成中占有很重要的位置。想深入了解壮族文化根基的内容，则有必要了解壮族地区植物名称的含义。可是，壮族地区主要有哪些植物？这些植物有什么样的名称呢？其命名特点和结构规则有哪些？壮家人怎样认识周边的植物，怎样对植物分类？日常生活里人们怎样使用植物？只有弄清这一系列问题，才有可能从生产、医药、饮食等方面去理解壮家人的心态，理解其文化特点。

因此，本书从民族植物文化角度切入，以考订植物的壮语标准学名为首要目标，以植物为线索，纵向研究壮语植物名称的词义，横向研究壮族民风民俗的文化事象，由此描述壮族的相关文化景观，借助植物展现壮族地区的风土民情，把植物名称放到民族语言历史文化的

①滕红丽、梅之南主编：《中国壮药资源名录》，北京：中医古籍出版社，2014年。

②朱华、蔡毅编著：《中国壮药原色图谱》，南宁：广西民族出版社，2003年。

宏观背景下来透视分析，通过植物进一步发掘壮族文化的特质。

要做好这一工作，关键是把植物的壮语名称与标准学名对应起来。孔夫子说：“名不正，则言不顺。”①这话原本是谈治国之道，但却道出了事物名称与概念内涵之间的重要关系。按现代科学技术发展的要求，每门学科的术语都要标准化、规范化，含义必须准确，指称的对象一定要明确，信息交流中才不至于产生歧义。要把植物的壮语名称与标准学名对应起来，使它们在科学体系中找到自己的相应位置，最基本的一点是把它们所指的对象及含义弄清，否则一切将无从谈起。

工作目标如此定位，研究对象和范围必须有所侧重。语言中的植物名称，可谓千头万绪，泛泛而论很容易陷入漫无边际的境地。为了保证材料的准确与可靠，笔者将广西马山的壮语植物名称作为重点研究对象，相关的民俗事象及语言材料大体取材于此，再由此而旁及其他地方的植物。框定一个适度的范围，以局部反映整体，能起到管中窥豹的效果。

壮语方言纷繁，差异也不小，若想面面俱到，势必照应不周。俗话说： kaːk^{7} θai^{1} kaːk^{7} kjaːu^{5}，kaːk^{7} taːu^{6} kaːk^{7} mo^{1}（Gak sae gak gyauq，gak dauh gak mo），各师各教，各道各麽（法）。意思是：不同的师公有不同的教义，不同的道公有不同的经文。这话比喻人们办事各有各的风格和方式。各地植物名称未必完全一样，民俗事象也难以一致。把范围缩小，一是材料容易把关，可靠性强；二是操作方便，有利于深化所要研究的问题。材料准确与否是研究质量的关键。马山是笔者的家乡，

①杨伯峻：《论语译注》第133—134页，北京：中华书局，1980年。

笔者生长在这种文化氛围里，搜寻材料时有地利人和之便，同时能保证材料的准确可靠。此外，使用马山壮语材料还有如下好处：

马山地处广西中部，是壮族地区的腹心地带，过去交通不便，各方面的发展明显滞后。清末时期这里还是土司统治，民国初年才改土归流，故民族文化特点突出。

马山处在红水河流域中段，县境北边是红水河，南边与壮语标准音点武鸣接壤。故马山壮语很接近标准壮语，两者相同词汇的比率高。用马山壮语跟广西壮语北部方言各个土语区的人沟通并无多大障碍。另外，马山壮语还保持有不少民族固有词，能和我国的布依语、傣语及境外的泰语、老挝语、石家语等对应。

如铁匠用的铁砧，布依语是 taŋ^{4}、na^{3}taŋ^{4}，马山壮语叫 tɯŋ^{6}taŋ^{4}（dwnghdaengx）；风箱，布依语叫 paːi^{6}，马山壮语叫ʔan^{1}paːi^{6}（aenbaih）。① 西双版纳傣语把“分”（家）叫bɛːŋ^{5}，老挝语也叫 bɛːŋ^{5}②，马山壮语把“分，分给”叫ʔbeːŋ^{3}（mbengj），是从整体中分出一部分来的意思。如：ʔbeːŋ^{3} ka^{1} raːp^{7} mɯŋ^{2} haɯ^{3} kou^{1} ʔbaːŋ^{3}（Mbengj ga rap mwngz hawj gou mbangj），把你的担子分给我一些。“瞎”，泰语、老挝语作 bɔːt^{9}，德宏傣语作 mɔt^{9}。③马山壮语有meːŋ^{2}（mengz），表示“盲”；还有ʔboːt^{7}（mbot），表示“瞎”，常用来骂人眼瞎、视而不见或目光不犀利，如：ta^{1} mɯŋ^{2} ʔboːt^{7} ha^{1}？ pit^{7} miŋ^{2} jou^{5} kɯn^{2} ɕoːŋ^{2} to^{5} ɕim^{1} ʔbou^{5} ran^{1}！（Da mwngz mbot ha? Bit mingz youq gwnz congz doq cim mbouj raen!）你眼睛瞎了吗？笔明明在桌子上都看不见！④ 泰国石家语 ruːl^{6} 表示

①贵州省民族事务委员会古籍整理办公室、黔南布依族苗族自治州民族事务委员会编，黎汝标、黄义仁等编译整理：《布依族古歌》，贵阳：贵州民族出版社，1998年。taŋ^{4} 见第199页，na^{3}taŋ^{4} 见第248页，paːi^{6} 见第 246页。原书标调值，此转写为调类，以便比较。

②梁敏、张均如：《侗台语族概论》第606页，北京：中国社会科学出版社，1996年。

③同上，第670页。

④《壮汉词汇》第520页虽收有 mbot［ʔboːt^{7}］，但只作 fangz［faːŋ^{2}］的方言词。

“热”。马山壮语rɯːn^{5}（rwenq），其中一个意思是面部“发烫发热”，如：kɯn^{1} lau^{3} liːu^{4} na^{3} rɯːn^{5}（Gwn laeuj liux naj rwenq），喝了酒脸发热。脸发热通常会发红，因此 rɯːn^{5} 还表示水果“发红”准备成熟，如：lɯk^{8}man^{3} ŋaːm^{5} rɯːn^{5} θou^{1} ɕou^{6} tau^{3} ɕak^{8}!（Lwgmaenj ngamq rwenq sou couh daeuj caeg!）李子刚刚发红你们就来偷！泰国石家语的 -l 与台语支的 -n 韵尾有对应关系，如：riːl^{2} = rin^{1}，石头；ʔal^{1} = ʔan^{1}，个；vaːl^{2} = waːn^{1}，甜。[①]这类词语若能细查，想必还有不少。这些词不见《壮汉词汇》收录，或不作为通用词，但在马山壮语里却属常用词。可见，马山壮语有一定的广泛性及代表性，其研究价值不容低估。

马山县的地貌以山区丘陵为主。东部为大石山区，山体连绵，是喀斯特峰丛峰林区；中部和西南部是丘陵土山；西北部是小石山的喀斯特峰林区。东部石山的海拔高度一般是500~700米，中部和西南部的低山和丘陵一般海拔高度在200~500米，西北部的石山一般海拔高度为500~600米。石山多为石灰岩、白云岩，丘陵土山主要是页岩和粉砂岩。大部分土质属山地红壤。[②]石山和丘陵土山，这两者恰是广西的典型地貌。因而马山的植被很能展现这一地区植物的特色。况且，红水河流域的植物很丰富，有众多的古老科、属，这里是广西南北植物交流的重要通道，在植物地理学上有着重要的意义。[③]马山南边是大明山，大明山脉沿着武鸣、马山、上林、宾阳的边界延伸。这里的植物资源也异常丰富，植物学家向来把这一区域列为重点考察研究对象，所以研究马山壮语植物名称，有得天独厚的优越条件。

①威廉·格德尼（Willam J. Gedney）：《石家语》（*the Saek Language*）第918页，美国：密歇根大学出版社，1993年。原文长音为双写字母，现转用长音号。

②马山县志编纂委员会编，覃东楼主编：《马山县志》第61—71页，北京：民族出版社，1997年。

③吴德邻主编：《红水河上游地区植物调查研究报告集》第39页，北京：科学出版社，1996年。

研究对象是基于以上这几方面因素综合考虑而定的。明确了研究对象，选取工作方法也是一个重要问题。社会科学研究可通过构建理论模式或理论体系来提供新思想、新方法，也可以通过描述文化现象来提供新知识、新见解。笔者根据自身的实际条件，走后一途径似乎效果更理想。

因此，本书的工作方法是：田野调查与文献考证相结合，立足于马山，以点带面而旁涉其他地方的材料。所用的植物名称、生活词语、谚语格言等基本材料均以鲜活的民众口语为主。相关的植物文献以各种图谱、植物学专著为主，史论性的著作为辅。到民间实地调查，体验壮族文化，用比较研究的方法和语言学的词义分析方法对材料进行直接研究、判读、剖析，以现时的平面描写分析为主体，历时的纵向研究为辅助。对相关的民俗事象则以实录为主，通过丰富详细的语言材料来充分表现壮族植物文化的特色。

以点带面，以局部反映整体，要避免以偏概全，唯有多方位的比较鉴别才不至于落入主观武断的误区。多角度的比较，容易去伪存真，有助于了解壮族的植物文化真谛，从而达到以小见大的效果，抽象概括出来的规律才具有客观真实性。故本书主要以汉语、汉文化作为比较研究的参照对象，必要时也参照周边其他民族的相关材料，由此分析壮族的深层文化内涵。

鉴于这一课题具有多学科交叉的特点，在理论构架上，笔者以语言学的理论作为背景知识，但不局限于语言学，还涉及人类学、植物学、医学、药物学、民族学、民族历史学及民间文学等相关学科。有时还要触及考古学、农业史等专门领域，综合运用多学科多种方法，从不同角度研究植物的壮语名称，进而挖掘其文化内涵。

研究过程中主要通过下列四个途径获取植物的壮语资料及知识：

第一，深入民间，直接向民众调查。

很多老百姓常年生活在山村里，山野间的许多植物他们都能随口叫出壮语名称来，如ko^{1} ȵɯːŋ^{6}（go’nyiengh）大蓟、ȵap^{8}ȵai^{2}（nyaebnyaez）鹅不食草、ŋaːi^{6}wa^{3}（ngaihvaj）鼠曲草、ɕi^{1}kweːm^{5}（ci’gvemq）石韦等。一些植物的壮名还不止一个，比如：芦荟既叫ȵaːŋ^{5}ȵuŋ^{2}（nyangqnyungz），又叫jou^{2}ɕoŋ^{1}（youzcoeng）；地胆头既叫ko^{1}pu^{1}tei^{6}（gobudeih），又叫ko^{1}θaːm^{1} ɕip^{8}raːk^{8}（gosamcibrag）；葫芦茶叫ko^{1}ɕa^{5}θo^{1}（gocaqso）和ko^{1}ho^{2}lo^{2}（gohozloz）。不少植物的壮名就是通过田野工作向壮族民众征询才搜集到

ngaihvaj　鼠曲草

nyaebnyaez　鹅不食草

的。深入民间有个好处，热心的人随时采来实物，可将实物与图谱进行对比，还可以拿实物向内行人请教。

第二，向民间草医或药商调查。

草医和药商是社会基层的能人。草医有医药和植物方面的知识，善于利用周边的植物治病救人，所以他们对植物的名称、用途很清楚；药商走村串寨收购草药，他们对各种入药的植物很熟悉。如kau^{1}ȵaːŋ^{3}（gaeunyangj）威灵仙、ko^{1}θa^{1}ma^{2}（gosamaz）千斤拔、ko^{1}θa^{1}heu^{1}（gosaheu）人字草、ko^{1}lɯk^{8}roːŋ^{6}（golwgrongh）青天葵，这些植物笔者都认识，也熟知它们的壮名，但把它们与标准学名对应起来，民间草医和药商的作用是很关键的。他们整天跟这些植物打交道，不但熟悉其壮名、汉名，甚至连它们在中草药植物图谱中的位置都能熟记于心。从这些人的实际经验里，笔者得到很多帮助和启发。

gocaqso　葫芦茶

gaeunyangj 威灵仙

第三，向专业人员请教。

这里的专业人员指植物学家、林业技术人员或熟悉中草药的医生、专业药材研究人员等。这部分人员的植物学、药物学知识是经过专业训练培养而获得的，他们之中的壮族同胞也很熟悉本地植物的壮名。故他们提供的知识不仅准确，而且具有相当高的权威性。如$wit^8wa{:}ŋ^2$（vidvangz）芸香竹、$ko^1ɕu{:}m^4$（gocuemx）葡萄叶艾麻、$kau^1nu{:}m^1$（gaeunuem）大血藤、$ko^1ru{:}n^2$（goruenz）救必应（即铁冬青）、ko^1kjat^7（go'gyaet）朴树，均是向专业人员请教后才弄清其学名的。

第四，根据自己的知识来查寻、对比。

依靠自己掌握的植物知识，利用植物图谱、图片资料或相关的工具书来对比分析，按图索骥。像$pjak^7ʔbo{:}n^5$（byaekmbonq）赤苍藤、$pjak^7pa{:}t^7$（byaekbat）假蒌、$pjak^7kju^1$（byaekgyu）藜（灰菜）、$pjak^7poi^5$（byaekboiq）红背菜、$ko^1ʔbo{:}n^1$（go'mbon）箬叶竹、$ko^1ʔan^1$（goaen）菜豆树、$ko^1θe{:}n^1$（gosen）崖棕，这些植物的形态和用途，自己从小就十分熟悉。然而考证

byaekbat 假蒌

它们的学名，却是对这一方面进行深入细致的研究后才着手开展的。细心查阅各种相关图谱和工具书，的确能够解开许多谜团。

当然，参阅图谱是对自己已经了然于心的植物才管用。若对不太熟悉的植物，仅仅从图谱去识别是不太可靠的，特别是仅画出植物局部的黑白线条图。比如$ko^{1}ruk^{7}$（goruk），是壮乡坡谷常见的一种灌木，叶片长椭圆形，叶面青色，叶背灰白色，被细毛，叶宽 5~8 厘米，长 8~12 厘米。做甜酒时，人们常将$ko^{1}ruk^{7}$（goruk）的枝叶摘来，盖到发酵缸上，这样做能起催化的作用，使拌好酒曲的米饭加速发酵。冬天做fan^{3}çau^{1}（faenjcaeu）生榨米粉时，也用其叶来蒙盖发酵的米粉团，使米粉团加快发酵。光看黑白图谱，以为大叶紫珠是此物。问当地农民，他们也觉得图中的大叶紫珠很像 $ko^{1}ruk^{7}$（goruk）。可让草医一核对，他们就明确地指出两者的不同之处来，而且立即到山坡上摘来两种植物的枝叶让笔者进行对比辨认。

大叶紫珠的壮名叫ko^{1}ta:i^{6}fuŋ^1（godaihfung），学名 *Callicarpa macrophylla*，英文名 Bigleaf Beautyberry，直立灌木，茎方形，夏季开紫色花。果小，球形，熟时紫红色。①其叶可止血止痛。外伤出血或扭伤肿痛时，可用大叶紫珠鲜叶捣烂外敷。风湿骨痛，用大叶紫珠放入席子下垫睡，可止痛，去风湿。

①江苏新医学院编：《中药大辞典》上册，第144页，上海：上海科学技术出版社，2007年第9次印刷。学名、英文名见中国科学院植物研究所编《新编拉汉英植物名称》第143页。

godaihfung　大叶紫珠

ko^{1}ruk^7（goruk）是假烟叶，学名 *Solanum verbascifolium*，英文名 Mullein Nightshade，直立灌木，全株被灰白色星状毛。叶互生，阔卵形或椭圆状卵形，略似烟叶，揉烂后有一股类似烟草的臭青味。②故也有人称之为ko^{1}ʔi:n^{1}hau^1（go'ienhaeu）。作为草药，ko^{1}ruk^7（goruk）还可以清热消肿，止痒止血，民众常用来治癣疥、伤处溃烂流脓等。

②广西兽医研究所编著：《兽医中草药彩色图谱》第452—453页，南宁：广西科学技术出版社，1996年第2次印刷。学名、英文名见中国科学院植物研究所编《新编拉汉英植物名称》第688页。"臭青"为方言，多形容人们闻到的绿色植物的味道。

可见，对不太熟悉的植物，仅靠图谱来查证是有很大的局限性的。别说不太熟悉的植物，就是一些很熟悉的植物，有时也弄得笔者万般无奈。比如对于本地蔬菜名称，笔者是相当熟悉的，但有一物笔者始终未能落实它的学名，这就是ko¹pja²（go'byaz），地方名叫青芋或白芋，壮名还有muŋ²pja²（mungzbyaz）或 muŋ²ha:u¹（mungzhau）等。[①]因叶柄常鲜炒作菜，或腌酸做成风味小吃，人们又称其为 pjak⁷pja²（byaekbyaz）。

①标准壮文称此物为mungzgaujcae［muŋ²ka:u³çai¹］，见《壮汉词汇》第544页。

明知其物却无法落实其学名，这类情况委实不少。这些只知壮名不知学名的植物，很困扰人。

byaekbyaz　青芋

比如：ko¹çi⁵ji:n²（gociyienz）是一种高大的落叶乔木。叶子长椭圆形，长12~15厘米，宽6~9厘米。幼树树皮青灰色，光滑。树干通直，材质坚硬，心材淡黄，边材白色，削面光滑，加工容易。宜打制家具或用作建筑材料。其名çi⁵ji:n²（ciyienz）为何义，目前尚无可考资料。

ko¹piŋ⁵fou³（gobingqfouj）是一种小乔木，叶细小，树干非常坚韧，人们常用来制作撬棒或其他工具，木匠喜欢用来做斧柄、锤柄或凿柄。piŋ⁵（bingq）是“柄，把儿”；

fou^{3}（fouj）是“斧头”。壮名即“斧柄木”之义。

ko^{1}roi^{1}（goroi）是石山丛生的灌木。叶长椭圆形，长8~12厘米，宽2~3厘米，深绿色。树皮褐色。全株碰伤有白色浆汁流出。人们常砍作柴薪。roi^{1}（roi）在壮语中义为“梳，梳子”。但此树名是否与梳子有关，资料不足，不敢断定。

ko^{1}kjaːm^{5}ʔdam^{1}（go’gyamqndaem），石山小乔木。叶细小，绿色。树干皮黄褐色，老根蔸皮黑色。常生长在石头浅坑凹洼处，非常耐旱。这是上好的柴薪。kjaːm^{5}（gyamq）是“皮，表皮”，ʔdam^{1}（ndaem）是“黑”。壮名是“黑皮树”之意。树因根部颜色黝黑而得名。

ko^{1}rot^{7}ma^{1}（goroetma），丛生的矮小灌木，常生长于石山的石缝中。人们常以之为柴。rot^{7}是“屁”，ma^{1}即“狗”。因其枝叶搓揉后有一股臭味如同狗屁，故因气味得名。

ko^{1}naːk^{8}（gonag），是一种丛生竹。叶披针形，长8~14厘米，宽1.5~2.5厘米。茎环隆起，老茎略呈扭曲状。竹壁厚韧。人们常将其茎做成杠子。篾条可编猪笼、篓子等粗竹器。naːk^{8} 在马山壮语中有二义：一指水獭；二指拿手，能干。此竹缘何得名，不详。①

ko^{1}ʔak^{7}（goaek），丘陵土山生长的乔木。老叶青色，嫩叶淡褐色或淡红色。叶近圆形，长和宽各3~4厘米。此树喜湿润，常在坡谷低洼近水处见到，在沼泽泥淖或水浸处亦可生长。ʔak^{7}（aek）即“胸”。此树何以得名，尚不明因由。

ko^{1}roːŋ^{1}kju^{1}（goronggyu），丘陵土山上生长的乔木。叶阔大厚韧。树枝砍下后有淡褐红色汁液流出。树皮灰黑。过去商家卖食盐、豆腐干等，常用其叶子来包裹。roːŋ^{1}（rong）是“叶子”，kju^{1}（gyu）是“盐”。树因叶子的用途而得名。壮名是“裹盐叶子树”之义。

笔者自幼就认识这些植物。然而它们的学名究竟是什么，目

①广西百色田阳的朋友告知，ko^{1}naːk^{8}是小苦竹，不知准确否。

前依然无从知晓。本想继续深究，但因时间、精力、资料及文章篇幅等因素的制约，目前只能暂时把这类植物搁置，留待日后再做进一步研究。

虽然存在种种不足和遗憾，但田野工作还是很有成效的。首先，搜集到一批以前从未涉及的植物名称，如 raːŋ^{2}ʔo^{5}（rangzoq）菰（嫩茎当作蔬菜时叫芦笋、茭白）、ko^{1}ɕuːŋ^{1}hiŋ^{1}（gocuenghing）山苍子、kau^{1}ɕuk^{7}tɯŋ^{4}（gaeucukdwngx）宽筋藤等。这批植物名称不仅可以给壮语研究增添翔实的材料，而且给人耳目一新的感觉。其次，核实了一批植物的学名，解决了过去未能妥善解决的一些疑问。如：ko^{1}rot^{8}（goroed）注为“真竹”，实为“毛金竹”；ko^{1}kon^{1}（gogoen）说是“山竹”，其正名却是“粉单竹”。最后，即最有意义的是认清了一些植物，从而能够订正工具书上的某些谬误。如：tei^{6}kok^{7}（deihgoek）了哥王，别名地谷；ko^{1}faŋ^{6}（gofaengh）香花海芋。这些词目在壮语工具书中皆有注释不当之处。这次田野调查所得的材料，可以帮助纠正其中的舛误。诚然，这类错误不独出现于壮语工具书中，汉语工具书也同样存在。比如虎杖ko^{1}toːŋ^{6}ʔboŋ^{5}（godonghmboengq），学名 *Polygonum cuspidatum*，英文名 Giant Knotweed、Japanese Fleece-flower。①蓼科草本植物，其茎直立，高约1米。民间草医用此鲜草捣烂治小外伤出血，煮水内服可治肺痨咳血。然《中国汉字文化大观》第301页却把虎杖说成高丈余的树状植物。可见，从田野实地调查获取资料，能弥补书面材料的不足。用实物跟书本互相印证，可以避免许多文字描述方面的错误。

①虎杖的学名、英文名见中国科学院植物研究所编《新编拉汉英植物名称》第568页。虎杖的现用学名为 *Reynoutria japonica*。

田野工作的成绩固然喜人，但还有大量植物需要寻求对应的壮名。对很多植物的认识，目前依然停滞在雾里看花的状态。就总体而论，对从植物名称到整个壮语词汇系统所开展的研究，都还处在比较初级的阶段。因此，田野调查、具体描写以及考证分析，仍然是今后壮语研究的重要任务。

不管今后的研究进展达到何种程度，本课题的田野调查和研究能使一大批植物获得标准壮语学名，这首先是一件很有意义的事情。物得其名，词有达诂，这对壮语词汇研究来说是一个贡献，对壮语文的规范化、标准化建设也大有裨益。

植物名称研究也是一项重要的民族文化积累。把植物名称分类研究，透过植物观察壮家人的文化构成及民族心态，了解壮家人怎样认识周边环境、怎样处理人与大自然的关系，分析壮族使用植物的方式，深入研究其民风民俗的构成因素，进而以此为窗口观察壮家人的生活景观，了解壮族文化发展嬗变的某些线索，了解壮族与周边民族的关系，这又是本课题另一方面的意义。

为植物正名，这是开拓性的工作。顺此思路拓宽工作领域，不仅能对壮族文化研究起到推动作用，同时也有可能促进整个侗台语族或者说东南亚地区的语言文化研究，也许还能为古代汉语及现代汉语方言的研究提供某些鲜活的例证。

壮家人在药物使用上别具一格，但过去苦于无通用的文字记载，医案药方仅靠口传心记，很多植物的药用价值被湮没在民间的角落。本课题也注重这方面的整理，可望对医家有所启示。

把壮语植物名称与标准学名对应起来，建立壮语文与植物学的联系，探索植物名称对译壮语的规范途径及方法，使人们能够从科学的角度来了解壮族地区的植物，同时也能帮助壮族人民根据自己语言中的植物名称去了解相关的外界信息，进而更好地利用本地植物资源，造福地方。尤其是在一些自然环境遭受破坏的地区，选择适宜本地的优良植物品种来恢复生态植被，绿化荒山，在大石山区施行立体农业的综合开发，其现实意义和经济作用将十分重要而且突出。

要构建壮族民族植物学的理论体系，要全面论述壮族植物的知识，尚有许多基本问题亟待解决。本书用意不在理论探索，初衷是想切实地从基础材料做起，通过植物名称考察壮族的文化内涵。壮族文化研究的空白领域还有很多，从具体课题切入，可以避免眼高手低、空泛议论的流弊。

以上是本书所设想的目标和企盼达到的效果。为了实现这些愿望，研究过程尚需一个妥善的写作计划。故总体行文思路如此安排：绪论进行总括说明，介绍壮乡的植物研究和壮族植物文化的一些主要特点。第一章探讨壮族的植物知识、植物名称的结构规则和命名特点。这是全书的基础，故放在前面来申说。第二章重点分析壮家人对植物的分类方式及描述相关的植物，力图使人们对植物的壮语名称及分类有概观性的了解。这是第一章内容的延伸，因此排作第二章。第三章讨论壮乡的淀粉植物。民众日常生活离不开淀粉类食物。粮食是农业生产中最重要的作物，人们对粮食植物也很熟悉，因而分类讨论时先从这里展开。第四章探究壮乡的常见蔬菜品种、油料植物及相关的文化现象。第五章重在分析有毒植物和壮家人在这方面的运用经验。第六章从实用角度介绍壮乡的一些特色植物，用以彰显壮族植物文化的特点。竹子是壮乡富有特色的植物，而且种类很多、用途广泛，故单独列作第七章。第八章是植物与月令，从壮乡的物候、气候来探讨植物与农事的关联。第九章是植物与地名，这是植物文化在地理环境里的表现。地名中的植物是壮族植物文化的延伸，也是人们认识周边环境的思想结晶，是主干部分的展开，故放在后面讨论。结论则从环境保护和资源永续利用的角度来总结壮族民众对植物的认知与经验，并给相关部门提供一些建议，以供决策参考。

全书力求多角度、多方面地反映壮乡的特色植物，如ko^{1}jiːn^{5}（goyienq）蚬木、fai^{4}luːi^{3}（faexluij）金丝李、fai^{4}tuːt^{8}（faexdued）格木、fai^{4}laːu^{4}（faexlaux）擎天树等优良树木，ko^{1}kwi^{5}（go’gviq）肉桂、θaːm^{1}ɕat^{7}（samcaet）三七等出名药材，maːk^{7}kaːk^{7}（makgak）八角、ko^{1}faːi^{2}（gofaiz）甜竹等经济林木。描述植物的同时，利用它们穿针引线，介绍相关的壮族生活习俗和文化现象，让人们了解壮乡的植物和生态环境。

第一章　壮族对植物的认知

壮语之中，有生命的各种生物可分为人、动物和植物三大类。人用类别词pou^{4}（boux）标记，如pou^{4}mi^{2}（bouxmiz）富人、pou^{4}heːk^{7}（bouxhek）客人、pou^{4}θuk^{8}（bouxsug）熟人。能自主行动的动物是toŋ^{6}tu^{2}（doenghduz），即成只的东西，或叫toi^{6}tu^{2}（doihduz），即成只的伙伴。各种动物就用 tu^{2}（duz）标记，如tu^{2}kuk^{7}（duzguk）老虎、tu^{2}nou^{1}（duznou）老鼠、tu^{2}tak^{7}（duzdaek）蝗虫等等。不能自主移动的植物，叫toŋ^{6}ko^{1}（doenghgo），即成棵的东西。壮语之中，ko^{1}（go）就成了植物的标记。ko^{1} to^{4}kaːi^{5}（go doxgaiq）成棵的东西和 ko^{1} toŋ^{6}jɯːŋ^{6}（go doenghyiengh）成棵的物体，则泛指各种植物。社会发展至今，人类对植物的依赖已经到了须臾不可缺少的程度。认识周边的植物，充分利用周边的植物，这是人类能够长足进步的重要原因之一。壮族是一个传统的农耕民族，壮家人对植物的认识，有明显的民族色彩和地域色彩。

一、植物主要部位的名称

壮家人的植物知识一方面体现在丰富的植物名称上，另一方面则反映在对植物各部位的细致认识上。理解植物主要部位的名称，有助于了解壮族的植物知识。

raːk^{8}（rag）是“根”，即植物吸收营养的器官，是通称。按形状还可以细分为raːk^{8}me^{6}（ragmeh）主根、raːk^{8}θei^{1}（ragsei）须根、raːk^{8}waːi^{5}（ragvaiq）毛根等等。raːk^{8}me^{6}（ragmeh）是植物粗大的主根。me^{6}（meh）

在壮语中除表示“母，雌，女性”以外，还有“大的，主要的”意思。由于植物的主根常常垂直向下生长，所以主根也叫raːk^{8}θo^{6}（ragsoh）或raːk^{8}tiŋ^{5}（ragdingq）。θo^{6}（soh）义为“直”，tiŋ^{5}（dingq）义为“陡，陡直”。与此相对，横着生长的根叫raːk^{8}waːŋ^{1}（ragvang），waːŋ^{1}（vang）即“横”。从主根大根上长出来的小根叫raːk^{8}kei^{5}（raggeiq）枝根。kei^{5}（geiq）是“枝”。有部分植物，如水稻，其根是均匀的簇生状态，这种根就叫raːk^{8}θei^{1}（ragsei）丝状的根。θei^{1}（sei）是“丝”。raːk^{8}waːi^{5}（ragvaiq）呈茸毛状密生于细根的尖端。waːi^{5}（vaiq）是“棉，棉花”。植物就依靠raːk^{8}waːi^{5}（ragvaiq）从土壤里吸收养料和水分。

kok^{7}（goek）是“根部，基部”，茎干入地生根的部位，是植物的支撑固定部分。kok^{7}（goek）由植物的根部引申为各种事物的根基，如kok^{7}heu^{3}（goekheuj）牙根、kok^{7}ɕɯːŋ^{2}（goekciengz）墙根、kok^{7}keːn^{1}（goekgen）肩头。kok^{7}（goek）也比喻事物发生的根源，如kok^{7}ʔbo^{5}（goekmboq）泉源、泉眼，kok^{7}piŋ^{6}（goekbingh）病根，kok^{7}hu^{5}（goekhuq）祸根。一个姓氏或家族的起源亦叫kok^{7}（goek），如kok^{7}ɕo^{3}（goekcoj）祖源（某一宗支的老祖宗）、tɯːk^{8} kok^{7}（dieggoek）祖地（祖先居住过的地方）。

kon^{5}（goenq）是“老蔸，根蔸”，即树木砍伐后或农作物收割后剩下的近地部分，如kon^{5} fai^{4}（goenq faex）树墩、kon^{5} fɯːŋ^{2}（goenq fiengz）老稻蔸、kon^{5} pjak^{7}（goenq byaek）老菜蔸。

植物的躯干是ko^{1}（go）。这是一个多义词。相对于枝叶和根，ko^{1}（go）指茎秆，如：

ki^{3} pjak^{7} nei^{4} ʔau^{1} ko^{1} ʔbou^{5} ʔau^{1} ʔbaɯ^{1}.

Gij byaek neix aeu go mbouj① aeu mbaw.

些 菜 这 要 秆 不 要 叶

这些菜只要茎秆不要叶。

①mbouj 在马山读第5调。

ko^{1}（go）有时也指整棵植物，如：

ron^{1} jou^{5} kɯn^{2} pa:k^{7}，ma:k^{7} jou^{5} kɯn^{2} ko^{1}.

Roen youq gwnz bak，mak youq gwnz go.

路 在 上 口 果 在 上 树

路在嘴上，果在树上。

这个例句中的 go 就表示整棵植株。

ko^{1}（go）常常用作量词。如：θa:m^{1} ko^{1} ʔoi^{3}（sam go oij），三棵甘蔗；θei^{5} ko^{1} fai^{4}（seiq go faex），四棵树。一些条状物体也可以用量词 go。如：θo:ŋ^{1} ko^{1} θau^{1}（song go saeu），两根柱子；θei^{5} ko^{1} we:ŋ^{2}ti:u^{2}（seiq go vengzdiuz），四根桁条。同样是ko^{1}（go），译为汉语时却要用“根”。这需要根据语言实际灵活处理。

无论是木本，还是藤本、草本，植物的躯干都可以说是ko^{1}（go）。但草本植物的茎秆还可以说是 ka:n^{6}（ganh），如ka:n^{6} kut^{7}（ganh guk）蕨草秆、ka:n^{6} hau^{4}ja:ŋ^{2}（ganh haeuxyangz）玉米秆。一些肉质草本或蔬菜的茎秆也叫ko:ŋ^{5}（gongq）或 ko:k^{8}（gog），如ko:ŋ^{5} pjak^{7}ka:t^{7}（gongq byaekgat）芥菜薹、ko:k^{8} pjak^{7}ʔbuŋ^{3}（gog byaekmbungj）蕹菜梗。

ko^{1}（go）长出的枝丫，大的叫ŋa^{1}（nga），小的叫ŋe^{1}（nge）。从枝丫上长出的小枝叫ŋei^{5}（ngeiq）。这三个都可兼作量词。如： θa:m^{1} ŋa^{1} fai^{4}（sam nga faex），三根树

枝；θoːŋ^{1} ŋe^{1} wa^{1}taːu^{2}（song nge vadauz），两枝桃花；θei^{5} ŋei^{5} ȵeːŋ^{4}（seiq ngeiq nyengx），四根柴枝。

壮语把祖先比作kok^{7}（goek）根部，把子孙比作ŋa^{1}（nga）枝丫。兄弟分家时，老人常说：

fai^{4} huŋ^{1} toːk^{7} ŋa^{1}，lɯk^{8} huŋ^{1} ʔbeːk^{7} kja^{1}.

Faex hung dok nga，lwg hung mbek gya.

树　大　蘖　丫　子　大　分　家

树大长枝丫，儿大要分家。

故ŋa^{1}（nga）常用来比喻宗支兄弟。如：pei^{4}nuːŋ^{4} ɕam^{6} ŋa^{1}（beixnuengx caemh nga），同宗兄弟；θaːm^{1} ŋa^{1} pei^{4}nuːŋ^{4}（sam nga beixnuengx），三支兄弟。

叶子叫ʔbaɯ^{1}（mbaw），如ʔbaɯ^{1} fai^{4}（mbaw faex）树叶、ʔbaɯ^{1} kjoi^{3}（mbaw gyoij）芭蕉叶。ʔbaɯ^{1}（mbaw）指各种植物的叶子，大如ʔbaɯ^{1} ʔbu^{1}（mbaw mbu）荷叶，细如ʔbaɯ^{1} ke^{1}（mbaw ge）松叶，皆可适用。ʔbaɯ^{1}（mbaw）也兼作量词。作量词时常译为“张”，用于植物叶子，也用于其他薄的东西，有时可依上下文译作不同的量词。如：θaːm^{1} ʔbaɯ^{1} pjak^{7}（sam mbaw byaek），三张菜叶；θoːŋ^{1} ʔbaɯ^{1} ŋan^{2} huŋ^{1}（song mbaw ngaenz hung），两张大钞票；kei^{3} ʔbaɯ^{1} kei^{2}（geij mbaw geiz），几面旗子。

ʔbaɯ^{1}（mbaw）的同义词有roːŋ^{1}（rong）。roːŋ^{1}（rong）多指那些比较大的叶子，如roːŋ^{1} kjoi^{3}（rong gyoij）芭蕉叶、roːŋ^{1} ʔbu^{1}（rong mbu）荷叶。roːŋ^{1}（rong）一般能用来包东西。但 roːŋ^{1} θeːn^{1}（rong sen）崖棕叶是细长条形，因其能编织蓑衣，用以裹身防雨，所以也归到roːŋ^{1}（rong）的行列。ko^{1}ʔboːn^{1}（go’mbon）箬叶竹的叶子也是长条形，因用来包粽子，故也叫roːŋ^{1} ʔboːn^{1}（rong mbon）。

在马山，植物干枯叫ro^{1}（roz）。此与汉语的“枯”对应，但壮文按武鸣音读第二调。“干枯”则水分少，故“干燥，干渴”也用ro^{1}表示。如：ho^{2} ro^{1}（hoz roz），喉咙干渴；ki^{3} hau^{4} nei^{4} ʔbou^{5} kau^{5} ro^{1}（Gij haeux neix mbouj gaeuq roz），这些稻谷不够干燥。

农作物叶子枯黄叫raːm^5（ramq），如：ʔbaɯ^1 tu^6 raːm^5 kwa^5（Mbaw duh ramq gvaq），豆叶枯黄了。作物的老叶、黄叶叫taːi^5（daiq），如 pjak^7 taːi^5（baek daiq）黄菜叶、ʔiːn^1 taːi^5（ien daiq）老烟叶。树木的黄叶叫ʔbaɯ^1 heːn^3（mbaw henj），掉到地上的叫ʔbaɯ^1 lon^5（mbaw loenq）落叶，或ʔbaɯ^1 ro^1（mbaw roz）枯叶。但松树的落叶却叫 muŋ^2 ke^1（mungz ge）。通常，植物的落叶很少叫 muŋ^2（mungz），松叶比较特殊。

muŋ^2（mungz）表示叶子，尚用在芋类上，如muŋ^2 pɯːk^7（mungz biek）芋叶。有几种外形与芋叶近似的植物也以muŋ^2（mungz）命名，如muŋ^{2}pja^2（mungzbyaz）青芋、muŋ^{2}ʔon^1（mungzoen）刺芋、muŋ^{2}kuk^7（mungzguk）海芋。作为叶子，muŋ^2 所指的对象并不算多。

piŋ^5（bingq）是“叶柄”，如：ʔbaɯ^1 huŋ^1 piŋ^5 ɕam^6 huŋ^1（Mbaw hung bingq caemh hung），叶大柄也大。瓜果的蒂也叫piŋ^5（bingq），如piŋ^5 lɯk^{8}kwa^1（bingq lwggva）南瓜蒂。一些器物的把儿也叫 piŋ^5（bingq），如 piŋ^5 ɕai^1（bingq cae）犁把儿、piŋ^5 kuːn^5（bingq kuenq）罐把儿。

叶脉叫ȵin^2 ʔbaɯ^1（nyinz mbaw）或ȵin^2 meːk^8（nyinz meg）。ȵin^2（nyinz）即“筋”，意思指叶脉犹如筋条一样呈网状分布。meːk^8（meg）是“脉”。

植物的顶芽叫ȵoːt^8（nyod），如：fai^4 taŋ^2 θei^{2}ɕin^1 ɕou^6 ʔoːk^7 ȵoːt^8（Faex daengz seizcin couh ok nyod），树到春季就长顶芽。树梢叫pjaːi^1 fai^4（byai faex）。pjaːi^1（byai）即“梢，末端，顶端”。因植物的梢是小头，所以物体尖细的一头也叫pjaːi^1（byai）。如pjaːi^1 ɕim^1（byai cim）针尖、pjaːi^1 ŋwi^4（byai ngix）锥尖、pjaːi^1 ɕa^4（byai cax）刀尖。梢是树的最顶部，因而pjaːi^1（byai）也用来表示顶处、最高处，如pjaːi^1 pja^1（byai bya）山顶、pjaːi^1 ɕɯːŋ^2（byai ciengz）墙头。由于pjaːi^1（byai）是植物的末端，故“末尾，最后”也常用pjaːi^1（byai）来表示。如：te^1 paːi^2 jou^5 θaːt^8 pjaːi^1（De baiz youq sat byai），他排在末尾处；ro^4 kok^7 ʔbou^5 ro^4 pjaːi^1（Rox goek mbouj rox byai），知道开头不知结尾。

wa^{1}（va）是植物的“花”。花骨朵儿、花蕾叫 wa^{1}lup^{7}（valup）。lup^{7}（lup）是“闭合的”。花蕾尚有wa^{1}hup^{7}（vahup）、wa^{1}tup^{7}（vadup）的说法。hup^{7}是“关着，闭着，虚掩着”，即未开启。tup^{7}（dup）是“包着，紧裹”。花瓣是lim^{5} wa^{1}（limq va）。lim^{5}（limq）是自然生长成瓣的东西，如lim^{5} maːk^{7}（limq mak）果瓣。lim^{5}（limq）还可以作量词，如：kei^{3} lim^{5} wa^{1}（geij limq va），几片花瓣；θaːm^{1} lim^{5} maːk^{7}kaːm^{1}（sam limq makgam），三瓣柑果。花蕊是θim^{1} wa^{1}（sim va），花粉是ʔba^{1} wa^{1}（mba va）。ʔba^{1}（mba）是“粉末，细末，粉状物”。wa^{1}（va）还作形容词用，表示色彩缤纷或花色品种繁多，如：wa^{1}wa^{1} lok^{8}lok^{8}（vava loegloeg），花花绿绿；wa^{1}wa^{1} pɯːn^{6}pɯːn^{6}（vava bwenhbwenh ），五彩缤纷。

这是通常的情形，但也有例外。玉米的雄花就叫 maːŋ^{4}（mangx），如：

hau^{4}tai^{5} ʔoːk^{7} maːŋ^{4} lo^{5}.

Haeuxdaeq ok mangx lo.

米 帝 出 雄花 了

玉米长出雄花了。

凭祥龙州一带的壮语称花为ʔboːk^{7}（mbok）、ʔbjoːk^{7}（mbyok）或joːk^{7}（yok）。隆林、田林一带的壮语则说ʔdoːk^{7}（ndok）。靖西也有一部分称花为noːk^{7}（nok）。在马山，芭蕉的花蕾叫nok^{8}（noeg）。显然，wa^{1}（va）虽用得很普遍，但ʔboːk^{7}（mbok）或joːk^{7}（yok）等却很古老。

表示果实、籽实，壮语有maːk^{7}（mak）、ʔan^{1}（aen）、lɯk^{8}（lwg）等等。果实的形状大小不同，壮语的名称也不尽相同。

maːk^{7}（mak）是果类植物的“果实”，如maːk^{7}taːu^{2}（makdauz）桃果、maːk^{7}jit^{8}（makyid）牛甘果、maːk^{7}weːŋ^{3}（makvengj）金樱果、maːk^{7}mot^{8}（makmoed）黄皮果。称为 maːk^{7}（mak）的果类，不论是野生的还是人工栽培的，大多是可以食用的。

bi' gyoij（noeg gyoij）　芭蕉花蕾

ʔan^{1}（aen）是“果，果实”，通常指比较大的瓜果，如：

ko^{1}puk^{8} nei^{4} pi^{1}pi^{1} haːi^{1} wa^{1} fou^{2} ran^{1} ʔan^{1}.

Gobug neix bibi hai va fouz raen aen.

棵 柚 这 年年开 花 无 见 果

这棵柚树年年开花不见果。

红薯、芋头、莲藕等植物的块根或地下茎也叫 ʔan^{1}（aen）。如：man^{2} ʔan^{1}（maenz aen）薯块；ki^{3} pɯːk^{7} nei^{4} mi^{2} ʔan^{1} laːi^{1}（Gij biek neix miz aen lai），这种芋头长芋块多。

ʔan^{1}（aen）常用作量词，表示“个”。如：ha^{3} ʔan^{1} kwa^{1}（haj aen gva），五个瓜；rok^{7} ʔan^{1} lɯk^{8}kɯ^{2}（roek aen lwggwz），六个茄子；θaːm^{1} ʔan^{1} waːn^{3}（sam aen vanj），三个碗；ɕip^{8} ʔan^{1} raːn^{2}（cib aen ranz），十个房子。大部分立体状的事物都可以用 ʔan^{1}（aen）来作量词。连道理、方向等抽象事物都可以用，如：

ʔan^{1} taːu^{6}lei^{4} nei^{4} kik^{8} miŋ^{2}peːk^{8}.

Aen dauhleix neix gig mingzbeg.

个 道 理 这 极 明 白

这个道理很明白。

θaːm^{1} pou^{4} fan^{1} kwa^{5} θaːm^{1} ʔan^{1} fuːŋ^{1}jɯːŋ^{5} pjaːi^{3}.

Sam boux faen gvaq sam aen fuengyiengq byaij.

三 人 分 过 三 个 方 向 走

三人分向三个方向走。

ʔan^{1}（aen）常跟名词结合，表示某个事物属于某一类。人们也称这种用法为类别词或词头，如 ʔan^{1}maːk^{7}（aenmak）果子、ʔan^{1}raːn^{2}（aenranz）房子、ʔan^{1}taːi^{2}（aendaiz）桌子、ʔan^{1}ʔbaːn^{3}（aenmbanj）村子。ʔan^{1}（aen）的这种用法很普遍。

lɯk^{8}（lwg）是“子，籽实，果实”。包括肥大的块根及地下茎，以及人和动物的第二代个体，都可以用 lɯk^{8}（lwg）表示，如：

ko^{1}ka:m^{1} θa:m^{1} pi^{1} ɕou^{6} taɯ^{2} lɯk^{8}.

Gogam sam bi couh dawz lwg.

棵 柑 三 年 就　结 子

柑树三年就挂果。

te^{1} mi^{2} θo:ŋ^{1} pou^{4} lɯk^{8}.

De miz song boux lwg.

她 有 二　个　子

她有两个孩子。

表示植物的果实时，lɯk^{8}（lwg）用在植物的专名之前，如lɯk^{8}lei^{2}（lwgleiz）梨子、lɯk^{8}man^{3}（lwgmaenj）李子、lɯk^{8}toŋ^{3}（lwgdoengj）橙子、lɯk^{8}tɯ:ŋ^{1}（lwgdieng）黄瓜。表示动物的幼崽时，lɯk^{8}（lwg）用在专名之后，这是明显的区别和分工，如 kai^{5}lɯk^{8}（gaeqlwg）鸡崽、mou^{1}lɯk^{8}（moulwg）猪崽、ma^{1}lɯk^{8}（malwg）狗崽、pja^{1}lɯk^{8}（byalwg）鱼崽。

植物的荚果叫 wak^{7}（faek），如 wak^{7}tu^{6}（faekduh）豆荚。wak^{7}（faek）还用于玉米，如 wak^{7} hau^{4}tai^{5}（faek haeuxdaeq）玉米穗子。部分植物的穗叫 rɯ:ŋ^{1}（riengz），如 rɯ:ŋ^{1}hau^{4}（riengzhaeux）稻穗。wak^{7}（faek）和 rɯ:ŋ^{1}（riengz）可兼作量词，如：ha^{3} wak^{7} tu^{6}na:m^{6}（haj faek duhnamh），五荚花生；θa:m^{1} rɯ:ŋ^{1} hau^{4}（sam riengz haeux），三穗稻谷。

ɕe^{6}（ceh）是“种子”。种子多是籽实。但像芋、薯、藕、葡萄、甘蔗等用地下茎、藤蔓或茎梢来种植的植物，其栽种用的部位也叫ɕe^{6}（ceh）。

fan^{1}（faen）也是“种子”，一些地方读作 fan^{2}（faenz）。用在植物方面时，fan^{1}（faen）与ɕe^{6}（ceh）对等。如：

çe^{6}ʔoi^{3}（ceh' oij）同 fan^{1}ʔoi^{3}（faenoij），即“蔗种”。hau^{4}çe^{6}（haeuxceh）和 hau^{4}fan^{1}（haeuxfaen）同义，都是“稻种”。不过两者最大的差别在于 fan^{1}（faen）能用在动物方面，如：kai^{5}fan^{1}（gaeqfaen）种鸡（配种用的大公鸡）；haɯ^{3} mou^{1}me^{6} ʔau^{1} fan^{1}（Hawj moumeh aeu faen），给母猪配种。而çe^{6}（ceh）能作量词，用于种子或颗粒状事物，如：kei^{3} çe^{6} tu^{6}heːn^{3}（geij ceh duhhenj），几粒黄豆；ha^{3} çe^{6} rin^{1}re^{5}（haj ceh rinreq），五颗砾石。fan^{1}（faen）却没有量词的用法。

ŋwei^{6}（ngveih）是硬核。一些果子里面有硬核，如 ŋwei^{6} taːu^{2}（ngveih dauz）桃核、ŋwei^{6} man^{3}（ngveih maenj）李核、ŋwei^{6} kjaːm^{3}（ngveih gyamj）橄榄核。核里的仁叫 haːk^{7}（hak），如haːk^{7} taːu^{2}（hak dauz）桃仁。ŋwei^{6}（ngveih）能充当量词，用于颗粒状的东西，如：θaːm^{3} ŋwei^{6} çe^{6} ŋaːn^{4}（sam ngveih cehnganx），三颗龙眼种子；ha^{3} ŋwei^{6} hau^{4}jaːŋ^{2}（haj ngveih haeuxyangz），五粒玉米；çip^{8} ŋwei^{6} jɯ^{1}（cib ngveih yw），十颗药粒。

ŋa^{2}（ngaz）是嫩芽，如tu^{6}ŋa^{2}（duhngaz）豆芽、hau^{4}ŋa^{2}（haeuxngaz）谷芽、man^{2}ŋa^{2}（maenzngaz）薯芽。植物萌发的新枝芽也叫 ŋa^{2}（ngaz），如：fai^{4} tit^{8} ŋa^{2}（Faex did ngaz），树发新芽。细小的芽叫 ŋe^{2}（ngez），如：çe^{6} pjak^{7} ʔoːk^{7} ŋe^{2}（Ceh byaek ok ngez），菜种长芽；ŋe^{2} pjak^{7}ʔbuŋ^{3}（ngez byaekmbungj）蕹菜芽。ŋa^{2}（ngaz）和 ŋe^{2}（ngez）如同前面所说的枝丫ŋa^{1}（nga）和 ŋe^{1}（nge），其形状大小只是一般意义上的相对划分，两者之间并没有严格的界限，所以一般场合里它们互换使用也不会引起误会。

θeːŋ^{2}（sengz）是植物砍掉主株后从根蔸萌生的嫩枝条，如 θeːŋ^{2} pjak^{7}kaːt^{7}（sengz byaekgat）芥菜芽、θeːŋ^{2} ʔon^{1}weːŋ^{3}（sengz oenvengj）金樱枝芽。

十字花科的白菜、芥菜、芥蓝、甘蓝、蒜及韭菜等，到了一定阶段就要长出菜薹，这就是 reu^{2}（reuz）。reu^{2}（reuz）也常叫作菜心。小白菜、甘蓝、芥蓝等蔬菜割了主株后，长出的芽条常成薹状，所以 θeːŋ^{2}

（sengz）、reu^{2}（reuz）均可用来指这类菜芽。

rɯːŋ^{1}（rieng）是植物的汁液，也有的地方叫 jɯːŋ^{1}（yieng）或 ʔiːŋ^{1}（ieng），如rɯːŋ^{1} ko^{1}kjaːk^{7}（rieng go'gyak）大飞扬草汁、rɯːŋ^{1} kau^{1}man^{2}（rieng gaeumanz）红薯藤汁。树脂也是树的汁液，所以松脂就叫 rɯːŋ^{1}ke^{1}（riengge），桃胶就叫 rɯːŋ^{1}taːu^{2}（riengdauz）。

ʔon^{1}（oen）是植物的硬刺，天然着生在植株上，如 ʔon^{1} ʔdok^{7}（oen ndoek）竹刺、ʔon^{1} puk^{8}（oen bug）柚树刺。木材、竹片上翘起的细木刺则叫 çeːn^{4}（cenx）。①

ho^{6}（hoh）是竹、蔗等植物的节。叶鞘环状着生的部位叫 ʔdu^{5}（nduq）或 tu^{5}（duq），即节眼疙瘩。木材上长树枝的部位形成的节疤、疤眼叫 ta^{1}ʔdu^{5}（da'nduq）或 ta^{1}tu^{5}（daduq）。

pɯn^{1}（bwn）是部分植物的枝、叶、茎、藤蔓或果实上的细毛，与人及动物的毛发同一个词，如：kau^{1} kwa^{1} mi^{2} pɯn^{1}（Gaeu gva miz bwn），南瓜藤有毛。一些植物的叶鞘内有较长的纤维，这种长纤维叫 mum^{6}（mumh），与胡子同一个词，如mum^{6} kjaːŋ^{1}（mumh gvang）棕毛、mum^{6} θeːn^{1}（mumh sen）崖棕毛。玉米的缨须也叫 mum^{6}（mumh），如 mum^{6} hau^{4}tai^{5}（mumh haeuxdaeq）玉米须。

除了上述主要部位的名称，与植物相关的还有下边几个词：

tin^{1}（din）是供移栽用的幼小植株，即幼苗，如tin^{1}fai^{4}（dinfaex）树苗、tin^{1}maːk^{7}（dinmak）果树苗、tin^{1}pjak^{7}（dinbyaek）菜秧。但稻秧叫 kja^{3}（gyaj），不叫 tin^{1}（din）。另外，tin^{1}（din）也可以用在一些家禽家畜的幼崽上，如kai^{5} tin^{1}（gaeq din）小鸡、haːn^{5} tin^{1}（hanq din）

①鱼骨细长如刺，故也叫ʔon^{1} pja^{1}。

小鹅、mou^{1} tin^{1}（mou din）猪崽。这些小动物是从别处拿来饲养以便繁殖的，所以它们跟秧苗有相似点。

ɕa^{2}（caz）是丛，所表示的植物丛可大可小，大如 ɕa^{2} ʔdok^{7}（caz ndoek）竹丛，小如 ɕa^{2} rum^{1}（caz rum）草丛。攀缘茎或藤蔓长成的大植物丛就叫 po^{2}（boz），如po^{2} ʔon^{1}（boz oen）荆棘丛、po^{2} kau^{1}（bozgaeu）藤丛。小秆植物丛生的，叫ɕum^{6}（cumh），如θoːŋ^{1} ɕum^{6} pu^{5}ha^{2}（song cumh buqhaz）两丛紫苏。更细小低矮的植物长成的小簇叫ȵum^{5}（nyumq），如kei^{3} ȵum^{5} pjak^{7}ɕiːn^{2}（geiq nyumq byaekcienz）几簇雷公根草。

ʔdoŋ^{1}（ndoeng）是林子，如ʔdoŋ^{1}fai^{4}（ndoengfaex）树林、ʔdoŋ^{1}taːu^{2}（ndoengdauz）桃林、ʔdoŋ^{1} ʔdat^{7}（ndoeng ndaet）密林、ʔdoŋ^{1}ʔdok^{7}（ndoengndoek）竹林。

从这些名称可以看出，壮家人对植物的观察是相当细致的，而且相关的植物知识也是丰富的。

二、植物名称的结构

pou^{4}（boux）、tu^{2}（duz）、ko^{1}（go）分别是人、动物、植物在壮语词汇系统中的三大标记，这三个词成了区别这三类生物的大类别词。大体上带有 ko^{1}（go）的都是植物，或至少跟植物有某种意义上的联系，比如ko^{1}sau^{1}（gosaeu）柱子、ko^{1}toːŋ^{6}θiːn^{5}（gosonghsienq）电线杆。虽然也有砖头柱子、钢筋水泥电线杆，或者别的材料构成，但柱子和电线杆的最初材料多为木材。由于 ko^{1}（go）有区分类别的功能，所以壮语的植物名称不论是单音节还是多音节，也不论平时它是否要跟 ko^{1}（go）相配合而使用，只要刻意强调它是植物，通常都可以在前边冠以 ko^{1}（go），以表明它是植株而非植物的某一部分。如单说 fai^{4}（faex），可能是木料，也可能是棺材，还可能是木棍，但一说 ko^{1}fai^{4}（gofaex），词义就非常明确，只能是树木。

ko^{1}（go）是植物的大类别词，toŋ^{6}ko^{1}（doenghgo）是植物总称。toŋ^{6}ko^{1}（doenghgo）之下，有 fai^{4}（faex）树、hau^{4}（haeux）稻、pjak^{7}（byaek）菜、ȵa^{1}（nya）草等。这些表示某一种类植物名称的词，就是小类别词。大类别词加上小类别词，构成种类的泛称，能明确表示某类植物，如： ko^{1}tu^{6}（goduh）是豆类植物，ko^{1}ɕa^{2}（gocaz）是茶类植物，ko^{1}maːk^{7}（gomak）是果类植物。

小类别词加上专名，构成具体品种的植物名称，这是专称。这时，植物名称所指的已是某一特定植物，如tu^{6}heu^{1}（duhheu）绿豆、tu^{6}pjak^{7}（duhbyaek）豇豆、maːk^{7}kaːm^{1}（makgam）柑果、maːk^{7}man^{3}（makmaenj）李果等。但 tu^{6}heu^{1}（duhheu）绿豆、maːk^{7} man^{3}（makmaenj）李果等，这些小类别词加专名所构成的专称，可指植株，也可以指籽实、果实。因此，特指植株时，人们就会在它们之前冠上大类别词以表示强调，如ko^{1}tu^{6}heu^{1}（goduhheu）绿豆株、ko^{1}maːk^{7}man^{3}（gomakmaenj）李树。

人们在使用语言时，存在求简求便的心理，因而在精确度允许的范围内，语言会朝精练方向简化，像ko^{1}maːk^{7}man^{3}（gomakmaenj）李树、ko^{1}maːk^{7}kaːm^{1}（gomakgam）柑果树等专称，人们就直接用大类别词加专名来表示植株，说成 ko^{1}man^{3}（gomaenj）李树、ko^{1}kaːm^{1}（gogam）柑树。这种双音节化的趋势，其实就是语言的简练原则在起作用。所谓“大名冠小名”，就是指这种情形。

正因如此，许多大类别词加双音节专名构成的植物名称，人们就只用专名。如ko^{1}pu^{5}ha^{2}（gobuqhaz）紫苏、ko^{1}jɯːŋ^{1}ɕim^{2}（goyiengcimz）薄荷、ko^{1}ɕit^{8}mou^{1}（gocidmou）莎草，就分别说成 pu^{5}ha^{2}（buqhaz）、jɯːŋ^{1}ɕim^{2}（yiengcimz）、ɕit^{8}mou^{1}（cidmou）。

无论是哪一种结构方式，都离不开专名。专名是植物名称的核心。

专名之下，有些植物还划分出细类。如芋叫 ko^{1}pɯːk^{7}（gobiek），其块茎叫 lɯk^{8}pɯːk^{7}（lwgbiek）芋头，故也叫它 ko^{1}lɯk^{8}pɯːk^{7}（golwgbiek）。壮乡芋类的品种不少，各地常见的有pɯːk^{7}kjai^{5}（biekgyaeq）圆芋、

pɯːk^{7}tin^{1}ma^1（biekdinma）狗爪芋、pɯːk^{7}θau^1（bieksaeu）长芋、pɯːk^{7}kjam^5（biekhom）香芋、pɯːk^{7}maːk^{7}laːŋ^2（biekmaklangz）槟榔芋等。

这种专名加区别特征的形式，构成了植物细类的名称。表示区别特征的词，有些与植物的颜色相关，有些与植物的生长方式相关，这是同类植物内部的明显不同之处。如辣椒，植株叫 ko^{1}maːn^6（gomanh），供食用的籽实叫 lɯk^{8}maːn^6（lwgmanh）。maːn^6（manh）义为“辣”。因辣椒有多种颜色，故又有 maːn^{6}heu^1（manhheu）青椒、maːn^{6}hoŋ^2（manhhoengz）红椒、maːn^{6}heːn^3（manhhenj）黄椒等说法。按籽实形态分，还有 maːn^{6}kau^{1}waːi^2（manhgaeuvaiz）牛角椒、maːn^{6}taŋ^{1}loŋ^2（manhdaengloengz）灯笼椒、maːn^{6}hau^4（manhhaeux）米椒等。当菜用的，叫 maːn^{6}pjak^7（manhbyaek）菜椒。果实朝上生长，辣味十足，当调味品用的，叫 maːn^{6}tiŋ^{3}ʔbɯn^1（manhdingjmbwn）指天椒。

能按细类区分的，一般以栽培植物居多。在壮语中，细类是植物的最小分类单位。顺着这一思路可以得出，壮语表示具体植物的名称大体有五种结构方式：

（1）大类别词 + 小类别词 + 专名，如 ko^{1}fai^{4}reːn^6（gofaexremh）苦楝树。

（2）大类别词 + 专名，如 ko^{1}ɕɯːk^8（gocieg）野蕉。

（3）小类别词 + 专名，如 pjak^{7}ʔbuŋ^3（byaekmbungj）蕹菜。

（4）单用专名，如ȵap^{8}ȵai^2（nyaebnyaez）鹅不食草。

（5）专名 + 细类名称，如ɕit^{8}mak^8（cidmaeg）黑糯米。

壮语植物名称从大类到小类，从概括到具体，形成了四个结构层级。总称 toŋ^{6}ko^1 是最高层级，它涵盖了所有的植物。第二层级由大类别词加小类别词构成泛称，如 ko^{1}ȵɯ^3（go' nywj）草类、ko^{1}fai^4（gofaex）树木、ko^{1}wa^1（gova）花卉、ko^{1}pjak^7（gobyaek）蔬菜等。第三层级的专称，可以单用专名表示，如 puŋ^{2}ȵuŋ^2（bungznyungz）芙蓉、laːu^{4}pak^{8}（lauxbaeg）萝卜；也可由大类别词加专名或小类别词加专名构成，如 ko^{1}waŋ^{1}（govaeng）稗草、hau^{4}fɯːŋ^{3}（haeuxfiengj）粟。第四层级的特称，由专名加区别特征词构成，此即植物的细类，如 kaːm^{1}paːŋ^{2}（gambangz）椪柑、kaːm^{1}hoŋ^{2}（gamhoengz）红橘。

常用的小类别词除了上边提到的 fai^{4}（faex）树、hau^{4}（haeux）稻、pjak^{7}（byaek）菜、tu^{6}（duh）豆、ɕa^{2}（caz）茶、maːk^{7}（mak）果等几个，还有 wa^{1}（va）花、ha^{2}（haz）草、kau^{1}（gaeu）藤、kwe^{1}（gve）瓜、ʔon^{1}（oen）刺、rat^{7}（raet）菌等。

上面是按结构层次来讨论植物的名称。一般情况下，植物是按上述规律来命名的。然而人们认识植物是多角度、多层次的，对植物观察的着眼点不同，就会有不同的命名方式，因而某一植物或许会有几个名称。比如南瓜，着眼于藤蔓，就叫它 kau^{1}kwa^{1}（gaeugva）。kau^{1}（gaeu）即“藤”，kwa^{1}（gva）是“瓜”。因其嫩藤嫩叶可当作青菜，故又叫它 pjak^{7}kwa^{1}（byaekgva），pjak^{7}（byaek）即“菜”。其籽实也是常见的食用蔬菜，叫 lɯk^{8}kwa^{1}（lwggva），lɯk^{8}（lwg）即“子”。故 ko^{1}kau^{1}kwa^{1}（gogaeugva）、ko^{1}pjak^{7}kwa^{1}（gobyaekgva）、ko^{1}lɯk^{8} kwa^{1}（golwggva）皆指同一植物，只是着眼点不同而有不同的名称罢了。

又如金樱，壮语叫 ko^{1}weːŋ^{3}（govengj），学名*Rosa laevigata*，英文名Cherokee Rose。①暮春时节，金樱花开，满丛尽是洁白素雅的花朵。着眼于花，人们又叫它 ko^{1}wa^{1}weːŋ^{3}（govavengj）。金樱茎枝有粗硬的钩刺，故也被视为刺类植物，称为 ko^{1}ʔon^{1}weːŋ^{3}（gooenvengj）。金樱的果实

①中国科学院植物研究所编：《新编拉汉英植物名称》第635页，北京：航空工业出版社，1996年。

可当水果，可入药，可熬酒，所以其壮名也因果实而称为ko^{1}lɯk^{8}weːŋ^{3}（golwgvengj）或ko^{1}maːk^{7}weːŋ^{3}（gomakvengj）。

在广西，金樱很常见，因而同科的蔷薇、玫瑰、月季都被视为金樱的细类。如：蔷薇叫weːŋ^{3}ʔbaɯ^{1}mɯn^{2}（vengjmbaw-mwnz）细叶金樱，学名*Rosa multiflora*，英文名Manyflowered Rose；①玫瑰叫weːŋ^{3}mai^{5}（vengjmaeq）粉红金樱，学名*Rosa rugosa*，英文名Rugosa Rose；②月季叫weːŋ^{3}hoŋ^{2}（vengjhoengz）红金樱，学名*Rosa chinensis*，英文名China Rose。③这三种植物因花出名，故冠以wa^{1}（va）而归入花类，如wa^{1}weːŋ^{3}ʔbaɯ^{1}mɯn^{2}（vavengjmbawmwnz）、wa^{1}weːŋ^{3}mai^{5}（vavengjmaeq）、wa^{1}weːŋ^{3}hoŋ^{2}（vavengjhoengz）。它们是带刺的植物，同样也可以用ʔon^{1}（oen）来命名，因而又分别有ʔon^{1}weːŋ^{3}ʔbaɯ^{1}mɯn^{2}（oenvengjmbawmwnz）、ʔon^{1}weːŋ^{3}mai^{5}（oenvengjmaeq）和ʔon^{1}weːŋ^{3}hoŋ^{2}（oenvengjhoengz）之名。

从这四种植物的得名情况看，壮家人观察植物的角度不是单一的，同物异名现象反映了认识上的差异和观察的多角度、多层次性。再者，认识植物先从某一物种开始，待后来认识的同类植物多了，掌握了它们之间的区别，于是在原先认识的植物名称后加上表示特征的词来进行细类的区分。这种命名方式体现了壮家人认识自然环境的观察途径。

从结构上看，壮语植物名称很少是单音节的，常用的是双音节的，三四个音节的也很常见，例如ko^{1}lin^{4}waːi^{2}（golinxvaiz）仙人掌、ko^{1}lin^{2}kai^{5}（golinzgaeq）蒲公英、ko^{1}rɯːŋ^{1}pja^{1}lei^{4}（goriengbyaleix）射干。为数不多的单音节植物以蔬菜和栽培的经济作物最常见，如ho^{1}（ho）蒜、ɕoŋ^{1}（coeng）葱、hiŋ^{1}（hing）姜、kiːu^{4}（giux）薤、kɯːŋ^{1}（gieng）姜黄、ʔiːn^{1}（ien）烟草、jat^{8}（yaed）黄麻、ʔdaːi^{3}（ndaij）苎麻、ʔoi^{3}（oij）蔗、ʔbu^{1}

①中国科学院植物研究所编：《新编拉汉英植物名称》第635页，北京：航空工业出版社，1996年。

②同上，第636页。

③同上，第634页。

（mbu）藕。当然，特指植株时，这些单音节植物名称之前都可以加上大类别词 ko^1（go）。

goriengbyaleix 射干

ndaij 苎麻

lwgnganx　龙眼

不可否认的是，植物专名中，单音节词相当多，如 puk^{8}（bug）柚、toŋ^{3}（doengj）橙、kaːm^{1}（gam）柑、ŋaːn^{4}（nganx）龙眼、lai^{6}（laeh）荔枝、ʔit^{7}（it）葡萄等。但在口语中，若非特殊语境，很少单用这些专名。通常它们只是语素，要冠上 ko^{1}（go）、maːk^{7}（mak）或lɯk^{8}（lwg）等来构成双音节词或多音节词。

三、植物的命名特点

自古以来，人们就不断地与各种林木花果打交道。利用植物，依靠植物，人类才能生存发展到今天。许多植物名称成为民族基本词汇的构成部分，靠口耳相传而世代延续，并随着植物的利用技术及种植技术而继承下来。千百年来，这些植物名称稳固地活跃在人们的言语中。植物名称犹如人名、地名，没有必要也不可能频频变更。稳固性和常用性使得一部分植物名称成了壮语里最古老的词。可以说，古老性是一些植物名称的显著特点。

如荔枝，学名*Litchi chinensis*，英文名Lychee。常绿乔木，著名水果。荔枝虽以果闻名，但它也是上好的木材，材质坚硬细密，可做木船的龙骨、高级家具、桥梁、木桩、榨油的榨具等。其果核、果皮、树根可入药。[1]

荔枝早在汉代已见于史籍。司马相如《上林赋》有“离支”产于“左苍梧，右西极”的记载。[2] 1975 年广西合浦堂排二号汉墓出土的文物中，有一青铜锅内盛着已碳化的荔枝，果皮、果核保存完好。[3]

标准壮文称荔枝为lai^{6}çei^{1}（laehcei），马山还有lɯk^{8}lai^{6}（lwglaeh）、maːk^{7}lai^{6}（maklaeh）的说法，靖西把它称作maːk^{7}tsi^{1}（makci）。lai^{6}（laeh）对应为“离”“荔”，çei^{1}（cei）、tsi^{1}（ci）对应为“支”“枝”。壮语方言之中有把一个双音节拆分来单用其中一个音节的现象。如水面漂浮的团状泡沫叫 fuk^{8}faːu^{2}（fugfauz），部分地方如天等、百色一带就单用 fuk^{8}（fug），而马山、都安等地则单用 faːu^{2}（fauz），三者意思相近。秦汉时，岭南是壮族先民百越族群的居所。荔枝原产于中国南方，其初始之名当出自百越语言，出土文物便是一个例证。可见汉代之际，广西一带已有人工种植的荔枝。

①黄燮才主编：《实用中草药原色图谱（一）》第238页，南宁：广西科学技术出版社，2008年第7次印刷。学名、英文名见中国科学院植物研究所编《新编拉汉英植物名称》第425页。

②广西壮族自治区地方志编纂委员会编，胡方明、张志民主编：《广西通志·农业志》第343页，南宁：广西人民出版社，1995年。

③《壮族百科辞典》编纂委员会编：《壮族百科辞典》第527页，南宁：广西人民出版社，1993年。

maklaeh　荔枝果

golaeh/laehcei　荔枝

芭蕉，学名*Musa basjoo*，英文名Japanese Banana[①]，马山壮语叫 kjoi³（gyoij），靖西壮语叫 kui³（guij），西双版纳傣语叫koi³（goij），泰国泰语叫kluai³。甘蔗，学名*Saccharum officinarum*，英文名Sugarcane[②]，马山壮语叫 ʔoi³（oij），靖西壮语叫 ʔoːi³（oij），西双版纳傣语叫ɔi³，泰国泰语叫ɔːi³[③]。这些植物不仅在壮语方言中有一致性，在同语族的语言中也显示出共同性来，由此也可以看出这类植物名称的古老性。

一些植物在标准壮文中或许看不出其名称的古老性，但在方言之中它还保持着古老的面目。如松树，壮族地区最常见者即马尾松，学名*Pinus massoniana*，英文名Masson Pine。[④] 松是高大的常绿乔木，标准壮文把松树称为ko¹ɕoŋ²（gocoengz）或 fai⁴ɕoŋ²（faexcoengz）。显然，ɕoŋ²（coengz）来自汉语的“松”。汉语的粤语方言如今仍然把松树叫作 tsʰoŋ²²mok¹³。tsʰoŋ²² 读阳平调，对应壮语的第二调。但交通不便的地方，如靖西和马山，依然叫松树为ke¹（ge），凤山则读为 tɕe¹。靖西、马山分属壮语南北方言区，地隔千里。甚至老挝、泰国这两国也把松树叫作 ke¹。[⑤] 松树的名称如此一致，可见 ke¹（ge）当是壮语松树的固有专名。以 ke¹（ge）构成的词，马山尚有 fai⁴ke¹（faexge）松树、lɯk⁸ke¹（lwgge）松果、ɕe⁶ke¹（cehge）松子、ȵeːŋ⁴ke¹（nyengxge）松枝、fɯn²ke¹（fwnzge）松柴、jou²ke¹（youzge）松明、rat⁷ke¹（raetge）松口蘑，还有前文论及的 rɯːŋ¹ke¹（riengge）松脂、muŋ²ke¹（mungzge）松树落叶等。可见 ke¹（ge）具有较强的构词能力。

①学名、英文名见中国科学院植物研究所编《新编拉汉英植物名称》第475页。

②学名、英文名见中国科学院植物研究所编《新编拉汉英植物名称》第644页。

③郑贻青：《靖西壮语研究》第8页，南宁：广西民族出版社，2013年。泰语材料的声调原记作c1，今按调类对应记为第3调。

④学名、英文名见中国科学院植物研究所编《新编拉汉英植物名称》第548页。

⑤此为老挝留学生卢文杰、泰国留学生钟泰德所告知。卢、钟两人2010年9月至2013年7月在广西民族大学文学院攻读硕士学位，跟笔者学习三年。其间，我们交流了许多壮、老挝、泰语言情况，教学相长。

faexge　松树

植物名称的古老性，还可以从词语演变角度来考察。如山羊是壮族农家乐意饲养的家畜，在大石山区较为普遍。广西壮语南部方言称羊为 ʔbe^{3}（mbej），北部方言称为 juːŋ^{2}（yuengz）或 jiːŋ^{2}（yiengz）。显然，广西壮语北部方言不用 ʔbe^{3}（mbej）来称羊了，但这个词却没有因此消亡而退出词汇系统。马山壮语中就有 pjak^{7}ʔbe^{3}（byaekmbej）和 ko^{1}ʔbe^{3}（go' mbej）两种常见植物以它为专名。

pjak^{7}ʔbe^{3}（byaekmbej），望江南，学名*Cassia occidentalis*，英文名Coffee Senna，俗称羊角菜。夏秋开黄花，荚果扁条形，

长约10厘米，稍弯曲，种子小。原为野生植物，被当作野菜，现渐见栽培。[1] 壮家人喜欢用 pjak⁷ʔbe³（byaekmbej）的嫩叶来做汤，放一些瘦肉或鸡蛋同煮，既清爽可口，又能清热解毒，可降血压，治顽固性头痛。种子炒后煮水当茶饮，能治高血压、头痛诸症。

ko¹ʔbe³（go' mbej），决明（草决明），学名*Cassia tora*，英文名Sickle Senna，俗称羊角豆。成熟的种子即草药决明子。一年生草本。茎直立，绿色。花黄色。揉烂其枝、叶、花，有一股腐臭味。种子光滑，浅棕绿色，略似绿豆。[2] 壮家人喜欢用其种子来做药枕，认为能安神明目，降血压，消肝火， 除头痛头晕。微火炒其种子后泡开水当茶，长期饮用，能清肝明目，清热解毒，通二便，降血脂、血糖及血压。

这两种植物属凉性药物，功效相近。两者的荚果皆因与羊角相似而得名。因望江南的叶子可以当作菜而归入菜类，故冠以 pjak⁷（byaek）。决明因药用部分是种子ɕe⁶ʔbe³（cehmbej），所以也常叫它 ko¹ɕe⁶ʔbe³（gocehmbej）。

[1]黄燮才主编：《中国民间生草药原色图谱》第202页，南宁：广西科学技术出版社，2009年第5次印刷。学名、英文名见中国科学院植物研究所编《新编拉汉英植物名称》第162页。

[2]黄燮才主编：《实用中草药原色图谱（一）》第164页，南宁：广西科学技术出版社，2008年第7次印刷。学名、英文名见中国科学院植物研究所编《新编拉汉英植物名称》第162页。

go' mbej　决明

cehmbej　决明子

有趣的是，马山壮语把蜗牛叫作 θai^{1}ʔbe^{3}（sae’mbej），盖因其头上有一对长触角如羊角，一对短触角如羊耳。

从这两例可见，一部分常见植物的名称具有古老性和普遍性。越是古老的植物名称，其普遍性就越明显。

当然，分布地域狭窄的植物，其名称不具备普遍性。如木波罗，又叫波罗蜜，学名*Artocarpus heterophyllus*，英文名Diversileaf Artocarpus。在广西，它生长的地域是壮语南部方言区的部分地方。南宁市区的部分街道把它栽为行道树。其树冠漂亮，绿叶浓密，具有较高的观赏价值。宁明、天等一带称之为 maːk^{7}naːm^{1}（maknam），靖西叫 maːk^{7}mai^{4}（makmaex）。常绿乔木，高有15米左右，胸径可达80厘米。叶长7~15 厘米，宽3~7厘米。果大，圆柱状，外皮硬。果肉淡黄色，芳香浓郁，可食。因其果单个可达15千克，故又有水果之王的美称。①

mai^{4}（maex）在广西壮语南部方言中是“树，木材”之义。maːk^{7}mai^{4}（makmaex）即“树果”。naːm^{1}（nam）在壮语中是“叨念，嘟哝”之义，方言尚可指“荆棘”，但木波罗不是带刺植物，naːm^{1}（nam）只能视为植物的专名。

木波罗的果肉可食，味道很甜。果仁富含淀粉，煮熟后味略似板栗，有通乳之效。妇女产后无乳，用果仁100~200克炖肉，连汤带果仁一起吃，能催乳。疮疖红肿，用鲜树汁涂擦，能消肿止痛。木波罗木材细实，可当作建筑材料及制作家具。

因产地范围狭窄，外地人对其专名 naːm^{1}（nam）不太了解。而它的汉语名称名气很大，甚至盖过了壮语名称。这种状况表明，部分植物名称具有地域性，小范围的特产植物更是如此。

①广西兽医研究所编著：《兽医中草药彩色图谱》第202页，南宁：广西科学技术出版社，1996年第2次印刷。学名、英文名见中国科学院植物研究所编《新编拉汉英植物名称》第75页。

maknam　木波罗

①钟济新主编：《广西石灰岩石山植物图谱》第85页，南宁：广西人民出版社，1982年。学名、英文名见裘树平、刘仲苓编著《中国保护植物》第436页，上海：上海科技教育出版社，1994年。

如肥牛树，标准壮文是 $fai^4ŋa:ŋ^2$（faexngangz），广西壮语南部方言叫 $mai^4ŋa:ŋ^2$（maexngangz），学名 *Cephalomappa sinensis*，英文名Chinese Cephalomappa。这是广西特有的国家三级保护植物，目前尚见分布于大新、天等、龙州、宁明、凭祥、上思、靖西、田林、天峨等地的石山地带。肥牛树是常绿乔木，通常高7~10米，个别可达20米。叶嫩时略带淡紫红色。[①]

$ŋa:ŋ^2$（ngangz）为植物专名，其含义无法考释。因其叶和嫩枝富含营养，用来喂牛，能使牛很快膘肥体壮，故名肥牛树。这是一种珍贵树种，叶及嫩枝可作为马牛羊的饲料，木材坚重，可以做家具、机械及建筑材料。种子可榨油供工业用。然而，如此优质的树种，除当地百姓及一些植物学家、民族语文专家外，很少有人知其壮语名称。这是因生态环境而形成的植物名称的地域性。

一些植物的分布地域虽然广阔，但由于自身无多大的经济价值或药用价值，极少参与市场商品流通，因而在崇山峻岭交通阻隔的条件下，各地有各自的方言叫法是很自然的事情。尤其是那些不显眼的小草小树，缺乏统一的名称亦不足为奇。

尽管这些植物没有全民族通用的名称，但它们与那些通用的、进入基本词汇行列的植物名称一样，都构成了壮语，是壮语词汇系统中的有机组成部分，因而同样具有鲜明的民族特点。无论通用与否，大多数植物都是壮家人从自身的生活角度，以自己的眼光和见识来命名的。特别是那些本地土生土长的植物，其名称更能展示壮族的民族色彩。

如 $fai^4tin^1pit^7$（faexdinbit），广西鹅掌柴，俗称鸭脚木，学名*Schefflera kwangsiensis*，英文名Guangxi Schefflera。①鸭脚木全株可入药。风湿骨痛或跌打损伤，用其叶和酒糟捣烂，用芭蕉叶包好煨热，敷患处。或捣其叶，用米酒炒热，敷痛处。外伤出血，用鲜叶捣烂敷伤处，可止血。

$fai^4tin^1pit^7$（faexdinbit）得名于叶子。其嫩叶初展之际形如鸭掌。用鸭掌比喻树叶，依据形状以动物给植物命名，显而易见，这是一种常用的民俗分类法。

①学名、英文名见中国科学院植物研究所编《新编拉汉英植物名称》第660页。《壮汉词汇》第269页该条注为鸭掌树。

faexdinbit　广西鹅掌柴

壮语中的许多植物专名已不可考释，除用作植物名称外， 这些音节在语言中不见有别的用法。如：$pjak^{7}rom^{1}$（byaekroem），苋菜，学名*Amaranthus tricolor*，英文名Threecolored Amaranth、Flower Gentle； $ko^{1}non^{6}$（gonoenh），盐肤木，学名*Rhus chinensis*，英文名Chinese Sumac。[①] 这里的rom^{1}（roem）及 non^{6}（noenh）就仅作为植物专名而已。这种不可解释的植物专名，不仅显示出其独特的民族性，同时也显示出它们的古老性，已经古老得人们都无法知道它们得名的缘由了。

①苋菜的学名、英文名见中国科学院植物研究所编《新编拉汉英植物名称》第46页，盐肤木的学名、英文名见第628页。

除了上述的古老性和地域性，壮语植物名称还有如下一些特点：

（一）以用途命名

每一种植物常有多种用途，但人们以其中最具特色的一种来给植物命名。如：$ko^{1}kon^{4}$（gogoenx），罗裙带，也叫文殊兰，学名*Crinum asiaticum*，英文名Chinese Crinum。大型而美丽的多年生常绿草本。茎粗短。叶子长且大，叶面深绿色，叶背淡绿色。花白色。根似洋葱头，外皮黑。[②] 多生长于沟边、河边或田埂等处，尤喜肥沃之地。

②广西兽医研究所编著：《兽医中草药彩色图谱》第346页，南宁：广西科学技术出版社，1996年第2次印刷。学名、英文名见中国科学院植物研究所编《新编拉汉英植物名称》第223页。

罗裙带有散瘀消肿、止血镇痛之效。见风头痛，可用一张罗裙带叶子烤软后趁热包扎头部。疮疖肿痛时，可用罗裙带叶子捣烂，与酒糟炒热敷患处。更为常用的是拿来治疗跌打损伤。kon^{4}（goenx）在壮语中指骨关节脱臼、错位引起的损伤。可将鲜罗裙带叶捣烂，加米酒炒热，敷伤处。亦可用一张叶子烤软后趁热包扎伤处。因其能用来治 kon^{4}（goenx）而得名。

$ko^{1}kja{:}k^{7}$（go' gyak），大飞扬草，学名*Euphorbia hirta*，英文名Garden Euphorbia，亦称癣药草。一年生草本，全株折断有乳汁。茎直立或倾斜，通常为淡红色。花绿色，或淡紫色。

①广西兽医研究所编著：《兽医中草药彩色图谱》第140页，南宁：广西科学技术出版社，1996年第2次印刷。学名、英文名见中国科学院植物研究所编《新编拉汉英植物名称》第311页。

生长于荒坡、路旁、园地边。[①]

大飞扬草有解毒抗菌、消炎消肿之效，常用来捣烂敷痈疮之处，或者煮水敷洗长脓的疱疮。壮语把癣疥汗斑称为 kja:k[7]（gyak），因用大飞扬草的乳汁点患处，有较好的疗效，故该草叫 ko[1]kja:k[7]（go'gyak）。

go' gyak　**大飞扬草**

有同样疗效的小飞扬草，亦叫千根草，学名*Euphorbia thymifolia*，英文名Thymifolious Euphorbia，壮语叫 ko[1]kja:k[7]hoŋ[2]（go' gyakhoengz）。一年生草本。茎纤细，呈红色，分枝多，匍匐状，折断有乳汁。叶细小，椭圆形。[②] 生长于园边、屋旁、路边、坡地湿润处。有清热解毒、消肿止痛止痒之效。因其能治癣疥，且其茎红色，故得此壮语名称。

②广西兽医研究所编著：《兽医中草药彩色图谱》第120页，南宁：广西科学技术出版社，1996年第2次印刷。学名、英文名见中国科学院植物研究所编《新编拉汉英植物名称》第312页。

ko[1]θa:u[5]pat[7]（gosauqbaet），岗松，学名*Baeckea frutescens*，英文名Shrubby Baeckea，别名扫把枝。矮小灌木，高 40~60厘米。茎直立，多分枝，全株揉碎有香气，茎皮红褐色或灰黄色。叶细小，长5~10毫米，宽不及1毫米，如松针状。夏季开小白花。[③]

③广西兽医研究所编著：《兽医中草药彩色图谱》第286页，南宁：广西科学技术出版社，1996年第2次印刷。学名、英文名见中国科学院植物研究所编《新编拉汉英植物名称》第92页。

岗松生长于丘陵土山。人们除把它当作柴薪以外，还常把它砍来扎成扫把，所以在汉语中，它有“扫把枝”的别名，壮名也因此而得。“扫把”，壮语叫θaːu^{5}pat^{7}（sauqbaet）、ɳaːŋ^{3}pat^{7}（nyangjbaet）、θaːu^{5}kaːn^{3}（sauqganj），故岗松还有 ko^{1}ɳaːŋ^{3} pat^{7}（go’nyangjbaet）、ko^{1}θaːu^{5}kaːn^{3}（gosauqganj）等壮名。

岗松能入药。手足生癣，壮语叫pan^{2} ro^{1}（baenz ro），pan^{2}（baenz）是“成，生”，ro^{1}（ro）是“癣”。湿疹瘙痒叫ɳaːn^{1} hum^{2}（nyan humz），ɳaːn^{1}（nyan）是“癣疥”，hum^{2}（humz）是“痒”。湿疹、过敏和癣引起的痒，用岗松煮水浸洗，可消炎止痒。被蜈蚣咬伤，用岗松叶捣烂，敷伤口四周，可排毒止痛消肿。

gosauqbaet　岗松

wa^{1}rip^{8}fɯŋ^{2}（varibfwngz），凤仙花，学名*Impatiens balsamina*，英文名Garden Balsam，亦叫指甲花。一年生肉质草本。花通常粉红色，亦有白色、紫色和深红色。①

①广西兽医研究所编著：《兽医中草药彩色图谱》第206页，南宁：广西科学技术出版社，1996年第2次印刷。学名、英文名见中国科学院植物研究所编《新编拉汉英植物名称》第379页。

以前女子用蒜头擦指甲，再将红色凤仙花和明矾一起捣烂，敷在指甲上，用其叶包裹，次日指甲颜色鲜红可爱，数月不褪色。此法曾一度流行，此花的壮名亦因此而得。

凤仙花不仅是漂亮的观赏花卉，还能入药。被蛇咬伤，用凤仙花250克，捣烂取汁服食，渣敷伤口四周。若被毒蛇咬伤，还是应及时就医，以免危及生命。生毒疮 ʔdiːt⁷（ndiet）、蛇头疮 pai²ŋɯ²（baezngwz）、乳痈 pai²ɕi³（baezcij），用凤仙花、侧柏叶 ʔbaɯ¹ ko¹peːk⁷（mbaw gobek）各适量，共捣烂，敷患处。

著名中药杜仲，学名*Eucommia ulmoides*，英文名Eucommia，壮语叫 ʔiːt⁷hou⁴（iethoux），ʔiːt⁷（iet）是"伸"，hou⁴（houx）是"僵硬"。落叶乔木，高可达 20 米。树皮淡褐色或黄褐色。树的皮、枝、叶、果皮均含乳管，折断后有银白色、富有弹性的胶丝。生于山地林中或栽培。[①]

将杜仲鲜皮捣烂外敷，可治跌打损伤。枝叶煮水敷烫，可舒筋活络，松解关节；饮用可降血压。受伤后手脚关节不灵便，用杜仲敷烫能使关节屈伸自如，其壮名因此而得。ʔiːt⁷hou⁴（iethoux）是使动用法，ʔiːt⁷（iet）有些地方读作 jiːt⁷（yiet），故杜仲也说成 jiːt⁷hou⁴（yiethoux）。

与上述六种植物相似，很多植物是因用途而得名的，如：ha²raːn²（hazranz）白茅，学名*Imperata cylindrica*，英文名Lalang Grass，就是因常用来盖屋顶而得名。[②] ȵin²ʔun⁵（nyinzunq）马齿苋，ȵin²（nyinz）是"筋"，ʔun⁵（unq）是"软"。马齿苋壮语又称为 pjak⁷kip⁷θai¹（byaekgipsae）、pjak⁷ʔiːm³θai¹（byaekiemjsae），学名*Portulaca oleracea*，英文名Purslane。[③]骨折受伤后，肌腱粘连，关节僵硬，可用马齿苋来煮水敷泡以舒筋活络，其壮名即因此而得。ȵin²ʔun⁵（nyinzunq）亦属使动用法。

①江苏新医学院编：《中药大辞典》上册第1031页，上海：上海科学技术出版社，2007年第9次印刷。学名、英文名见中国科学院植物研究所编《新编拉汉英植物名称》第303页。

②学名、英文名见中国科学院植物研究所编《新编拉汉英植物名称》第381页。

③学名、英文名见中国科学院植物研究所编《新编拉汉英植物名称》第576页。

nyinzunq　马齿苋

这些植物尽管用途多样，但命名方式仍一眼就能看出。

（二）以形状命名

部分植物因生长过程中某一部位具有容易辨认的特征，或者有明显区别于他类的突出特点，人们就据此对植物进行命名，如：

lɯk^{8}lim^{6}（lwglimh），阳桃，壮文叫 lɯk^{8}fɯːŋ^{2}（lwgfiengz）或 maːk^{7}fɯːŋ^{2}（makfiengz），学名*Averrhoa carambola*，英文名Carambola、Caramba 或 Blimbing。常绿乔木。嫩枝有短柔毛。春秋两季开花，淡红色或紫红色。常见水果，果长5~8 厘米，具 5 棱，多汁，味酸甜，可生食。花、叶入药。内热上火、小便不利，用鲜阳桃叶 30 克煮水当茶喝。阳桃花 10 克，水煮服，可解鸦片毒。阳桃根水煎服，可降血糖。痈疮肿毒，可用鲜阳桃叶适量，捣烂后调淘米水敷患处。① 壮名即因其果为五棱状而得，lim^{6}（limh）即“棱”。

①黄燮才主编：《中国民间生草药原色图谱》第133页，南宁：广西科学技术出版社，2009年第5次印刷。学名、英文名见中国科学院植物研究所编《新编拉汉英植物名称》第91页。杨桃（阳桃）一词在《壮汉词汇》第502页只收 makfiengz，其余不见收录。

makfiengz　阳桃

vamakfiengz　阳桃花

kut^{7}ȵuŋ^{5}（gutnyungq），灯笼草，又称铺地蜈蚣，学名*Palhinhaea cernua*，英文名Cernuous Clubmoss、Nodding Clubmoss。多年生常绿草本。茎细长，下部伏地，分枝斜上，全株绿色稍带浅黄色。生长于山坡草丛中。①

灯笼草有舒筋活络、止血生肌、清肝明目之效。风湿骨痛，用干灯笼草25~50克煮水服。疮疖肿毒、痈疱溃烂，用鲜灯笼草煮水洗患处。刀伤出血，用鲜草捣烂敷伤处。

灯笼草枝条常曲卷攀附于其他植物上，纠缠成团，其壮名即由此而得。又因其生长于丘陵土坡，常与铁芒萁伴生，因而把它归入蕨类以kut^{7}（gut）命名。kut^{7}（gut）是“蕨”，ȵuŋ^{5}（nyungq）为“糟乱，找不出头绪”之义。

pjak^{7}hoːm^{1}ȵeːŋ^{6}kaɯ^{5}（byaekhomnyenghgawq），刺芹（假芫荽），学名*Eryngium foetidum*，英文名Foecid Eryngo。草本，全株有很浓的香气。叶边有锯齿，齿端为硬刺，春季开白花或淡绿色小花。生于村边、谷地、路旁湿润处，也有栽培。②

刺芹有健脾胃消滞之效。胃寒胃痛，常以鲜嫩刺芹当佐料而食，能暖胃。腹泻，用鲜草 30~50 克煮水喝。感冒无汗，干咳，用鲜草 200 克煮水当茶饮，能发汗止咳。产后流血，用鲜草 100克，煮水后冲少许米酒服，能止血。

刺芹因芳香能解腥膻异味，故壮家人吃羊肉、生鱼片或生榨米粉时，常用作调味品。刺芹的叶子边缘如锯齿，故以此得壮名。壮语 ȵeːŋ^{6}（nyengh）是“小齿”，kaɯ^{5}（gawq）是“锯”，hoːm^{1}（hom）是“香”，直译就是“锯齿香菜”。

ko^{1}paːk^{7}ɕai^{1}（gobakcae），犁头草，学名*Viola inconspicua*，英文名Longsepal Violet。多年生草本。叶形似犁头，三角

①广西壮族自治区革命委员会卫生管理服务站编：《广西中草药》第二册第211页，南宁：广西人民出版社，1970年。学名、英文名见中国科学院植物研究所编《新编拉汉英植物名称》第510页。《广西中药资源名录》第12页除收此学名外，尚收*Lycopodium cernuum*。

②刘意榕主编：《中国民间常见草药原色图集》第316页，南宁：广西民族出版社，1995年。学名、英文名见中国科学院植物研究所编《新编拉汉英植物名称》第301页。

形，边缘有小齿。花青紫色，花柄比叶柄长。通常生长于田边地头的草地上或旷野的湿润处。[①]

犁头草可入药。疗疮肿痛，用犁头草、金银花各50克煮水喝，或取鲜犁头草捣烂敷患处。传染性结膜炎（红眼病）引起的目赤肿痛，取鲜犁头草100克，鲜金银花50克，共捣烂，外敷患眼。咽喉疼痛，用犁头草50克，捣成药泥，将淘米水煮沸，冲泡药泥，趁热含咽。

ɕai¹（cae）即“犁”，pa:k⁷（bak）是“嘴”，pa:k⁷ɕai¹（bakcae）是“犁嘴，犁头”。因其叶形似犁头而得名。

（三）以动物命名

用动物的全名，或用动物某一部位的名称，或根据动物的某些体形特点来给植物命名，这在壮语中是很常见的。前面提及的望江南 pjak⁷ʔbe³（byaekmbej）、草决明 ko¹ʔbe³（go’mbej）及鸭脚木 fai⁴tin¹pit⁷（faexdinbit），即属此类。现再举其他例子。

kau¹ʔe:n⁵（gaeu’enq），龙须藤，学名*Bauhinia championii*，英文名Champion Bauhinia。常绿攀缘藤本，有卷须。花白色。花期夏秋两季。[②]

kau¹（gaeu）是“藤”，ʔe:n⁵（enq）即“燕”。其叶分叉如燕子尾，壮名即因此而得。

这是石山地区常见的植物，人们常砍作柴薪，或用其藤条捆绑柴火。其根、藤可入药。产后虚弱，用龙须藤50克，加姜、酒、水，炖猪脚服食。胃痛胀气，用干龙须藤根25克，煮水服或炖猪肚食。

ʔon¹meu²ha:u¹（oenmeuzhau），南蛇簕，学名*Caesalpinia minax*，英文名Whiteflower Caesalpinia。有刺藤状灌木。根圆柱状，深黄色。茎和叶轴上有散生的钩刺。荚果有密刺。种

①覃海宁、刘演主编：《广西植物名录》第91页，北京：科学出版社，2010年。学名、英文名见中国科学院植物研究所编《新编拉汉英植物名称》第764页。犁头草正名为长萼堇菜。

②钟济新主编：《广西石灰岩石山植物图谱》第113页，南宁：广西人民出版社，1982年。学名、英文名见中国科学院植物研究所编《新编拉汉英植物名称》第96页。

子4~5粒，坚硬，黑色。[①] 农家小孩常捡其种子来玩耍。

南蛇簕丛生于旷野、路旁。农民也把它种作园圃的围篱。中暑发痧、发烧燥热时，常用其嫩茎叶煮水喝，可解痧气，退烧。

ʔon[1]（oen）是"刺，荆棘"，meu[2]（meuz）为"猫"，haːu[1]（hau）即"白，白色"。其茎近淡白色，刺如猫爪，壮名因此而得。

oenmeuzhau　**南蛇簕**

ko[1]fɯŋ[2]ma[4]lau[2]（gofwngzmaxlaeuz），骨碎补（槲蕨），学名*Drynaria fortunei*，英文名Fortune's Drynaria。常附生于石上、墙上或树上。根状茎横走，肉质，密被黄色或棕黄色卷曲鳞片。[②]

跌打骨折，用骨碎补块茎、小叶榕叶子和韭菜根一起捣烂，敷患处。挫伤、扭伤或肩周炎、颈椎疼痛，用骨碎补块茎、小叶榕的气生根、樟树枝叶等煮水，热敷疼痛处。小儿疳积厌食，用骨碎补15克，研成粉末，同瘦猪肉蒸吃。

①江苏新医学院编：《中药大辞典》下册第1566页，上海：上海科学技术出版社，2007年第9次印刷。学名、英文名见中国科学院植物研究所编《新编拉汉英植物名称》第138页，该条汉名记为"南蛇勒"；而《中药大辞典》里用"南蛇竻"。通常两广说粤语的人称植物的刺为"簕"。《广西中药资源名录》此条即以"南蛇簕"为"喙荚云实"的别名。

②钟济新主编：《广西石灰岩石山植物图谱》第319页，南宁：广西人民出版社，1982年。学名、英文名见中国科学院植物研究所编《新编拉汉英植物名称》第276页。

gofwngzmaxlaeuz　骨碎补

fɯŋ²（fwngz）是"手"，ma⁴lau²（maxlaeuz）即"马骝"，猴子的别称。其根茎上的细鳞片呈茸毛状，似猴爪，壮名因此而得。《壮汉词汇》第340页该条标为gofwngzmaxlauz，有误，lauz 应是 laeuz。马山还称骨碎补为 ko¹ma¹ȵuŋ⁵（goma' nyungq），意指其根状茎的细鳞片毛茸茸犹如卷毛狗。ma¹（ma）是"狗"，ȵuŋ⁵（nyungq）即"糟乱"。

ko¹rɯːŋ¹rok⁸kai¹（goriengroeggae），井栏边草（凤尾草），学名*Pteris multifida*，英文名Chinese Brake、Huguenot Fern、Serrulate Brake、Spider Brake。多年生草本。根状茎短而硬。叶簇生，叶柄绿色或褐色。常见于沟边、井边、墙脚砖缝、园边阴湿处。[①]

①广西兽医研究所编著：《兽医中草药彩色图谱》第204页，南宁：广西科学技术出版社，1996年第2次印刷。学名、英文名见中国科学院植物研究所编《新编拉汉英植物名称》第591页。

外伤出血，用适量鲜井栏边草捣烂，敷伤处。痢疾，用井栏边草100克，地桃花根50克，煮水，冲蜜糖，日服3次，能止痢。新生儿肚疼拉肚子，壮语说是ɕa³。病儿常啼闹不安，不肯吮乳，用井栏边草、灯笼草、两面针各适量煮水，将滚烫的药水倒入盆中，以热药之气熏婴儿的屁股，待水温适宜后，再给婴儿洗浴。以药先熏后浴治病，这是壮族人的智慧。

vaetdauz　地桃花

rɯːŋ¹（rieng）即“尾”，rok⁸（roeg）是“鸟”，rok⁸kai¹（roeggae）是“野鸡”，古书称为“雉”。因其叶披散如同山鸡尾，故壮语以此命名。

maːk⁷ȵaːu³kai⁵（maknyaujgaeq），枳椇，又称鸡爪子，学名*Hovenia acerba*，英文名Raisin Tree。高大落叶乔木，高20~25米，胸径可达1米。外皮褐色。嫩枝被棕色短茸毛。叶互生，阔卵形或卵形，长 7~17 厘米，宽 4~10 厘米，顶端尖，基部截形或心形，边缘有齿。聚伞圆锥花序顶生兼腋生。核果球形，直径 6~7 毫米，熟时棕色。种子棕色或紫黑色。花期 5~6 月，果期 9~12 月。木材坚硬、细致，纹理直，容易干燥，不挠曲，常开裂，可用作建筑材料，制作家具、农具等。[①]

①中国科学院华南植物研究所编，吴德邻主编：《广东植物志》第四卷第267—268页，广州：广东科技出版社，2000年。学名、英文名见中国科学院植物研究所编《新编拉汉英植物名称》第367页。

当作水果食用的是枳椇的果柄。其果柄肥厚扭曲，分枝，弯曲处肥大。直径3~5毫米，肉质，外表光亮，红褐色。每年秋末成熟，味很甜。果柄有健胃及补血的功效。民间常取果柄蒸熟后泡酒饮服，具有一定的补虚补血作用。

因其果柄弯曲开叉，形如鸡爪，故壮语以此命名。ȵaːu³（nyauj）即“爪子”，kai⁵（gaeq）是“鸡”。

maknyaujgaeq　枳椇

（四）以颜色命名

壮家人常据某一显著部位的颜色来给植物命名，这种名称能使人联想到植物的色彩。如白菜叫 pjak^{7}haːu^1（byaekhau），绿豆叫 tu^{6}heu^1（duhheu），苋菜分红、青、斑三种，于是有 pjak^{7}rom^{1}hoŋ^2（byaekroemhoengz）、pjak^{7}rom^{1}heu^1（byaekroemheu）和pjak^{7}rom^{1}raːi^2（byaekroemraiz）之称。haːu^1（hau）是“白”，heu^1（heu）是“青”，hoŋ^2（hoengz）是“红”，raːi^2（raiz）是“花斑，斑纹”。野生植物也是如此，如：

wa^{1}kjai^{5}heːn^3（va' gyaeqhenj），束花石斛，学名*Dendrobium chrysanthum*，英文名Goldenflower Dendrobium。多年生附生草本。茎圆柱形，不分枝，干后浅黄色或黄褐色。叶长圆状披针形，先端锐尖。伞形花序几乎无花序柄，每 2~6 朵花为一束。萼片和花瓣淡黄色、奶黄色至金黄色。花期 9~10 月。①

wa^1（va）是“花”，kjai^5（gyaeq）是“蛋”，heːn^3（henj）是“黄”，意即“蛋黄色的花”。束花石斛也叫大黄草，药用部分是其茎秆，通称石斛。味甘，性微寒，能滋阴，清热生津。束花石斛泡水当茶饮，对脾胃虚、口干烦渴的糖尿病患者有相应的辅助疗效。

ko^{1}wa^{1}haːu^1（govahau），龙葵，学名*Solanum nigrum*，英文名Black Nightshade，广西民众俗称龙葵为白花菜。一年生草本。茎直立，上部多分枝。花白色。果球形，嫩时青色，熟时黑色，味甜。喜生于村边、路旁、荒地草丛中。②

龙葵能治小便不利、感冒发热咳嗽。民众常用其嫩枝、嫩叶做汤、做菜。咽喉疼痛、口腔发炎等，用龙葵煮汤喝，亦菜亦药，一举两得。因能做菜，故也叫 pjak^{7}wa^{1}haːu^1（byaekvahau），白花菜得名缘由即此。在民间，人们多知白花

①广西药用植物园编：《药用植物花谱　4》第277页，重庆：重庆大学出版社，2009年。学名、英文名见中国科学院植物研究所编《新编拉汉英植物名称》第250页。

②广西兽医研究所编著：《兽医中草药彩色图谱》第262页，南宁：广西科学技术出版社，1996年第2次印刷。学名、英文名见中国科学院植物研究所编《新编拉汉英植物名称》第687页。

菜之名，医家及植物学家则多称为龙葵。研究发现，有野生的白花菜为超富集植物，镉离子含量超标，需谨慎食用。

byaekvahau　白花菜

maːk[7]fei[2]（makfeiz），火果，学名*Baccaurea ramiflora*，英文名Burmese Grape。乔木。高 4~10 米。树皮灰褐色。小枝圆柱形。果卵形或近球形，长 2~2.5 厘米，直径为 1.5~2 厘米，接近成熟时黄红色。花期 3~4 月，果期 6 月。火果喜湿润环境，生于山谷、溪边杂木林中，土山石山均能适应。果序长达30厘米，常生于老干上，成串下垂，果色黄红如火，很显眼，完全成熟时果色变成紫红或紫黑色。[①]

此物壮名即因果色而得。果多汁，味酸甜。龙州、凭祥、靖西、那坡一带常有售，是人们喜爱的野果之一。壮族学者范宏贵

①钟济新主编：《广西石灰岩石山植物图谱》第82页，南宁：广西人民出版社，1982年。壮族植物学家韦发南先生告知，此树壮名是因其果颜色如火而得。但大新县的友人侬兵先生（壮族）则称此物是因其果仁可治火伤烫伤而得名。今二说并存于此。若后者属实，则其得名应该归入以用途命名之类。学名、英文名见百度百科https://baike.baidu.com/item/火果/3493868?fr=aladdin，2016年9月1日搜索。

教授告知，此果在泰国、老挝一带已驯化栽培为普通水果。

这类表示颜色的词常常出现在小类别词之后，而不单独跟大类别词结合。如赤豆可以说 ko^{1}tu^{6}hoŋ^{2}（goduhhoengz）或 tu^{6}hoŋ^{2}（duhhoengz），但不说 ko^{1}hoŋ^{2}（gohoengz）。上述的 ko^{1}wa^{1}haːu^{1}（govahau）亦可简称为 wa^{1}haːu^{1}（vahau）。

（五）以气味命名

很多植物具有强烈的气味，或者香气芬芳浓郁，或者臭气刺鼻难闻。但不论好闻与否，气味的确能用来区分植物，所以壮语中有不少植物用气味来命名。像 kau^{1}rot^{7}ma^{1}（gaeuroetma）鸡屎藤又叫狗屁藤，就因该植物揉烂后有一股臭气如同狗屁而得名。ɕin^{1}hau^{1}（cinhaeu）臭椿也因其全株有强烈气味而得 hau^{1}（haeu）之名。ɕin^{1}（cin）是“椿”，hau^{1}（haeu）是“臭”。此外，常见的还有下列这些植物：

pjak^{7}hoːm^{1}（byaekhom），芫荽，学名*Coriandrum sativum*，英文名Coriander。一年生草本，全株有芳香气味。花白色或淡紫色。果球形，直径约1.5毫米。①

这是常见蔬菜，用作调味品。除菜用外，消化不良、腹胀、胃痛，可用鲜芫荽30克煮水服。痔疮、便血、痢疾带血，把芫荽籽炒脆研成粉末，用开水冲服，每次6克，每日2次，连服7日。人们因其气味香浓而称之为 pjak^{7}hoːm^{1}（byaekhom）。pjak^{7}（byaek）是“菜”，hoːm^{1}（hom）即“香”。

pjak^{7}hau^{1}（byaekhaeu），蕺菜，学名*Houttuynia cordata*，英文名Heartleaf Houttuynia。多年生草本。全株揉碎有鱼腥味，故汉语别名叫鱼腥草。茎上部直立，下部伏地。触地的节上生不定根。叶面暗绿色，叶背有时紫红色。多生于水边低洼阴湿之处。也有栽培。②

①黄燮才主编：《实用中草药原色图谱（二）》第294页，南宁：广西科学技术出版社，2008年第5次印刷。学名、英文名见中国科学院植物研究所编《新编拉汉英植物名称》第211页。

②广西兽医研究所编著：《兽医中草药彩色图谱》第335页，南宁：广西科学技术出版社，1996年第2次印刷。学名、英文名见中国科学院植物研究所编《新编拉汉英植物名称》第367页。

byaekhaeu 蕺菜

pjak⁷hau¹（byaekhaeu）是因其鱼腥气味而得名，hau¹（haeu）即“臭”。部分壮家人在吃生鱼片时喜欢配上蕺菜，认为它能解鱼腥味。把它当作香菜来吃的确别有一番风味。有些地方则称其为 pjak⁷hoi⁶（byaekhoih）。hoi⁶（hoih）义为“搅拌，搅动”。pjak⁷hoi⁶（byaekhoih）是因拌入酱料里当作调味品而得名。

除了用作调味香料，蕺菜尚可入药。感冒咳嗽，用蕺菜捣烂，以开水冲泡，滤出草渣，调入蜜糖服，能化痰止咳。

hei⁵waːi²（heiqvaiz），青蒿，学名*Artemisia apiacea*，英文名Celery Wormwood。一年生或二年生草本，全株有强烈气味。茎直立，分枝多。嫩叶绿色，老叶黄褐色。花小而多，淡黄色，球形。花期夏季。生长于荒坡野地或路旁。[①]

青蒿有一股类似水牛身上散发的气味，壮名即因此而得。hei[5]（heiq）是“气”，waːi[2]（vaiz）是“水牛”。

青蒿可入药。中暑发痧，烦腻欲呕，用青蒿嫩枝叶100克捣烂，冷开水浸泡，滤汁服食。小儿发烧，将150克嫩青蒿扎成束，切平，用来搓擦患儿额头、胸部、背部、四肢，可退烧；或用青蒿煮水洗澡，同样有效。

中药称青蒿为茵陈。俗话说“二月茵陈三月蒿，四月变老当柴烧”，青蒿的老株常割来当柴薪。因其气味浓烈，折来烧火时若飞溅入锅，饭菜就会有异味。

（六）以味道命名

以味道命名的植物，多半是可以食用的。这是人们长期向大

heiqvaiz　青蒿

①江苏新医学院编：《中药大辞典》上册第1226页，上海：上海科学技术出版社，2007年第9次印刷。学名、英文名见中国科学院植物研究所编《新编拉汉英植物名称》第73页。

自然索取食物所形成的记忆，这种记忆通过植物名称而一代传给一代，如：

ko^{1}tum^{6}（godumh），茅莓，学名*Rubus parvifolius*，英文名Japanese Raspberry。攀缘状灌木。茎、枝、叶柄、花梗密被柔毛及钩刺。春季开花，粉红色。聚合果，球形，肉质，熟时橙红色，味酸甜可食。丛生于旷野草坡中。[①]

壮族民众因其果味酸甜而称之为 maːk^{7}tum^{6}（makdumh）或 lɯk^{8}tum^{6}（lwgdumh），即“茅莓果”。tum^{6}（dumh）是“糖和盐混合的味道”，也指“混合的甜味”。如糖与盐串味，甜中带咸，或糖汁里加醋，甜中带酸，均可叫 tum^{6}（dumh）。着眼于果实，也叫它作 ko^{1}lɯk^{8}tum^{6}（golwgdumh）或 ko^{1}maːk^{7}tum^{6}（gomakdumh）；着眼于钩刺，则叫作 ko^{1}ʔon^{1}tum^{6}（gooendumh）。

①广西壮族自治区革命委员会卫生管理服务站编：《广西中草药》第二册第48页，南宁：广西人民出版社，1970年。学名、英文名见中国科学院植物研究所编《新编拉汉英植物名称》第640页。

godumh　茅莓

同样以 tum^{6}（dumh）命名的，还有蛇莓。

ko^{1}tum^{6}hoŋ^{2}（godumhhoengz），蛇莓，学名*Duchesnea indica*，英文名Indian Mock Strawberry。多年生匍匐草本，全株有毛。春季开黄色小花。果半球形，熟时鲜红色，状似杨梅果，故称地杨梅。生长于田边、沟溪边湿润处。①

蛇莓植株有小毒，农家有时将其鲜草捶烂，投入粪坑、阴沟、废坑等处，用以杀灭孑孓、蝇蛆。

因蛇莓果味与茅莓近似，均为酸甜味，而且果形接近，故壮语视两者为同类，皆以 tum^{6}（dumh）命名。只是蛇莓果鲜红艳目，所以又叫 tum^{6}hoŋ^{2}（dumhhoengz）、lɯk^{8}tum^{6}hoŋ^{2}（lwgdumhhoengz）或 maːk^{7}tum^{6}hoŋ^{2}（makdumhhoengz）。从这一点上看，它既因味道，又因颜色而得名。

ko^{1}θom^{3}mei^{5}（gosoemjmeiq），酢浆草，学名*Oxalis corniculata*，英文名Creeping Oxalis、Creeping Lady's Sorrel。多年生草本。全株有酸味，匍匐状。花黄色，花期在夏秋两季。生长于田间、地头或空旷处。②

酢浆草可入药。挫伤扭伤肿痛，用鲜酢浆草、鲜韭菜根、鲜骨碎补各等份，一起捣烂，用米酒炒热敷伤处。尿路感染，用酢浆草、车前草各100克煮水，当茶喝。

人们因其酸味近似于醋味，故以此命名。θom^{3}（soemj）是“酸”，mei^{5}（meiq）是“醋”。

ko^{1}θom^{3}θaːn^{1}（gosoemjsan），雀梅藤，学名*Sageretia thea*，英文名Hedge Sageretia。常绿藤状灌木。小枝灰褐色，有刺状短枝。叶卵状椭圆形，长1~4厘米，宽1~3厘米。花小，淡黄色，芳香。果近球形，成熟时黑色，味酸甜可食。花期10月，果期次年3~4月。生长于山坡、谷地等

①广西壮族自治区革命委员会卫生管理服务站编：《广西中草药》第二册第51页，南宁：广西人民出版社，1970年。学名、英文名见中国科学院植物研究所编《新编拉汉英植物名称》第278页。

②广西中药资源普查办公室编著，方鼎主编：《广西中药资源名录》第70页，南宁：广西民族出版社，1993年。学名、英文名见中国科学院植物研究所编《新编拉汉英植物名称》第506页。

处的灌木丛中。也有人在园边将其栽为篱笆。[1]

雀梅藤的老根扭曲苍劲，常被当作盆景种植。不仅其果可食，嫩叶也可代茶，有较好的利咽化痰作用。

θaːn¹（san）是“子仁”，如 tu⁶naːm⁶ θaːn¹（duhnamh san）花生仁，hau⁴θaːn¹（haeuxsan）白米、精米。壮名因其果味酸甜而得。

至于蔬菜水果中的 lɯk⁸ham²（lwghaemz）苦瓜、lɯk⁸maːn⁶（lwgmanh）辣椒、maːk⁷kaːm¹（makgam）柑果等，也是因味道而得名的。ham²（haemz）是“苦”，maːn⁶（manh）是“辣”，kaːm¹（gam）是“甘，甘甜”。

（七）以收获时节命名

按收获时节来命名的，多是农作物或者园艺植物。这些植物是人们有目的去种植的，到了一定时节，它们会成熟而产生经济效益，如：南瓜就有 kwa¹θei⁵（gvaseiq）四月瓜、kwa¹lok⁸（gvaloeg）六月瓜、kwa¹peːt⁷（gvabet）八月瓜，豇豆也有 tu⁶θei⁵（duhseiq）四月豆、tu⁶lok⁸（duhloeg）六月豆、tu⁶peːt⁷（duhbet）八月豆，桃子有 taːu²θei⁵（dauzseiq）四月桃、taːu²lok⁸（dauzloeg）六月桃，芋头有 pɯːk⁷ɕou¹（biekcou）秋芋、pɯːk⁷toŋ¹（biekdoeng）冬芋。除了用固定的时间词来区分，早熟品种都能冠以 ɕau⁴（caeux）。如 hau⁴ɕau⁴（haeuxcaeux）早稻、tu⁶ɕau⁴（duhcaeux）早熟豆、jaːŋ²ɕau⁴（yangzcaeux）早玉米。ɕau⁴（caeux）是“早”。晚熟品种则冠以 laːu⁴（laux）。如 hau⁴laːu⁴（haeuxlaux）晚稻、kwa¹laːu⁴（gvalaux）晚熟南瓜。laːu⁴（laux）是“老”。生物变老需要的时间长，故引申为晚熟。

（八）专名译自汉语

这类植物大多是农作物和园艺植物，有经济价值或

①钟济新主编：《广西石灰岩石山植物图谱》第176页，南宁：广西人民出版社，1982年。学名、英文名见中国科学院植物研究所编《新编拉汉英植物名称》第645页。

实用价值，而且以引种品种居多，如pjak^{7}po^{5}ɕaːi^{4}（byaekbohcai）菠菜、maːk^{7}po^{5}lo^{6}（makbohloz）菠萝等。通常引进年代早的植物用老汉借词，如meːk^{8}（meg）麦、kwe^{1}hoŋ^{2}（gvehoengz）西瓜。而新近引进的植物，广西壮语北部方言区多按汉语西南官话的语音来借入，如kaːi^{4}laːn^{6}（gailanz）芥蓝、niŋ^{2}muŋ^{3}ʔaːn^{5}（ningzmungjanh）柠檬桉等；南部方言区许多地方则依粤语方言来吸收新植物名称，其读音如同老汉借词，如西红柿叫kam^{1}kat^{7}（gaemgaet），即粤语方言“金吉”的读音。

按西南官话语音借入的新植物名称有个明显的特点：它们通常由大类别词或小类别词加上新借入的专名来构成，如ko^{1}keːn^{4}ma^{6}（gogenmaz）剑麻、fai^{4}ʔaːn^{5}ɕi^{4}（faexanhci）桉树。这种半音译半注解的命名方式，待人们对这类植物比较熟悉之后，就只用后边的专名。专名为双音节或多音节的植物，更是如此，如jaːŋ^{4}ji^{6}kwei^{6}（yang'yizgveiz）向日葵、ʔo^{5}ki^{5}θan^{3}（ohgihsaenj）莴苣等。当然，这种方法是古已有之。像θik^{8}lou^{4}（sigloux）石榴、ɕa^{2}laːt^{8}（cazlad）吴茱萸（茶辣），人们就单用其专名。

cazlad 吴茱萸

上面的讨论仅是一般情形。不过，有些植物的名称比较特殊，如：pjak⁷ʔboːn⁵（byaekmbonq），赤苍藤，学名*Erythropalum scandens*，英文名Climbing Erythropalum。木质藤本，全株有鱼腥味。茎常有黄白条纹。叶近圆形，长6~20厘米，宽5~15厘米，叶背面粉绿色。①

①钟济新主编：《广西石灰岩石山植物图谱》第168页，南宁：广西人民出版社，1982年。学名、英文名见中国科学院植物研究所编《新编拉汉英植物名称》第302页。

赤苍藤的嫩茎、叶是上好的野菜，可做汤，可爆炒，味道鲜美。壮族民众因此而把它归入菜类。赤苍藤可入药，有清热利尿、消炎止痛之效。

壮语中，ʔboːn⁵（mbonq）是"床"。无论是从字义上看，还是从相关的各种用途看，目前还没有材料说明赤苍藤与床铺有关联。因此，它为何以ʔboːn⁵（mbonq）为名，还是一个谜。壮语南北方言都有此称，可见这一植物名称是相当古老的。

ko¹foːp⁸（gofob），薜荔，也是一种有趣的植物，学名*Ficus pumila*，英文名Climbing Fig。攀缘或匍匐的藤状灌木，全株折断有白色乳汁。茎圆柱形。②

②钟济新主编：《广西石灰岩石山植物图谱》第151页，南宁：广西人民出版社，1982年。学名、英文名见中国科学院植物研究所编《新编拉汉英植物名称》第318页。

foːp⁸（fob）的本义是洗衣物时"搓揉，揉捣"，尤其是指在水边的石头上一边泼水，一边拍捣。

ko¹foːp⁸（gofob）幼株的叶子小而薄，茎如细铁丝，常紧贴石壁、墙或大古树的根部生长。随着树龄增大，茎渐渐变粗，叶片也变得长而宽阔，与幼时迥然不同，往往被误作两种植物。人们把不结果的幼株叫作ko¹ɕɯːŋ²θeːŋ¹（gociengzseng），盖因其喜欢攀附于墙壁。ɕɯːŋ²（ciengz）是"墙"，副词的"常"也是ɕɯːŋ²（ciengz），θeːŋ¹（seng）是"生"。因而ɕɯːŋ²θeːŋ¹（ciengzseng）构成双关语：一为"墙生"，一为"常生"。后一义是因为它常攀附于干硬的石壁上也能生存长大，故而得名。

薜荔除 ko^{1}foːp^{8}（gofob）和 ko^{1}ɕɯːŋ^{2}θeːŋ^{1}（gociengzseng）两种名称外，尚因其果实略似杆秤的秤砣，故而称为 maːk^{7}to^{2}ɕaŋ^{6}（makdozcaengh）。to^{2}（doz）即“砣”，也有些地方读作 ta^{2}（daz）；ɕaŋ^{6}（caengh）即“秤”。这种一物多名的现象生动地展示了人们不同角度的观察侧重点。

薜荔的果实被称为 lɯk^{8}foːp^{8}（lwgfob）或 maːk^{7}foːp^{8}（makfob），即“凉粉果”，是因为果内的种子能拿来做凉粉。人们采来薜荔成熟的老果，把它剖开，取出里面的种子晾干备用。做凉粉时，将一两根芭蕉放入温开水中捏成泥。用一张干净的纱布将薜荔的种子包裹好，束成团，置于温开水中搓揉，捏捣，直至种子中的粉质被挤压出来。然后静置，待水变凉后，就形成透明的稠糊状半流体，拌上糖水，这便是解暑的上佳食品凉粉。

做凉粉时，要把薜荔的种子放到水中用力揉捣，所以就用这个特定动作来给它命名。可见 ko^{1}foːp^{8}（gofob）因用途而得名，但它绕了一个弯，以暗喻的手法来表达。

ko^{1}ʔan^{1}（goaen），菜豆树，学名*Radermachera sinica*，英文名Asia Belltree。落叶乔木，高可达12米。树皮锈黑色。树冠伞形，枝叶下垂。叶两面绿色。夏季开花，花大，花冠喇叭状，白色或淡黄色。①

ʔan^{1}（aen）在此是 ʔan^{1}ʔdoi^{5}（aenndoiq）“器物”、to^{4}ʔan^{1}（doxaen）“用器”的意思。此树材常用来制作家具，其壮名因此而得，即“做器物的树”。

菜豆树是石山地区常见树种，能耐高温干旱，在山坡向阳之处生长得很好。其根能在石缝中穿插而过，土地瘠薄处也能长成大树。木材可用作建筑材料，也可锯为板材，制作家具。ko^{1}ʔan^{1}（goaen）菜豆树与 ko^{1}reːn^{6}

①钟济新主编：《广西石灰岩石山植物图谱》第276页，南宁：广西人民出版社，1982年。学名、英文名见中国科学院植物研究所编《新编拉汉英植物名称》第602页。

（gorenh）苦楝木、θa^{1}mok^{8}（samoeg）杉木并称壮乡三大木工用材。其材质软硬适中，易加工，不招虫，做家具不易翘裂、变形。木工行话如今还说“ko^{1}ʔan^{1} to^{5} to^{4} ʔan^{1}（Goaen doq doxaen）”，意即“菜豆树可打器物”。

菜豆树的生长速度相当快，是石山地区理想的速生绿化树种之一。若能连片种植，经济效益必然很可观。除了作为木材使用，菜豆树还可以入药。中暑发痧，用鲜叶煮水搓洗全身，可退烧，解暑气。跌打损伤，用根煮水服，或用根浸泡米酒服，或用鲜叶捣烂外敷均可。

很自然，人们的观察角度不同，一些植物也会相应有不同的名称。比如桑树，学名*Morus alba*，英文名White Mulberry①，着眼于用途，人们称之为ko^{1}noːn^{1}θei^{1}（gononsei）。noːn^{1}（non）是“虫”，θei^{1}（sei）是“丝”。这是因桑叶用于喂蚕而得名。因桑葚能食，着眼于果实，也有人叫桑树为ko^{1}tum^{6}kaːi^{1}（godumhgai），tum^{6}（dumh）是“糖和盐混合的味道”，kaːi^{1}（gai）是“卖”，意指桑葚是可卖之果。同样着眼于果实，都安、大化、马山一带还有人称桑树为ko^{1}tum^{6}neːŋ^{5}（godumhnengq）。tum^{6}（dumh）既指果的味道，又使人联想到蛇莓、草莓类浆果的形状；neːŋ^{5}（nengq）则指桑葚悬挂摇荡之状。这是多视角兼顾的命名方式。桑树还有ko^{1}neːŋ^{2}nuːŋ^{4}（gonengznuengx）之名，neːŋ^{2}（nengz）是“飞虫，虫子”，nuːŋ^{4}（nuengx）是“弟，妹”，这是指“弟妹们采叶子喂蚕虫之树”的意思。而ko^{1}θaːŋ^{1}（gosang）、ko^{1}θaːŋ^{6}（gosangh）、ko^{1}wuːŋ^{2}θaːŋ^{1}（govuengzsang）等，是壮汉“合璧”词。θaːŋ^{1}（sang）是“桑”的老汉语借词读音，θaːŋ^{6}（sangh）是“桑”的新汉语借词读音，wuːŋ^{2}θaːŋ^{1}（vuengzsang）是“黄桑”的老汉语借词读音。

①广西兽医研究所编著：《兽医中草药彩色图谱》第402页，南宁：广西科学技术出版社，1996年第2次印刷。学名、英文名见中国科学院植物研究所编《新编拉汉英植物名称》第473页。

gononsei 桑树

综合前述可见，无论是植物各部位的名称，还是植物名称的结构规律，它们都反映出了壮家人对植物有别具一格的认识。多角度、多层次的命名方式，更进一步显示出壮族植物知识的独特性。壮族对植物的命名有时经过多种途径，融入了不同的文化背景，因而这类植物名称显得比较抽象，一些古老的植物专名有时甚至不可解释。然而就总体情况来看，形象、直观的植物名称占多数，词义多数是可以解释的。人们根据植物的主要用途或形态特征，从不同角度来命名，这些生动传神、富有个性的名称，充分表明了壮家人对植物的仔细观察和深入了解。从用词的次序上看，壮语名词大多数是中心成分在前，修饰成分居后。反映到植物名称上，其层级关系鲜明地体现了这一语法特色。大类别词 ko^1 肯定要出现在小类别词或专名之前。这种从高到低排列的语言特色又进一步突显了植物名称的民族特色。

第二章　植物的分类

壮族对植物不是按照科学概念进行分析与归类，而多是凭借经验来分类。受生存环境的影响以及本地区传统文化的熏陶，同时也由于观察的重点不同，壮族人民对植物的命名有自己的语言规则。细心挖掘，可以看到壮族对植物的分类与其他民族的不完全吻合，即使在邻近地域不同的壮语方言区内，壮家人对植物的分类也未必完全一致。壮族虽没有植物学方面的发生学分类法，但人们在漫长的历史发展过程中，通过采集、砍伐、园艺、饮食等，积累了不少相关的知识。借助植物名称及对植物性状的描述，壮家人将这些知识转化为生产生活经验，一代传给一代，从而形成了自己的植物知识体系和分类系统。

壮族的植物分类主要体现在植物的命名方法上，很多植物的壮名呈现出比较一致的系统性。这种命名方法的系统性表明了人们对某种植物的了解程度，以及该种植物与其他类似植物的区别特点。毫无疑问，因观察的出发点不同，对植物的分类会有不同方法，而且每种方法都没有穷尽性地涵盖全部植物，所以说壮族对植物的分类只是一种经验的积累。

一、自然状态的分类

自然状态的分类指人们在自然环境中对植物的一般认识与分类。这种分类依据大致有三种：一是依据植物对生存环境的选择性，是石山植物或是土山植物；二是人工栽培或是野地自然生长；三是体形的大小。

广西的地貌以石山和丘陵土坡为主要形态，分别代表两种地理地貌的 pja^{1}（bya）石山和 lu:k^{8}（lueg）丘陵土山就成了植物的分类标志。石山地带和丘陵土坡地带的地理环境差异是很大的。因地理环境不一样， 生长于石山地区的植物要受干旱、高温的考验。石山地带裸露的岩石表面在夏天烈日暴晒下可达70摄氏度以上。① 因缺水少土，植物在这种环境下生长较为迟缓，故多数树木的木质比较坚硬。而生长于丘陵地带的树木，因土层深厚，容易吸收水分，生长较为迅速，故部分树木的木质较为松软，易于加工。根据这些特点，壮语按 pja^{1}（bya）石山、lu:k^{8}（lueg）丘陵土山，把各种林木分为两大类。

比如材用林木，石山地区出产的称为 fai^{4} pja^{1}（faex bya），即“石山树木”。fai^{4}ʔan^{1}（faexaen）菜豆树就是一种典型的石山材用林木。著名的珍稀植物 fai^{4}ji:n^{5}（faexyienq）蚬木、fai^{4}lui^{3}（faexluij）金丝李、fai^{4}ŋa:ŋ^{2}（faexngangz）肥牛树等，都是典型的石山植物。丘陵土山出产的，称为 fai^{4} lu:k^{8}（faex lueg），即“坡谷树木”。θa^{1}mok^{8}（samoeg）杉树就是丘陵地带典型的优质林木。像 fai^{4}rau^{1}（faexraeu）枫树、fai^{4}ke^{1}（faexge）马尾松都是丘陵土山的常见植物。

作薪炭柴枝用的植物，同样分为 fɯn^{2} pja^{1}（fwnz bya）、ȵe:ŋ^{4} pja^{1}（nyengx bya）石山柴火，或 fɯn^{2} lu:k^{8}（fwnz lueg）、ȵe:ŋ^{4} lu:k^{8}（nyengx lueg）坡谷柴火。fɯn^{2}（fwnz）是“柴块，柴火”，通常用比较粗大的木头来劈开作燃料，或是不带枝叶的小乔木枝干。如 fɯn^{2} kjo:n^{1}（fwnz gyon）指削掉枝叶只剩主干的柴条，fɯn^{2} ʔdɯn^{5}（fwnz ndwnq）指锯成短截的原木柴火，fɯn^{2} pa:k^{8}（fwnz bag）指把原木锯成短截再劈开的柴块。ȵe:ŋ^{4}（nyengx）是带枝

①钟济新主编：《广西石灰岩石山植物图谱》前言，南宁：广西人民出版社，1982年。

叶的小柴枝。像 ko¹θaːu⁵pat⁷（gosauqbaet）岗松、ko¹nim¹（gonim）桃金娘等，它们只生长在丘陵地带，最主要的用途是当作柴薪，是典型的丘陵土山酸性土壤的指示植物。

部分植物在石山和丘陵土山均有分布，如苦楝树、锥树、野漆树等。石山的苦楝叫 reːn⁶ pja¹（renh bya），丘陵土山的苦楝叫 reːn⁶ luːk⁸（renh lueg）；石山的锥树叫 rei⁵ pja¹（reiq bya），丘陵土山的锥树叫 rei⁵ luːk⁸（reiq lueg）。野漆树同样分成 rak⁸ pja¹（raeg bya）和 rak⁸ luːk⁸（raeg lueg）两种。这些植物不择土壤，能广泛适应各种生存环境，故石山、土山均有所产。

部分植物只在大石山上生长，这些植物已经适应了石山地区干旱少土的环境，如：

ko¹θeːn¹（gosen），崖棕，也叫石山棕，学名*Guihaia argyrata*。灌木状。茎丛生，通常高 0.5 米，少数可达 1 米。叶聚生于茎顶。[①]人们常采崖棕叶或其茎干上的棕毛来编织蓑衣，这种蓑衣叫 puːŋ²θeːn¹（buengzsen），或整丛砍来作柴薪。也有人将其移栽于公园，作为观赏植物。

称为 θeːn¹（sen）的植物还有棕竹。

棕竹叫 ko¹tɯŋ⁴θeːn¹（godwngxsen），通常也叫作 tɯŋ⁴θeːn¹（dwngxsen），学名*Rhapis excelsa*，英文名Broad-leaf Lady Palm。丛生灌木，高 2~3米。茎圆柱形，直径2~3厘米。雄花淡黄色，雌花较大。果近球形，直径2~10毫米。种子一颗，球形，直径约5毫米。[②]

人们常将棕竹的茎干做成 tɯŋ⁴（dwngx）手杖，故以得名。除做成手杖外，还可以做成伞柄。根可入药，用米酒浸泡外用，可治跌打损伤。也有人将其栽种于庭院或公园等处供观赏。

①覃海宁、刘演主编：《广西植物名录》第447页，北京：科学出版社，2010年。

②中国科学院华南植物研究所编，陈封怀主编：《广东植物志》第二卷第448页，广州：广东科技出版社，1998年第2次印刷。学名、英文名见中国科学院植物研究所编《新编拉汉英植物名称》第611页。

dwngxsen　棕竹

θeːn¹（sen）在马山壮语一指声音洪亮、响亮，如：te¹ θɯːn³ ʔdai³ θeːn¹（De swenj ndaej sen），他喊得响亮。二指米饭干硬，如：hau⁴ nei⁴ θeːn¹ laːi¹（Haeux neix sen lai），这米饭太干硬。作为植物专名的 θeːn¹（sen）该作何解，不详。

自生自长的植物多数是野生的，也有一些人工栽培品种逸为野生的。壮语之中表示植物是野生的，通常要冠上 ɕɯ^{4}（cwx）、ʔdoŋ^{1}（ndoeng）、pja^{1}（bya）、rok^{8}（roeg）等词，尤其是同类中有人工栽培的品种时，更是如此。按常规来说，野生植物的品种要比人工栽培的多。

ɕɯ^{4}（cwx）有“荒野”之义，常表示植物是野生的，如 pjak^{7} ɕɯ^{4}（byaekcwx）野菜、maːk^{7}ɕɯ^{4}（makcwx）野果、hau^{4}ɕɯ^{4}（haeuxcwx）野生稻、ɕoŋ^{1}keːp^{7}ɕɯ^{4}（coenggepcwx）野生韭菜。pjak^{7}（byaek）与 maːk^{7}（mak）是小类别词，有人工种植的，也有野生的。一冠上ɕɯ^{4}（cwx），就表明这是野地自生自长之物。

ʔdoŋ^{1}（ndoeng）是“树林，林子”。能带上 ʔdoŋ^{1}（ndoeng）的，多指山野、林中生长的植物，如 pjak^{7}ʔdoŋ^{1}（byaekndoeng）野菜、maːk^{7}ʔdoŋ^{1}（makndoeng）野果、taːu^{2} ʔdoŋ^{1}（dauz ndoeng）野桃、pi^{2}pa^{2} ʔdoŋ^{1}（bizbaz ndoeng）野枇杷、maːk^{7}niːŋ^{5} ʔdoŋ^{1}（makniengq ndoeng）野番桃等。

pja^{1}（bya）是“石山”。植物名称冠以 pja^{1}（bya）的，多属野生植物，如man^{3}pja^{1}（maenjbya）山李果、lei^{2}pja^{1}（leizbya）山梨、man^{2}pja^{1}（maenzbya）山薯。这些植物还有人工种植的品种，因而野生者就用 pja^{1}（bya）来进行区分。

壮家人从园艺的角度把各种植物分成两大类：一类是自生自长的，一类是人工种植的。栽培的植物，主要是粮食作物及各类经济作物。自然生长的，多为森林植物和田头地尾及旷野处的低矮植物。森林植物以乔木、灌木、藤类、蕨类植物为主，村边路旁的野地则以灌丛、草类为主。

rok^{8}（roeg）是“鸟”。冠以 rok^{8}（roeg）的植物通常带有两方面的含义：一是能给鸟类随意叮啄，是山林野地里的植物，无人看管；二是指果实体积较小者，鸟类可以衔食而传播于四野，如 ʔit⁷rok⁸（itroeg）野葡萄（果紫黑色，颗粒小，味酸涩略甜，常用来熬酒，7~8 月间成熟）、lei²rok⁸（leizroeg）野梨、pjak⁷kaːt⁷rok⁸（byaekgatroeg）蔊菜。

野生植物的名称，还有带 faːŋ²（fangz）“鬼”的。这类专名还另指一种栽培植物，人们就把野生者加上 faːŋ²（fangz）来区分。如 kjam⁵faːŋ²（gyaemqfangz）狗肝菜，kjam⁵（gyaemq）作形容词是“紫”，作名词是“山蓝”；waːi⁵faːŋ²（vaiqfangz）黄葵，waːi⁵（vaiq）即“棉花”；θɯ³faːŋ²（swjfangz）牛茄子，θɯ³（swj）即“西红柿”；ho¹faːŋ²（hofangz）石蒜，ho¹（ho）是“蒜”；tu⁶naːm⁶faːŋ²（duhnamhfangz）金钱草，tu⁶naːm⁶（duhnamh）是“花生”。

gyaemqfangz 狗肝菜

duhnamhfangz　金钱草

一些同类植物有体形大小之分。体形大者叫大种，壮语用wa:i^{2}（vaiz）水牛表示；体形小者为小种，用 kai^{5}（gaeq）鸡表示。这是因为水牛是常见的大动物，故以之比喻物体是大个的。如：大蕉叫kjoi^{3}wa:i^{2}（gyoijvaiz），汉语方言因之叫牛蕉；矮秆的小个香蕉叫 kjoi^{3}kai^{5}（gyoijgaeq），人们称之为鸡蕉。姜有hiŋ^{1}wa:i^{2}（hingvaiz）、hiŋ^{1}kai^{5}（hinggaeq），韭菜有çoŋ^{1}ke:p^{7}wa:i^{2}（coenggepvaiz）、çoŋ^{1}ke:p^{7}kai^{5}（coenggepgaiq），葡萄有ʔit^{7}wa:i^{2}（itvaiz）、ʔit^{7}kai^{5}（itgaeq），辣椒有ma:n^{6}wa:i^{2}（manhvaiz）、ma:n^{6}kai^{5}（manhgaeq）。在田阳一带，人们视扁桃与杧果为同类，杧果叫 ma:k^{7}ka:i^{1}wa:i^{2}（makgaivaiz），扁桃叫ma:k^{7}ka:i^{1}kai^{5}（makgaigaeq）。像黄皮，有栽培品种，也有山上野生的。栽培的品种果实较大，叫ma:k^{7}mot^{8}（makmoed），而野生的鸡皮果（学

名*Clausena anisum-olens*）[①]因果实较小，人们就称之为 mot⁸kai⁵（moedgaeq），即“鸡黄皮”之义。

能冠以wa:i²（vaiz）的，常常是同类中的大个者。这种直观的自然形态分类带有一定的原始性，是比较古老的分类法。不过，这种分类法不是要把全部植物进行科学的分类，只能是对其中某一部分植物进行粗略的分类。比如，芭芒类的甜根子草叫ʔe:m¹kai⁵（emgaeq），就没有对应的ʔe:m¹wa:i²（emvaiz）。草莓类的粗叶悬钩子叫 tum⁶wa:i²（dumhvaiz），也没有相应的 tum⁶kai⁵（dumhgaeq）。但不可否认，这种分类方法能让人们认识和区分不同植物的某些特性。

dumhvaiz　粗叶悬钩子

①钟济新主编：《广西石灰岩石山植物图谱》第183页，南宁：广西人民出版社，1982年。

二、传统的分类

根据生长形态和对水的依赖程度，壮族把各种野生植物分成八个层次。对水依赖性大的植物，寿命一般比较短，故被认为生存档次较低。对水依赖性越小的植物，寿命越长，生存档次就越高，壮语称其为 ko^{1} naːi^{6} taːi^{1}（go naih dai）耐死植物，即长命植物。naːi^{6}（naih）是“耐”，taːi^{1}（dai）是“死”。耐得死，自然就是长命了。林木的寿命最长，它们的生存档次最高，不但可以在干旱处成活，而且还能涵养水源，所以谚语有waːt^{7} tam^{2} ɕɯːŋ^{4} pja^{1}，ɕaːu^{6} ʔdoŋ^{1} ɕɯːŋ^{4} na^{2}（Vat daemz ciengx bya，cauh ndoeng ciengx naz）挖塘养鱼，造林养田。这句话的意思是营造树林，就能保障山泉溪水长流。有水才能养鱼和灌溉农田。植物之间的层级关系，是依据它们与水的密切程度来大致划分的。这种观念其实也体现了壮家人对自然界的某种认知经验。

（一）水生植物

在水体中才能存活的，不论其根须是否伸入淤泥中，均属于水生植物，壮语统称为 ko^{1} ʔdaɯ^{1} ram^{4}（go ndaw raemx），意即“水中植物”。各种水藻，漂浮在水面的萍类、水葫芦、水绵等，皆属此类。萍类叫 piːu^{2}（biuz），《方言》载：“江东谓浮萍为薸。”① 萍类细分有 piːu^{2}hoŋ^{2}（biuzhoengz）紫萍、piːu^{2}heu^{1}（biuzheu）浮萍、piːu^{2}nuːn^{2}（biuznuenz）芜萍等好几种。

piːu^{2}hoŋ^{2}（biuzhoengz），紫萍，学名*Spirodela polyrrhiza*，英文名Common Ducksmeat。hoŋ^{2}（hoengz）是“红”。壮名是因该植物的叶背面呈暗红色而得。这是稻田、池塘中的常见植物，河湾之中水流平缓处或杂草丛生处也常常见到紫萍的踪影。②

piːu^{2}heu^{1}（biuzheu），浮萍，学名*Lemna minor*，英文名Common Duckweed。植物体扁平，近圆形、倒卵形或倒卵状椭圆形。根白

①汉语大字典编辑委员会：《汉语大字典》缩印本第1381页，武汉：湖北辞书出版社、四川辞书出版社，1993年。

②中国科学院华南植物研究所编，吴德邻主编：《广东植物志》第四卷第409页，广州：广东科技出版社，2000年。学名、英文名见中国科学院植物研究所编《新编拉汉英植物名称》第696页。

色，长 2~4 厘米。[①] heu¹（heu）是“青”。该植物体上下两面皆青，壮名因此而得。

piːu²nuːn²（biuznuenz），无根萍，也叫芜萍，学名*Wolffia arrhiza*，英文名Rootless Wolffia。[②] nuːn²（nuenz）是“细小”之义。与前边两种相比，无根萍的植物体很小，像沙子一样，几乎见不到它的根。通常是细细的一层粉状物漂浮在水面上，形成一层淡青的颜色。

养鸭大户饲料短缺时，常用这些萍类来拌米糠喂鸭子。人们也常把它们投放到池塘里让鱼类吞食。故也有人称萍类为pjak⁷piːu²（byaekbiuz），视其为菜类。

me²ȵuŋ⁵（meznyungq），金鱼藻，常放在水族箱里跟金鱼一并养着作为观赏植物，故而得名。学名*Ceratophyllum demersum*，英文名Hornwort。水生草本。茎长 40~50 厘米。叶4~12 枚轮生，裂片丝状。全株灰绿色。在池塘、河沟中生长。可作为猪饲料。入药可治内伤出血。[③]

me²（mez）是“水藻”，ȵuŋ⁵（nyungq）是“糟乱，纷乱”。因金鱼藻在水中缠绕成团生长，看似乱糟糟的一团，故而得此壮名。在标准壮文中，金鱼藻叫 mezsaecauj。

ko¹foːk⁸ram⁴（gofobraemx），凤眼莲，也叫凤眼蓝，俗称水浮莲、水葫芦等，学名*Eichhornia crassipes*，英文名Common Water-hyacinth。[④] 多年生草本。茎短，叶柄下部膨大似葫芦，花淡紫色，有黄斑根垂生于水中。常常连片浮生在池塘和湖泊、河湾的静水处。

壮家人认为凤眼莲的叶柄膨大处与薜荔果相似，故亦以lɯk⁸foːk⁸ ram⁴（lwgfobraemx）来为凤眼莲命名。ram⁴（raemx）是“水”，lɯk⁸foːk⁸（lwgfob）是“薜荔”。壮语还称其为pjak⁷pit⁷ ho² fok⁸（byaekbit hoz foeg）。pjak⁷（byaek）是“菜”，

①中国科学院华南植物研究所编，吴德邻主编：《广东植物志》第四卷第410页，广州：广东科技出版社，2000年。学名、英文名见中国科学院植物研究所编《新编拉汉英植物名称》第406页。

②中国科学院华南植物研究所编，吴德邻主编：《广东植物志》第四卷第411页，广州：广东科技出版社，2000年。学名、英文名见中国科学院植物研究所编《新编拉汉英植物名称》第771页。

③中国科学院华南植物研究所编，吴德邻主编：《广东植物志》第三卷第5页，广州：广东科技出版社，1998年第2次印刷。学名、英文名见中国科学院植物研究所编《新编拉汉英植物名称》第172页。

④中国科学院华南植物园编，吴德邻主编：《广东植物志》第八卷第275—276页，广州：广东科技出版社，2007年。学名、英文名见中国科学院植物研究所编《新编拉汉英植物名称》第282页。

pit^{7}（bit）是“鸭”，ho^{2}（hoz）是“脖子”，fok^{8}（foeg）是“肿大”，直译是“脖子肿大的鸭菜”。缺少青饲料时，可用凤眼莲来喂鸭和喂猪，故将其归入 pjak^{7}（byaek）菜类。

凤眼莲原产于拉丁美洲和非洲，除用作饲料以外，尚可入药，有清凉解毒的功效。凤眼莲还能吸收水中的汞、铅、镉等重金属元素，但因生长繁殖快，常壅塞水面，被视为造成严重危害的外来入侵物种。

同样被称为 pjak^{7}（byaek）的，还有 pjak^{7}ʔbeːŋ^{5}（byaekmbengq）田字草，也称为蘋，学名*Marsilea quadrifolia*，英文名Pepper Wort、Water-clover、Water Shamrock。水生草本。根状茎纤细，节上生根和叶。叶浮于水面或伸出水面，具长柄，有叶片4枚，呈“十”字形排列；叶片倒三角形，顶端圆形。生长于水田、水沟中。① 可入药，有清热、利水、解毒之效。疮疖肿痛、淋巴结炎，将田字草捣烂，敷患处。急性结膜炎，用鲜草捣烂取汁冲开水服，并用水煎洗患眼。小便赤痛，即急性尿路感染，用田字草煮水当茶喝。

人们有时用田字草作饲料，故称其为 pjak^{7}（byaek）。ʔbeːŋ^{5}（mbengq）在马山壮语里是“小块，小片”之义，也充当量词使用，如：

ʔbaɯ^{1} ɕei^{3} nei^{4} teːŋ^{1} lɯk^{8}ȵe^{2} θik^{7} ku^{6} ti^{5} ʔbeːŋ^{5} ti^{5} ʔbeːŋ^{5}.

Mbaw ceij neix deng lwgnyez sik guh di mbengq di mbengq.

张　纸　这　被　小　孩　撕　作　点　片　点　片

这张纸被小孩撕成一小片一小片的了。

haɯ^{3} mɯŋ^{2} θoːŋ^{1} ʔbeːŋ^{5} kan^{1}na^{3}.

Hawj mwngz song mbengq gaennaj.

给　你　二　片　巾脸

给你两条毛巾。

田字草是一叶柄上长四小片叶子，犹似一张叶片被分成了四小

①中国科学院华南植物园编，吴德邻主编：《广东植物志》第七卷第319页，广州：广东科技出版社，2006年。学名、英文名见中国科学院植物研究所编《新编拉汉英植物名称》第450页。

块，即 θei^{5} ʔbeːŋ^{5}（seiq mbengq），故以此得名。

除了上述数种，还有 me^{2}keːp^{7}（mezgep）、ʔbin^{3}ram^{4}（mbinj-raemx）等不知学名的水生植物。值得注意的还有 me^{2}θei^{1}（mezsei）水绵。me^{2}（mez）是“水藻”，θei^{1}（sei）是“丝”，意即“丝状水藻”。水绵形状如细丝，常聚集成团浮在水面。

水绵，学名为 *Spirogyra* Link①，种类不少。壮族地区的水绵应属何种，不详。当它成团浮生在静水处时，被称作 me^{2}θei^{1}（mezsei）而归入水藻类。当它附生在堤坝、岸边岩石、水池壁边的水面上时，多叫作 tau^{2}rei^{2}（daeuzreiz），此时它与苔藓同名。

同物异名与同名异物现象在壮语之中相当普遍，水绵的壮名就是典型一例。但更为特殊的是，水绵 tau^{2}rei^{2}（daeuzreiz）之名能兼指水生与陆生植物。

（二）苔藓植物

苔藓是在阴湿地方依附于地表或在其他物体上生长的细小绿色植物，其根、茎、叶都不太明显。壮语对苔藓没有更细的分类，只有 tau^{6}lok^{8}（daeuhloeg）和 tau^{2}rei^{2}（daeuzreiz）两种。苔藓植物对水的依赖性相当大。

tau^{6}lok^{8}（daeuhloeg）是“青苔”，背阴潮湿处生长的一种暗绿色植物。因其过于细小，只是绿幽幽的一薄层，犹如地表上撒了一层绿色的火灰。tau^{6}（daeuh）是“火灰，灰烬”，lok^{8}（loeg）即“绿，绿色”。tau^{6}lok^{8}（daeuhloeg）在天井、井台或石头的背阴处很常见。

tau^{2}rei^{2}（daeuzreiz）是比 tau^{6}lok^{8}（daeuhloeg）略大的苔藓，肉眼可见其假根和茎叶。通常是高度很整齐的一片，青绿色，着生于潮湿处。老墙根、老井台、大树根等处很常见。

壮语北部方言的 ei 到了武鸣有一部分对应演变为 ai，所以 tau^{2}rei^{2}（daeuzreiz）在《壮汉词汇》中按武鸣语音记为 tau^{2}rai^{2}（daeuzraez）。然而书中列的义项只是水绵②，苔藓的义项却未标出。tau^{6}lok^{8}

①水绵的学名见中国科学院植物研究所编《新编拉汉英植物名称》第696页。

②广西壮族自治区少数民族语言文字工作委员会研究室编：《壮汉词汇》第179页，南宁：广西民族出版社，1984年。

（daeuhloeg）列作它的方言词。

在马山，tau^{6}lok^8（daeuhloeg）所指的对象与 tau^{2}rei^2（daeuzreiz）稍有区别。tau^{6}lok^8（daeuhloeg）很细小，而 tau^{2}rei^2（daeuzreiz）有叶有假根，体形要比 tau^{6}lok^8（daeuhloeg）大。

tau^{2}rei^2（daeuzreiz）之所以一名指二物，是因为水绵初生之际，其毛茸茸的形态犹如苔藓。何况水位一下降，水绵干后萎缩，粘附在石壁之上，也形成一层暗绿色，若不细察，就以为它与 tau^{6}lok^8（daeuhloeg）同为一物。

从 tau^{2}rei^2（daeuzreiz）一词可以看出，它既可以指水生植物水绵，也可以指陆生植物苔藓。这两者固然有某些相似点，比如都是青翠的颜色、细小的体形，对水都有很大的依赖性，但是它们的差异还是很大的。苔藓虽然喜欢湿润的环境，但它毕竟是陆生植物；水绵却是离不开水的植物，必须在水体中才能存活。

可见，壮家人把附生于水边的水绵视为苔藓类，其实是把它当作介于水生与陆生之间的过渡性植物。苔藓喜欢湿润，从本质上说，它并没有完全脱离水体。

这一实例表明，专业的植物研究人员与一般民众对植物的观察是有较大差距的，观察的着眼点不一样，深入细致的程度也不尽相同。况且，民间的分类方法受传统观念支配，一种事物的得名是社会公众约定俗成的，而这种约定又是先辈们一代代往下传的。这种概念的归类，或者说是植物的命名，似乎更多依赖于民族传统文化因素的传承。

（三）菌类植物

菌类在壮语中通称为 rat^7（raet）或 lɯk^{8}rat^7（lwgraet），指着生于朽木、腐草等上面的伞状、片状或植株状的低等植物。菌类植物对水分的依赖性相当大，气温高、湿度大的雨季容易生长。冬季低温干旱，菌类只有在潮湿避风之处才能见到。壮语对菌类的命名，有两种方式最常见：

一是按着生物来命名。长在稻草上就称为 rat^{7}fɯːŋ^2（raetfiengz），即“稻草菇”。长在杂草堆上的，叫 rat^{7}ha^2（raethaz），即“草菇”。长在锥木上的就叫 rat^{7}rei^5（raetreiq），即“锥耳”。长在松木上的，就叫 rat^{7}çoŋ^2（raetcoengz）或 rat^{7}ke^1（raetge），即“松口蘑”或“松茸菌”。长在刺桐木上的，叫 rat^{7}toːŋ^2

（raetdongz），即“桐蕈”，toːŋ^2（dongz）是 ko^{1}toːŋ^2（godongz），即“刺桐”。

二是按颜色来命名。比如 rat^{7}ʔdam^1（raetndaem）黑木耳、rat^{7}ŋan^2（raetngaenz）银耳、rat^{7}raːi^2（raetraiz）花菇、rat^{7}haːu^1（raethau）白口菇等等。ʔdam^1（ndaem）是“黑”。ŋan^2（ngaenz）是“银”，常指白色或银白色。raːi^2（raiz）是“麻，花麻，花斑”。haːu^1（hau）是“白”。

采用其他方式命名的也有。比如 rat^{7}hoːm^1（raethom）是“香菇”，rat^{7}nai^1（raetnae）是“冬菇”。hoːm^1（hom）是“香”，nai^1（nae）是“霜，雪”。

壮家人对菌类一般比较注意其中的两大类，即 rat^{7}tok^8（raetdoeg）毒菌和 rat^{7}kɯn^1（raetgwn）食用菌。tok^8（doeg）是“毒”，kɯn^1（gwn）是“吃”。不慎误食前者，轻者头晕、舌麻、呕吐，重者昏迷、神经麻痹，更严重者则有性命之虞。后者因味道鲜美、营养丰富，具有相当高的经济价值，所以受到人们的重视。日常生活中，老人及经验丰富者很注意向年轻人传授这两类菌的分辨方法。

一般说来，色彩艳丽、形状怪异者，多为毒菌。如 rat^{7}paːk^8（raetbag）疯菇、rat^{7}faːŋ^2（raetfangz）鬼菇，均是色彩斑斓的毒菇。paːk^8（bag）是“疯，狂”，faːŋ^2（fangz）是“鬼”。再如 rat^{7}riːu^1（raetriu）笑菇，也是一种毒菇。① riːu^1（riu）是“笑”。它与 rat^{7}fɯːŋ^2（raetfiengz）稻草菇的形状比较近似，七八月份时常见于烂稻草堆上。但其色泽比 rat^{7}fɯːŋ^2（raetfiengz）稻草菇白亮、明丽，菇盖也比较大，而且较薄。若误拿它来煮食，中毒者因神经中枢受麻痹而哈哈大笑。若抢救不及时，会导致昏迷，甚至危及生命。

①这三种毒菇均为地方名，正名、学名为何，待考。

虽有毒菌，但人们不会因噎废食。各种食用菌味道鲜美，很受人们喜爱。壮乡山野的食用菌中，以下列几种经济价值较高：

rat^{7}ha^2（raethaz），草菇，学名*Volvariella volvacea*，英文名Straw Mushroom。菌丝为浅白色，半透明。开始生长时，草菇的菌伞和菌柄外面

包着一层黑色菌膜。成熟而未采集者，即成开伞菇。草菇具有兰花般的浓郁芳香，故又叫兰花菇。因常生长于稻草上，所以又称为稻草菇①，壮语的 rat^{7}fuːŋ^{2}（raetfiengz）即因此得名。

草菇肉质肥嫩，味道鲜美，富含蛋白质、脂肪、维生素等，是著名的食用菌。

rat^{7}hoːm^{1}（raethom），香菇，学名*Lentinus edodes*，英文名Shiitake。菌丝白色，茸毛状。菌盖圆形，展开呈伞状，表面多为褐色或暗褐色。菌柄白色，圆柱形。②

香菇是著名的食用菌之一，其香味独特，有“菇中之王”“菜蔬之冠”的美誉。香菇有春季收获及冬季收获的两种。冬季收获者又叫 rat^{7}nai^{1}（raetnae），意为“经霜之菌”，即“冬菇”。nai^{1}（nae）是“霜，雪”。因为香菇褐色的伞盖上常带有一些浅黄色的花斑点，故又称为 rat^{7}raːi^{2}（raetraiz），即“花菇”。raːi^{2}（raiz）是“花斑，花纹”。香菇常着生于倒下的朽烂枫木上，所以又有 rat^{7}rau^{1}（raetraeu）“枫菇”之名。rau^{1}（raeu）即“枫”。

rat^{7}fai^{4}（raetfaex），黑木耳，学名*Auricularia polytricha*，英文名Black Fungus。黑木耳是着生于阴湿腐朽树干上的菌类，韧胶质，初期为杯状，后渐变为耳状或叶状，紫灰色。通常夏秋季采收。③

黑木耳颜色紫灰，壮语也称为 rat^{7}ʔdam^{1}（raetndaem），ʔdam^{1}（ndaem）即“黑”。其营养价值高，含铁量丰富，所含的植物胶质是一种对人体特别有益的天然滋补剂。民间认为，黑木耳的胶质有较强的吸附力，能起清理体内有害物质的作用。接触粉尘较多的行业（如矿山、冶金、建筑、纺织、理发等）的从业人员，把木耳和猪血视为两大保健食品，经常食用，认为这两者能清除体内粉尘。壮语还称木耳为 kjon^{5}fan^{4}（gyoenqfaenx），kjon^{5}（gyoenq）是“挤，压挤，驱赶”，fan^{4}（faenx）是“灰尘，尘粉”。常食黑木耳有较好的降血黏作用。

①学名、英文名见中国科学院植物研究所编《新编拉汉英植物名称》第769页。

②学名、英文名见中国科学院植物研究所编《新编拉汉英植物名称》第406页。

③黄燮才、杨松年主编：《实用中草药原色图谱（四）》第2页，南宁：广西科学技术出版社，2009年第4次印刷。

木耳的上佳品种即云耳，学名*Auricularia auricula*，英文名Jew's Ear、Judas's Ear。① 干燥的云耳要比木耳稍薄稍小。两者的味道及功效都相差不大。

除草菇、香菇、木耳以外，壮族地区常见的食用菌还有金针菇，壮名rat^{7}kim^{1}çim^{1}（raetgimcim），学名*Flammulina velutipes*，英文名Velvet Foot。② 金针菇的籽实体比较小，多数成束生长，菌盖呈球形或扁半球形。菌柄长3.5~15厘米，白色或淡黄褐色。肉质柔软有弹性，营养丰富，赖氨酸含量很高，很受人们喜爱。kim^{1}（gim）是"金"，çim^{1}（cim）是"针"。

rat^{7}ka^{1}kai^{5}（raetgagaeq），鸡腿菌，也叫鸡腿菇、毛头鬼伞，学名*Copyinds comatus*。③ 因其形态略似鸡腿而得名。菌柄直径3~5厘米，高9~11厘米，表面淡褐色，菌肉白色。因生长周期短，易栽培，且营养价值高而普遍受到人们的喜爱，是我国大宗栽培的食用菌之一。ka^{1}（ga）是"腿"，kai^{5}（gaeq）是"鸡"。

此外，rat^{7}ke^{1}（raetge）松口蘑（学名*Tricholoma matsutake*，英文名Matsutake Mushroom）和 rat^{7}haːu^{1}（raethau）白口蘑（学名*Tricholoma album*，英文名White Tricholoma）④ 也都是常见的普通食用菌。

根据云南的壮族同胞介绍，仅云南的野生食用菌就有200余种，文山一带有壮名可查的野生菌即达50多种。⑤ 这是一个很有经济价值的有待开发的领域，如能充分挖掘这些野生资源，将其转化为农业常规生产，不仅可以增加农民收入，还能改善城乡民众的饮食。

在人们看来，最有名且最有经济价值的菌类是灵芝。田林、西林一带的壮语称其为 rat^{7}ʔdaːŋ^{5}（raetndangq），学名*Ganoderma lucidum*，英文名Glossy Ganoderma。多孔菌科真菌。菌盖肾形，红褐色、红紫色或暗紫色，干品有漆样光泽。微有苦涩之味。

①黄燮才、杨松年主编：《实用中草药原色图谱（四）》第2页，南宁：广西科学技术出版社，2009年第4次印刷。学名、英文名见中国科学院植物研究所编《新编拉汉英植物名称》第90页。

②学名、英文名见中国科学院植物研究所编《新编拉汉英植物名称》第320页。

③鸡腿菌学名引自百度百科https://baike.baidu.com/item/鸡腿菇/4168332?fr=aladdin，2020年1月30日搜索。

④学名、英文名见中国科学院植物研究所编《新编拉汉英植物名称》第740页。

⑤此为云南文山的陆生雄先生告知，并提供相关图片资料。

raetndangq　灵芝

煮水服食，有抗肿瘤、降血脂、降血糖的功效，能补气安神，止咳平喘。[①] ʔdaːŋ^{5}（ndangq）是“黑斑，斑纹”，因部分灵芝菌盖上有褐黑色或紫黑色斑块而得名。另外，一些灵芝的颜色为暗红色，故也有人称之为 rat^{7}hoŋ^{2}（raethoengz）。hoŋ^{2}（hoengz）是“红”。灵芝是著名药材，需求大，野生品种根本满足不了社会需求。因此，灵芝的人工栽培规模逐步扩大，以满足社会需要。

归入 rat^{7}（raet）类值得一提的还有 rat^{7}rin^{1}（raetrin）。rat^{7}rin^{1}（raetrin）是“地衣”，学名*Lichenes*，英文名Lichen[②]，是由菌类和藻类组成的共生体，着生于石头表面坑洼积水

①徐国钧、王强主编：《中草药彩色图谱》第874—875页，福州：福建科学技术出版社，2006年。学名、英文名见北京外国语学院英语系《汉英词典》编写组编《汉英词典》第434页，北京：商务印书馆，1982年。

②广西中药资源普查办公室编著，方鼎主编：《广西中药资源名录》第9页，南宁：广西民族出版社，1993年。英文名见《新英汉词典》编写组编：《新英汉词典》增补本第732页，上海：上海译文出版社，1990年。

处。rat^{7}rin^{1}（raetrin）虽名为 rat^{7}（raet），但却不是单纯的菌类。干旱时，rat^{7}rin^{1}（raetrin）只是薄薄的一层，暗青色或灰绿色。一下雨有水，即膨润起来，犹如木耳一般。其壮名即因此而得。

地衣虽无经济价值，但其生物意义却不一般。它能在水的作用下腐蚀石灰岩，并且吸收空中飞扬的尘埃。年长日久，有 rat^{7}rin^{1}（raetrin）的坑洼里就会形成一层泥尘灰土，尘土积累到一定的厚度，稍遇雨水，植物种子就有可能在这些地方成活生长。可以说，地衣虽不显眼，但它是大石山的绿化先行者。

（四）蕨类植物

大部分蕨类植物在壮语中称为 kut^{7}（gut）。蕨类植物有真正的根，也有茎和叶。其生长环境多为森林、山野的阴湿处，对水的依赖相当大，但有一定的耐旱能力。蕨类植物有的可入药，有的可当作菜，有不少可以提取淀粉。其中一些品种还可以作为观赏植物，移栽于庭院和公园，或作为盆景栽培。

蕨类植物以铁芒萁最为常见，广西的丘陵土坡几乎随处可见。铁芒萁叫 ko^{1}kut^{7}（gogut），学名*Dicranopteris linearis*，英文名Linear Forked Fern。植株蔓生，根状茎粗约 3 毫米，棕色。叶柄长约60厘米，呈管状，中间有一条筋状物。叶柄幼时基部被棕色毛，后变光滑。叶面绿色，叶背灰白色。①

铁芒萁最大的用途是充当燃料，丘陵地带的民众常常割它来烧饭做菜。菜农也常用来垫在冬瓜、节瓜、瓠瓜等藤蔓下，不让这些瓜类接触地面，以免烂掉。

蕨类植物中，桫椤被列为国家一级保护植物，是珍稀的孑遗树种。桫椤亦叫树蕨，在环江叫 kut^{7}liːŋ^{2}（gutliengz），学名 *Alsophila spinulosa*，英文名Spiny Alsophila。大型蕨类植物，茎高可达4米，叶片大，丛生于茎干顶端。② 其大型羽状复叶形如凤尾，碧绿生辉，形象美观，颇耐观赏。liːŋ^{2}（liengz）是“凉”，

①中国科学院华南植物园编，吴德邻主编：《广东植物志》第七卷第47页，广州：广东科技出版社，2006年。学名、英文名见中国科学院植物研究所编《新编拉汉英植物名称》第260页。

②中国科学院华南植物园编，吴德邻主编：《广东植物志》第七卷第75页，广州：广东科技出版社，2006年。此书以刺桫椤为正名。学名、英文名见中国科学院植物研究所编《新编拉汉英植物名称》第44页。

因其大叶可以遮阳纳凉，故以此得名。也有人称之为 kut⁷liːŋ³（gutliengj），liːŋ³（liengj）是“伞”，意指高大的桫椤犹如一把张开的巨伞。

在马山，桫椤叫 kut⁷kwa³huŋ¹（gutgvajhung），入药时叫龙骨风。huŋ¹（hung）是“大”，kwa³（gvaj）指“叶子张开的”。用 kwa³（gvaj）来命名的植物，叶子一般是羽状或深裂状居多。如 ko¹pei²kwa³（gobeizgvaj），蒲葵，学名*Livistona chinensis*，英文名Chinese Fan Palm。[①] pei²（beiz）即“扇子”，pei²kwa³（beizgvaj）即“蒲扇”。蒲葵虽然不是蕨类植物，但叶子是深裂状，故以 kwa³（gvaj）命名。

①广西兽医研究所编著：《兽医中草药彩色图谱》第504页，南宁：广西科学技术出版社，1996年第2次印刷。学名、英文名见中国科学院植物研究所编《新编拉汉英植物名称》第429页。

gobeizgvaj　**蒲葵**

kut⁷kwa³（gutgvaj），乌毛蕨，学名*Blechnum orientale*，英文名Oriental Blechnum。多年生草本。根状茎粗壮，直立，木质，密披线形褐色鳞片。叶簇生，一回羽状复叶。小叶片多数，互生，无柄。生长在山沟边，或坡下林荫湿地处。[②] 乌毛蕨别名叫龙船蕨，中医称贯众。性凉，可清热解毒，能杀虫、止血，治流感、

②广西壮族自治区革命委员会卫生管理服务站编：《广西中草药》第二册第96页，南宁：广西人民出版社，1970年。学名、英文名见中国科学院植物研究所编《新编拉汉英植物名称》第121页。

gutgvaj 贯众

流脑、乙脑、腮腺炎、蛔虫病、钩虫病等。壮名因其羽状复叶大且深裂而得。

kut^{7}kwa^{3}lek^8（gutgvajleg），半边旗，学名*Pteris semipinnata*，英文名Semi-pinnated Brake。凤尾蕨科植物。叶疏生，叶柄直立，质硬，光亮；叶片为卵状披针形，二回半边深羽裂，顶生羽片三角形至阔披针形，中下部有近对生的半羽状羽片。根状茎长，被黑褐色鳞片。① 性凉，味辛涩，可清热解毒，止泻止血，可治痢疾、痈疮、小外伤出血等。lek^8（leg）即“细小”。

不少蕨类植物在民间相当受重视，如：

lɯk^{8}kut^7（lwggut），肾蕨，学名*Nephrolepis auriculata*，英文名Tuberous Sword Fern。附生或土生草本。根部有许多卵状块茎，外被黄色茸毛。叶簇生。生长于石窝石缝处，

①广西兽医研究所编著：《兽医中草药彩色图谱》第240页，南宁：广西科学技术出版社，1996年第2次印刷。学名、英文名见中国科学院植物研究所编《新编拉汉英植物名称》第591页。

或溪涧旁。[1] 因其块茎似籽实，故以此得名。luuk^{8}（lwg）即“子”。

肾蕨块茎入药可治痢疾。农家上山砍柴，常挖取肾蕨，洗净后生嚼，可解暑止渴，预防发痧。

kut^{7}keu^{3}（gutgeuj），海金沙（金沙蕨），学名*Lygodium japonicum*，英文名Japanese Climbing Fern。多年生草本。茎常缠绕他物，分枝多。地下茎横走。常生于园边、路旁杂草丛中，或坍塌的旧屋老墙根阴湿处。[2] keu^{3}（geuj）即“缠绕”。

海金沙可利尿消肿，用于治疗尿路感染、肾炎、结石等。藤清热通经络，可用于治疗风湿肿痛、尿路感染、中风偏瘫等。鲜叶捣烂外擦，可治毒虫咬伤。

①广西壮族自治区革命委员会政治工作组卫生小组编：《广西民间常用中草药手册（一）》第180页，南宁：广西人民出版社，1970年。学名、英文名见中国科学院植物研究所编《新编拉汉英植物名称》第486页。

②广西壮族自治区革命委员会政治工作组卫生小组编：《广西民间常用中草药手册（一）》第198页，南宁：广西人民出版社，1970年。学名、英文名见中国科学院植物研究所编《新编拉汉英植物名称》第437页。

gutgeuj　海金沙

pjak^{7}kut^7（byaekgut），蕨菜，学名*Pteridium aquilinum*，英文名Eagle-fern、Bracken Fern。①多年生草本。根茎长，横生于地下。新长出的嫩芽叫 ȵoːt^{8}kut^7（nyodgut），ȵoːt^8（nyod）即“新芽，嫩芽”。因嫩芽可食，人们常采来当作菜，故称为蕨菜，其壮名亦因此而得。其老叶柄黄褐色，高者有1米以上。蕨草中它属高大者，故又叫 kut^{7}kaːŋ^6（gutgangh）大蕨草。kaːŋ^6（gangh）是指同类中的大者，如 kuŋ^5 kaːŋ^6（gungqgangh）大虾子、ȵuŋ^2 kaːŋ^6（nyungzgangh）大蚊子。

pjak^{7}kut^7（byaekgut）的根茎含有淀粉。饥荒年头，老百姓将其挖取洗净，剖开，以水浸泡，滤出淀粉以作为充饥之食。蕨可入药。外伤出血，可用鲜蕨叶捣烂敷伤口，能止血止痛。

此外，尚有许多蕨类植物，如：kut^{7}ʔdam^1（gutndaem），扇叶铁线蕨，又称黑脚蕨，学名*Adiantum flabellulatum*，英文名Flabelate Maidenhair；② kut^{7}ʔdoːk^7（gutndok），福建观音座莲，又称马蹄蕨，学名*Angiopteris fokiensis*， 英文名Fokien Angiopteris。③ ʔdoːk^7（ndok）即“骨头”。这些都是多用途的

①学名、英文名见中国科学院植物研究所编《新编拉汉英植物名称》第591页，该书给的汉名是欧洲蕨。

②广西兽医研究所编著：《兽医中草药彩色图谱》第470页，南宁：广西科学技术出版社，1996年第2次印刷。学名、英文名见中国科学院植物研究所编《新编拉汉英植物名称》第28页。

③学名、英文名见中国科学院植物研究所编《新编拉汉英植物名称》第58页。

byaekgut　蕨菜

gutndaem　扇叶铁线蕨

药材。

不过，蕨类也不完全以 kut^{7}（gut）命名，如：

θeu^{3}ma^{1}ŋeːŋ^{5}（seujma’ ngengq），金毛狗蕨，学名 *Cibotium barometz*，英文名East Asian Tree Fern、Scythian Lamb。①其根茎可提取淀粉。ma^{1}ŋeːŋ^{5}（ma’ ngengq）是“狗崽”，θeu^{3}（seuj）是“小”，汉借词。其根茎有黄色的茸毛，状如小狗，壮名即因此而得。前述的ko^{1}fɯŋ^{2}ma^{4}lau^{2}（gofwngzmaxlaeuz）骨碎补，也不以kut^{7}（gut）命名。这两种蕨都以根茎的特征来命名，着眼点不一样，命名方式也就产生差异了。

①广西壮族自治区革命委员会卫生管理服务站编：《广西中草药》第二册第274页，南宁：广西人民出版社，1970年。学名、英文名见中国科学院植物研究所编《新编拉汉英植物名称》第185页。

seujma’ ngengq　金毛狗蕨

狗脊

（五）草类植物

草类在壮语中泛称为 ȵa^{1}（nya）或 ko^{1}ȵa^{1}（go'nya），如：na^{2} hɯn^{3} ȵa^{1}（Naz hwnj nya）田长草，kiːm^{2} ȵa^{1}（giemz nya）拔草，ɕaːk^{7} ȵa^{1}（cak nya）锄草。ȵa^{1}（nya）除了作名词，还作形容词，表示“茂密的，杂草丛生的”，如：ʔdoŋ^{1} ȵa^{1}（ndoeng nya）密林，lo^{6} ȵa^{1}（loh nya）杂草丛生的小路（荒野小径）。头发长了不理不剪，说是 kjau^{3} ȵa^{1}（gyaeuj nya），意即“头发蓬乱”如杂草丛生。

ȵa^{1}（nya）是草的泛称，其中还可以分出五小类，即 ȵɯ^{3}（nywj）、rum^{1}（rum）、ȵaŋ^{5}（nyaengq）、ha^{2}（haz）、ʔeːm^{1}（em）。

ȵɯ^{3}（nywj）是“青草”，多指茎秆低矮、叶子细长的草，常用来喂马、牛、羊。如：ȵɯ^{3} ma^{4}（nywj max）马草；laːŋ^{6} waːi^{2} pai^{1} kɯn^{1} ȵɯ^{3}（Langh vaiz bae gwn nywj），放牛去吃草；kwe^{3} ȵɯ^{3} ʔoi^{5} ɕo^{5} pja^{1}waːn^{4}（Gvej nywj oiq coq byavanx），割嫩草喂草鱼。

常见的青草如 ȵɯ^{3}laːm^{6}waːi^{2}（nywjlamhvaiz），牛筋草，学名 *Eleusine indica*，英文名Goosegrass、Wiregrass。① 因根系发达，入土深且牢固，茎坚韧，把牛拴到草丛上，它便无法挣脱，故以此得壮名。laːm^{6}（lamh）即“拴”，waːi^{2}（vaiz）是“水牛”。

ȵɯ^{3}rɯːŋ^{1}ma^{1}（nywjriengma），狗尾草，学名*Setaria viridis*，英文名Green Bristlegrass。② 因草籽成穗，呈圆柱状，形如小狗的尾巴得名。rɯːŋ^{1}（rieng）是“尾巴”，ma^{1}（ma）即“狗”。

ȵɯ^{3}ʔdoːk^{7}（nywjndok），硬骨草，亦叫铺地黍，学名*Panicum repens*，英文名Torpedograss。其根白，粗硬，且常呈疙瘩状，颇似骨节，故以此得壮名。③ ʔdoːk^{7}（ndok）是“骨头”。

rum^{1}（rum）是“杂草”，多指耕作区内各种知名或不知名，与农作物争肥料的草。如：rum^{1}ɕit^{8}（rumcid），即 ko^{1}ɕit^{8}mou^{1}（gocidmou）莎草，学名*Cyperus rotundus*，英文名Nutgrass

①学名、英文名见中国科学院植物研究所编《新编拉汉英植物名称》第286页。

②覃海宁、刘演主编：《广西植物名录》第500页，北京：科学出版社，2010年。英文名见中国科学院植物研究所编《新编拉汉英植物名称》第678页。

③学名、英文名见中国科学院植物研究所编《新编拉汉英植物名称》第512页。

①学名、英文名见中国科学院植物研究所编《新编拉汉英植物名称》第237页。

Galingale。[1] 其地下块茎即中药香附。çit[8]（cid）即“荸荠”，莎草因地下块茎与荸荠颜色相类而得此壮名。

gocidmou　莎草

lwgcidmou　香附

rum^{1}（rum）相对于农作物而言是杂生于田间的野生植物，故称为杂草。

ȵaŋ^{5}（nyaengq）作名词是“乱草，草丛”，指那些长得又高又密而且蓬乱的丛生草。俗语 ʔaːu^{4} ma^{1} hau^{3} ȵaŋ^{5}（Aux ma haeuj nyaengq）唆使笨狗钻草丛，ȵaŋ^{5}（nyaengq）用的便是本义。这句话比喻怂恿不动脑筋的人去干蠢事。作形容词时，ȵaŋ^{5}（nyaengq）是“芜秽，荒芜”，如 θuːn^{1} ȵaŋ^{5} lo^{5}（Suen nyaengq lo），菜园荒芜了。由杂草丛生引申为“蓬乱”，如 kjau^{3} ȵaŋ^{5}（Gyaeuj nyaengq），头发蓬乱。

杂草丛生，农民的活计就多了，因此“忙，忙碌，忙乱”也叫 ȵaŋ^{5}（nyaengq）。如：hoːŋ^{1} ȵaŋ^{5}（Hong nyaengq），工作忙；hi^{6} ȵaŋ^{5} hi^{6} mi^{2} θai^{6}（Hix nyaengq hix miz saeh），愈忙乱愈有事。壮语的 laŋ^{2}ȵaŋ^{5}（laengznyaengq）一词，本义即“杂草、藤蔓太长，拦住道路，绊着行人”。要清除阻路的杂草、藤蔓自然是麻烦的事情，故 laŋ^{2}ȵaŋ^{5}（laengznyaengq）转喻为“麻烦，繁琐”，常指事情不好办。《壮汉词汇》解释为“啰嗦，不干脆”①，其实已属再引申的词义了。

ha^{2}（haz）是较高较长并且具有某种用途的草。泛指时，常指能充当燃料的山草，如：ʔau^{1} fɯn^{2} kwe^{3} ha^{2}（Aeu fwnz gvej haz），打柴割草。特指时，专指茅草，如 raːn^{2}ha^{2}（ranzhaz）茅草屋、tiːŋ^{2}ha^{2}（diengzhaz）茅草棚。茅草过去最主要的用途是盖屋顶，故称为 ha^{2}raːn^{2}（hazranz）。此外，它还有 ha^{2}taːi^{3}（hazdaij）、ha^{2}heu^{1}（hazheu）等名称。raːn^{2}（ranz）是“房屋”，taːi^{3}（daij）是白茅的专名，heu^{1}（heu）是“青”。因茅草的叶子常年都是青色，故又有“青茅”之名。

ha^{2}raːn^{2}（hazranz）或 ha^{2}taːi^{3}（hazdaij），白茅，学名*Imperata cylindrica*，英文名Lalang Grass。多年生草本。秆丛生。直立叶扁

①广西壮族自治区少数民族语言文字工作委员会研究室编：《壮汉词汇》第452页，南宁：广西民族出版社，1984年。

平，线形或披针状线形，边缘粗糙，叶鞘边缘和鞘口有白毛。花序圆柱形，有白色丝状毛。根茎横走，密生鳞片，白色，有节，节上生须根。①

白茅根可入药，性凉，清热利水，人们常采来煮凉茶。可解毒消炎，治中暑发痧 θa^{1}ma^{2}（samaz）、尿路感染 ȵou^{6}niːu^{3}（nouhniuj）等。

ha^{2}pi^{2}（hazbiz），龙须草，学名*Eulaliopsis binata*，也作*E.angustifolia*，英文名Common Eulaliopsis。② 这是一种多用途的山草，常常用来编草绳，作为造纸原料。泥水匠把它剁碎，与石灰膏同泡，充当草筋，抿天花板的灰浆时，拌入草筋以增强韧度。

像 ha^{2}ʔdoːk^{7}（hazndok）、ha^{2}ȵuŋ^{5}（haznyungq）、ha^{2}tuːk^{7}teːk^{7}（hazduekdek）③ 等，均是日常烧火用的山草，学名为何，有待考证，但它们都归入 ha^{2}（haz）类。

ʔeːm^{1}（em），芭芒，丛生，是草类中的高大者。在 ko^{1}ȵa^{1}（go'nya）里，ȵɯ^{3}（nywj）的高度最低，rum^{1}（rum）要略高一些，而ȵaŋ^{5}（nyaengq）则比 rum^{1}（rum）更高。ha^{2}（haz）也是比较高的植物，但 ʔeːm^{1}（em）比 ha^{2}（haz）还要高。ʔeːm^{1}（em）的主要用途是当作燃料，嫩叶可喂牲畜或用作绿肥。因其全株富含纤维素，故也用来造草纸。

芭芒中以 ʔeːm^{1}ʔbuːŋ^{1}（emmbueng）斑茅为草类中的最高者，学名*Saccharum arundinaceum*， 英文名Reedlike Sugarcane。多年生草本。秆粗壮，直立，高可超4米，直径可达2厘米。因体形高大，故也叫作大芭芒。叶片带状，边缘有小锯齿。④ 老百姓常割来当作柴薪。

ʔeːm^{1}kai^{5}（emgaeq），甜根子草，俗称小芭芒、割手

①广西兽医研究所编著：《兽医中草药彩色图谱》第226—227页，南宁：广西科学技术出版社，1996年第2次印刷。学名、英文名见中国科学院植物研究所编《新编拉汉英植物名称》第381页。

②学名、英文名见中国科学院植物研究所编《新编拉汉英植物名称》第304页。

③tuːk^{7}teːk^{7} 是个拟声词。这种草烧火时常发出噼啪噼啪的小爆裂声，故以此命名。

④广西兽医研究所编著：《兽医中草药彩色图谱》第482页，南宁：广西科学技术出版社，1996年第2次印刷。学名、英文名见中国科学院植物研究所编《新编拉汉英植物名称》第644页。

芒，学名*Saccharum spontaneum*，英文名Wild Sugarcane，高可达2米以上。[①] 其叶粗韧，边缘有锐利的小锯齿。茎小，直径可达1厘米。嫩根粗，白色，水分多，味甜。tu²hat⁷（duzhaet）竹鼠很喜欢掘土啃咬其根，故山野间常有整丛干枯的甜根子草，在过去，这是很好的柴薪。

从上面的分析可见，青草、杂草、乱草、山草、茅草、芭芒，它们的高度有梯级变化，所指的对象也不完全相同，但皆可称为 ȵa¹（nya）。

（六）藤本植物

介于草木之间的是藤本植物。壮语称藤本为 kau¹（gaeu）。藤本植物之中，不少品种具有可观的经济价值和药用价值。因品种丰富，壮语中以 kau¹（gaeu）构成的名词很常见。像 kau¹kwa¹（gaeugva）南瓜、kau¹kwe¹（gaeugve）丝瓜、kau¹man²（gaeumaenz）红薯以及各种豆类，都是常见的藤本栽培植物。而 kau¹rot⁷ma¹（gaeuroetma）鸡屎藤、kau¹reːn²（gaeurenz）酸藤根、kau¹ɕuk⁷tɯŋ⁴（gaeucukdwngx）宽筋藤、kau¹ȵaːŋ³（gaeunyangj）威灵仙等等，都是常见的藤本草药。

kau¹rot⁷ma¹（gaeuroetma），鸡屎藤，学名*Paederia scandens*，英文名Chinese Fevervine。柔软藤本。茎蔓生，圆形，青灰色，基部木质，全株揉碎后有一股臭青味。叶对生，卵圆形或椭圆形。花白紫色，腋生或顶生。果球形，成熟时草绿色，有光泽。[②]

rot⁷（roet）是"屁"，ma¹（ma）是"狗"，故此物也有狗屁藤的别名。鸡屎藤性平，味微甘涩，能清热解毒，消食化积，化痰止咳，消肿散瘀。可治风湿骨痛、小儿消化不良、肠炎、肾炎等。

kau¹reːn²（gaeurenz），酸藤根，学名*Embelia laeta*，英文名Joyful Embelia。藤状植物，全株无毛。叶互生，全缘，倒卵形或

①学名、英文名见中国科学院植物研究所编《新编拉汉英植物名称》第644页。

②广西兽医研究所编著：《兽医中草药彩色图谱》第308—309页，南宁：广西科学技术出版社，1996年第2次印刷。学名、英文名见中国科学院植物研究所编《新编拉汉英植物名称》第509页。

狭长圆形，有酸味，叶柄短。花淡黄色。果球形，熟时红色或紫黑色，味酸甜。根粗壮，长而弯曲。①

酸藤根常生长在山坡旷野处，其根与枝叶可入药。性平，味酸涩。可消炎灭菌，活血化瘀，收敛止泻，治跌打肿痛、急性肠炎、咽喉疼痛等。

kau[1]çuk[7]tɯŋ[4]（gaeucukdwngx），宽筋藤，学名*Tinospora sinensis*，英文名Caulis Tinosporae Sinensis。缠绕藤本。嫩枝有毛，茎皮灰白色，老枝有凸起的皮孔。叶互生，宽卵形至圆状卵形，先端骤尖，基部心形，叶面青色，叶背灰青色。花腋生。核果鲜红色。常生长于林下灌丛中，攀附在其他植物上。②

①广西兽医研究所编著：《兽医中草药彩色图谱》第506—507页，南宁：广西科学技术出版社，1996年第2次印刷。学名、英文名见中国科学院植物研究所编《新编拉汉英植物名称》第289页。

②广西兽医研究所编著：《兽医中草药彩色图谱》第420—421页，南宁：广西科学技术出版社，1996年第2次印刷。英文名见中药查询 http://m.zhongyoo.com/name/kuanjinteng_206.html，2016年7月27日搜索。

gaeucukdwngx　宽筋藤

宽筋藤即中华青牛胆，药用部分是其藤，性凉，味苦，用于舒筋活络，驱风祛湿。采宽筋藤、榕树的气生根适量，水煮，敷烫患处，可治跌打挫伤、肌腱劳损、肩周炎等。

山间野藤中，猕猴桃和金银花的经济价值也相当明显。

猕猴桃果叫 lɯk^{8}kaŋ^{1}（lwggaeng），其藤称 kau^{1}lɯk^{8}kaŋ^{1}（gaeulwggaeng）。壮族地区较常见的品种为华南猕猴桃，学名 *Actinidia glaucophylla*，英文名Greyleaf Actinidia。木质藤本，长 10 米以上。叶长圆状椭圆形，背面粉绿色至苍绿色。花红色。果长柱形或长圆形，皮薄，黄褐色或黄绿色；果肉细嫩，淡绿色，半透明，多汁液，气味香， 味道酸甜可口。此外，耳叶猕猴桃、京梨猕猴桃、异色猕猴桃、红茎猕猴桃、绵毛猕猴桃、阔叶猕猴桃等也是广西分布比较广的品种。①

①广西科学院广西植物研究所编著：《广西植物志》第一卷第850—857页，南宁：广西科学技术出版社，1991年。学名、英文名见中国科学院植物研究所编《新编拉汉英植物名称》第23页。

lɯk^{8}（lwg）是“子”，kaŋ^{1}（gaeng）是“猿，猴”。壮名的含义是“猴子之果”，因猴子喜食此果而得名。猕猴桃富含维生素，其维生素含量比一般蔬菜瓜果高出许多倍。一些品种的味道非常甜美可口，是非常受欢迎的水果，很有开发前景。

当然，也不是所有品种的猕猴桃都叫lɯk^{8}kaŋ^{1}（lwggaeng）。在环江，黄毛猕猴桃（学名*Actinidia fulvicoma*）就叫 lɯk^{8}tum^{6}nuːŋ^{4}（lwgdumhnuengx）。tum^{6}（dumh）作形容词是“酸甜”或“甜中带咸”，作名词是“草莓果”；nuːŋ^{4}（nuengx）是“弟，妹”。长叶柄猕猴桃（学名 *Actinidia cinerascens*）叫lɯk^{8}kai^{4}hat^{7}（lwggaexhaet）。长叶柄猕猴桃也叫条叶猕猴桃。kai^{4}（gaex）是“粪便”，hat^{7}（haet）是“竹鼠”，意指此种猕猴桃果外形似竹鼠的粪便。别的猕猴桃果实多带茸毛，此种猕猴桃却光滑无毛。其壮名虽俗，但果味道却非常甜美。竹鼠喜欢啃食其根，在竹鼠窝边常见长叶柄猕猴桃，故当地人即以 kai^{4} hat^{7}（gaexhaet）来为这一植物命名。②

②此为广西民族大学文学院2013级硕士研究生覃彬刚同学告知。覃彬刚是环江壮族人，跟随笔者研习壮族语言文化。

lwgdumhnuengx　黄毛猕猴桃

lwggaexhaet　长叶柄猕猴桃

在广西所见的猕猴桃属中，金花猕猴桃（学名*Actinidia chrysantha*）、毛花猕猴桃（学名 *Actinidia eriantha*）、美味猕猴桃 （学名*Actinidia deliciosa*）以及中华猕猴桃（学名*Actinidia chinensis*）都是个头较大、味道鲜美的品种。

猕猴桃在国外原本没有天然分布，但早在1910年之前，美味猕猴桃就被外国引种。新西兰成功将之栽培为商业性水果，后成为该国的重要出口水果。因美味猕猴桃果皮上有粗糙的硬毛，颇似 kiwi（几维鸟，即鹬鸵），故新西兰人就用此名称呼猕猴桃。其实，无论从个头大小还是从味道来比较，中华猕猴桃都不亚于美味猕猴桃。何况中华猕猴桃成熟时茸毛几乎完全脱净，食用时要比布满硬毛的美味猕猴桃便捷很多。从形态上说，中华猕猴桃是该属植物的代表种；从经济价值看，它的发展前景也非常可观，在现代产业和商业中具有很大的开发价值。如能大力种植并培育产品市场，肯定能在国际商贸中形成相应的竞争力。①

金银花是有名的药用植物，入药部分主要是花。代表性植物是山银花，学名*Lonicera confusa*，英文名Wild Honeysuckle。山银花也叫华南忍冬，半常绿藤本。嫩枝、叶柄、总花梗、萼管和苞片均密被灰黄色卷曲短柔毛。叶纸质，卵形或卵状长圆形，长 3~6 厘米，宽 2~4 厘米，顶端急尖。花白色，干后变黄。②

作为药材，金银花不是单一品种，是忍冬科20余种植物的俗称，壮语通称它们为 $wa^{1}kim^{1}ŋan^{2}$（vagimngaenz）。

①广西科学院广西植物研究所编著：《广西植物志》第一卷第861页，南宁：广西科学技术出版社，1991年。

②中国科学院华南植物研究所编，吴德邻主编：《广东植物志》第四卷第309页，广州：广东科技出版社，2000年。学名、英文名见中国科学院植物研究所编《新编拉汉英植物名称》第431页。

忍冬（学名*Lonicera japonica*）、红腺忍冬（学名*Lonicera hypoglauca*）、毛花柱忍冬（学名*Lonicera dasystyla*）、灰毡毛忍冬（学名*Lonicera macranthoides*）等等[①]，都是常用的广西中药材。前些年，国家药典委员会只收载金银花和山银花入药，在业内引起很大的争议。

①叶强编著：《广西多来源药材及混杂品种的调查与考证》第156—157页，南宁：广西科学技术出版社，1989年。

金银花在春末夏初开花，花蕾为白色，开放后渐渐变成黄色。因一丛之中有一白一黄两种花色同现于株上，故人们又称其为 $kau^1θoːŋ^1wa^1$（gaeusong'va）。$θoːŋ^1$（song）即“二”，wa^1（va）是“花”，此名即“二花藤”之义。又因其花开放之际卷曲如同鸡爪，故又称为 $wa^1ȵaːu^3kai^5$（va'nyaujgaeq）鸡爪花。$ȵaːu^3$（nyauj）是“爪子”，kai^5（gaeq）是“鸡”。金银花能清热解毒，可用来治疗感冒发烧咳嗽等。人们常将金银花晾干，暑天泡水当茶饮。金银花茶是解暑佳品。疮疖肿痛，用鲜藤叶捣烂敷患处，有疗效。

金银花因药用价值大而有巨大的经济效益，医家、商家常按季节大量收购。20世纪70年代，马山、忻城、德保等地的大石山区曾有大量人工种植的金银花。$wa^1kim^1ŋan^2$（vagimngaenz）其实语带双关：一指花有金银二色，二指它有经济价值，能给人带来金银。可见，人们对金银花是非常喜爱的。

如前所述，藤类很多都有自身的用途。在生态环境方面，藤本植物比草本植物具有更强的耐旱能力。藤类是山林下层的低矮植被之一，在涵养水源及水土保持方面有巨大的屏障作用。

vagimngaenz　金银花

（七）灌丛植物

灌丛植物指那些丛生的低矮小树木，壮语称为 ɕa²po¹（cazbo）、ɕa²fai⁴（cazfaex）。但指单一品种时，很少用 fai⁴（faex）来与专名结合，原因是这些小树木一般不作为木材使用。不过，ɕa²（caz）倒常与这类小树木的专名结合，表示它们是丛生的，如ɕa² weːŋ³（caz vengj）金樱丛、ɕa² θaːu⁵pat⁷（caz sauqbaet）岗松丛、ɕa² ʔon¹ceu¹（caz oenceu）两面针丛。当然，ɕa²（caz）的使用范围不限于灌丛，如 ɕa² ʔdok⁷（caz ndoek）竹丛、ɕa² rum¹（caz rum）草丛、ɕa² kau¹（caz gaeu）藤丛。丛生的荆棘、小灌木，最大的用途是当作柴薪。除作柴薪以外，许多植物还具有多种用途。比如蔷薇、玫瑰、月季，既可观赏它们的花朵，又可以充当绿篱；栀子花可供观赏，种子可制作染料，也可入药。下举数例，皆属多用途植物。

ko¹jit⁸（goyid），余甘果，学名*Phyllanthus emblica*，英文名Fructus Phyllanthi。落叶乔木或灌木，高达10米。叶革质，椭圆形或线状长圆形，长1~2厘米，宽3~7毫米，互生于小枝上，几无叶柄，极似羽状。春季开小黄花。果球形或扁球形，直径1.2~2厘米，肉质，成熟时浅青黄色，光亮。初入口时味略苦涩，后渐变甘。[①]因口有余甘，故汉名由此而得。余甘果也叫牛甘果、油甘果。

余甘果树皮含单宁质，可提炼栲胶，茎枝可当柴薪。将余甘果树叶晒干，填充枕头，能安神明目。用余甘果叶煮水热敷，可治湿疹、皮肤溃疡。根煮水当茶饮，有降血压的效用。用余甘果根与番石榴嫩叶煮水服，可治肠炎腹泻。咽喉疼痛，久咳不止，用余甘果20颗、枇杷叶10张，煮水服用，有良效。果叫 lɯk⁸jit⁸（lwgyid）或 maːk⁷jit⁸（makyid），可鲜食，也可以腌制成酸品，这是南宁街头四时可见的风味小吃。也有人将余甘果拿来做蜜饯

①中国科学院华南植物研究所编，吴德邻主编：《广东植物志》第五卷第49页，广州：广东科技出版社，2003年。英文名见百度爱词霸在线词典：www.iciba.com/余甘果，2016年7月30日搜索。

goyid　余甘果

和果脯。

余甘果很早就被人们认识，并作为野果食用。宋代范成大在《桂海虞衡志》里已对此物做了记叙。① 余甘果常见为灌木，但也有个别长成小乔木。广西民族大学五坡广场就有一株胸径 23 厘米、高达 6 米的余甘果树，至今依旧年年开花结果。

ʔon^{1}çeu^1（oenceu），两面针，学名*Zanthoxylum nitidum*，英文名Shinyleaf Pricklyash。丛生常绿灌木。根皮淡黄色。茎枝和小叶两面的中脉上有钩刺。春季开白色小花。果球形，熟时暗紫红色。②

①齐治平：《桂海虞衡志校补》第26页，南宁：广西民族出版社，1984年。

②中国科学院华南植物研究所编，陈封怀主编：《广东植物志》第二卷第240页，广州：广东科技出版社，1998年第2次印刷。学名、英文名见中国科学院植物研究所编《新编拉汉英植物名称》第775页。

oenceu　两面针

两面针尚有 $\text{çeu}^1\text{ka:t}^8$（ceugad）、$\text{ma:n}^6\text{çeu}^1$（manhceu）等名称。$\text{çeu}^1$（ceu）是“椒”，因其汉名有山胡椒之称而得；$\text{ma:n}^6$（manh）即“辣”，因搓揉其叶，有一股辣味，故而得名。ka:t^8（gad）独用是“干涸”，但在此应作何解，不详。除充当柴薪以外，医家还常将其入药，具有消炎止痛的效果，可治牙痛、胃痛、风湿骨痛等。治牙痛，可取其叶置于痛牙上嚼含。其根与金樱根、构棘根等同泡米酒，可内服外搽，治跌打肿痛、风湿骨痛。

广西柳州两面针股份有限公司自20世纪80年代把两面针中药牙膏推向市场。这种牙膏含有中药活性成分，能保护牙龈，对一些牙病有一定的疗效，因而曾风靡全国，成了利用本地资源开发成功并形成巨大经济效益的一大品牌。一棵不起眼的山野植物，经科学利用，能产生如此显著的经济效益，这是民族传统医药与现代科技有机结合所展现出的一大优势。

ʔon^{1}çi^{5}（oenciq），构棘，学名*Cudrania cochinchinensis*，英文名Cochinchina Cudrania。直立或藤状灌木，丛生，全株有白色乳汁。根表皮橙黄色或土黄色。果肉质，熟时黄红色。① ʔon^{1}（oen）是“刺”，çi^{5}（ciq）是其专名。构棘的别名有穿破石、假荔枝、饭团簕、蕒芝等。壮语的 çi^{5}（ciq），当与“蕒芝”的“芝”有关联。

①中国科学院华南植物研究所编，陈封怀主编：《广东植物志》第一卷第180页，广州：广东科技出版社，1987年。书中即以“蕒芝”为正名。学名、英文名见中国科学院植物研究所编《新编拉汉英植物名称》第228页。

构棘生长于村边路旁、旷野灌木林中。其硬刺刺人很疼，有一种胀痛感，人们常将它种植在村边园边，作为围篱，利用其茂密的枝条和尖锐的硬刺来阻挡盗贼。构棘根可浸泡药酒，治跌打损伤、风湿骨痛。构棘根、车前草、金钱草煮水服食，治尿路结石。鲜构棘茎枝煮水当茶饮，可治肠胃炎引起的疼痛。疮疖痈肿，将鲜叶捣烂，敷患处，可拔脓消肿。构棘的老茎干用水煮，可制作染布的黄色染料。果成熟时可食或用糖腌。

因构棘常生长在沟边塘边，枝条掉入泥水之中，人下水抓鱼或做工，稍不留神，很容易踩中，故壮语熟语用 ʔon^{1}çi^{5} ʔdaɯ^{1} poŋ^{2}（oenciq ndaw boengz）比喻一些人外表慈善，其实内心很阴毒，或外表似乎文弱，但实际很刚健有力，冷不防就能给人吃一大亏。这话跟汉语的“绵里藏针”十分相似。

lɯk^{8}lut^{7}（lwglut），胡颓子，学名*Elaeagnus pungens*，英文名Thorny Elaeagnus。直立灌木。枝具刺，嫩枝被褐色鳞片。单叶互生，厚革质，椭圆形至阔椭圆形，基部圆形。花白色，1~3 朵簇生于叶腋。果实椭圆形，长 1.2~1.5

lwglut 胡颓子

厘米，成熟时红色，果味酸甜，可生食，也可酿酒或熬糖。根入药可祛风消湿散瘀，叶入药可止咳平喘止痢疾。①

ko^{1}nim^{1}（gonim），桃金娘，学名*Rhodomyrtus tomentosa*，英文名Downy Rosemyrtle。常绿灌木。嫩枝有毛，嫩苗红色。叶对生，椭圆形，全缘，叶面无毛，叶背有白色茸毛。花腋生，粉红色或紫红色。浆果卵形，熟时紫黑色，味甜，可鲜食。②

桃金娘是酸性土壤的指示物，常生长在丘陵地带的黄壤土或红壤土中。石灰岩石山地带很少见到，如有生长，则多在山体中下部的土层较厚处，且土壤为酸性。桃金娘

①黄燮才主编：《实用中草药原色图谱（二）》第260—261页，南宁：广西科学技术出版社，2008年第5次印刷。学名、英文名见中国科学院植物研究所编《新编拉汉英植物名称》第283页。

②广西兽医研究所编著：《兽医中草药彩色图谱》第382—383页，南宁：广西科学技术出版社，1996年第2次印刷。学名、英文名见中国科学院植物研究所编《新编拉汉英植物名称》第628页。

gonim　桃金娘

是速生柴薪林木之一，两年树龄可高2米左右。其木质硬实，烧火很旺，丘陵地带民众常砍来烧火做饭。籽实为著名野果，叫 lɯk⁸nim¹（lwgnim）或 maːk⁷nim¹（maknim）。每年农历七月十四日前后果实成熟，会有人采集来卖。

桃金娘果富含营养成分，有粗脂肪、粗蛋白、粗纤维、糖分和维生素等，有丰富的氨基酸以及人体需要的钙、镁、锰等矿物质。此外，其果、花、叶、根均可入药。叶和果能健脾胃行气血，可收敛、解毒，治肠胃炎、痢疾、便血等；根或茎煮水服，可治血痢、咳喘、肝硬化；根泡酒，可治跌打扭伤；花水煎服，治肺结核咳血。外伤出血，采桃金娘鲜叶捣烂，敷伤处，能收敛止血。果能补气血，健肾固精。除了鲜食，桃金娘果

lwgnim 桃金娘果

还可以用来泡酒、酿酒，酒味香甜，不仅口感好，对神经衰弱及脾虚肾虚者还有一定的疗效。果可以用来制作天然果汁，有一定的护肝作用。根可治肝硬化。

桃金娘果也叫粘子、粘果、豆稔、稔果子、山稔子。“稔”也常写为“捻”。古籍所记的倒捻子、都念子即此物。“粘、稔、捻”三字皆为壮名 nim^1 的记音。粤语称稔果为 $ne\!:\!m^{55}ko^{24}$，广西的西南官话则说 $ni\varepsilon n^{33}kuo^{55}$。$ne\!:\!m^{55}$ 及 $ni\varepsilon n^{33}$ 均属汉语方言阴平调的字。nim^1 在壮语中则专指此树。[①]

从上举数例可见，不少灌丛植物有多种用途，它们与壮乡民众的日常生活有极为密切的关系。

①商壁、潘博：《岭表录异校补》第102页，南宁：广西民族出版社，1988年。该条注解写《桂海虞衡志》有：“都念子者，倒捻子也。树高丈或二三丈，叶如白杨，枝柯长细，子如小枣。抑似软柿，头上有四叶如柿蒂，捻其蒂而食，谓倒捻子。讹为都念。”桃金娘树为灌丛，树高“二三丈”当是误传误记。

（八）乔木植物

山野间各种大大小小的树木品种和数量非常多。壮家人一般以桁条为线，不能做成桁条使用的，是 fai⁴ ʔi⁵（faex iq）、fai⁴ lɯk⁸（faex lwg），即小树木（小乔木）。可做桁条或比桁条还大的，就是 fai⁴ huŋ¹（faex hung），即大树（高大乔木）。树木长成桁条大小时，壮语就说 fai⁴ pan² juŋ⁶（Faex baenz yungh）树木顶用了。可见壮语是以此为分界线的。

小乔木可砍来作为柴薪、支架、栏栅等，大乔木可制作建筑材料、家具、船舶或桥梁等。像黄皮、李树、桃树、柑橘之类的果树是小乔木，而柚子、木波罗、扁桃、龙眼、荔枝等果树则是高大乔木。将这些树栽种在房屋旁边，在绿化环境的同时，又可收水果。待到老树不再结果，便把这

gobug　柚树

些果树淘汰，它们的树干是良好的木材，树枝是不错的柴薪。至于木棉树、榕树、枫树、椿树和苦楝树等，则是人们经常在村庄周边栽种的高大乔木。

除了用作木材，不少乔木还有其他实用价值。比如苹婆，树皮富含纤维，可造纸和编绳索；种子富含淀粉，可当主食或熬酒；树叶浓密，树冠美丽，可栽作绿化植物；木材可以做一般器物。

番石榴，马山壮语叫 maːk^{7}niːŋ^{5}（makniengq），学名 *Psidium guajava*，英文名Guava。常绿乔木，高可达 10 米。树干光滑，树皮片状脱落。小枝四棱形，被柔毛。叶对生，长圆形，革质，叶面无毛，背面有毛，叶脉凸起明显。花白色，腋生，芳香。浆果球形、卵形或梨形，长 3~8 厘米，直径 3~5 厘米。成熟时有浓郁的香气，外皮黄色，果肉白色、黄色或淡红色，顶端有宿存萼片。① 野生的番石榴呈灌木状，人们常砍作柴薪。

壮语称番石榴为 θaːn^{1}taːu^{2}（sandauz），直译就是“山桃”，这是壮乡常见的水果。近年有从台湾引进的栽培种，果实个头要比野生者大出很多，但味道稍为逊色。野生者果实在农历七月中旬成熟，栽培者果期更长。番石榴果味甘美，可生食或熬酒。壮医认为番石榴果有健脾、收敛止泻之功效，经常食用对糖尿病、习惯性腹泻等有疗效。叶亦可入药，水煮，当茶饮，可治消化不良、腹泻、糖尿病。伤风感冒干咳不止，用番石榴叶和枇杷叶煮水服，有疗效。外伤出血，用番石榴嫩叶捣烂敷伤口，可止血。

番石榴木材纹理细腻、坚硬，可做家具和细木工用材。因木材易得且材质坚韧，耐摔打而不易开裂，过去人们常砍来做陀螺等玩具。

①钟济新主编：《广西石灰岩石山植物图谱》第60页，南宁：广西人民出版社，1982年。学名、英文名见中国科学院植物研究所编《新编拉汉英植物名称》第590页。

sandauz　番石榴

maksandauz　番石榴果

枇杷也是一种很有特点的树木。枇杷的壮名是 pi^{2}pa^2（bizbaz），学名*Eriobotrya japonica*，英文名Loquat。常绿乔木，高可达 10 米。小枝、叶背、叶柄、花序等密生锈黄色或棕色茸毛。叶长 10~30 厘米，宽 3~9 厘米。果球形或长圆形，直径 2~3 厘米，成熟时黄色或橙黄色。①

①钟济新主编：《广西石灰岩石山植物图谱》第99页，南宁：广西人民出版社，1982年。学名、英文名见中国科学院植物研究所编《新编拉汉英植物名称》第298页。

枇杷浑身是宝。叶可入药，有化痰止咳之效。木材坚韧，可制作手杖、雕刻工艺品等， 是打制家具的良材。花期 10~12 月，是冬季的好蜜源。枇杷果个大，肉厚汁多，味道酸甜。最可贵的是果期在 4~5月，过去农户恰逢这一时节断粮，枇杷黄熟可卖，能助人度饥荒。农户常说：“pi^{2}pa^2 kou^5 pou^{4}ho^3 kwa^5 ʔdɯːn^{1}θei^5（Bizbaz gouq bouxhoj gvaq ndwenseiq）枇杷救穷人过四月荒。”一户人家若在屋旁种几棵枇杷树，每年果熟，将有一笔不小的收入。枇杷树的树叶浓密，树形漂亮，常常被当作绿化植物来栽培，在美化环境的同时，兼具经济效益。

姑且不论这些用途多、材质良好的乔木，就是那些材质比较松软的一般树木，同样也受到人们的关注。

比如 fai^{4}çeːn^{2}rei^2（faexcenzreiz），喜树，学名*Camptotheca acuminata*，英文名Common Camptotheca，也叫旱莲木、千丈树。落叶乔木，高可达 25 米，树干通直，树皮淡灰色。枝条伸展，小枝绿色。叶长圆形或椭圆状长圆形。6月底至7月上旬开花，花白色或淡绿色，状如莲花而小，其旱莲之名即因此而得。②

②中国科学院华南植物研究所编，吴德邻主编：《广东植物志》第四卷第285页，广州：广东科技出版社，2000年。学名、英文名见中国科学院植物研究所编《新编拉汉英植物名称》第151页。

喜树虽为高大乔木，但材质轻软，只能做火柴梗、隔板、包装箱等。然其树姿雄伟，绿叶浓密，人们喜欢在公园、道路旁边栽种，用来美化环境。

faexcenzreiz　喜树

壮乡的乔木种类很多。因社会需求量大，人们常在宜林地带种植各种树木来满足社会的需要，林木的经济意义由此突显出来。人工种植的树木中，杉木、松树、椿树、苦楝树、任木和菜豆树是人们常种的品种。

杉木壮名为 $fai^4\theta a^1mok^8$（faexsamoeg），学名*Cunninghamia lanceolata*， 英文名Chinese Fir。乔木。叶披针形，坚硬，长 2.5~6 厘米，先端锐尖。树高可达 30 米。外皮褐红。木材淡红或淡黄，纹理直，结构细，材表平滑。[①] θa^1（sa）是“杉”，mok^8（moeg）即“木”。

杉木材质轻软，容易加工，但韧度好，不招虫，不曲翘，是建筑业的好材料。杉木板材往往是制作各种家具的

①黄燮才主编：《中国民间生草药原色图谱》第40页，南宁：广西科学技术出版社，2009年第5次印刷。学名、英文名见中国科学院植物研究所编《新编拉汉英植物名称》第228页。

faexsamoeg　杉木

首选佳材。杉木具有良好的耐水性，船民很乐意用来造船。在林区，杉木皮还常用来盖屋顶，其耐水性不亚于茅草。

杉木还能入药。其鲜叶煮水烫敷，可治风疹、皮肤瘙痒。小外伤出血，用杉木内皮的黄色茸毛敷在伤处，可止血消炎。蜈蚣咬伤，用鲜杉木叶捣烂敷伤处，可止痛排毒。根泡酒，可治跌打扭伤，散瘀消肿止痛。

θa^{1}mok^{8}（samoeg）在平时言谈中常说成 θaːm^{1}mok^{8}（sammoeg），这是前一音节受到后一音节声母的影响而发生同化音变。同化现象在壮语中出现不少，如：碎米在标准壮文中叫 hau^{4}pin^{1}（haeuxbin），但马山读作 hau^{4}pim^{1}（haeuxbim），-n 受到声母 p- 的影响而变为发音部位相同的 -m；蜈蚣在标准壮文中叫 θip^{7}ʔdaːŋ^{3}（sipndangj），马山读作 θip^{7}ʔdaːm^{3}（sipndamj），其音变原理一样。

乔木有强大的耐旱能力，无论是何种环境，只要能连片生长，形成树林，它们就不怕干旱。林木茂密，山泉溪水就不会枯竭。农民虽然不明白树林调节气候的机理，但他们知道，pja^{1} ʔdo^{5} ʔbo^{5} ɕi^{6} kaːt^{8}（Bya ndoq mboq cix gad），山秃泉就枯。无林则无水，无水则活不下去。所以老百姓对村寨后山的风水林、水源林，时时严加保护，禁止砍伐。

上述八种分类，是壮族对周边植物的认识与归纳。这种知识体系既是人们对大自然的一种认知，同时也是生产生活经验的积累，因而带有壮族农耕文化的浓重色彩。

三、实用角度的分类

从实用的角度来看，植物可分为淀粉植物、蔬菜植物、油料植物、经济植物、果类植物、纤维植物、药用植物、木材植物等大类。因淀粉类、蔬菜类、油料类植物后面有专门探讨，木材类植物在各相关章节里也多有涉及，这里就不再展开。这里讨论的是经济植物①、果类植物、纤维植物和药用植物等四类。

（一）经济植物

经济植物是为了获取经济效益而种植的，通常叫作 ko^{1}ti^{3}ɕiːn^{2}（godijcienz）。ti^{3}（dij）是“抵，值”，ɕiːn^{2}（cienz）是“钱”，ti^{3} ɕiːn^{2}（dijcienz）是“值钱”。在当今社会，探讨经济作物的栽培，的确很有现实意义。

壮乡最常见的大宗经济作物是甘蔗，壮名是 ʔoi^{3}（oij）。甘蔗分两种：一种是竹蔗，叫 ʔoi^{3}taːŋ^{2}（oijdangz），学名*Saccharum sinense*，英文名Chinese Sugarcane。多年生禾本。秆直立，粗壮，丛生，高达 3~4 米。叶线状披针形，长 1 米以上，宽 3~5 厘米。② 竹蔗专用于榨汁制糖，故也叫糖蔗。taːŋ^{2}（dangz）即“糖”。竹

①这里的经济植物是指除果类植物、纤维植物、药用植物之外的工业原料植物。

②中国科学院华南植物园编，吴德邻主编：《广东植物志》第九卷第458页，广州：广东科技出版社，2009年。学名、英文名见中国科学院植物研究所编《新编拉汉英植物名称》第644页。

蔗茎皮比较韧，茎节也很硬，因此又称为 ʔoi^{3}ʔdoːk^{7}（oijndok）。ʔdoːk^{7}（ndok）是“骨”，意即“硬如骨头的甘蔗”。

另一种是ʔoi^{3}hau^{4}（oijhaeux），甘蔗，学名*Saccharum officinarum*，英文名Sugarcane。多年生高大实心草本。茎粗壮发达，秆丛生，高 3 米以上。甘蔗可榨汁制糖，蔗渣可熬酒与造纸。①

甘蔗汁清甜可口，吃后可耐饥，因此以 hau^{4}（haeux）“米饭”得名。因茎皮脆，肉质软而多汁，也称为ʔoi^{3}no^{6}（oijnoh），与ʔoi^{3}ʔdoːk^{7}（oijndok）竹蔗相对。ʔdoːk^{7}（ndok）比喻硬蔗；no^{6}（noh）是“肉”，比喻软蔗。

甘蔗按茎皮颜色还分为 ʔoi^{3}heu^{1}（oijheu）青皮蔗和 ʔoi^{3}ʔdam^{1}（oijndaem）黑皮蔗。黑皮蔗要到腊月才能大面积收获，故又叫 ʔoi^{3}laːk^{8}（oijlab）。laːk^{8}（lab）即“腊”，此为腊月。

传统经济作物中，桐树 ko^{1}kjau^{5}（go’gyaeuq）是一种重要植物。桐树种子所榨的油叫桐油，即 jou^{2}toŋ^{2}（youzdoengz）、jou^{2}kjau^{5}（youzgyaeuq），是有多种用途的工业原料。jou^{2}（youz）是“油”，toŋ^{2}（doengz）即“桐”。kjau^{5}（gyaeuq）是“皱”，盖因桐果的硬壳皱纹多而得名。常见的桐树有千年桐和光桐。

kjau^{5}keu^{1}（gyaeuqgeu）千年桐，学名*Vernicia montana*，英文名Wood Oil Tree，别名叫皱桐、山桐、木油桐。大戟科落叶乔木，高可达 10 米以上。树干通直，树皮灰色，树冠圆锥形。叶长 8~20 厘米。花期 4~5 月，花白色，基部染红。果直径 3~6 厘米，每个果约有3颗种子，果期10月。②

千年桐寿命长百年以上，定植 6~7 年后就开花结果，20 年后进入高产期，盛产期很长。除了采果榨油，千年桐的木材可制家具、乐器，枝丫可用来培育木耳。其花大且美观，树叶浓密，可作为村边屋旁或道路的绿化树，也适宜在荒山上连片栽种。

①中国科学院华南植物园编，吴德邻主编：《广东植物志》第九卷第458页，广州：广东科技出版社，2009年。学名、英文名见中国科学院植物研究所编《新编拉汉英植物名称》第644页。

②中国科学院华南植物研究所编，吴德邻主编：《广东植物志》第五卷第108—109页，广州：广东科技出版社，2003年。学名、英文名见词都网http://www.dictall.com，2016年8月2日搜索。

kjau^{5}jou^{2}（gyaeuqyouz），光桐，学名*Vernicia fordii*，英文名 Tung Tree。大戟科落叶小乔木，高 3~10 米。树皮灰白色。嫩枝、叶被黄褐色短毛。叶卵形至卵状圆形，长 10~18 厘米，宽 8~17 厘米。花白色。雄花花萼佛焰苞状，通常2裂；雌花 2~3裂，花萼长 8~10 毫米，被毛。果近球形，直径 5~8 厘米，果皮厚革质，平滑，通常有种子 3~4 颗。花期4月，果期9~10月。① 光桐一般种下三五年即挂果，而且很快进入高产期，但 30 年后树就会衰老死亡。光桐的种子比千年桐的含油率高。

这两种桐树果实榨出的油通称桐油，用途一致。桐油是大宗经济贸易产品，过去常出口到国外。壮族谚语有：ʔdam^{1} ko^{1}ʔdok^{7} ko^{1}kjau^{5}，ɕiːn^{2} kau^{5} lɯk^{8}laːn^{1} juŋ^{6}（Ndaem go' ndoek go'gyaeuq，cienz gaeuq lwglan yungh）栽种竹和桐，钱够子孙用。人们把竹子和桐树视为绿色银行，可以长期受益，故提倡多多栽种。

烟草，壮名 ʔiːn^{1}（ien），学名*Nicotiana tabacum*，英文名 Common Tobacco，也叫烤烟。一年生直立草本，全株被腺毛，高 0.7~2 米。茎粗壮，开花时木质化。叶卵状长圆形，长10~30厘米，宽 8~20 厘米。圆锥花序顶生，多花。花冠漏斗状，淡红色。②

烟草的叶子经烘烤干燥，呈金黄色，是卷烟工业的原料，亦可晒干切丝做生切烟。抽烟是不良嗜好，但烟草全株含烟碱等物质，入药可做麻醉剂，有发汗、镇静和催吐等功效。全株浸泡，可做农药，能杀蚜虫、蚂蟥、孑孓等。

同科植物的黄花烟草，壮名叫 ʔiːn^{1}θeːŋ^{1}（ienseng），学名 *Nicotiana rustica*，英文名 Aztee Tobacco。叶片心形，大而厚，长可达 40 厘米。因其叶片直接生晒干燥就可以切丝，卷成喇叭状或用水烟筒抽吸，故也叫生晒烟或生烟。其壮名中的 θeːŋ^{1}（seng）即“生”。生烟浸水同样可以做农药，能杀蚜虫、蚂蟥、孑孓等。

像竹子、茶叶等，都是具有很高经济价值的植物，用现代市

①钟济新主编：《广西石灰岩石山植物图谱》第98页，南宁：广西人民出版社，1982年。英文名见北京外国语学院英语系编《汉英词典》第689页，北京：商务印书馆，1982年。

②中国科学院华南植物研究所编，陈封怀主编：《广东植物志》第二卷第389页，广州：广东科技出版社，1998年第2次印刷。学名、英文名见中国科学院植物研究所编《新编拉汉英植物名称》第487页。

场经济的眼光来看，它们也属于经济植物，而且产量很大。因后面有专门讨论，这里不再赘述。

（二）果类植物

水果是植物中的一大类，壮语叫 maːk[7]（mak）。壮族地区的传统果品相当丰富，一年四季均有鲜瓜果不断应市。农户常以住宅的四周或园圃的边角地种植果树，兼作为绿化环境之用。多样化的兼种经营对农户的经济收入起到重要的补充作用。此外，山野之中也有不少野果，如桃金娘果、山楂、野梨、野芭蕉、山葡萄等，都是一些常见的品种。

gocieg　野芭蕉

山楂壮名叫maːk^{7}ʔboːŋ^{5}（makmbongq），学名*Crataegus pinnatifida*，英文名Chinese Hawthorn。落叶乔木，高达 7 米。小枝紫褐色，老枝灰褐色。叶片宽卵形或三角状卵形，长 4~10 厘米，宽 3~7 厘米，基部截形或宽楔形，两侧各有 3~5 枚羽状深裂片。花白色。果熟时深红色，近球形，味酸甜。①

①徐国钧、王强主编：《中草药彩色图谱》第312—313页，福州：福建科学技术出版社，2009年。学名、英文名见中国科学院植物研究所编《新编拉汉英植物名称》第221页。

山楂也叫山里红，果可食，也可做蜜饯或果脯。果生切晒干，泡开水当茶喝，能消食活血，降血脂血糖。食用山楂果，可促进脂肪分解，帮助消化；能增强心肌收缩力，舒张血管，增加动脉血流量。

有一种同属植物叫云南山楂，壮名 maːk^{7}tam^{2}（makdaemz），学名*Crataegus scabrifolia*，英文名Yunnan Hawthorn，也叫大果山楂、酸冷果。叶卵状披针形至卵状椭圆形。果实扁球形，直径 1.5~2 厘米，黄色或带红晕，有稀疏褐色斑点。② 其果味、药效跟山楂果相似。

②广西壮族自治区中国科学院广西植物研究所编著，李树刚主编：《广西植物志》第二卷第328—329页，南宁：广西科学技术出版社，2005年。学名、英文名见中国科学院植物研究所编《新编拉汉英植物名称》第221页。

黄皮壮名叫 maːk^{7}mot^{8}（makmoed）、lɯk^{8}mot^{8}（lwgmoed），学名*Clausena lansium*，英文名Chinese Wampee。常绿小乔木，高可达 12 米。树冠近圆形。互生奇数羽状复叶。枝叶有浓郁香味。浆果近球形，熟时暗黄色，种子绿色。花期 4~5月，果期 7~8月。③

③钟济新主编：《广西石灰岩石山植物图谱》第186页，南宁：广西人民出版社，1982年。学名、英文名见中国科学院植物研究所编《新编拉汉英植物名称》第192页。

黄皮树寿命很长，可达百年。其枝叶茂密，气味清香，是绿化环境的优良树种。果实味道酸甜，可生食。叶煮水服，可治伤风感冒。木材材质细致，可做家具。

以 mot^{8}（moed）得名的植物还有 mot^{8}kai^{5}（moedgaeq）鸡皮果，学名*Clausena anisum-olens*，英文名Wild Wampee。常绿大灌木或小乔木。花黄白色，很香。果近球形，熟时黄白色，直径 1~1.4 厘米，有种子 1~4 颗，果味酸甜，富含人体需要的多种氨基酸和微量元素。壮乡民众喜用其来制作黄皮

makmoed　黄皮

酱。做酸甜鸭时也常放鸡皮果调味。[①]

同属芸香科植物的还有 mot[8]ʔdoŋ[1]（moedndoeng）野黄皮（假黄皮），学名*Clausena excavata*，英文名Hollowed Wampee；[②] 小芸木（山黄皮）mot[8]pja[1]（moedbya），学名*Micromelum integerrimum*，英文名Entire Micromelum。[③] 它们都是以 mot[8]（moed）得名的细类。人们认为黄皮、野黄皮和小芸木属同类植物，果味相似。

广西地处热带亚热带，水果品种多。柑、橘、橙、柚、柿、杧果、木波罗、香蕉、葡萄等，不单生产规模大，而且经济效益不错。果类中若论单株产值，数龙眼的经济价值最为显著。

①钟济新主编：《广西石灰岩石山植物图谱》第183页，南宁：广西人民出版社，1982年。

②钟济新主编：《广西石灰岩石山植物图谱》第185页，南宁：广西人民出版社，1982年。学名、英文名见中国科学院植物研究所编《新编拉汉英植物名称》第191页。

③广西兽医研究所编著：《兽医中草药彩色图谱》第122—123页，南宁：广西科学技术出版社，1996年第2次印刷。学名、英文名见中国科学院植物研究所编《新编拉汉英植物名称》第465页。

makgam　柑

makmuengz　杧果

龙眼树叫 ko¹ŋaːn⁴（go'nganx），学名*Dimocarpus longan*，英文名Longan。常绿乔木，高可达 10 米。树皮黄褐色。小枝嫩时被柔毛。花多而密集。果球形，成熟时浅黄褐色。种子黑色，有光泽。花期 3~4月，果期 7~8 月。[①]

①钟济新主编：《广西石灰岩石山植物图谱》第204页，南宁：广西人民出版社，1982年。学名、英文名见中国科学院植物研究所编《新编拉汉英植物名称》第263页。

龙眼果叫maːk⁷ŋaːn⁴（maknganx）、lɯk⁸ŋaːn⁴（lwgnganx），可生食，也可加工成干果或制成罐头。医家素来把龙眼视为滋补之品，认为它能益气补血。

龙眼树寿命很长，两三百年的老树还能挂果。在房前屋后一些土层肥厚的地方，龙眼树可长成胸径 60~80 厘米的大树。一棵高大的龙眼树每年能收十余担果。龙眼木材坚重，结构细腻，耐久性好，常用来制作砧板、农具、高档家具、桥梁及船的龙骨等。因木材坚硬不易开裂，人们也常用来做榨油榨蔗的榨器。

龙眼是名扬天下的佳果，荔枝也是果中名品，柑、橙、柚的经济效益也不低。杧果和火龙果异军突起，大有后来者居上的势头。这些果类植物都是壮族农业的重要组成部分，如今许多有眼光的农户不再单纯种植粮食。特别是山多田地少的村寨，人们把眼光投到产值更高的果类植物上，很多人的经济收入就依赖这些果类植物。

（三）纤维植物

古代壮族先民曾经使用过多种纤维植物，麻、葛、蕉、竹等植物都曾被古人拿来充当纺织布料的原料。跟食用植物相比，纤维植物的品种相对较少，只有几种，其中麻和棉花是最重要的两种。

jat⁸（yaed），黄麻，学名*Corchorus capsularis*，英文名Roundpod Jute。一年生草本，茎直立，高 1~2.5 米。开黄色小花。果球形，表面有皱纹。茎皮纤维供纺织用。根及叶可入药，有消炎止痛之效，能止痢。[①]

黄麻的纤维柔软，耐折性好，人们多用来编结绳子。麻绳叫ɕaːk⁸jat⁸（cag'yaed），ɕaːk⁸（cag）是“绳”。麻袋的原料也是黄麻，故麻袋叫 tai⁶jat⁸（daehyaed），tai⁶（daeh）是“袋”。

ʔdaːi³（ndaij），苎麻，学名*Boehmeria nivea*，英文名Ramie。多年生草本，茎直立，高可达 2.5 米。叶心形或卵形，边缘有锯齿。[②] 苎麻可入药。用鲜叶捣烂敷患处，可治痈肿毒疮和跌打刀伤，能拔毒化脓，消炎止血，收敛伤口。

苎麻的茎皮纤维洁白有光泽，拉力和耐热力强，是纺织的重要原料，也是壮医药线的重要原料。苎麻织成的布叫paŋ²ʔdaːi³（baengzndaij），paŋ²（baengz）是“布”。用苎麻织成的薄纱蚊帐叫 riːp⁷ ʔdaːi³（riepndaij），riːp⁷（riep）即“蚊帐”。苎麻坚韧且耐水，很多渔具如 θaŋ¹（saeng）罾、muːŋ⁴（muengx）撒网、kjak⁸（gyaeg）兜虾网、ʔbak⁷（mbaek）捞兜等，均用其纤维来编织。将其纤维搓成细线泡上药酒，称为药线，专用于点灸。

纤维植物中最重要的首推棉花，棉是锦葵科植物。广西有树棉和海岛棉两种。

树棉称为 waːi⁵ɕiːn¹niːn²（vaiqciennienz），学名*Gossypium arboreum*，英文名Asiatic Tree Cotton。通常株高 1~2 米，低矮灌木，老枝干木质，茎如成人手指粗细，多年生。叶掌状浅裂或半裂，裂片倒卵形。花黄色，有时红色或白色，夏秋开花，花期很长。[③] 树棉结铃时间前后不一，故常有棉花可摘，壮名即因此而得。ɕiːn¹niːn²（ciennienz）是“千年”，在此作“常年”解。树棉的花絮用于纺织。

①中国科学院华南植物研究所编，吴德邻主编：《广东植物志》第四卷第162—163页，广州：广东科技出版社，2000年。学名、英文名见中国科学院植物研究所编《新编拉汉英植物名称》第210页。

②黄燮才主编：《实用中草药原色图谱（二）》第244页，南宁：广西科学技术出版社，2008年第5次印刷。学名、英文名见中国科学院植物研究所编《新编拉汉英植物名称》第122页。

③中国科学院华南植物研究所编，陈封怀主编：《广东植物志》第二卷第191—192页，广州：广东科技出版社，1998年第2次印刷。学名、英文名见中国科学院植物研究所编《新编拉汉英植物名称》第340页。

海岛棉叫ko^{1}waːi^{5}（govaiq）或waːi^{5}miːn^{2}（vaiqmienz），学名*Gossypium barbadense*，英文名Barbados Cotton。灌木。嫩枝、叶柄、花梗被柔毛或无毛。叶阔卵形，掌状3~5深裂或近茎顶部的不分裂，基部阔心形。花淡黄色。小苞片叶状。蒴果椭圆状，长约5厘米，顶端急尖。种子卵形，黑褐色，被长绵毛。①

根据考古报告，中国最古老的棉布实物在福建崇安县商周时期的船棺里发现，是青色棉布残片。经鉴定，是联核木棉之絮织成。这一发现证明百越人远在三千多年前就已经利用这一植物了。②

棉古称古贝、吉贝。三国吴人万震《南州异物志》载："五色斑布，以丝布、古贝木所作。此木熟时状如鹅毳，中有核如珠珣，细过丝绵。人将用之，则出其核，但纺不绩，任意小轴相牵引，无有断绝。欲为斑布，则染之五色，以为布，弱软厚致，上毳毛。"南朝宋人沈怀远《南越志》也载："桂州出古终藤，结实如鹅毛，核如珠珣，治出其核，纺如丝棉，染为斑布。"③

称树棉为古终藤，是有事实依据的。20世纪70年代，广西柳江县百朋乡下伦村壮族人覃某的院子里生长着两株灌木棉。棉株有根在地表蘖生多干，粗藤状，高4米多，摘棉花时人可沿着树干攀爬而上。每年夏花秋实，一年可收获几十斤棉花。④

有关吉贝的描写，当以宋代周去非的《岭外代答》为最精彩亦最有名。杨武泉在此条下列诸家之说，有吉贝译自印度俗语的Karpāi（棉花）、译自梵语的Karpāsá（绵）、译自马来语的Kapas、译自印度支那语中巴那语的Köpaih（棉）、译自柬埔寨语的Kupah（木绵）等。⑤按史

①中国科学院华南植物研究所编，陈封怀主编：《广东植物志》第二卷第192页，广州：广东科技出版社，1998年第2次印刷。学名、英文名见中国科学院植物研究所编《新编拉汉英植物名称》第340页。

②覃尚文、陈国清主编：《壮族科学技术史》第117页，南宁：广西科学技术出版社，2003年。

③同上。

④覃尚文、陈国清主编：《壮族科学技术史》第117页，南宁：广西科学技术出版社，2003年。该村壮族学者覃彩銮先生告知，他儿童时曾在此棉树上攀爬玩耍，说是pin^{1} ko^{1}waːi^{5}（bin govaiq）。pin^{1}（bin）是"攀爬"，ko^{1}waːi^{5}（govaiq）即"棉树"。

⑤杨武泉：《岭外代答校注》第228—229页，北京：中华书局，2006年第2次印刷。

学界的意见，棉花原产地为印度，传入中原有两条途径：一从新疆经甘肃传入，一从东南亚经中国南方再北传。考虑棉花自南向北传播的史实，且中古时期岭南仍属壮族先民聚居之地，不论“棉花”一词的渊源为何，据语音推断，汉语词“古贝、吉贝”所记之音当属壮族先民的语言。

按汉语中古音，“古”读 ku，“吉”读 kĭĕt，“贝”则读 pɑi。① 证以方言，今马山壮话说“古”是 ko^{3}（goj），“吉”为 kat^{7}（gaet），“贝”为 poi^{5}（boiq）。

武鸣壮话“棉花”现说 faːi^{5}（faiq），广西壮语北部方言多说 waːi^{5}（vaiq），但不少地方尚有 poi^{5}（boiq）的说法，壮语南部方言则多说 p^{h}aːi^{3}（baij）。② 根据梁敏先生的构拟，其古声母为 pw，今壮语南部方言是 p^{h}，侗语是 pj，泰语傣语作 f。③ 从语音演变规律来考察，壮语 poi^{5}（boiq）的语音形式与“贝”字的中古音对应。

所以，古贝对应 ko^{1}poi^{5}（goboiq），指棉花的植株。“古”为 ko^{1}（go）的记音。如 ko^{1}puk^{8}（gobug）柚树，ko^{1}kja^{3}（go’gyaj）稻秧，皆属同类结构。“吉贝”当是 kat^{7} poi^{5}（gaet boiq），指布块，“吉”对应 kat^{7}（gaet）。同类结构尚有 kat^{7} peːn^{6}（gaet benj）短木板、kat^{7} ɕiːn^{1}（gaet cien）断砖块等。kat^{7}（gaet）今常作量词，表示“截，段，块”等，如：kat^{7} ɕaːk^{8} ʔdeu^{1}（gaet cag ndeu），一段绳子；haːn^{2} rak^{7} ku^{6} θoːŋ^{1} kat^{7}（Hanz raek guh song gaet），扁担断作两截。古人不明古贝、吉贝所代表的音义，只好猜疑或混用。

古贝和吉贝应是壮族先民语言里棉花、棉布的说法，后来文人才以文字记之。棉花向北扩散的过程中，壮族先民起了传播者的作用。

关于棉花，还有一个有趣的现象：今上海话依旧称棉

①李珍华、周长楫编撰：《汉字古今音表》，北京：中华书局，1999年。“古”见第106页，“吉”见第190页，“贝”见第147页。

②在武鸣壮话里，poi^{5} 指成品棉布，paŋ^{2} 指还在机上的半成品布，paŋ^{2}poi^{5} 连用亦指棉布。东兰 poi^{5} 指织好的棉布。武宣 poi^{5} 指棉纱。马山东部壮话 ʔdam^{1} poi^{5} 是种棉花，ta^{2} poi^{5} 是纺棉纱，ȵum^{4} poi^{5} 是染布。

③梁敏、张均如著：《临高语研究》第143页，上海：上海远东出版社，1997年。

花为吉贝。① 但壮语中除有 fa:i^{5}（faiq）、wa:i^{5}（vaiq）、poi^{5}（boiq）、p^{h}a:i^{3}（baij）等音节以外，还引进了汉语的“棉”，如 pu^{6}mi:n^{2}（buhmienz）棉衣、mi:n^{2}toi^{1}（mienzdoi）棉胎。棉花自南而北传播时，古贝、吉贝被引入汉语。中原的植棉技术、加工水平高于壮族地区后，mi:n^{2}（mienz）一词又被壮语所吸收。从输出 poi^{5}（boiq）、ko^{1}poi^{5}（goboiq）、kat^{7} poi^{5}（gaet boiq）到引入 mi:n^{2}（mienz），这种词语借用现象，不单反映了植物的传播方向，也反映了经济文化互相交流的密切程度，同时还说明了壮语对外来文化有足够的兼容能力。

在马山，同归入 wa:i^{5}（vaiq）类的尚有木棉花絮。

木棉是 ko^{1}leu^{4}（goleux），学名*Bombax malabaricum*，英文名Common Bombax、Cotton Tree、Silk-cotton Tree，亦称红棉，英雄树。落叶大乔木，高 30~40 米，大株胸径可超 1 米。外皮褐色，幼树干具疏短肥皮刺。春天先开花后出叶。花红色或橙红色，果长圆形，内有花絮。② leu^{4}（leux）也说 reu^{4}（reux），“木”之义。此外，木棉树还有 ko^{1}mok^{8}mi:n^{2}（gomoegmienz）、ko^{1}min^{2}（gominz）等说法。mok^{8}mi:n^{2}（moegmienz）即“木棉”，mok^{8}（moeg）是“木”，mi:n^{2}（mienz）、min^{2}（minz）是“棉”，皆为汉语借词读音。

木棉虽是高大树木，但材质疏松毛糙，耐久性弱，通常只做隔板、包装箱等。因其材质轻，故常用来制作舢板。木棉花絮类似棉花，故也归入 wa:i^{5}（vaiq）类，叫 wa:i^{5}mok^{8}mi:n^{2}（vaiqmoegmienz）、wa:i^{5}leu^{4}（vaiqleux）。其花絮透气性好，保暖性差，不利于纺织，常用来填充枕芯。其浮力大，不吸水，也拿来作为救生衣、救生圈的填充料。

①姜彬主编：《稻作文化与江南民俗》第270页，上海：上海文艺出版社，1996年。书中引徐光启《农政全书》稻条：“吾乡人多种吉贝，芒种以前甚无暇，夏至前方插莳，亦有过夏至者，用种不得不多。”其下有注：“吉贝，棉花，上海本地人的说法。”

②谢福惠、徐峰、祝俊新、李重九编著：《木材树种识别、材性及用途》第301页，北京：学术书刊出版社，1990年。学名、英文名见中国科学院植物研究所编《新编拉汉英植物名称》第124页。

goleux　木棉

木棉花絮虽也叫 waːi^{5}（vaiq），但木棉树不是农作物，而是自然生长的高大乔木。因花朵漂亮，树姿挺拔，许多地方常栽培作为路树或园林景观植物。

（四）药用植物

壮医有 ko^{1} ma^{2} ɕuŋ^{3} pan^{2} jɯ^{1}（Go maz cungj baenz yw）的说法，意指什么植物都能成为药物。壮族地区的药用植物资源很丰富。前述的植物有不少是因药用而知名，如罗裙带、骨碎补、两面针等皆属常用药材。药材中，大名鼎鼎的肉桂和田七，就是壮族地区的特产。像罗汉果和薏苡，也是经济价值非常显著的药材。类似绞股蓝、黄精、石斛、板蓝等等，能入药的植物非常丰富，这里只讨论一些较有特色的品种。

绞股蓝，壮名pjak^{7}ʔit^{7}ʔdoŋ^{1}（byaekitndoeng），学名*Gynostemma pentaphyllum*，英文名Fiveleaf Gynostemma。草质藤本。茎柔弱，具分枝，有纵棱，卷须长。叶纸质或膜质，具叉指状 5 小叶，有时 3 或 7 小叶。小叶卵状长圆形、长圆状披针形或卵形，长 2~15 厘米，宽 0.8~5.2 厘米。花白色。浆果球形，直径 5~10 毫米，橄榄绿，成熟时黑色。种子有小瘤点。花期 6 月至翌年2月，果期 9~11 月。①

绞股蓝富含人参皂苷等多种成分，有清热解毒、止咳化痰和抗衰老、抗疲劳的作用。pjak^{7}（byaek）是“菜”，ʔit^{7}（it）是“葡萄”，ʔdoŋ^{1}（ndoeng）是“山林”。其壮名含义是“山林里葡萄藤状的菜”。将绞股蓝晒干研末，泡茶饮，可治慢性支气管炎、肝炎、头痛耳鸣等病，还可降血脂、血糖，治疗高血压、高血糖、高脂血症。

①中国科学院华南植物研究所编，吴德邻主编：《广东植物志》第三卷第140—141页，广州：广东科技出版社，1998年第2次印刷。学名、英文名见中国科学院植物研究所编《新编拉汉英植物名称》第345页。

byaekitndoeng　绞股蓝

大花金钱豹，也叫金钱豹，壮名ko¹lai²kai⁵（golaezgaeq），学名*Campanumoea javanica*，英文名Java Campanumoea。多年生缠绕草本。主根肥大，肉质，米黄色，须根少。茎细弱，浅绿色，光滑。单叶对生，卵圆状心形，长 2~7 厘米，宽 1~5 厘米。花钟状，花冠浅淡黄绿色，有紫色条纹。花期 8~9 月。[①]

大花金钱豹的药用部分是其主根，医家称之为桂党参、土党参，故壮名叫ra:k⁸lai²kai⁵（raglaezgaeq）。ra:k⁸（rag）是“根”，lai²（laez）是“凝结的膏汤”，kai⁵（gaeq）是“鸡”。土党参味甘微苦，性平，入药能健脾胃，补气，化痰止咳，治虚劳内伤、肺结核等。肺结核干咳不止，用土党参、百合、莲米、杏仁炖五花肉，连汤一起服食。小儿遗尿，用土党参与瘦猪肉同蒸，连吃一个星期，可增强患儿体质。用土党参、当归炖鸡服食，可用于产妇催乳。

①江苏新医学院编：《中药大辞典》上册第94—95页，上海：上海科学技术出版社，2007年第9次印刷。学名、英文名见中国科学院植物研究所编《新编拉汉英植物名称》第150页。

golaezgaeq　大花金钱豹

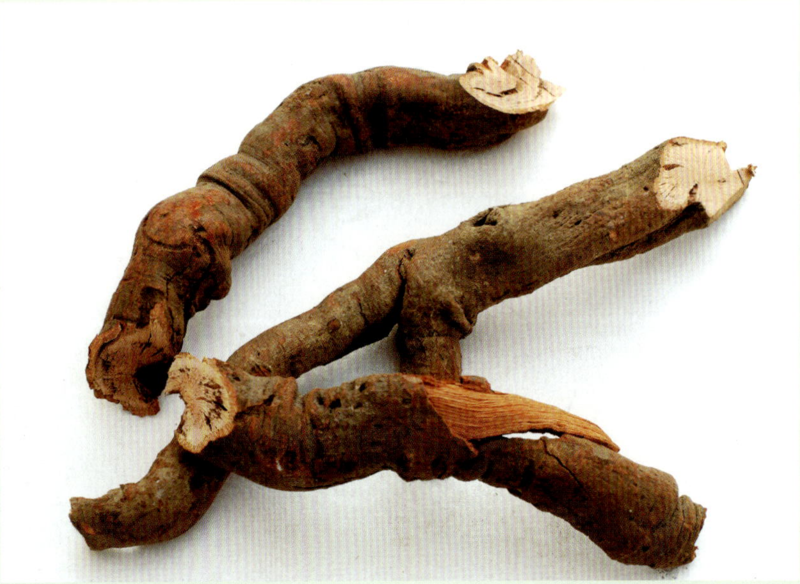

danggvi 当归

gaeudanggvi 当归藤

黄精，壮名叫 $ko^1ji{:}m^1\theta i{:}u^5$（goyiemsiuq），学名 *Polygonatum sibiricum*，英文名Siberian Solomonseal。多年生草本。根茎横走，肥大，肉质，黄白色，略呈扁圆柱状。茎直立，圆柱形，高 50~80 厘米，光滑。叶无柄，通常 4~6 枚轮生。叶片线状披针形至线形，长 7~11 厘米，宽 5~12 毫米，尖端渐尖并卷曲。叶面绿色，叶背淡绿色。花腋生，白色。果球形，直径 7~10 毫米。花期 5~6 月，果期 6~7 月。①

黄精药用部分是其根茎，味甘，性平，可补脾润肺，益气滋阴。脾胃虚弱、大病后虚弱者，可用黄精煮水当茶饮。产后虚弱，可用黄精炖鸡，连汤一起服食，可补气血。

①江苏新医学院编：《中药大辞典》下册第2042—2043页，上海：上海科学技术出版社，2007年第9次印刷。学名、英文名见中国科学院植物研究所编《新编拉汉英植物名称》第567页。

goyiemsiuq　黄精

gogamnyap　独脚金

预防感染发炎。ka:m^{1}（gam）是“疳”，ȵa:p^{7}（nyap）是“烦躁”，ka:m^{1} ȵa:p^{7}（gamnyap）是“疳积焦躁不安”。

用田基黄、茅根、车前草煮水服，还可以治疗黄疸肝炎。

咽喉炎、口腔炎、尿路感染等，壮语说是 ʔdaɯ^{1} ʔda:t^{7}（ndaw ndat），即“内热上火”，通常的做法是采一些车前草、茅根、雷公根来煮水当茶喝。这些草药分布广泛，野地路旁几乎随处可见。虽不值钱，但它们的药效良好，普遍得到人们的认可。

车前草，壮文作 ma^{4}pi:n^{1}ɕa:u^{3}（maxbiencauj），学名 *Plantago major*，英文名Asiatic Plantain、Rippleseed Plantain。多年生草本。根茎短而肥厚，须根多。叶有长柄。花小，密集。① ma^{4}pi:n^{1}（maxbien）是“马鞭”，ɕa:u^{3}（cauj）即“草”。

在马山，车前草还有 ko^{1}tai^{2}ma^{4}（godaezmax）之名。tai^{2}ma^{4}（daezmax）即“马蹄”，意指其叶圆如马蹄。车前草可清热解毒。生小疮小疖，除了用其煮水当凉茶饮，也可以用鲜草来捣烂敷患处，可消肿拔脓。

可见，壮家人所用药物虽然以周边常见植物为主，但人们对植物药用功能的认识是相当广泛的，有些甚至是相当深刻的。这些知识或者以口头方式互相传授，或者以师徒相授的方式秘传用药经验，这样，植物名称和运用技巧便得以世代传承。

归结前述的分类方法，显然可以见到，壮家人的植物分类知识是实际经验的总结。壮家人根据自己所处的地理环境和自然条件去识别植物，使用植物，再按照自身的体验来给植物命名，并加以分类。如前述的薜荔，可从植株的角度叫它作 ko^{1}fo:p^{8}（gofob），也可以归入藤类叫它作 kau^{1}fo:p^{8}（gaeufob），还可以归入果类把它叫作 ma:k^{7}fo:p^{8}（makfob）

①黄燮才主编：《中国民间生草药原色图谱》第401页，南宁：广西科学技术出版社，2009年第5次印刷。学名、英文名见中国科学院植物研究所编《新编拉汉英植物名称》第553页。

或 lɯk^{8}foːp^{8}（lwgfob）。这种多角度多层次的命名方式显示，植物的壮语名称分类有自己的系统性，这种系统性以植物名称的系列化来体现。只要把 fai^{4}（faex）树、kau^{1}（gaeu）藤、man^{2}（maenz）薯、maːk^{7}（mak）果、pjak^{7}（byaek）菜、tu^{6}（duh）豆、wa^{1}（va）花等小类别词所组成的植物名称稍加比较，即可观察到这一特点。这种现象说明，壮家人不仅擅长形象思维，而且也善于类比总结概括。

壮家人对植物的命名，主要是依据用途和外部形态特征来进行，命名方式体现了人们对植物的认识和分类。所以，实际经验和感受在认识过程中起到很大的作用，传统的民族文化因素也会产生直接的影响。可以说，壮族对植物的分类是一种民间民俗的分类方法，许多植物分类与现代科学分类不吻合实属意料中的事。

如前述的水生植物凤眼莲，壮族按形态视它为薜荔的同类，称为 ko^{1}foːk^{8}ram^{4}（gofobraemx）；根据用途并兼顾形态，又把它归入菜类，叫 pjak^{7}pit^{7} ho^{2} fok^{8}（byaekbit hoz foeg）。荞麦是蓼科植物，因其籽实能磨成细粉供食用，故把它归入粮食中的麦类。① 而麦子、水稻等农作物却归属禾本科。竹子是禾本科植物，但壮族把竹类中的很多品种归入乔木类，如 fai^{4}faːi^{2}（faexfaiz）麻竹、fai^{4}rot^{8}（faexroed）毛金竹、fai^{4}pau^{2}（faexbaeuz）苦竹等。高大的竹类可以直接用作柱子、桁条、脚手架或各种支撑木。竹材加工之后，可以制作不少家具、农具。在人们的心目中，竹类与树木的用途有很大的共同性，大部分竹类能称为 fai^{4}（faex），正是这个原因。

另外，被植物学家分成不同物种的植物，有一些在壮语当中却不加区分。如苹婆和粉苹婆皆叫 ko^{1}waːŋ^{6}（govangh），

①有趣的是汉语和英语也都把荞麦归入麦类。

合欢和榼树同称 fai^{4}kaːŋ^{2}（faexgangz），焯菜和青蓝菜（印度焯菜）一起叫作 pjak^{7}kaːt^{7}rok^{8}（byaekgatroeg），野苋菜和凹头苋同称为 pjak^{7}rom^{1}raːi^{5}（byaekroemraiq）。然而，壮语把苋菜分为 pjak^{7}rom^{1} hoŋ^{2}（byaekroemhoengz）红苋菜、pjak^{7}rom^{1}heu^{1}（byaekroemheu）青苋菜

byaekroemhoengz　红苋菜

和 pjak^{7}rom^{1}ra:i^{2}（byaekroemraiz）斑苋菜三种，把大豆分成 tu^{6}na^{2}heu^{1}（duhnazheu）青皮大豆、tu^{6}na^{2}hen^{3}（duhnazhenj）黄豆和 tu^{6}na^{2}ʔdam^{1}（duhnazndaem）黑豆三种；而在植物学家眼里，这些植物却不需要区分。

上述分析表明，植物的分类体系与人们认识植物的方式密切相关，壮家人是带着很鲜明的实用观点来对植物进行分类的。

byaekroemraiz　斑苋菜

第三章　淀粉植物

①司马迁：《史记》第八册《郦生陆贾列传》第2694页，北京：中华书局，1975年。原话为郦食其向刘邦进言："王者以民人为天，而民人以食为天。"

粮食是宝中之宝，仓中有粮则天下安定。国以民为本，民以食为天。[①]粮食问题从古至今一直是关涉国计民生的头等大事。人食用淀粉类食物，淀粉转化为糖分，成为人体不可或缺的能量。贫穷的人可以无肉食，素食者也可以不碰荤腥，但人们的日常饮食中，一般都少不了淀粉类食物。

因粮食的需求量大，农业生产最主要的活计就是栽种各种粮食作物来满足人类的日常之需。世界各地的粮食作物虽然不完全一致，但却集中在为数不多的几十种植物上，其中稻、麦、玉米为最重要的三大作物。此外，还有许多薯类、芋类和木本类粮食。一般而言，从富含淀粉的植物中都可以提取淀粉来充当主食。

在壮族地区，大致而言，淀粉植物按生长方式可以分为栽培作物和野生植物。按生长形态，可以分为禾本、草本和木本等几类。整体而论，壮族的农业生产以稻作为主。然而广西山多田地少，地形复杂，山区的民众常要兼种水稻之外的其他粮食作物。

常见的粮食作物有稻、玉米、荞麦、小麦等，薯类则以红薯、木薯、毛薯、薯蓣等居多。芋头、马铃薯也是人们经常栽种的品种。板栗则属有名的木本粮食植物。此外还有不少可食用的野生淀粉植物，如野葛、桄榔、鱼尾葵等。遭逢饥荒时，人们就采集这些淀粉类植物来作为救荒应急的充饥之物。因人们的食品具有多样性和复杂性，反映到淀粉来源上，也相应形成了食物来源的丰富性。人们在栽培、利用这些植物的漫长历史进程中，积累了大量的生产生活经验，同时也形成了自己独具特色的饮食文化和风俗习惯。透过这些植物，可以探察壮家人的民族性格和历史文化特质。

一、粮食作物

壮乡最重要的粮食作物是水稻。稻是人们极为熟悉的禾本科植物，广西壮语北部方言称之为 hau^4（haeux），南部方言称之为 k^hau^3（gaeuj）。学名*Oryza sativa*，英文名Rice。[①] hau^4（haeux）可指禾苗，如 ko^1hau^4（gohaeux）禾稻、$ɕa^2hau^4$（cazhaeux）稻丛、$ʔdam^1$ hau^4（ndaem haeux）种稻；也可以指稻谷，如$faːt^8$ hau^4（fad haeux）打稻谷、$taːk^7$ hau^4（dak haeux）晒稻谷、tam^1 hau^4（daem haeux）舂稻谷。hau^4（haeux）还指米饭，如hau^4 $hauɯ^5$（haeuxhawq）干饭、$hau^4ʔam^3$（haeuxaemj）稀饭、hau^4 $roːm^6$（haeuxromh）早饭。稻米主要是用来做饭的，由此引申，hau^4（haeux）又有"米"和"粮食"的意思。如：pai^1 $kaːi^1$ hau^4（Bae gai haeux）去卖粮；$ʔau^1$ $puɯːk^7$ man^2 $taːŋ^5$ hau^4（Aeu biek maenz dangq haeux）用芋头薯类当粮食。再进一步引申，hau^4（haeux）也指各种粮食作物，如hau^4tai^5（haeuxdaeq）玉米、$hau^4fɯːŋ^3$（haeuxfiengj）小米、$hau^4miːn^6$（haeuxmienh）麦子。

按米质的黏性，稻有 $hau^4ɕiːm^1$（haeuxciem）、$hau^4ɕit^8$（haeuxcid）之分。$ɕiːm^1$（ciem）即"籼"，米质不黏。$ɕit^8$（cid）是"糯"，其音接近汉字的"秫"，指粮食黏性大。介于两者之间的有 $hau^4θuːn^1$（haeuxsuen）粳米，$θuːn^1$（suen）义为"园，

①耿煊：《诗经中的经济植物》第7页，台北：台湾商务印书馆股份有限公司，1996年。

圃”。hau^{4}çiːm^1（haeuxciem）、hau^{4}θuːn^1（haeuxsuen）是平时的主食用粮，hau^{4}çit^8（haeuxcid）多为节日食品或风味食品用粮。糯米中的 çit^{8}mak^8（cidmaeg）墨糯、çit^{8}hoŋ^2（cidhoengz）红糯，是著名的药食两用糯。çit^{8}hoːm^1（cidhom）香糯也是糯米中的上品。mak^8（maeg）是“墨”，指“黑”；hoŋ^2（hoengz）是“红”；hoːm^1（hom）是“香”。

按耕作方式，稻可分为 hau^{4}na^2（haeuxnaz）与hau^{4}rei^6（haeuxreih）两类。na^2（naz）是“水田”，hau^{4}na^2（haeuxnaz）即“水稻”，需在水田里栽种。rei^6（reih）是“旱地”，hau^{4}rei^6（haeuxreih）是“旱稻”，也叫“陆稻”。陆稻的品种比较耐旱，能适应水旱耕作。壮族民众通常在水少的坡地上开辟梯田，在田里播撒稻种，待到雨季水充足时，旱田里的禾稻就能像水稻一样生长。农民则像管理水稻一样对陆稻进行中耕、施肥等护理。

作为主粮，稻米常用来煮粥或煮饭，糯米多用来做节庆食品。

从食用的角度看，陆稻与水稻没有太大的差别。米质好的陆稻堪比水稻中的优质品种。只因等待雨水才能耕种，一般陆稻要比水稻种得晚一些，所以一年仅能栽种一季。

稻是壮族的传统栽培粮食植物。在布伯斗雷王的故事里，人间的首领布伯就因水稻栽种需要雨水而跟雷王做过惊天动地的斗争。[①] 在壮族麽公经文里，有《狼麽闹魂糈》《麽収魂糈一科》《赎魂糈呟》等讲述水稻来源的篇章。[②] 过去，在年成不好的时候，人们要举行斋醮，祭祀天地，吟诵这些经文来给稻谷招回谷魂。由此可见壮族先民对稻谷的崇拜，同时也看出壮族稻作文明的古老。

除了稻谷，玉米是壮乡的第二大粮食作物。玉米原产于

①蒙元耀：《远古的追忆》第73—77页，北京：民族出版社，2012年。亦见蓝鸿恩的《神弓宝剑》第28—39页，北京：中国民间文艺出版社，1985年；或农冠品编注的《壮族神话集成》第255—302页，南宁：广西民族出版社，2007年。

②张声震主编：《壮族麽经布洛陀影印译注》第四卷，南宁：广西民族出版社，2004年。“糈”“収”“呟”均为古壮字。

南美洲，明代时从海路传入中国，后陆续向内陆省份传播。①因其高产耐旱容易栽培，适宜种于各种地形，不讲究土壤与环境，故引进后就普遍种植，成为壮族地区重要的粮食作物。玉米学名*Zea mays*，英文名Maize、Indian Corn。②但在壮族地区，玉米的壮名在各地却不太一致。相对比较普遍的叫法有：hau^{4}jaːŋ^2（haeuxyangz）洋米，指其从海外传入；hau^{4}tai^5（haeuxdaeq）帝米，即皇帝提倡种植；hau^{4}tuk^7（haeuxduk）包谷，tuk^7（duk）即“包”。此外还有jɯːŋ^{2}mai^4（yiengzmaex）洋米，jɯːŋ^2（yiengz）即“洋”，mai^4（maex）即“米”；paːu^{1}θuk^7（bausuk）包粟，θuk^7（suk）即“粟”；hau^{4}ȵaɯ^6（haeuxnyawh）玉米，ȵaɯ^6（nyawh）即“玉”；meːk^8 θuːk^7（megsuek）包麦，meːk^8（meg）是“麦”，θuːk^7（suek）即“包，裹”，megsuek亦是“包粟”的别称。

①广西壮族自治区地方志编纂委员会编，胡方明、张志民主编：《广西通志·农业志》第233页，南宁：广西人民出版社，1995年。

②玉米的学名、英文名见中国科学院植物研究所编《新编拉汉英植物名称》第775页。

按黏性分类，玉米有糯与非糯两种。普通玉米无黏性，叫hau^{4}jaːŋ^{2}ɕiːm^1（haeuxyangzciem）或hau^{4}tai^{5}ɕiːm^1（haeuxdaeqciem），即“籼玉米”；糯玉米则叫作hau^{4}jaːŋ^{2}ɕit^8（haeuxyangzcid）或hau^{4}tai^{5}ɕit^8（haeuxdaeqcid）。玉米在广西普遍栽培，而糯玉米以都安、马山、忻城等地所产较为有名。糯玉米常为白色，穗轴较短，颗粒也比较小，故产量不太高。

在壮族山区，玉米是主要粮食作物。人们把干燥的玉米粒磨成细粉，然后煮粥来喝。贫困人家一日三餐尽是玉米粥，以此终岁。也有人把玉米粉做成烙饼或窝窝头来吃。直接把鲜嫩的玉米拿来煮食，也是一种吃法。当下有甜玉米，人们多是直接整个煮熟食用。

除了稻谷、玉米，麦子也是壮乡的一种粮食作物。唐代时，广西开始引种麦子。《新唐书·韦丹传》及《容县志》均记载，唐宪宗（公元806—820年在位）时，韦丹出任容州刺史，教民种茶，并“教种牟麦以给军粮”③。麦叫meːk^8（meg）或hau^{4}meːk^8

③广西壮族自治区地方志编纂委员会编，胡方明、张志民主编：《广西通志·农业志》第239页，南宁：广西人民出版社，1995年。

（haeuxmeg），有大麦、小麦之分。

meːk^{8}kaːŋ^{3}（meggangj），大麦，学名*Hordeum vulgare*，亦作*H. sativum*，英文名Barley。① kaːŋ^{3}（gangj）一是"鱼骨"，二是"讲"，三是"粗硬，不柔软"。大麦缘何以kaːŋ^{3}（gangj）得名，不详。大麦麦粒微扁，中间有一条纵槽。因可以整粒地蒸、煮，做成干饭，故也有人把它叫作miːn^{6}hau^{4}（mienhhaeux）。大麦做成干饭，口感糯软，故又叫miːn^{6}ɕit^{8}（mienhcid）。miːn^{6}（mienh）即"面"，ɕit^{8}（cid）是"糯"。

meːk^{8}miːn^{6}（megmienh），小麦，学名*Triticum aestivum*，英文名Wheat。②小麦多拿来磨作面粉食用，故壮语称之为hau^{4}miːn^{6}（haeuxmienh）。面粉则称为ʔba^{1}miːn^{6}（mbamienh），ʔba^{1}（mba）是"粉"。因其整粒煮食黏性不大，所以也称为miːn^{6}ɕiːm^{1}（mienhciem），即"不黏的麦子"。

麦子多在高寒山区种植，平坝及丘陵地带有时也作为冬种作物在晚稻收割后播种，但产量不如山区地带。这是麦子耐寒、耐旱却不耐温湿的缘故。

稻谷、玉米、大麦、小麦为正粮、主粮，壮语叫hau^{4}ɕiŋ^{5}（haeuxcingq）或ɕiŋ^{5}lɯːŋ^{2}（cingqliengz），ɕiŋ^{5}（cingq）即"正"，lɯːŋ^{2}（liengz）是"粮"。作为主粮，稻米的重要性自不待言，世界上有一半以上的人口依靠大米维持生计。玉米虽属后来引进，但由于它对土壤、气候有广泛的适应性，且产量不低，经济价值可观，故在壮族地区，其重要性远远超过麦子。在地多田少的壮族山区，玉米甚至成为首选的粮食作物。

杂粮叫hau^{4}ɕaːp^{8}（haeuxcab）或ɕaːp^{8}lɯːŋ^{2}（cabliengz），ɕaːp^{8}（cab）是"杂"。

杂粮中非常重要的一种是粟。粟在广西有两种。

hau^{4}fɯːŋ^{3}（haeuxfiengj），谷子，古代称粟，学名*Setaria*

①大麦的学名、英文名见中国科学院植物研究所编《新编拉汉英植物名称》第366页。

②小麦的学名、英文名见中国科学院植物研究所编《新编拉汉英植物名称》第745页。

italica，亦作*Panicum italicum*，英文名Foxtail Millet。①其籽实脱壳后即小米。谷子也称为黄粟、狗尾粟。粟是旱地作物，一年生草本，各地都有栽培，是古老的作物。在贵县（今贵港市）罗泊湾发掘的汉墓中，就发现有粟粒，可见2000多年前广西已经栽培有粟。②

hau^{4}fɯːŋ^{3}（haeuxfiengj）在方音中尚有hau^{4}wuːŋ^{3}（haeuxvuengj）之说。fɯːŋ^{3}（fiengj）是“小颗粒”，如pit^{7}fɯːŋ^{3}（bitfiengj）痱子，即“长在皮肤表面的小颗粒”。

hau^{4}waŋ^{1}（haeuxvaeng），穇子，学名*Eleusine coracana*，英文名Ragimillet③，广西人常称其为鸭脚粟。一年生草本，茎有很多分枝，叶子狭长，籽实圆形或椭圆形。鸭脚粟的米质不太黏，但它耐干旱、耐瘠瘦，天气不好的年份一样有收成，故人们常在山间的小地块上栽种此物，以保证旱灾其他粮食品种失收时仍有充饥

haeuxvaeng　穇子

①谷子的学名、英文名见中国科学院植物研究所编《新编拉汉英植物名称》第678页。

②广西壮族自治区博物馆编：《广西贵县罗泊湾汉墓》第87页，北京：文物出版社，1988年。

③穇子的学名、英文名见中国科学院植物研究所编《新编拉汉英植物名称》第286页。

之物。

hau^{4}waŋ^1（haeuxvaeng）也叫hau^{4}ʔa^5（haeuxaq），ʔa^5（aq）意为“开裂”。因米粒煮熟后有一道裂口而得名。

同称为waŋ^1(vaeng)的还有稗草，叫ko^{1}waŋ^1(govaeng)，学名*Echinochloa crusgalli*，英文名Barnyard Grass。①稗草与鸭脚粟的专名相同，两者的籽实颗粒外形也有一定的相似性。但稗草是田间杂草，籽实不作为粮食。waŋ^1（vaeng）应作何解，未得其义，这里只能把它视为植物的专名。稗草与水稻伴生，与水稻的外形近似，稻田里很常见。农民耘田时，常随手将之扯起丢弃在田头。估计稗草的得名甚早，应当是人们栽培水稻之初就已经认识，所以年头久了也就忘记了其得名的因由。

①稗草的学名、英文名见中国科学院植物研究所编《新编拉汉英植物名称》第280页。

小米与穇子外形近似，但味道差别较大。小米有一定的糯性，做成食品比较黏；穇子没有黏性，一般只熬粥，且味淡。在粮食市场，两者的价钱不一样。但有些卖主不老实，欺负不懂识别的人，以穇子充当小米来卖，故壮语俗话有：pou^4 kɯːŋ^6 kɯn^1 hau^{4}fɯːŋ^3，pou^4 pa^4 kɯn^1 hau^{4}ʔa^5（Boux giengh gwn haeuxfiengj，boux bax gwn haeuxaq）明人吃小米，笨人吃穇子。pou^4（boux）是人的大类别词，作名词时指“人”，作量词时是“个，位”；kɯːŋ^6（giengh）是“聪明伶俐”；pa^4（bax）是“笨拙”。从这句俗话可见，小米和穇子很容易混同。

meːk^{8}ma^4（megmax），高粱，学名*Sorghum vulgare*，英文名Sorghum、Broomcorn。一年生草本。叶子长条形，与玉米相似，但略窄小。籽实红褐色。②高粱籽实可食用，可制淀粉，或酿酒。秆可编织，造纸。其茎穗脱粒后可用来编扫把。人们多把高粱用作饲料。ma^4（max）是

②高粱的学名、英文名见中国科学院植物研究所编《新编拉汉英植物名称》第692页。形态描写见《现代汉语词典》第7版（2016）第432页。按《广东植物志》第九卷第490页，高粱的学名为*Sorghum bicolor*，与此不同。

“马”，meːk^{8}ma^{4}（megmax）义为“马麦”。壮语中，高粱还分三种：meːk^{8}ma^{4}hoŋ^{2}（megmaxhoengz）红高粱，因籽实的外壳呈褐红色而得名；meːk^{8}ma^{4}heu^{1}（megmaxheu）青高粱，因高粱的穗子呈青白色而得名；meːk^{8}ma^{4}ɕit^{8}（megmaxcid）糯高粱，指这种高粱的籽实有糯性。

高粱尚有meːk^{8}ʔoi^{3}（meg' oij）、meːk^{8}ko^{1}（meggo）、meːk^{8}θaːŋ^{1}（megsang）、hau^{4}puːŋ^{2}（haeuxbuengz）、hau^{4}jaːŋ^{2}（haeuxyangz）等名称。ʔoi^{3}（oij）是“甘蔗”，meːk^{8}ʔoi^{3}（meg' oij）即“像甘蔗的麦子”。ko^{1}（go）是“棵”，meːk^{8}ko^{1}（meggo）即“大棵麦子”。θaːŋ^{1}（sang）是“高”，meːk^{8}θaːŋ^{1}（megsang）即“高秆麦子”。puːŋ^{2}（buengz）是“硬壳”或“背篷”，hau^{4}puːŋ^{2}（haeuxbuengz）得名大约是因其籽实的外壳较硬，如同一个硬壳。hau^{4}jaːŋ^{2}（haeuxyangz）与玉米同名，何以重名则不知其故。关于高粱的原产地有两个说法：一说高粱原产于非洲，后来传入印度，再传到中国。非洲是高粱变种最多的地区。植物学家斯诺顿收集到17种野生高粱，其中16种来自非洲。他所确定的31个栽培品种里，非洲占了28个品种；158个变种里只有4个在非洲以外的地方。一说高粱是中国原产。此说又有两个不同的看法：一是四川为原产地，一是山西为原产地。中国高粱又有蜀黍、秫秫、芦粟、茭子等名称。①李时珍的《本草纲目》载：“蜀黍北地种之，以备缺粮，余及牛马。谷之最长者，南人呼为芦穄，时珍曰蜀黍。”

①转引自中文百科http: //zy.zwbk.org/index.php?title=高粱，2020年11月15日搜索。

高粱在中国经过长期的栽培驯化，许多植物学形态与农艺性状均明显区别于非洲起源的各种高粱。中国高粱叶脉白色，颖壳包被小，易脱粒，米质好，分蘖少，气生根

megmax 高粱

发达，茎成熟后髓部变干，糖分少或不含糖分。高粱是中国最早栽培的禾谷类作物之一，有关高粱的出土文物及农书史籍证明我国高粱栽培最少也有5000年历史了。

在我国，目前盛产高粱的地方是东北地区。从命名方式考虑，壮语多把高粱归入麦类而以me:k^{8}（meg）命名，由此推测，高粱在壮族地区普遍种植的时间应在麦子之后。壮语对其称谓不一，也说明了各地引进的时间与路径不一致。高粱在壮族地区多见于广西中部及北部山区地带，人们多用高粱作饲料或酿酒原料。

以 hau[4]（haeux）命名而归进粮食类的淀粉植物还有薏苡，壮语称之为 hau[4]rou[1]（haeuxrou），学名*Coix lacryma-jobi*，英文名Job's Tears。多年生草本，基部节上有支柱根。单叶互生，条状，披针形，边缘粗糙。总状花序成束腋生。小穗单性，雄小穗位于花序上部，雌小穗三枚位于花序基部，仅一枚结实。籽实为坚硬外苞所包藏。①

因薏苡籽实外壳较硬，形似一枚珠子，孩子们常采来串成珠状手链充当玩具，壮语以rou[1]（rou）命名，马山县一带薏苡的壮名也叫ko[1]lɯk[8]rou[1]（golwgrou）。lɯk[8]rou[1]（lwgrou）即“珠子”，lɯk[8]（lwg）是“子”，rou[1]（rou）是“珠”。此外，“薏苡明珠”这个典故说的是马援因薏苡而蒙受冤屈。《后汉书·马援列传》载：

> 初，援在交阯，常饵薏苡实，用能轻身省欲，以胜瘴气。南方薏苡实大，援欲以为种，军还，载之一车。时人以为南土珍怪，权贵皆望之。援时方有宠，故莫以闻。及卒后，有上书谮之者，以为前所载还，皆明珠文犀。②

清代朱彝尊有诗：“梧桐夜雨词凄绝，薏苡明珠谤偶然。”③把薏米当明珠，因而受到诽谤，这是官场恶斗的产物。

作为淀粉植物，薏苡的籽实脱壳后称薏米，可当粮食。暑天酷热，可用薏米、绿豆、海带等煮粥来作为解暑佳品。八宝粥里也有薏米。除了食用，薏米还有药用价值，可健脾，利湿，去水肿，清热排脓等。

①黄燮才主编：《实用中草药原色图谱（二）》第494页，南宁：广西科学技术出版社，2008年第5次印刷。薏苡的学名、英文名见中国科学院植物研究所编《新编拉汉英植物名称》第205页。

②范晔：《后汉书（三）》第846页，北京：中华书局，2015年。

③李一华、吕德中编：《汉语成语词典》第1044页，成都：四川辞书出版社，1987年。

haeuxrou　薏苡

稻谷、玉米、大麦、小麦、粟、穇子、高粱以及薏米，它们都是禾本科植物，但归入粮食类的植物还有蓼科植物的荞麦。

荞麦是壮乡冬季经常栽培的作物，通常在晚稻收割后翻地播种，次年三四月收割。壮名为me:k[8]ka:k[7]（meggak），学名*Fagopyrum esculentum*，英文名Common Buckwheat。一年生草本。茎直立，分枝，光滑，红色，高40~110厘米。叶互生，心状三角形或三角状箭形。花白色或淡粉红色，有细长的小花梗。瘦果，三角形，有棱。[①]籽实磨粉供食用。壮家人常以荞麦磨粉来做烙饼，或拌面粉做面条、饺子、馒头等。ka:k[7]（gak）是“角”，壮名因其籽实略呈三角形而得。

①江苏新医学院编：《中药大辞典》下册第1595页，上海：上海科学技术出版社，2007年第9次印刷。荞麦的学名、英文名见中国科学院植物研究所编《新编拉汉英植物名称》第315页。

医家认为，荞麦可以降气开胃，宽肠消积滞，是药食兼用的好食材。用其籽实炒焦泡水当茶饮，可解暑，治绞肠痧、肚痛等。用荞麦粉和燕麦粉混合食用，可降血糖，是糖尿病人优选的淀粉类食物。

上述植物不仅能够提供淀粉给人们食用，像红糯、黑糯、荞麦、薏米等还可作为药材，在医疗保健方面发挥作用。此外，像大米、玉米、高粱等还是酿制美酒的原料，它们的经济价值十分显著。玉米、高粱和稻米加工后得到的米糠，是重要的饲料。可以说，这些植物与民众的生计关系非常密切。

二、薯芋类作物

能够提供淀粉给人们食用的，除了前述的稻谷、玉米、麦子、谷子、荞麦等传统庄稼，许多草本类植物的块根、地下茎也是重要的淀粉来源。这些植物被当作重要作物在壮族地区广泛栽培，尤其是芋类和薯类，是壮族地区的重要杂粮。壮语熟语有：ki[2] laɯ[2] ʔbou[5] ʔdam[1] pɯ:k[7]，tɯ:k[8] laɯ[2] ʔbou[5] ʔdam[1] man[2]（Giz lawz mbouj ndaem biek，dieg lawz mbouj ndaem maenz）何处不种芋，何地不种薯。说的就是壮乡普遍种植这两种作物，到处都种有芋头和薯类。而另一句熟语则说：ʔdam^{1} hau^{4} re^{1} jɯːk^{7}，ʔdam^{1} pɯːk^{7} re^{1} taːi^{1}（Ndaem haeux re yek，ndaem biek re dai）种稻防饥，种芋防死。说的是芋头可在饥荒年头救急，壮家人很重视它，灾荒之年就靠它来渡过难关。这是把芋头在民众生活中的重要性突显出来。

芋头，壮语叫pɯːk^{7}（biek），天南星科植物，学名*Colocasia esculenta*，英文名Dasheen、Taro。① 芋头是最古老的栽培作物之一，原产东南亚，中国南方多有栽培。多年生草本，常作为一年生植物栽培。地下茎球形，肉质，富含淀粉，供食用。叶盾形，绿色，叶柄长而肥大，可当作饲料。

①芋头的学名、英文名见中国科学院植物研究所编《新编拉汉英植物名称》第206页。

壮族地区很早就有了栽培的芋头。在壮族古老的神话里，雷王以自己掌管雨水为由，要向人间民众收租。人间聪明的首领布伯跟雷王约定："收租可以，你要庄稼的上头还是下头？"雷王不知这是布伯给它设的圈套，爽快答应："我住天上，你们种什么东西都行，我要上边的那头。"于是布伯叫人们种下芋头。秋天雷王来收租时，它得到的只是芋头的叶子。雷王十分生气，但也很无奈，这是它自己的选择。第二年，雷王改口，它要收庄稼的下头。布伯也很痛快地答应："好的！"可是这回布伯要人们种的是稻子。秋收时，雷王得到的同样是没有用的稻根蔸。雷王恨得咬牙切齿，可它毫无办法。第三年，它发了狠："今年的庄稼我上下全要！"布伯同样豪爽地答应："好！"到了播种时节，布伯要人们种下玉米。收获季节来临，雷王还是干瞪眼，看着人们把一穗穗玉米扔进篓子里，自己得到的依旧是没用的玉米秆。雷王气急败坏，把天上的池塘、河水全堵住，不让一滴水落到地面，制造三年大旱。布伯一怒之下，就手执宝剑冲上天庭暴打雷王。①

这是布伯斗雷王神话里的一个著名情节。神话内容显示，芋头、稻谷是壮族地区早先的作物，玉米是后来才有的品种。农史学家和考古学家认为，芋头因容易栽培和收藏，是东南亚居民早期农业最先种植的作物，故东南亚和中国南方广大地区都广泛分布有芋头栽培种。

在红水河中段，壮族民众常种的芋头品种有pɯːk^{7}kjai^{5}（biekgyaeq）、pɯːk^{7}kjam^{5}（biekgyaemq）、pɯːk^{7}θau^{1}（bieksaeu）、pɯːk^{7}tin^{1}ma^{1}（biekdinma）和pɯːk^{7}maːk^{7}laːŋ^{2}（biekmaklangz）等。

pɯːk^{7}kjai^{5}（biekgyaeq）是“圆芋”，kjai^{5}（gyaeq）是“蛋”。这种芋头的个头像鸡蛋或鸭蛋，故以kjai^{5}（gyaeq）来命名。pɯːk^{7}kjai^{5}（biekgyaeq）产量很高，一个芋头种下去，往往会长出一窝芋头来。圆芋肉质松粉，可水煮后食用，也可以刮皮后和大米一起煮成芋头饭。有些地方把芋头去皮切片，将五花肉煎油后跟芋头片一起炒熟，再加入葱、蒜或其他时鲜蔬菜等，既是菜肴，也可当饭食。

pɯːk^{7}kjam^{5}（biekgyaemq）是“香芋”，kjam^{5}（gyaemq）是“紫”。其壮名即因这种芋头的肉质呈淡紫色而得。由于这种芋头有一种特殊的芳香味，其汉名就叫香芋。香芋肉质松粉香甜，隔水蒸熟尤能保持香味。除了直接食用，现今人们也喜欢用香芋作为原料，制作香芋风味雪糕、冰淇淋等食品。

pɯːk^{7}θau^{1}（bieksaeu）是一种个头较大的芋头。马山一带的汉语方言称之为大芋。θau^{1}（saeu）是“柱子”。大芋的地下块茎常有15~20厘米高，中间直径8~12厘米。这是一

①蒙元耀：《远古的追忆》第73—77页，北京：民族出版社，2012年。

种比较高产的品种，壮家人很喜欢栽培。

pɯːk^{7}tin^{1}ma^1（biekdinma）俗称狗爪芋，tin^1（din）是“脚”，ma^1（ma）是“狗”。这是因母芋旁还丛生子芋，整堆芋头如同狗的爪子。将一个芋种栽下，芋种会长成一个比较大的母芋，母芋旁边还长出许多小的芋头来。狗爪芋产量高，煮熟后松粉可口，很受人们喜爱。

pɯːk^{7}maːk^{7}laːŋ^2（biekmaklangz）槟榔芋，maːk^7（mak）是“果”，laːŋ^2（langz）是“榔”，maːk^{7}laːŋ^2（maklangz）即“槟榔”。盖因槟榔芋的肉白中带有紫红的斑纹斑点，与槟榔子的肉颜色相类而得名。槟榔芋肉质松粉可口，水煮、切块炒或切片油炸皆可。近年来亦见加工成脱水的干芋条，与薯条、香蕉片等混合，罐装出售。槟榔芋条香脆甘甜，很受食客欢迎。扣肉是壮族传统的节庆菜肴。做扣肉时，人们很喜欢将槟榔芋切片，油炸，将其夹在五花肉里一起上锅蒸。芋头吸收了扣肉的浮油，因而扣肉肥而不腻，芋片也更加香甜。

因芋头是常见之物，故壮语熟语里经常提及。如：pɯːk^7 to^{6}laɯ^6 ku^6 ʔan^1，man^2 to^{6}laɯ^6 ku^6 ɕe^6（Biek doxlawh guh aen，maenz doxlawh guh ceh），芋轮流成个，薯轮换作种。这句话表面上是说栽培薯芋类作物的经验，即拿芋头、薯块去栽种，又能长出新的芋头和薯块来。其实真正的内涵是“椅子轮流坐”，相同的境况人人都要经历，只有亲身经历了某种事情，才能体会到其中的酸甜苦辣。比如人们就常用这句话来告诫年轻人：将来有一天他们也会变老，若期盼将来后辈善待自己，自己现在就要善待老人，善待老人即善待自己。这既是生产经验，同时也是生活经验。

同属天南星科的淀粉植物还有磨芋，壮名ko^{1}raːi^{2}ŋɯ^2（goraizngwz），医书称为蒟蒻、蒻头，俗称魔芋，学名*Amorphophallus konjac*，英文名Giant Arum。在壮语中，ko^1（go）是“棵”，raːi^2（raiz）是“花斑”，ŋɯ^2（ngwz）是“蛇”，意思是“磨芋茎秆的斑纹似蛇”。据学者研究，中国最早记载磨芋的文献是《尔雅》，磨芋有许多古代异名。蒟蒻首载于《文选·蜀都赋》，其注说："蒻，草也，其根名蒻，头大者如斗，其肌正白，可以灰汁，煮则凝成，可以苦酒淹食之，蜀人珍焉。"唐朝段成式《酉阳杂俎》载："蒟蒻，根大如碗，至秋叶滴露，随滴生苗。"[①] 蒟蒻作为药材首见于约974年的《开宝本草》。医家认为，磨芋具有多种医疗效用，可以预防动脉血管粥样硬化，能改善心脑血管功能；有抗癌作用。磨芋食品是老年性便秘病、糖尿病人和肿瘤病人的良好食品。[②]

①段成式：《酉阳杂俎》，曹中孚校点，第117页，上海：上海古籍出版社，2012年。

②陈重明等编著：《民族植物与文化》第122—124页，南京：东南大学出版社，2004年。磨芋的学名、英文名见中国科学院植物研究所编《新编拉汉英植物名称》第48页。

在壮族地区，磨芋可提炼淀粉做磨芋豆腐，这是一种浅灰色的风味食品。人们将磨芋粉碎后以灰水浸泡，去渣滤水后，把富含淀粉的浆水蒸熟，即得糕状的磨芋豆腐。加上佐料凉拌，或用调料烹饪，就得到味道很好的菜肴。

磨芋有很好的食用、药用价值，对糖尿病患者有良好的辅助治疗作用。但由于认识不足，市场开发力度不大，目前栽培并不普遍。人们多是在房前屋后的零星地块里栽种，产量不多，仅限于自产自用或少量出售。

归到pɯːk^{7}（biek）类的还有pɯːk^{7}hiŋ^{1}（biekhing）。但pɯːk^{7}hiŋ^{1}（biekhing）属美人蕉科植物。

pɯːk^{7}hiŋ^{1}（biekhing），蕉芋，学名*Canna edulis*，英文名Edible Canna。hiŋ^{1}（hing）即"姜"，盖因其地下茎似姜块，故汉名也叫姜芋。马山、都安一带叫旱藕。隆安叫pɯːk^{7}ŋau^{4}（biekngaeux），ŋau^{4}（ngaeux）即"藕"，意即"像藕的芋头"。这是因为蕉芋水煮吃起来味道与藕近似。正因这一特点，蕉芋又有ŋau^{4}rei^{6}（ngaeuxreih）的壮名。rei^{6}（reih）是"旱地，畲地"。此名含义即"旱地藕"。蕉芋是多年生草本，茎粗壮，紫色，高可达3米。叶片长圆形，长30~60厘米，宽10~20厘米，叶面绿色，边缘

biekhing 蕉芋

紫色。根茎发达，多分枝，块状，形如生姜。可煮食或提取淀粉。[①] 农户常将其根茎煮熟喂猪，或磨浆提取淀粉制作粉条。因这种粉条味道好，很受人们喜爱，故蕉芋在广西种植相当普遍。然而这一植物非本地原产，是从南美洲引进的作物。

从南美洲引进的淀粉类作物还有马铃薯。因其产量高、味道好而受到重视，引进后得到广泛栽培。马铃薯壮名叫$\mathrm{man^2toŋ^2liŋ^2}$（maenzdoengzlingz），学名*Solanum tuberosum*，英文名Potato。多年生草本。花白色或蓝紫色。地下块茎肥大，可食用。[②] $\mathrm{toŋ^2liŋ^2}$（doengzlingz）是"铜铃"，$\mathrm{toŋ^2}$（doengz）即"铜"，$\mathrm{liŋ^2}$（lingz）是"铃"。

广西引种马铃薯是近百年来的事。[③] 农家多作为菜粮兼用作物而栽培。特别是在城乡接合部或临近大城市的郊区，马铃薯因有市场销路而得到相对普遍的种植。

①中国科学院华南植物研究所编，陈封怀主编：《广东植物志》第二卷第435页，广州：广东科学技术出版社，1998年第2次印刷。蕉芋的学名、英文名见中国科学院植物研究所编《新编拉汉英植物名称》第151页。

②马铃薯的学名、英文名见中国科学院植物研究所编《新编拉汉英植物名称》第688页。

③广西壮族自治区地方志编纂委员会编，胡方明、张志民主编：《广西通志·农业志》第248页，南宁：广西人民出版社，1995年。

作为淀粉食物，马铃薯有多种吃法。整个水煮，或者煨烤，就可以直接当作主食。也可以切片加入其他蔬菜一起炒熟，当菜来吃。醋熘马铃薯丝、马铃薯炒肉片、马铃薯焖牛羊肉，都是一些常见的吃法。把马铃薯捣成泥状，加入香料置入烤鸡、烤鸭腹内作为填充料，这更是专门的烹调手艺。随着洋快餐进入中国，炸马铃薯条也出现在人们的餐桌上。

因马铃薯生长周期短，80~100天就能收获，引进后受到人们的重视，农民把它当作应灾救急作物来栽培。

广西引进的淀粉植物还有木薯，壮名 mok^{8}θaɯ^{2}（moegsawz），学名*Manihot esculenta*，英文名Cassava。①常绿灌木。有肉质长条形的块根，块根富含淀粉，生吃有毒，煮熟后毒性解除，用作饲料或制淀粉。广西栽培木薯始于19世纪中叶。②木薯原产地是南美洲，传入中国后，因能在贫瘠干旱的土地上种植，故在广西有较大的发展。mok^{8}（moeg）是“木”，θaɯ^{2}（sawz）即“薯”，两者皆汉借词读音。木薯尚有man^{2}fai^{4}（maenzfaex）、man^{2}leu^{4}（maenzleux）、θɯ^{2}leu^{4}（swzleux）、θaɯ^{2}man^{2}（sawzmaenz）等名称。man^{2}（maenz）是“薯，薯类”；leu^{4}（leux）亦“木”；θɯ^{2}（swz）也是“薯”，即θaɯ^{2}（sawz）的变音。

在广西，普通木薯最大的用处是当作喂猪的饲料，农家也用来酿制木薯酒，工业上则用作提取淀粉或制作酒精的原料。饥荒年份，人们也会将晒干的木薯片粉碎，用其淀粉来拌玉米、大米做粥充饥，贫寒人家甚至只能吃木薯粥度过饥荒时节。近年的改良品种面包木薯，无毒，肉质松粉可口，鲜薯块可以直接水煮或蒸熟作为主食食用。除了食用，木薯还可以入药。用木薯炖狗肉汤服食，可以治疗慢性肾炎。

①广西中药资源普查办公室编著，方鼎主编：《广西中药资源名录》第105页，南宁：广西民族出版社，1993年。木薯的英文名见《朗文当代高级英语辞典》第270页，北京：外语教学与研究出版社，2005年。

②广西壮族自治区地方志编纂委员会编，胡方明、张志民主编：《广西通志·农业志》第312页，南宁：广西人民出版社，1995年。

moegsawz　木薯

番薯是从菲律宾引进的淀粉植物，也叫地瓜、红苕等。因其味甘甜，也叫甘薯。马山壮语称之为man^{2}tɯːŋ^{2}（maenzdiengz），学名*Ipomoea batatas*，英文名Sweet Potato。① tɯːŋ^{2}（diengz）即“糖”，这是因番薯富含糖分而得名。番薯也叫man^{2}hoŋ^{2}（maenzhoengz）红薯、man^{2}haːu^{1}（maenzhau）白薯。这是根据薯块外皮颜色来命名的。hoŋ^{2}（hoengz）是“红”，haːu^{1}（hau）是“白”。此外，薯块肉质黄色的，叫man^{2}kjai^{5}（maenzgyaeq），kjai^{5}（gyaeq）是“蛋”，因这种番薯的肉质色泽如同蛋黄，故而得名。同理，薯块肉质紫色的则叫man^{2}kjam^{5}（maenzgyaemq）紫心薯，kjam^{5}（gyaemq）是“紫”。薯块肉呈紫斑纹的，叫man^{2} raːi^{2}（maenzraiz）花心红薯，raːi^{2}（raiz）是“花斑，斑纹”。

番薯是藤质草本。薯块除供食用，还可以制糖和酒精。将薯块磨碎，取其淀粉制作的粉条，是很好的风味食品。番薯藤可用来栽种，还可以作为猪、牛、羊的青饲料。嫩薯叶可当蔬菜食用。

番薯约在明末清初引进广西。② 因高产且栽培简单，耐贫耐旱，不讲究土壤和气候条件，引进后很快就推广开来。man^{2}（maenz）本来泛指薯类，可是番薯后来者居上，到处可见，如今单说 man^{2}（maenz），人们就会联想到它，故man^{2}（maenz）又特指番薯。

man^{2}ɕiːn^{2}（maenzcienz），薯蓣，学名*Dioscorea batatas*，也作*D.opposita*，英文名Common Yam、Cinnamon Vine。薯蓣又叫淮山，草质缠绕藤本。块茎肉质，略呈圆柱形，垂直往下生长。③ ɕiːn^{2}（cienz）是“钱”。薯类之中，薯蓣最值钱，故因此得名。

①番薯的学名、英文名见中国科学院植物研究所编《新编拉汉英植物名称》第383页。

②广西壮族自治区地方志编纂委员会编，胡方明、张志民主编：《广西通志·农业志》第245页，南宁：广西人民出版社，1995年。

③黄燮才主编：《实用中草药原色图谱（二）》第476页，南宁：广西科学技术出版社，2008年第5次印刷。学名、英文名见中国科学院植物研究所编《新编拉汉英植物名称》第264页。按《广西植物名录》第445页，薯蓣的学名是*Dioscorea polystachya*。

薯蓣有野生亦有栽培。农家种植的于初冬收获。因薯块为长条形，似棍子，壮名也叫man^{2}toːŋ^{6}（maenzdongh）。toːŋ^{6}（dongh）义为“木柱，木桩”。薯块外皮褐色，肉质白色，煮熟后松粉香甜。野生者常成丛聚生。壮语说：waːt^{7} man^{2}ɕiːn^{2}，tɯk^{7} kum^{2} man^{2}（Vat maenzcienz，dwk gumz maenz）挖薯蓣，掏薯窝。一丛薯蓣能挖出十几根薯块，会把生长之处掏成一个坑。

薯蓣是粮食药物兼用的作物。其块茎富含淀粉，蒸煮、煲汤或切片炒食均可。用鲜薯蓣榨汁做成羹，亦是美味。医家用薯蓣入药，认为能健脾养胃，生津益肺，补肾益精。脾胃虚弱食欲差，可用薯蓣和糯米煮粥做早餐。脾虚消瘦、喉咙干渴者，可用薯蓣、红枣、荞麦煮粥食。

薯蓣的营养价值高，销路很好，很值得扩大种植面积，提高产量，以获取更高的经济效益。

壮族地区栽培的薯类淀粉植物中，甘薯也是一个常见的品种。甘薯是古老的栽培作物。东汉杨孚的《异物志》载：“甘薯似芋，亦有巨魁，剥去皮，肌肉正白如脂肪。南人专食，以当米谷。（蒸、炙皆香美。）”晋代嵇含的《南方草木状》载：“甘藷，盖薯蓣之类，或曰芋之类，根叶亦如芋，实如拳，有大如瓯者。皮紫而肉白，蒸鬻食之，味如薯蓣，性不甚冷。旧珠崖之地，海中之人，皆不业耕稼，惟掘地种甘藷，秋熟收之，蒸晒切如米粒，仓圌贮之，以充粮糗，是名藷粮。”①

马山壮语称甘薯为man^{2}pɯn^{1}（maenzbwn），man^{2}（maenz）是“薯”，pɯn^{1}（bwn）是“毛”，故当地汉语方言也称之为毛薯。甘薯是多年生草质缠绕藤本。茎四方，细长，常攀附于他物而生长。叶片阔心形。薯块外皮褐色或黄褐色，须根多，

①江苏新医学院编：《中药大辞典》上册第577页，上海：上海科学技术出版社，2007年第9次印刷。

如毛发状，壮名即因此而得。古籍称其根叶如芋，纯属误记。芋叶是盾形，大者有20~40厘米宽，叶柄肥厚，长达50~60厘米，其内海绵状，丛生于地上。而甘薯的叶柄着生于藤茎上。两者差异很大。

甘薯按内皮的颜色可分为两种：一为紫红色，壮语叫man^{2}pɯn^{1}kjam^{5}（maenzbwn'gyaemq）紫毛薯；一为白色或淡黄色，壮语叫man^{2}pɯn^{1}haːu^{1}（maenzbwnhau）白毛薯。紫红者，其茎节叶柄着生处亦带紫红色斑点。这两种只是内皮颜色有差别而已，而无论外形、味道，还是吃法，都没有太大差异。

但根据壮族植物分类学家韦发南等人对薯蓣科植物的研究，依这种内皮颜色的差异，可把man^{2}pɯn^{1}（maenzbwn）分为两种植物：甘薯，又称甜薯，学名*Dioscorea esculenta*，英文名Chinese Yam。草质藤本。块茎先端多分枝，外皮淡黄色。叶阔心形，长与宽超过10厘米。花期4~5月。参薯也是栽培作物，别名大薯，俗称脚板薯，学名*Dioscorea alata*，英文名Winged Yam。块茎外皮褐色或紫黑色，断面白色或带紫色。茎通常具4条狭翅。①

从这些描述看，甘薯当指壮语的man^{2}pɯn^{1}haːu^{1}（maenzbwnhau）白毛薯。参薯当指man^{2}pɯn^{1}kjam^{5}（maenzbwn'gyaemq）紫毛薯。壮族的民俗分类与植物研究的科学分类相符，这是一种巧合。

作为农作物，甘薯和参薯都是容易栽种和管理的品种。一般是用小个的薯块切出带芽的部分来栽种。种时只要挖坑施足底肥，种下之后就不需特别护理了，至多在其藤蔓延伸时用一些木棍做支架让它攀缘。

①韦发南等：《广西薯蓣科植物分类研究》，载《广西植物》1998年第3期。学名、英文名见中国科学院植物研究所编《新编拉汉英植物名称》第264页。

maenzbwnhau　甘薯（块根）

maenzbwn'gyaemq　参薯（叶）

甘薯和参薯有一个特点，不一定要在种植的当年收获，可以留置多年才收取，其薯块不会坏掉。农民利用田头地尾的粪坑或园篱边堆置肥料的肥沃处来种甘薯和参薯，留上三五年，薯块就越长越大，一窝能收三五十斤，甚至上百斤。农民常以此作为贮备救荒粮食的一种手段。

上述各种薯芋皆为栽培植物，其中有本土原产的品种，也有海外引进的植物。此外，葛也是一种淀粉植物。葛根富含淀粉，可供食用，也可入药。不过如今利用的葛多是野生的。

壮语称葛为 $kau^{1}ka{:}t^{7}$（gaeugat），学名*Pueraria lobata*，英文名Lobed Kudzuvine。多年生豆科藤本，长可达10米，全株被黄褐

gaeugat　葛

色粗毛，块根肥大。叶互生，具长柄，三出复叶。花深紫色。种子卵圆形而扁，赤褐色，有光泽。[①] kau[1]（gaeu）是“藤”，kaːt[7]（gat）是“葛”，kau[1]kaːt[7]（gaeugat）即“葛藤”之义。葛在古代是普通民众做衣服常用的纤维植物，《诗经》中常提到此物。韩非子在《五蠹》里说，尧之时“夏日葛衣”。一直到春秋战国时，葛都是主要的纺织原料。[②]

①江苏新医学院编：《中药大辞典》下册第2307页，上海：上海科学技术出版社，2007年第9次印刷。学名、英文名见中国科学院植物研究所编《新编拉汉英植物名称》第594页。

②何九盈、胡双宝、张猛主编：《中国汉字文化大观》第351页，北京：北京大学出版社，1995年。

葛的食用部分是块根。采来鲜嫩的葛根，洗净，砍成小节，同猪骨头一起炖熟，连汤食用，是健脾养胃的好食物。壮医常建议糖尿病患者多喝葛根汤，既能解渴、充饥，又能降低血糖。

过去贫困人家常采葛根来提取葛粉，以弥补粮食的不足。采集新鲜的葛根，洗净，砍短，置于石臼内舂捣。把捣碎的葛根放到盆中用清水浸泡，搓揉，使淀粉浸入水中。再把纤维粗渣和杂质去掉，放置3~4小时后让淀粉沉淀，然后晾干水分。得到洁白的葛粉后，可煮粥，可做煎饼或糍粑。

上述薯芋作物中，番薯、木薯的产量最大，经济价值也最突出。特别是在山区地带，这些作物的收成会直接影响到当地民众的生活水平。

三、木本淀粉植物

人类从大森林中走出来，利用植物发展了农耕文明，种起了谷物和薯芋类，最终脱离了以采集为谋生手段的原始状态，进而慢慢建立了自己的社会形式，形成了城乡相连的社会结构和相应的产业链。虽然人类有了高产量的谷物和薯芋类植物，但因长期的森林采集谋生经验给人们留下深刻的记忆，一些森林植物能给人类提供淀粉充当食物，在有的地方，人们还是充分利用这些植物的淀粉制作食品。特别是那些味道好、产量高的植物，至今人们还把它们当作风味食品来食用。

广西常见的木本淀粉植物有以下几种常为人们所利用。从古书记载看，人们利用这些植物的历史相当悠久。

苹婆是石山常见树种，壮语北部方言称之为ko^{1}waːŋ^{6}（go-vangh）或 fai^{4}waːŋ^{6}（faexvangh），学名*Sterculia nobilis*，英文名Common Sterculia。常绿乔木，高可达到10米。树皮褐黑色。叶长椭圆形，长8~25厘米，宽5~15厘米。花小，白色或粉红色。荚果，种子椭圆形，暗褐色。①

苹婆在龙州壮语中叫mai^{4}naːŋ^{6}（maexnangh）。mai^{4}（maex）对应 fai^{4}（faex），即“树”。naːŋ^{6}（nangh）与 waːŋ^{6}（vangh）对应，即苹婆的专名，但具体含义不详。

作为木材，苹婆材质轻且偏软，粗糙，易开裂，招虫蛀，因此多用来搭建临时工棚，做包装箱、粗家具等。树皮富含纤维素，用来编绳索，造纸。种子叫lɯk^{8}waːŋ^{6}（lwgvangh）或 çe^{6}waːŋ^{6}（cehvangh），煮熟或煨、炒，可当作主食，味似板栗，是很好的野生木本粮食。炖鸡或炖排骨汤时，人们也喜欢放苹婆籽进去一起熬煮，不但可以吸去浮油，而且还能使汤水形成一种独特的鲜美味道。

古人很早就知道了这一植物。远在宋代，范成大就在《桂海虞衡志》中，以罗望子、罗晃子之名记录了苹婆。② 古称罗望子、罗晃子，实为本种。③ 其名来自壮语。“罗”为 lɯk^{8}（lwg）的记音；“望”或“晃”，即 waːŋ^{6}（vangh）的记音。因 lɯk^{8}waːŋ^{6}（lwgvangh）系籽实，古人视为果子，故在“罗望”“罗晃”之

①钟济新主编：《广西石灰岩石山植物图谱》第76页，南宁：广西人民出版社，1982年。学名、英文名见中国科学院植物研究所编《新编拉汉英植物名称》第704页。

②齐治平：《桂海虞衡志校补》第26页，南宁：广西民族出版社，1984年。

③中国科学院华南植物研究所编，陈封怀主编：《广东植物志》第一卷第128页，广州：广东科技出版社，1987年。

后缀以“子”字。由此亦可看出植物名称的古老性与稳固性。由宋至今，壮语树名一仍其旧。

同属植物粉苹婆，学名*Sterculia euosma*，英文名Wellflavoured Sterculia。该种植物的叶、花、果等外观与苹婆极为相似。籽实的形状、味道也一样，树皮的用途也相同。只是粉苹婆通常为灌木状，高仅2~3米，少数可达7米。① 故壮家人视它们为同一物，并称为 ko^{1}waːŋ^{6}（govangh）。

此外，广西山区还有一种假苹婆，也叫赛苹婆、鸡冠木，因其叶子比苹婆叶小，故壮名叫 ko^{1}waːŋ^{6}kai^{5}（govanghgaeq）。着眼于籽实，龙州壮语称之为 maːk^{7}waːŋ^{6}kai^{5}（makvanghgaeq），学名*Sterculia lanceolata*，英文名Scarler Sterculia。落叶灌木或小乔木，高2~7米，也是苹婆属植物。② 树皮纤维也可以编绳索和造纸。其种子一样可以煮熟食用，味道与苹婆籽实相同。

由于苹婆的籽实是荚果，一荚之内有两三粒种子，种子外面有硬壳，壳内还有一层黄褐色的膜裹着种子，然后才是可食用的种仁，故马山壮语俗话说：

hau^{4}fɯːŋ^{3} θaːm^{1} kjaːm^{5}，lɯk^{8}waːŋ^{6} θaːm^{1} naŋ^{1}；

Haeuxfiengj sam gvamq，lwgvangh sam naeng；

粟米　三　壳　　子苹婆　三　皮

粟米三层壳，苹婆三层皮；

me^{6}laŋ^{1} kou^{3} tuŋ^{4}，me^{6}ruŋ^{4} tuŋ^{4} ʔdeu^{1}.

Mehlaeng gouj dungx，mehrungx dungx ndeu.

母后　九　肚　　母 哺乳　肚　一

后娘九重肚，娘亲一心眼。

这话说的是后妈不能善待前妻的孩子，只有亲娘才一心一意对待自己的孩子。

除了种子可食用，树皮纤维可编绳索和造纸，木材能做一般

①钟济新主编：《广西石灰岩石山植物图谱》第74页，南宁：广西人民出版社，1982年。学名、英文名见中国科学院植物研究所编《新编拉汉英植物名称》第704页。

②钟济新主编：《广西石灰岩石山植物图谱》第75页，南宁：广西人民出版社，1982年。学名、英文名见中国科学院植物研究所编《新编拉汉英植物名称》第704页。

lwgvangh　苹婆子

器物之外，苹婆因树冠大、叶子浓绿漂亮而被当作绿化植物栽种，在南宁许多地方都能见到绿叶婆娑的苹婆。广西民族大学是绿化工作做得较好的园林式单位，校园内栽种有不少苹婆。

除了这三种苹婆，前面讨论的家麻树 ko^1po^1（gobo），叫棉毛苹婆（见绪论第6页），也同样是苹婆属植物，其树皮纤维可以编绳索，种子煮熟可食，也是一种木本粮食。

能当作粮食的还有一些锥属植物富含淀粉的籽实。在人们的心目中，锥属植物是森林里高大的树木品种，有不少是良好的材用林木，当作建材或打制家具很耐用。典型的代表有锥树、红锥、高山锥、白锥等。捡这些树木的种子来充当粮食，当是原始时代采集农业的古老遗风。

锥木也叫锥树，壮语叫 fai^4rei^5（faexreiq）或 ko^1rei^5（goreiq），学名*Castanopsis chinensis*，英文名Chinese Evergreen Chinquapin。常绿乔木，高10~20米。小枝无毛。叶薄，革质，卵形或披针形。叶边缘有粗锯齿或波状钝齿。果序长15厘米，壳斗圆球形。全包坚果，有细长刺遮盖壳斗。花期4~5月，果期翌年9~10月。[①] 锥木是高大植物，石山土山均有分布。木材材质坚硬，可做成板材、支柱、横梁等。初冬时可进山捡拾籽实来充当淀粉食物。

壮语的 rei^5（reiq）为锥属植物的专名，此外不见其他用法。

$rei^5hoŋ^2$（reiqhoengz），红锥，别名栲树，学名*Castanopsis hystrix*，英文名Spingbract Evergreenchinkapin。常绿乔木，高25~30米，胸径达 1米。[②] 嫩枝被疏毛和棕黄色鳞秕。叶薄，革质，狭椭圆状披针形至卵长形，长4~9厘米，宽1.5~2.5厘米。圆锥花序。果序长达12厘米，壳斗球形，全包坚果，连刺直径2.5~4厘米，外表密生针刺。坚果每壳斗1个，圆锥形，直径0.8~1.2厘米。红锥树的外皮褐色。木材重，心材大，暗红，边材淡红，纹理斜。红锥的木质很硬，耐久性好，是建筑、农具的重要用材，做家具甚为坚固耐用。一般民房以红锥做柱梁、横条等，若防潮得当，可三四百年不朽烂。其壮名 $rei^5hoŋ^2$（reiqhoengz）是因木材略带红色而得名，$hoŋ^2$（hoengz）即“红”。

$rei^5haːu^1$（reiqhau），甜槠，也叫甜锥，学名*Castanopsis eyrei*，英文名Eyer Evergreenchinkapin。常绿乔木。小枝无毛。叶厚，革质，卵形或卵状披针形。叶边全缘或近顶端部分有锯齿，两面均呈淡绿色。树高10~15米，部分高可达20米，胸径可

①中国科学院华南植物园编，吴德邻主编：《广东植物志》第九卷第11页，广州：广东科技出版社，2009年。学名、英文名见中国科学院植物研究所编《新编拉汉英植物名称》第163页，但此书列中华栲作正名，以锥、锥栗、桂林栲作别名。

②中国科学院华南植物园编，吴德邻主编：《广东植物志》第九卷第9页，广州：广东科技出版社，2009年。学名、英文名见中国科学院植物研究所编《新编拉汉英植物名称》第163页。

达50厘米。坚果每壳斗1个，阔圆锥形，直径1~1.4厘米。花期4~6月，果期翌年9~11月。[①]

甜锥外皮褐色，底层灰白。材色黄灰或棕褐，纹理直。木材容易开裂，材质较软，耐久性稍弱，容易加工，有时也招虫。可作为一般家具方料。经防腐处理后，可制作枕木、桥梁、木桩及建筑材料等。

rei⁵ȵaːŋ³（reiqnyangj），高山锥，也叫高山栲，学名*Castanopsis delavayi*，英文名 Delavay Evergreenchinkapin。常绿高大乔木，高15~25米，胸径60厘米，最大可达1米。叶革质，倒卵形、倒卵状椭圆形或宽椭圆形，边缘中部至上部疏生锯齿，老叶背面灰白色或银灰色。坚果1个，宽卵形或球形，长1~1.4厘米，直径约1厘米。花期4~5月，果期翌年9~11月。树干外皮暗灰， 木材坚重， 淡黄色或黄褐色， 纹理细致，直或略斜。木材强度好，耐久性好，通常是建筑、车辆、家具、农具、桥梁的优良用材。[②] ȵaːŋ³（nyangj）是"稻草芯茎"，因木材颜色淡黄，近似干稻草之色而得名。

rei⁵nou¹（reiqnou），米槠，亦叫白锥，学名*Castanopsis carlesii*，英文名Carlese Evergreenchinkapin。常绿乔木，高8~20米，胸径80厘米。叶纸质，卵形、卵状披针形或披针形。壳斗球形，坚果1个，近球形，直径0.8~1.3厘米。花期4~5月，果期翌年9~11月。[③] 木材淡黄色，纹理直，较软，可制作家具、农具、门窗或当作建材等。人们还常砍米槠树干来培养香菇、木耳。

nou¹（nou）是"鼠"，因其籽实味甜且老鼠喜欢啃食而得名。

这几种锥树都有近球形或心形的籽实，叫 ɕe⁶rei⁵

①中国科学院华南植物园编，吴德邻主编：《广东植物志》第九卷第13页，广州：广东科技出版社，2009年。学名、英文名见中国科学院植物研究所编《新编拉汉英植物名称》第163页。

②广西壮族自治区中国科学院广西植物研究所编著：《广西植物志》第二卷第750页，南宁：广西科学技术出版社，2005年。学名、英文名见中国科学院植物研究所编《新编拉汉英植物名称》第163页。

③广西壮族自治区中国科学院广西植物研究所编著：《广西植物志》第二卷第750页，南宁：广西科学技术出版社，2005年。学名、英文名见中国科学院植物研究所编《新编拉汉英植物名称》第163页。

（cehreiq）或 lɯk⁸rei⁵（lwgreiq），俗称锥米。籽实有褐色的薄壳，内含白色的淀粉质，炒或煮熟后可食用。过去饥馑年头，穷困人家常拾锥米来度过灾荒，如今则多做成风味小食。一些地方的农家也用锥米来酿酒。各种锥树的枝丫或曲扭不成材的次残树，可用作柴薪或烧制木炭。因其耐烧，故很受民众欢迎。

壳斗科植物中，当以栗为最著名的木本粮食植物。

栗，俗称板栗，壮语叫 maːk⁷lai⁵（maklaeq），学名*Castanea mollissima*，英文名Chinese Chestnut。乔木。树皮深纵裂，幼时有灰褐色茸毛。叶长椭圆形至椭圆状披针形，叶缘有锯齿，叶面光滑无毛，叶被短柔毛和长单毛。花3~5朵一簇，雌花1~3朵发育结实。壳斗连刺直径4~6厘米，每壳斗有2~3个坚果，稀1个。坚果扁球形，直径2~2.5厘米。花期4~6月，果期9~10月。[①]

①中国科学院华南植物园编，吴德邻主编：《广东植物志》第九卷第3页，广州：广东科技出版社，2009年。学名、英文名见中国科学院植物研究所编《新编拉汉英植物名称》第163页。

maklaeq 板栗

栗子富含淀粉、糖分、维生素和无机盐类等营养物质，可煮、蒸或炒熟后直接食用，也可以制作干果。炖骨头、猪脚时加入干板栗同煮，非常美味。壮家人包粽子时，也喜欢放板栗和肉做成馅，味道甜美。有人做酸甜排骨时，也喜欢放入鲜栗子一同焖煮，既能作为菜，也能充当主食。板栗木材坚硬耐水，材质光滑，纹理漂亮，是制作家具的好木料。因板栗产量大，经济价值高，人们喜欢栽种在房前屋后。在条件适宜的地方，人们会成片栽种，营造栗林，以获取更高的经济效益。

籽实类的木本粮食还有木波罗 maːk^{7}naːm^{1}（maknam）。木波罗被誉为水果之王，单个重量可达10千克，充当水果的是其果肉部分。人们通常吃完果肉后，再把富含淀粉的种子煮熟充当主食，其味道与板栗类似（木波罗的植物形态见第一章）。

除了籽实，一些木本植物的树干髓心也可以提取淀粉充作粮食，如鱼尾葵、董棕、桄榔树等。

鱼尾葵，马山、都安一带叫 ko^{1}kjaːŋ^{1}（go'gyang），龙州金龙叫 ko^{1}kuːŋ^{1}（gogueng），学名*Caryota ochlandra*，英文名Fishtail Palm。乔木，高可达20米。树干光滑，有环状叶痕。叶大，裂片暗绿色，每边18~20片，悬垂。花期7月，花瓣黄。果球形，直径约2厘米，成熟时淡红或紫红色。①

鱼尾葵树干外层坚硬，韧性好，耐水。髓心部分富含淀粉。人们喜欢破开其树干，将髓心部分挖出，打碎浸泡，滤出淀粉来煮粥食用。这是一种木本淀粉植物。

作为木料，鱼尾葵的树干外层厚可达2厘米甚至3厘米。因其坚韧，可以用来做扁担、楼板和椽子。壮族山区民众还常把鱼尾葵树干一剖为二，挖去髓心，留下槽形的半边树干，置于屋檐下做接水槽。也有人利用鱼尾葵的外层木材制作手杖、筷子及一些工艺品。

①中国科学院华南植物研究所编，陈封怀主编：《广东植物志》第二卷第454页，广州：广东科技出版社，1998年第2次印刷。学名、英文名见中国科学院植物研究所编《新编拉汉英植物名称》第162页。

go' gyang　鱼尾葵

鱼尾葵作为木料也好，作为粮食植物也罢，都要取出髓心部位。鱼尾葵树形美丽，常年绿叶婆娑，人们更多的是把它当作景观植物来栽培。那连片高大挺拔的树干气势磅礴，令人赏心悦目的同时还得到一种高洁自立的启示。

与栗、锥树等植物的籽实淀粉不同，鱼尾葵可食用的淀粉来自树干的髓心部分。人们一般都是在需要用到鱼尾葵的树干时，才顺带取其淀粉来做风味食品。通常情况下，人们不会因要饱口福而去砍伐鱼尾葵。若是为了充饥而砍鱼尾葵来提取淀粉，那肯定是灾荒之年，而且老百姓也应该是陷入了走投无路的困境。

值得注意的是，武鸣壮语把棕榈（学名*Trachycarpus fortunei*，英文名Fortunes Windmill Palm）① 叫 ko^{1}kwaːŋ^1（go'gvang），而鱼尾葵在武鸣马头一带则叫 ko^{1}klwaːŋ^1（go'glvang）。两者语音虽近，但棕榈跟鱼尾葵同科不同属，两者的用途也不尽相同。棕榈髓心的淀粉含量不如鱼尾葵和桄榔，人们更多的是栽来作为观赏植物。由于各地民众对植物的认识与使用方法不同，因而很容易出现植物同物异名或同名异物的现象。

董棕在龙州等地叫 ko^{1}paːŋ^3（gobangj），学名*Caryota obtusa*。乔木，高可达25米。茎干直径25~45厘米。叶片长5~7米，宽3~4米，羽片长15~25厘米，宽5~15厘米，边缘为不规则的齿缺，顶端一片较大，楔形，侧生的较小，半菱形，边缘笔直；叶柄粗壮。佛焰苞，花序长1~2.5厘米，具多分枝的穗状花序。果球形或扁球形，直径1.5~2.5厘米，熟时红色。董棕是稀有濒危物种，属国家二级保护植物。树形美丽，终年常绿，常栽作庭园观赏植物。②

①中国科学院华南植物研究所编，陈封怀主编：《广东植物志》第二卷第447页，广州：广东科技出版社，1998年第2次印刷。学名、英文名见中国科学院植物研究所编《新编拉汉英植物名称》第737页。

②董棕的壮名系广西弄岗国家级自然保护区管理局陆茂新先生提供。陆茂新系龙州壮族人，熟悉当地植物的名称、性状及用途。学名及形态描写见广西壮族自治区中国科学院广西植物研究所编著：《广西植物志》第五卷第362页，南宁：广西科学技术出版社，2016年。

董棕和鱼尾葵是同属植物。董棕的嫩茎可食用，味道堪比茭白，是野菜中的上品。茎干富含淀粉，提取出来后可以像桄榔粉一样食用。茎干外层的木材很坚硬，可做筷子、手杖等。著名的乌木筷即以此为原料。因髓心淀粉可食用，人们也把董棕误为桄榔树。

其实桄榔树学名是 *Arenga pinnata*，英文名为Sugar Palm、Gomuti Palm、Arenga Palm 等。桄榔树是乔木，高可达12米或更高。茎光滑，有明显叶痕。叶长7米以上，裂片很多，长0.8~1.5米，宽4~5.5厘米。叶鞘褐黑色，粗纤维质，包茎。肉穗花序长达1.5米，花序液汁富含糖分，可以提取砂糖。果近球形，长3~5厘米，棕黑色。花期夏季，果2~4年后成熟。髓心富含淀粉。叶鞘纤维可编绳索，做毛刷、扫帚等。①

龙州、靖西一带有天然分布的桄榔树。据广西民族大学教授黄奇良②介绍，桄榔树在龙州金龙的岱话里也叫 ko^{1}paːŋ^{3}。虽然同名而且同样用髓心来提取食用淀粉，但两者的区别还是非常明显的。董棕的羽叶叶片是半菱形，比较短；桄榔羽叶的小叶片狭而细长，可达80厘米以上。

在龙州，另有一种同属植物叫 ko^{1}taːu^{1}（godau），民众也称之为桄榔树。ko^{1}taːu^{1}（godau）与 ko^{1}paːŋ^{3}（gobangj）的最大差别有两点：一是 ko^{1}paːŋ^{3}（gobangj）的茎光滑，而 ko^{1}taːu^{1}（godau）的茎毛糙，茎上常有叶柄叶鞘残存，且包有棕毛。二是从 ko^{1}paːŋ^{3}（gobangj）提取的桄榔粉呈淡褐红色，略甜，被视为正宗货，价格较贵；从ko^{1}taːu^{1}（godau）提取的桄榔粉呈白色，口感稍差，价格较低。桄榔粉营养价值较高，是当地颇有特色的土特产品。

①中国科学院华南植物研究所编，陈封怀主编：《广东植物志》第二卷第452页，广州：广东科技出版社，1998年第2次印刷。学名、英文名见中国科学院植物研究所编《新编拉汉英植物名称》第70页。

②黄奇良教授系龙州县金龙镇贵池村壮族人，熟知当地民俗及常见植物。

godau　桄榔树（毛秆）

查核植物图片资料时，发现也有植物研究者把外形有差别的两种桄榔树放在一块来展示。比如百度百科的桄榔树形态图片便是如此。在龙州，董棕和桄榔树共用一个壮名，大约是因为两者同样可以从树的髓心提取淀粉来食用。

通常人们砍下桄榔树，破开树干，挖取髓心部分，打碎，泡水搓揉，去渣，待淀粉沉淀，晒干，即得到桄榔粉。在过去的饥荒年份，桄榔粉可煮粥当作救荒食品。如今，医家发现食用桄榔粉做的粥或羹，能健脾养胃，对胃虚寒者有良好的疗效，故其身价倍增。龙州一带有专门的作坊加工提取桄榔粉，做成包装精美的礼品，向外销售，销路很好。此外，桄榔的叶鞘纤维可以编绳索，做扫帚和毛刷。人们认识桄榔、利用桄榔的历史甚早，宋代周去非的《岭外代答》载：

> 桄榔木似棕榈，有节如大竹，青绿耸直，高十余丈。有叶无枝，荫绿茂盛，佛庙神祠，亭亭列立如宝林然。结子叶间，数十穗下垂，长可丈余。[①]

①杨武泉：《岭外代答校注》第293—294页，北京：中华书局，2006年第2次印刷。

书中还言及桄榔木身外坚内腐，溪峒人取其坚以为弩箭。

清代赵翼《檐曝杂记》的“面木酒树”条载：

> 《洛阳伽蓝记》有所谓“酒树”“面木”，初不解所谓。余至广西，乃知面木即桄榔树也。大者五六围，长数丈，直上无枝，至颠则生叶数十，似栟榈。其树中空，满腹皆粉，可得十数斛。沸汤淬之，味似藕粉。粤人尝以此馈遗。[②]

②赵翼：《檐曝杂记》，曹光甫校点，第41页，上海：上海古籍出版社，2012年。

桄榔之名从宋至今已有上千年的历史，可见这一植物名称不仅古老，而且也很稳固。从古书的描写看，人们对桄榔的植物特性已经非常熟悉。

上述诸例表明，淀粉类的林木植物不多，但它们与人类的日常生活关系非常密切，而且用途多样。正因如此，人们在资源缺乏的时期，就想到了栽培这些淀粉植物来作为补给。在广西，栽培苹婆、鱼尾葵、桄榔树作为景观植物很常见，但种植这些植物来充当淀粉食物则尚未形成规模。其实，在自然条件许可的地方，大力栽种这些富含淀粉的树种，特别是板栗、苹婆和桄榔，或许是一条很有发展前景的农业生产途径。在城镇道路旁或园林里栽培，在获取经济利益的同时，还兼有绿化环境的好处。

四、从特色食品看壮族的饮食文化

前边的描述显示，壮族的淀粉食物来源是相对复杂的。百越族群是最早种植水稻的群体之一。壮族地区不仅稻米品种繁多，而且大米食品非常丰富。壮家人除用大米煮饭熬粥当主食以外，还用其来做各式各样的糕点等风味食品。尤其是花色品种繁多的节庆食品，不仅体现壮家妇女的精巧手艺，也很能展现壮家人的稻作文化特色。节日庆典，人们会制作各种精美的食品来祭祀祖先，然后大快朵颐。当然，节日之外，日常生活中的食品也有不少颇具特色，只是一般情况下，大多数人认为这些食品较寻常而未做深究。其实壮家人仰赖大米为食，食物中弥散着浓浓的稻作文化色彩。考究这些食物，可以从另一个角度领略壮族稻作文化的韵味——稻作文化也是植物文化的一大领域。

从历史的角度看，稻作生产也是人们利用植物的一大本事。稻米以产量高、口感好、营养丰富而深受人们的喜爱。全世界有半数以上的人口以稻米为主食。壮语称：nat^{8} hau^{4} $ɕɯːŋ^{4}$ $miŋ^{6}$ wun^{2}（Naed haeux ciengx mingh vunz），米粒养人命——人类仰赖稻米以维生；$jɯːŋ^{6}$ hau^{4} $ɕɯːŋ^{4}$ $paːk^{7}$ $jɯːŋ^{6}$ wun^{2}（Yiengh haeux ciengx bak yiengh vunz），

一样米养百样人。作为粮食作物，稻米在壮族人民心目中的地位是非常高的。人们称稻米是宝中之宝，这话丝毫不夸张。

稻米用作主食，通常有两种食法：一是做干饭，二是煮粥。壮族农家一般是一日三餐，早上煮一大锅粥，早餐与中餐就吃粥，晚餐才吃干饭。干饭叫hau^{4}haɯ^{5}（haeuxhawq），hau^{4}（haeux）即“饭”，haɯ^{5}（hawq）即“干”。粥叫hau^{4}ʔam^{3}（haeuxaemj），ʔam^{3}（aemj）是“粥”。也有部分地方称粥为 θou^{6}（souh），或借用汉语叫ɕuk^{7}（cuk）。

大米做的白粥叫ʔam^{3} haːu^{1}（aemj hau），haːu^{1}（hau）是“白”。直接把大米加水煮熟即可。可是一些地方没有足够的大米，人们就用小米、鸭脚粟或玉米粉来拌大米一起煮粥，壮语叫ʔam^{3} hau^{4} heu^{2}（aemj haeux heuz），意即“杂粮和大米搅拌煮成的粥”。heu^{2}（heuz）是“搅拌”。饥荒年头，人们也把红薯、薯蓣等跟大米混合煮粥充饥。当杂粮也不够吃时，人们还会把蔬菜放到粥里一道煮成菜粥，即ʔam^{3}pjak^{7}（aemjbyaek）。这时候往往是到了万般无奈的地步。当然，如今生活条件好，人们用雷公根、荠菜做成风味粥品，那是为了尝鲜，与饥荒年头无米可食而喝菜粥不可等同而语。至于ʔam^{3}no^{6}（aemjnoh）猪肉粥、ʔam^{3} taːŋ^{1} kai^{5}（aemj dang gaeq）鸡汤粥、ʔam^{3} ʔdoːk^{7}（aemj ndok）骨头粥、ʔam^{3}pja^{1}（aemjbya）鱼粥，都是常见的粥品。

除了做饭熬粥，大米还可以做成许多食品。其中最常见的是米粉，米粉类食品是壮家人特别喜爱的食物。米粉是广西、广东等地的说法，云南则称之为米线。米粉的加工方法比较简易：将大米浸泡软后加水磨成浆，把米浆放入蒸托蒸熟。整张揭下的新鲜米粉叫fan^{3}ʔbai^{5}（faenjmbaeq）湿粉。fan^{3}（faenj）是“粉”，ʔbai^{5}（mbaeq）即“湿”。湿粉切丝晒干，即fan^{3}ro^{1}（faenjro）干粉。ro^{1}（ro）是“干”。干粉能保存比较长的时间，可以随时煮食或泡软后炒食，很方便，故深得壮家人喜欢。

按烹饪方法，米粉可在蒸熟出笼时卷成条状，趁热拌上各种佐料而食，此即fan^{3}kiːn^{3}（faenjgienj）卷粉。kiːn^{3}（gienj）是“卷”。新鲜米粉也可以凉拌着吃。凉拌米粉通常做成酸甜口味，故叫fan^{3}θom^{3}（faenjsoemj）酸粉。θom^{3}（soemj）是“酸”。米粉也可以炒着吃，这是fan^{3}ɕaːu^{3}（faenjcauj）炒粉。ɕaːu^{3}（cauj）即“炒”。炒粉用鲜粉或干粉皆可，各有其味。

广西各地都有自己的特色米粉，如：桂林米粉，有人说以马肉、酥黄豆为佐料是最正宗；柳州螺蛳粉，以猪骨头和田螺熬汤，汤中放酸笋、辣椒等，味道浓酸香辣；南宁老友粉，以鲜猪肉炒豆豉、酸笋，加上辣椒，待猪肉炒得七成熟时加入适量高汤来煮粉，米粉之中的酸香辣味令人食后久不能忘。一些本地人外出多年，一旦回到家乡，最想吃的食物就是这些特色米粉。

米粉之中，当数生榨米粉最有特色。把大米淘洗后，用特定的发酵方法发酵，壮语称为ʔom^{5} hau^{4}（oemq haeux）沤米。待米粒产生一种特殊的酸味，再舂成细粉末，揉成团，置于专门的挤压工具ʔan^{1}ɕau^{1}（aencaeu）里，榨挤成线条状下到开水锅里煮。煮熟后捞起，拌上肉末或鱼虾等，佐以葱花、蒜米、香菜、花生米、酥黄豆等，这便是有名的生榨米粉fan^{3}ɕau^{1}（faenjcaeu）。不独壮家百姓，不少其他民族的百姓也极为喜爱这种风味奇特的食物。

生榨米粉最诱人的是其独特的酸味，这种酸味靠特殊的发酵方法而产生。冬天气温低，大米不易发酵，人们会采路边生长的假烟叶来蒙盖米团，加快发酵。假烟叶是一种路边常见的直立灌木，壮名叫ko^{1}ruk^{7}（goruk），学名*Solanum verbascifolium*，英文名Mullein Nightshade。全株被灰白色星状毛。叶互生，阔卵形或椭圆状卵形，形似烟叶，质厚，搓揉后有一股臭生烟叶味。故其另一壮名叫 ko^{1}ʔiːn^{1}hau^{1}（go’ienhaeu），ʔiːn^{1}（ien）是“烟”，hau^{1}

goruk　假烟叶

（haeu）是“臭”。[①]

除了用来发酵米团做生榨米粉外，ko¹ruk⁷（goruk）假烟叶还能入药，治跌打肿痛、外伤出血等，可止血止痒，防止伤口化脓溃烂感染。

大米还可以加工成粉利、粉虫。把大米磨成浆，晾干水分，捏成团状或圆柱状，蒸熟，此即粉利。粉利可切片炒食，也可以打火锅时放入汤锅煮食。因味道好，耐嚼，故而深受人们的喜爱。粉虫制作方法与粉利类似，只是把粉团挤成3~5厘米两头小中间大的虫状物，蒸熟即可。如同米粉，粉虫也可以水煮，或加各

①广西兽医研究所编著：《兽医中草药彩色图谱》第452—453页，南宁：广西科学技术出版社，1996年第2次印刷。学名、英文名见中国科学院植物研究所编《新编拉汉英植物名称》第688页。

种佐料炒食。

除主食以外，用大米、糯米制作的各式糕点等，也是壮乡常见的食品。壮侗民族人民特别喜爱食用糯米，用糯米制作的节庆食物花样繁多。

比如大年初一的早餐吃水圆、年糕之类的甜食，以示新一年的光景皆甜甜蜜蜜。水圆还有一家团圆的寓意。水圆也叫汤圆，壮语叫$ram^4tɯːŋ^2$（raemxdiengz）。ram^4（raemx）是“水”，$tɯːŋ^2$（diengz）是“糖”。也有一些地方叫作ram^4rou^6（raemxrouh）。作为动词，rou^6（rouh）指猪、牛等牲畜在水里“打滚，浸泡”，但水圆的rou^6（rouh）是否与此相关，不详。部分地方也叫水圆为$ʔba^1$（mba）。$ʔba^1$（mba）本义为“粉，粉末”，盖因糯米磨成粉后再拿来做水圆、糍粑等，故以材料指代所做之物。农历四月初八是牛王节，特色食品有艾叶糍粑；五月端午做凉粽、三角粽；六月初六是尝新节，做各种菜馅的糍粑；七月初七、十四做蕉叶糍粑。壮乡几乎月月有节，每个节日都有相应的节庆食品。

mbawngaih　艾叶

糯米做的糍粑，壮语叫çei^{2}（ceiz）。壮家糍粑的样式很多。从馅来看，味咸的有菜馅、肉馅、鱼虾馅，味甜的有花生馅、芝麻馅等等；从制作方式来看，有煮的、蒸的、煎的、炸的等等。种种花色，味道各异。水煮且以菜、肉、鱼虾等做馅的，通称为$\text{çei}^{2}\text{pjak}^{7}$（ceizbyaek）菜糍粑。将糯米粉加水揉成团，以糖拌捣碎的炒芝麻或炒花生为馅，蒸熟后即为$\text{çei}^{2}\text{haːu}^{1}$（ceizhau）白糍粑；把$\text{çei}^{2}\text{haːu}^{1}$（ceizhau）放入炒熟的黄豆粉里打个滚，蘸着又香又甜的粉来吃，叫作 $\text{çei}^{2}\text{kju}^{3}$（ceizgyuj），即通常所称的马打滚。将糯米粉加黄糖水和好，揉成条状，中间放上捣碎的炒芝麻或炒花生为馅，用芭蕉叶裹成一条一条的，放到蒸笼上蒸熟，这便是ʔeːt^{7}（et）蕉叶糍粑，也叫糖糍粑。ʔeːt^{7}（et）也是壮家人喜爱的食物之一。

论及壮族的糯米风味特色食品，当以五色糯米饭最为著名。壮语称五色糯米饭为 $\text{hau}^{4}\text{naŋ}^{3}$（haeuxnaengj）、$\text{ŋaːi}^{2}\text{naŋ}^{3}$（ngaiznaengj）。$\text{naŋ}^{3}$（naengj）是“蒸”，$\text{ŋaːi}^{2}$（ngaiz）即“饭”，$\text{hau}^{4}$（haeux）在此也是“饭”。一些地方也叫 $\text{naŋ}^{3}\text{wa}^{1}$（naengjva），即因蒸熟的糯米饭五颜六色而得名。wa^{1}（va）是“花”。

五色糯米饭是壮家人农历三月初三扫墓祭祖必不可少的传统食品。其中黑色（包括青色和蓝色）代表春天，紫色（包括紫红、绛红色）代表夏天，黄色代表秋天，白色代表冬天，寓意壮家人四季平安、五谷丰稔、六畜兴旺、家庭幸福、吉祥如意。染糯米所用的均为天然植物染料。

黑色糯米饭要用嫩枫叶来染色。壮语称枫树为 $\text{ko}^{1}\text{rau}^{1}$（goraeu），学名*Liquidambar formosana*，英文名Beautiful Sweetgum。落叶大乔木，树皮灰黑色，高可达40米，胸径可达1.5米。叶互生，具长柄，掌状3裂，入秋经霜后叶变红，颇耐观赏。花小，淡黄绿色。蒴果球形，有刺，连刺直径2.5~3厘米。木材淡红褐色，纹理交错，结构细。可做成楼板、栅栏、枕木等，也可以打制普通家具。[①]

枫叶选取嫩叶嫩芽全青者为好，一般认为红芽红嫩叶者做出来的糯米饭不够黑亮。采来枫枝洗净后摘取叶子，同时也剥取一些枝条的外皮。把枫叶、枝皮放入石臼捣碎。若无石臼，在砧板上用刀背或铁锤捣烂亦可。捣过的叶子枝皮用冷水浸泡2~3天，水色黄褐如啤酒即可。染色前先滤出枫叶渣，把水加热到微温，放入簸净的干糯米，浸泡6~8小时。糯米着色后变成灰蓝色为最好。捞起滤干后入甑蒸熟，即得乌黑发亮的糯米饭。无经验的人见枫叶水黄褐色，以为不黑，把水加热至太烫，结果水是浑黑了，

①广西兽医研究所编著：《兽医中草药彩色图谱》第326—327页，南宁：广西科学技术出版社，1996年第2次印刷。学名、英文名见中国科学院植物研究所编《新编拉汉英植物名称》第424页。

mbawraeu　枫叶

但糯米却染不上色。加温只能以不烫手为度，宁可不热，浸泡时间稍长一些也无妨。另外，一定要放干米入水才吸色。枫叶水泡米时，以铁锅为容器最好。

染黄色糯米饭可用密蒙花。马山壮语称密蒙花为 $wa^{1}ma{:}i^{1}$（vamai），学名*Buddleja officinalis*，英文名Pale Butterflybush。马钱科常绿灌木，嫩枝密被灰白色茸毛。叶对生，长椭圆形。花芳香，淡紫色，顶生圆锥花序。蒴果卵圆形。①

①黄燮才主编：《实用中草药原色图谱（一）》第278—279页，南宁：广西科学技术出版社，2008年第7次印刷。学名、英文名见中国科学院植物研究所编《新编拉汉英植物名称》第133页。

密蒙花在土山、石山均能生长，是广泛分布的植物，民众常砍来作柴薪。2月前后开花。花可入药，医家简称作蒙花，能清肝明目。得 $ta^{1}me{:}ŋ^{2}kai^{5}$（damengzgaeq）夜盲症，取密蒙花煮水后用水煮饭吃，或用密蒙花、鼠曲草蒸羊肝或鸡肝吃，有疗效。

vamai　密蒙花（干花）

vamai　密蒙花

做糯米饭时，先用密蒙花煮水，水开15分钟后滤渣取水，待水变温后放入干糯米浸泡，需泡6~8小时。待米充分上色后捞起，控干水分，即可装入蒸笼，蒸熟后就得到黄色的糯米饭。

做黄色糯米饭不一定用密蒙花，也可以用姜黄。姜黄也叫郁金，马山壮语称之为 kɯːŋ¹（gieng），学名*Curcuma longa*，英文名Common Turmeric。多年生草本。根状茎深黄色。叶长圆形或椭圆形。[①] 姜黄是妇科良药，能通经止痛。月经不调或痛经，可生嚼姜黄，用米酒送服。

要做黄色的糯米饭，先把姜黄块茎洗净捣碎后与糯米放在一起轻轻地舂。糯米均匀着色后，把碎姜黄块簸去，然后把着好色的黄糯米用温水浸泡6~8小时，再上锅蒸熟。

有些人用栀子来做黄色糯米饭。栀子叫 wuːŋ²kai¹（vuengzgae），学名*Gardenia jasminoides*，英文名Cape Jasmine。常绿灌木，嫩茎被短毛。叶对生，花白色。[②] wuːŋ²（vuengz）是"黄"，kai¹（gae）即"栀"。因该植物也叫黄栀子或黄枝子，故而壮名即"黄栀"的音译。

栀子生长在山坡、谷地或路旁的灌丛中，也有人工栽培的。其绿叶浓密，花有浓郁香气。医家将其果、花、叶入药，能清热消炎。流感、肠炎、血热、小便赤痛等，用叶、花或种子煮水当茶饮，可清火排毒。将栀子种子放入水中煮开10分钟，得出的茶水色泽橙黄鲜亮，酷暑时饮用，可清热解暑。

栀子籽实是黄色染料，过去多用来煮水把白布染成黄色。做糯米饭时，用栀子的籽实煮水，待水变温后即可放入糯米浸泡，米粒吸色且变软后，入蒸笼蒸熟就得到黄色的糯米饭。

①黄燮才主编：《实用中草药原色图谱（二）》第452页，南宁：广西科学技术出版社，2008年第5次印刷。学名、英文名见中国科学院植物研究所编《新编拉汉英植物名称》第229页。

②广西兽医研究所编著：《兽医中草药彩色图谱》第428—429页，南宁：广西科学技术出版社，1996年第2次印刷。学名、英文名见中国科学院植物研究所编《新编拉汉英植物名称》第327页。

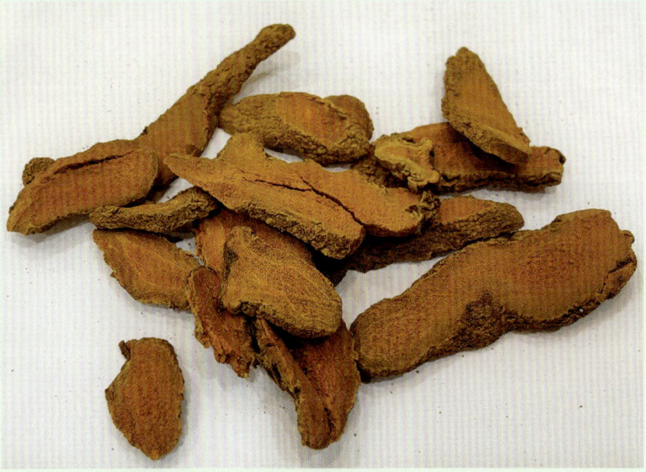

gieng　姜黄

vuengzgae　栀子

做紫红色糯米饭要用山蓝。山蓝壮名是 ko[1]kjam[5]（go'gyaemq），学名*Peristrophe roxburghiana*，英文名Roxburgh Peristrophe。多年生草本，高可达1米。茎有钝棱和纵沟。小枝被褐红色柔毛。叶纸质，卵形或披针状卵形，长3~7厘米，宽1.5~3厘米。花冠粉红或紫红。全株干燥时黑紫色。① 医家称之为红丝线，俗称红蓝草。通常栽培于园中。全草可入药。小儿体弱盗汗，用红丝线煮水洗澡，或煮水做饭，连食七日，有滋补之效，可止盗汗。

kjam[5]（gyaemq）作一般词指"紫色"，作植物名称时则专指"山蓝"。做糯米饭时，不同品种的山蓝能染不同的颜色，如紫、紫蓝、紫黑、蓝黑、绛紫、紫红、木红等。木红即淡红褐色。用各种山蓝染色的方法一样，只是草所产生的颜色不同而已。若从市场上购买，需问清楚是何种颜色，不要混用。鲜山蓝洗净，入锅炒蔫后放水煮，水稍没过草即可，水若过量则色淡。山蓝草过长，可切短再炒。如果是几天前采下已干萎的草，就直接入锅水煮。沸水煮15分钟左右，水色变成胭红或紫红，用的即紫蓝草；若水色青蓝，用的即木红蓝草；若水色暗紫，用的即绛紫蓝草；假如水色蓝黑，很可能就是蓝黑或紫黑蓝草。把煮好的水滤渣，待水温降低至50摄氏度左右（手感微烫），即可放糯米入水浸泡。米入热水，立即着色。

在黑、紫、黄、木红（或绛紫、蓝黑）的基础上，再加上糯米的本色（白色），便有五种不同颜色的糯米。放到蒸笼上蒸熟，这便是有名的五色糯米饭。

武鸣有一些地方将柊叶柄拿来捣汁，以其汁水将糯米染成嫩青的颜色，因此这些地方的糯米饭便是黑、紫、白、黄、青五色。农历三月时，艾草长得很鲜嫩，也有人采来艾草，舂捣取其汁水浸泡糯米，将其染成草绿色，故这五色糯米饭就成了黑、紫、黄、白和草绿色。

①中国科学院华南植物园编，吴德邻主编：《广东植物志》第九卷第142—143页，广州：广东科技出版社，2009年。学名、英文名见中国科学院植物研究所编《新编拉汉英植物名称》第530页。

五色糯米饭

在靖西一带，人们把稻草芯烧成灰，浸泡草灰后滤除灰渣取水，以稻草灰水冲兑蓝草水，染天蓝色的糯米，因而这里的五色糯米饭就成了黑、紫、黄、蓝、白这五种颜色。

五色糯米饭以 $ɕit^{8}hoːm^{1}$（cidhom）香糯为最佳用米。大糯中有一种叫 $hau^{4}ɕit^{8}ŋau^{2}$（haeuxcidngaeuz）的油糯，也是上上之品。其他普通糯米的米质皆不及这两者。染色是整个工序的关键，通常在节庆之前几天就要把所需的染料备齐。

新出蒸笼五颜六色的糯米饭，色彩艳丽悦目，香气扑鼻，令人食指大动。壮语有一句名言与此相关：rau^{2} $ʔdam^{1}$ wun^{2} $ʔeːŋ^{5}$ $ʔdoːŋ^{5}$（Raeuz ndaem vunz engq ndongq），咱黑人家更乌亮。意思是说：咱们做的枫叶糯米饭已够黑了，然而别人做的更是乌黑闪亮。这话告诫自家人，切勿以为自身精明能干就狂妄自大而轻视他人，要知道强中更有强中手。五色糯米饭的几道颜色中，黑色最讲究技巧。一般来说，会用枫叶染色了，其余颜色都好办。

山蓝与姜黄是园中之物，枫叶可随时入山林摘取。密蒙花虽有季节性，但二三月间采集晒干后可留置一年半载而不失效。况且可用姜黄、栀子代替，糯米也不难求。那么如此好看又好吃的食品，为何不常常做来享用呢？盖因五色糯米饭是重要祭品，在人们的意识观念里，只有敬献最好的祭品给祖先，祖先才会赐福于后人，因此，若非大祭之时，一般不做五色糯米饭。

这一点从时间和用场来考究即可明白。农历三月初三是壮家人扫墓敬祖之节。拜祭先人，除香烛之外，祭品中还有四样很重要：酒、猪肉、鸡、五色糯米饭。无鸡，单用猪肉也行，但五色糯米饭绝不可少。

古时，壮家人普遍采用二次葬制，即用棺木把成年逝者葬三五年后，再择吉日捡遗骨重新安葬。安葬之日不一定在三月初三，但五色糯米饭是必不可少的祭品。与此相关，老人新逝，也要做糯米饭献祭于棺头，叫 $taŋ^3$ $ŋa:i^2$ $kjau^3$（Daengj ngaiz gyaeuj）。$taŋ^3$（daengj）是“上供，祭祀”，$ŋa:i^2$ $kjau^3$（ngaiz gyaeuj）是“棺头饭”。不过这碗糯米饭多是素色的。那些80岁以上，人生无遗憾而终天年的高寿者，可把白事当红事来办，这碗棺头饭便做成红紫色，有老人归天是喜丧的寓意。

农历四月初八是牛王节，也叫脱轭节。通常人们会做五色糯米饭敬牛神，慰牛魂，以祈耕牛平安。牛是农民的宝贝，人们认为耕牛安然，农家才能过好日子。祭牛神的深层含义其实是祈丰年，求平安。

新屋建成也要做五色糯米饭祭祖敬神。富裕人家在这一天做糯米饭，除了祭祖所用，还给每名工匠和来帮忙的亲友带一包回家。

这些习俗表明，五色糯米饭是壮家人传统的重要祭品，若非重大祭祀活动，人们一般不会做五色糯米饭。平时再馋，至多是蒸素色的糯米饭来当主食。这是民间传统信仰情结和风俗习惯使然。

与节庆文化密切相关的糯米食品还有粽子。粽子有大粽、小粽、三角粽、凉粽等。按有馅与否，粽子可分为肉粽和素粽。素粽叫 faŋ^{4}ɕaːi^{1}（faengxcai），faŋ^{4}（faengx）是“粽”，ɕaːi^{1}（cai）是“斋”。素粽单纯用糯米来包，有时也用黑饭豆和糯米混合一起包。肉粽叫 faŋ^{4}no^{6}（faengxnoh），no^{6}（noh）是“肉”。通常包肉粽时会用绿豆、板栗等来做成馅，馅里再放上半肥瘦的长条形猪肉。通常壮族民众在春节、元宵节、二月初二春社、五月端午等节日会包粽子。小孩满月做宴席的人家也包粽子。

粽子是古老的食品，相传在古代就有用粽子祭屈原、祭伍子胥等说法。按闻一多先生的《端午考》，端午习俗出现年代要早于屈原。端午的龙舟竞渡和做粽子是越人祭祀水神之举。① 闻先生的立论确否，可以不论，但中国南方民众吃粽子的历史悠久却是毋庸置疑的。包粽子自然要用糯米，但粽子的特殊芳香气味却源于包裹在外的植物叶子。

①闻一多：《闻一多全集　5》，武汉：湖北人民出版社，1993年。

包粽子要用柊叶，这一植物壮语叫 ko^{1}roːŋ^{1}faŋ^{4}（gorongfaengx),学名*Phrynium capitatum*，英文名Capitate Phrynium。多年生草本。茎直立。叶大，根生，长椭圆形，叶柄很长。②

②广西兽医研究所编著：《兽医中草药彩色图谱》第330页，南宁：广西科学技术出版社，1996年第2次印刷。学名、英文名见中国科学院植物研究所编《新编拉汉英植物名称》第540页。

柊叶在海南、广东、广西、云南均有分布，广布于亚洲南部。壮族地区主要用来包粽子，也用来裹物。roːŋ^{1}（rong）是“叶子”，多指较大的能包裹东西的植物叶，如 roːŋ^{1}ʔbu^{1}（rongmbu）荷叶、roːŋ^{1}kjoi^{3}（ronggyoij）蕉叶。故 roːŋ^{1}faŋ^{4}（rongfaengx）是包粽子的叶子。这一壮名是因用途而得。柊叶在马山还叫

rongfaengx　柊叶

roːŋ^{1}taːi^{3}（rongdaij），故其植株也叫 ko^{1}taːi^{3}（godaij）或 ko^{1}roːŋ^{1}taːi^{3}（gorongdaij）。taːi^{3}（daij）是这一植物的地方名。

除了裹物与包粽子，柊叶全株可入药。夏天失汗太多、小便赤痛、中暑发痧，或咽喉疼痛、口腔发炎等，可用柊叶叶子、叶梗或其根茎煮水当茶饮，能利尿消炎。喝酒过量，可生嚼其根茎，咽汁，能解酒。花煎水服，可治妇女白带多、月经徐徐不止。

五月初五是端午节，节庆食品以三角粽和凉粽最具特色。不少地方也做ɕei^{2}ŋaːi^{6}（ceizngaih）艾叶糍粑。毫无疑问，这些食物都以糯米为主要材料。但与春节包的大年粽不同，端午用来包裹粽子的植物叶子是箬叶。

箬叶竹，壮语称之为ko^{1}ʔboːn^{1}（go'mbon），学名 *Indocalamus longiauritus*，英文名Longauricle Indocalamus。丛生的灌木状小秆竹类。节间圆筒形，壁厚。叶宽大，常用来包粽子，有特殊清香味，秆可用来制作毛笔。箬叶，壮语是 roːŋ^{1}ʔboːn^{1}（rongmbon）。ʔboːn^{1}（mbon）是箬竹的专名。①

端午节包的粽子有两种：一种是三角粽，壮语叫ʔut^{7}（ut），也叫faŋ^{4}θaːm^{1}ɕoːm^{1}（faengxsamcom）。ʔut^{7}（ut）作动词是“弯，曲”，壮名是因反复弯曲箬叶来包裹粽子而得。θaːm^{1}（sam）是“三”，ɕoːm^{1}（com）是“角”，意指这种粽子呈三角状。三角粽通常要放绿豆、猪肉做馅，也有一些地方在绿豆馅里加板栗。另一种叫faŋ^{4}ȵaːŋ^{3}jou^{2}（faengxnyangjyouz），即凉粽。ȵaːŋ^{3}（nyangj）是“稻草芯”，jou^{2}（youz）是“油”。盖因做凉粽时，把糯稻的稻草芯烧成灰，用灰泡水，然后滤水来

①中国科学院华南植物园编，吴德邻主编：《广东植物志》第九卷第304—305页，广州：广东科技出版社，2009年。学名、英文名见中国科学院植物研究所编《新编拉汉英植物名称》第382页。

浸泡糯米。用这种以稻草灰水泡过的糯米来包粽子，不仅口感绵软滑顺，还具有一种独特的香味。凉粽通常直径3厘米，长约20厘米。

端午节的传统活动还有前边提及的龙舟竞渡，这是壮族一种古老的习俗。两广地区出土的铜鼓鼓身上就常常见到竞渡的饰纹。靠近水边的市镇，如南宁市及横州市的横州镇、崇左市江州区的驮卢镇，人们常在这一天举行龙舟比赛。

除了赛龙舟，吃粽子，人们还在这一天采来hei^{5}waːi^{2}（heiqvaiz）青蒿、ko^{1}ŋaːi^{6}（go’ngaih）艾草、ʔbaɯ^{1}kou^{4}（mbawgoux）乌桕叶、ko^{1}ɕoːn^{1}ɕiːn^{2}（goconcienz）元宝草、ʔbaɯ^{1}mot^{8}（mbawmoed）黄皮树叶、

goconcienz　元宝草

ʔbaɯ^{1}puk^{8}（mbawbug）柚子叶、ʔbaɯ^{1}ʔbu^{1}（mbawmbu）荷叶、ʔbaɯ^{1}kaːu^{3}（mbawgauj）樟叶、jɯːŋ^{1}pu^{2}（yiengbuz）香蒲、ko^{1}kaːm^{1}n̥aːp^{7}（gogamnyap）田基黄等草药，煮成药水洗澡。人们认为这样可以驱除瘴气，避百邪。这也是流传甚广的一种地方民俗。

从上面提及的节庆食品我们可以清晰地看到，壮族人民以稻米为主食，其物质生活、精神生活均仰赖水稻这一农作物。年成好坏决定人们的生活水平。围绕着稻作生产，人们形成了许多相关的节日；通过节日祭祀，人们又增强了稻作农耕文化意识。年复一年栽培、护理水稻，乃至收获，再将其加工制作成各种各样的食品，人们无一日不接触这一粮食品种。可以说，进入定居的农耕生活时代后，壮家人就再也离不开稻子。稻作文化是壮族农耕文化的核心。湖南道县、江西万年仙人洞等地的考古资料显示，中国南方古人类早在12000多年前就已经开始了稻作农业生产。① 这些地方在远古乃至上古时代皆属古百越族群的居所。如此，壮侗语族先民应是水稻栽培的先驱，壮侗语族地区也是野生水稻广泛分布的区域。假如这些考证不误，壮侗语族先民对人类文明进步的贡献就异常宏大了。②人类文明发展到如今，当我们享受稻米食品的种种美味时，不应忽视稻作技术发明者的历史贡献。

长期以来，淀粉食物在人们的饮食结构中占据着重要的地位。这个看似普通的现象，深究起来，里边蕴含的文化内容竟是如此丰富。淀粉植物的品种多，人们的物质生活才有保障。农业生产最重要的事情就是解决人类的粮食问题。从本章讨论的各种淀粉植物来源来看，稻、麦、玉米固然很重要，但各种杂粮在人民生活中也能起到非常大

①袁行霈、严文明主编：《中华文明史》第一卷第32页，北京：北京大学出版社，2006年。

②周振鹤、游汝杰运用语言学的方法，通过地名上的“那”（即壮侗语族的水田na^{2}）与野生稻的分布区域来论证，认为中国广西西南部、云南南部和越南北部、老挝北部、泰国北部、缅甸掸邦是亚洲栽培稻的起源地。见周振鹤、游汝杰《方言与中国文化》第100—108页，上海：上海人民出版社，2006年。

的作用。姑且不论它们的经济价值，仅从因地制宜发展生产和防灾减灾的社会功能来看，我们就应当对这些五谷杂粮给予高度重视。何况，这些植物种植和加工经验的背后蕴含的民族文化和民众智慧更是人类发展进步的知识财富，我们没有理由轻视这些代代相传的传统知识。

第四章　蔬菜与油料植物

蔬菜与油料是人们日常生活中必不可少的食材。一般而言，人类吃蔬菜主要是吸收其中的各种维生素和纤维素来满足身体的需要。蔬菜可生吃，亦可煮熟后再吃。常规做菜离不开油，油料不仅能改善蔬菜的味道，更重要的是给身体提供热量。就烹饪方法来说，蔬菜可以炒、蒸、焖或做汤。各种方法形成不同的味道，以迎合人们不同的口味和喜好。

壮族地区有丰富的蔬菜品种，油料植物也有六七种。因雨水充沛、水网密布，壮族地区的蔬菜园艺有悠久的历史。史前的材料缺乏，不好臆测，但至少在汉代之际，人们就掌握了不少瓜果蔬菜的栽培技艺。1976年，考古人员在贵县罗泊湾发掘汉墓一座，殉葬品有稻、粟、黄瓜、香瓜、番木瓜、葫芦、橄榄、花椒、姜、芋等植物种实。[①] 这足以证明壮族地区或许至少在2000多年前就已经出现了蔬菜园艺。壮乡的蔬菜品种繁多，它们不仅能满足人们日常之需，而且能入药，有种种妙用。因蔬菜而产生的种种文化事象也很值得探究。从蔬菜的栽培到食用，壮族民众形成了自己的一套有特色的饮食文化。

①广西文物工作队：《广西贵县罗泊湾一号汉墓发掘简报》，载《文物》1978年第9期。

moeggva 番木瓜

一、蔬菜的分类

壮语统称蔬菜为 pjak⁷（byaek）。pjak⁷（byaek）本是指草本植物的青菜及许多瓜、豆类植物的籽实等，但餐桌上的副食品、肉食品也叫 pjak⁷（byaek），所以 pjak⁷（byaek）有“菜肴”的意思。如 ʔdam¹ pjak⁷（ndaem byaek）种菜，这里 pjak⁷（byaek）是栽培的对象，肯定是蔬菜。loŋ⁶ kei³ ʔan¹ pjak⁷（Loengh geij aen byaek），弄几个菜。这 pjak⁷（byaek）是烹饪的对象，除了蔬菜外，也许还有豆腐、鱼、肉、鸡、鸭等。壮语里的 pjak⁷（byaek）“菜”是一个高频出现的多义词。

壮语称菜园为 θuːn¹（suen）。一些农民以种蔬菜为业，种菜的农田就叫 na²pjak⁷（nazbyaek）或rei⁶ pjak⁷（reihbyaek）。从园艺角度看，蔬菜可以分为人工栽培和野生两类。人工栽培的品种，壮语叫 pjak⁷ ʔdam¹（byaek ndaem），ʔdam¹（ndaem）是“种，栽种”。据方志记载，清道光年间，南宁有61种蔬菜，民国年间邕宁有74种。[①] 就目前所见，广西各地栽培的蔬菜品种累计有100种左右。人工栽培的蔬菜中，以十字花科的大白菜、小白菜、芥蓝、甘蓝以及各种芥菜等最为常见。葫芦科植物的冬瓜、节瓜、南瓜、黄瓜、丝瓜、苦瓜、葫芦、瓠瓜、佛手瓜等等，都是常见品种。这些植物产量大，价值高，味道好，被农民广泛种植且普遍受到欢迎。菠菜、芹菜、莴苣等，以及豇豆、豌豆、茄子、莲藕、荸荠、慈姑、芦笋等，也是很常见的蔬菜。调味用的葱、蒜、姜以及芫荽等，产量也很可观。若把黄豆、绿豆、赤小豆等粮菜兼用的品种计算在内，其数量已超过100。

①李炳东、弋德华编著：《广西农业经济史稿》第267页，南宁：广西民族出版社，1985年。

lwgcid 荸荠

lwgheuj 慈姑

常见的蔬菜品种里，大白菜是最高产的品种之一。壮语称大白菜为 pjak⁷haːu¹kiːn³（byaekhaugienj），学名*Brassica pekinensis*，英文名Peking Cabbage。二年生草本，高 40~60 厘米。基生叶多而大，质薄，倒卵状长圆形或宽倒卵形，长 30~60 厘米，宽不及长的一半。叶片皱缩，顶端圆钝。基生叶张开，嫩叶包卷。花黄色。长角果短粗，种子球形，直径 1~1.5 毫米，棕色。花期 4 月，果期 6 月。[①]

据李炳东等人的考证，大白菜引进广西是清初的事情。[②] 大白菜也叫 pjak⁷haːu¹tup⁷（byaekhaudup），haːu¹（hau）是“白”，kiːn³（gienj）是“卷”，tup⁷（tup）是“包着，包卷”，此即“包心白菜”之义。大白菜喜凉，一般在白露后下种，初冬时收获，是冬季蔬菜的主要当家品种。大白菜可炒，可做汤，还可以腌酸或做干菜，用来做包子、饺子的馅也很常见。鲜大白菜略带甜味，口感好，是普遍受到欢迎的蔬菜品种。因大白菜生长周期长，壮族民众一般不自己留种，多是从河南、河北、山东等地购进种子。

另一种高产蔬菜是甘蓝，壮名为kaːi⁴laːn⁶kiːn³（gaiqlanzgienj），学名*Brassica oleracea* var.capitata，英文名Cabbage。二年生草本，被粉霜。叶厚，肉质，基生叶多数，长圆状倒卵形至圆形，包裹成球形或扁球状，直径 20~40 厘米。花白色或淡黄色。长角果圆柱形。种子球形，直径 1.5~2 毫米，棕色。花期 4 月，果期 5 月。[③]

甘蓝也叫包心芥蓝、包菜、椰菜。kaːi⁴laːn⁶（gaiqlanz）是芥蓝，kiːn³（gienj）是“卷”。甘蓝原产于欧洲，现广西各地均有栽培。一般是在秋天播种，20~25 天时将幼苗移栽到大田。因甘蓝植株大，栽种时株距行距都比较大，一般株与株、行与行之间要留约 40 厘米的间隙。甘蓝作菜的主要部分是其包结的球形嫩叶，但割取这球形部分之后，其基生叶的叶腋还能萌生薹状嫩

①中国科学院华南植物研究所编，吴德邻主编：《广东植物志》第三卷第29页，广州：广东科技出版社，1998年第2次印刷。学名、英文名见中国科学院植物研究所编《新编拉汉英植物名称》第129页。

②李炳东、弋德华编著：《广西农业经济史稿》第268页，南宁：广西民族出版社，1985年。

③中国科学院华南植物研究所编，吴德邻主编：《广东植物志》第三卷第26页，广州：广东科技出版社，1998年第2次印刷。学名、英文名见中国科学院植物研究所编《新编拉汉英植物名称》第129页。

芽，是上好的蔬菜。基生的老叶则用来当作饲料。

以心茎嫩芽为菜的芥蓝，壮名是 $ka\!:\!i^4la\!:\!n^6reu^2$（gaiqlanzreuz），学名*Brassica alboglabra*，英文名White Glabrous Mustard。一年生草本，高 0.5~1 米，被粉霜。叶厚，肉质，基生叶卵形，长达 10 厘米。叶柄长 3~7 厘米。茎生叶卵形或卵圆形，长 6~9 厘米。花白色或淡黄色。长角果圆柱状。种子球形，棕色，直径 1~2 毫米。花期 4 月，果期 6 月。把芥蓝的心茎割了，植株能从基生叶的叶腋萌出新的菜薹。[①] 这是一种长效蔬菜，秋季种下，到初冬有收成，一直可以摘取到开春。壮族民众也叫这菜为芥蓝苗，做菜时以油爆炒，味道佳。

reu^2（reuz）是“薹”，蔬菜植物的心茎，如 reu^2ho^1（reuzho）蒜薹、$reu^2pjak^7ka\!:\!t^7$（reuzbyaekgat）芥菜薹、$reu^2pjak^7ke\!:\!p^7$（reuzbyaekgep）韭菜薹。

菜心，也叫菜薹，十字花科植物，壮语称其为 $pjak^7wa^1$（byaekva），就是“花菜”，wa^1（va）即“花”，学名*Brassica parachinensis*，英文名False Pakchoi。一年生或二年生草本，高 25~70 厘米。基生叶倒卵形，长 20~30 厘米，坚挺而开展，叶片平滑，有光泽，全缘，或有波状齿。叶柄长 3~5 厘米，基部抱茎，茎生叶倒卵形或椭圆形。总状花序顶生，花浅黄色。长角果线形，长 2~6 厘米。种子圆形，直径 1~1.5 毫米，紫褐色。[②]

菜心一年四季皆可播种，是常见青菜。若要食用心茎嫩芽部分，需要 40~45 天方可上市。若是全株食用，一般 28~35 天即可。特别是 4~10 月的高温多雨时段，菜心生长很快，是产量高且应市快的蔬菜品种。叶子可炒食，也可做汤。菜薹通常用油来爆炒。

①中国科学院华南植物研究所编，吴德邻主编：《广东植物志》第三卷第27页，广州：广东科技出版社，1998年第2次印刷。学名、英文名见中国科学院植物研究所编《新编拉汉英植物名称》第128页。

②中国科学院华南植物研究所编，吴德邻主编：《广东植物志》第三卷第29页，广州：广东科技出版社，1998年第2次印刷。学名、英文名见中国科学院植物研究所编《新编拉汉英植物名称》第129页。

此外，小白菜、苋菜、蕹菜、苦荬菜等等，都是壮族民众经常栽种的蔬菜品种。

与 pjak^{7} ʔdam^{1}（byaek ndaem）相互对应的，便是 pjak^{7}ʔdoŋ^{1}（byaekndoeng）和 pjak^{7}ɕɯ^{4}（byaekcwx），两者泛指野菜。ʔdoŋ^{1}（ndoeng）是“山林”，ɕɯ^{4}（cwx）是“野生”。不少野生植物可以当菜食用，前述的 pjak^{7}ʔboːn^{5}（byaekmbonq）赤苍藤、pjak^{7}kip^{7}θai^{1}（byaekgipsae）马齿苋、pjak^{7}kut^{7}（byaekgut）蕨菜、pjak^{7}wa^{1}haːu^{1}（byaekvahau）白花菜等，都是人们喜食的野菜。壮族地区一年四季都有可食的野菜，野菜往往兼有药用价值。

byaekgipsae　马齿苋

pjak[7]ka:t[7]rok[8]（byaekgatroeg），蔊菜，学名*Rorippa dubia*，英文名Petalless Rorippa。一年生草本，高 20~45 厘米，茎直立或斜升。基生叶及茎下部叶具长柄，叶片通常大头羽状分裂，长 4~10 厘米，侧裂片 1~5 对，边缘具齿。茎上部叶宽披针形或匙形。花黄色。生于沟边、路旁或村边旷野湿地。①

蔊菜是常见植物，每年三四月间长得十分鲜嫩茂盛。农家常摘取其嫩株，清炒或做汤，味道略似芥菜，微涩。可先入开水稍烫，去掉涩味后再炒食。若有一些黄豆炒熟再与之同焖，则味道更好。pjak[7]ka:t[7]（byaekgat）是"芥菜"，rok[8]（roeg）是"鸟"。植物名称冠以鸟，多表明这是野生之物，任由鸟类叮啄。

蔊菜全株可入药，可清热利尿，消肿解毒。感冒发热、咽喉肿痛，或燥热上火、小便不利、肺炎发烧咳嗽，可水煮全草，当茶饮。小儿生疮疖、火伤、烫伤，用鲜草捣烂取汁搽患处。

同属植物青蓝菜，学名*Rorippa indica*，英文名Indian Rorippa，壮语同样称为 pjak[7]ka:t[7]rok[8]（byaekgatroeg）。其形态与蔊菜很接近，唯植株较粗壮，茎及叶有时带紫色。两者外观、生长环境、味道和药用功能并无多大差别，故壮家人把它们视为一物。②

荠菜，壮名 pjak[7]tin[1]kai[5]（byaekdingaeq），学名*Capsella bursa-pastoris*，英文名Shepherd' s-purse。一年生或二年生草本，高 10~50 厘米。基生叶丛生，呈莲座状，大头羽状分裂，长可达 12 厘米，顶裂片卵形至长圆形，侧裂片3~8对。叶柄长 5~40 毫米。茎生叶窄披针形或披针形，长可达 6 厘米，基部耳状，抱茎。总状花序顶生及腋生，花白

①广西科学院广西植物研究所编著：《广西植物志》第一卷第444页，南宁：广西科学技术出版社，1991年。学名、英文名见中国科学院植物研究所编《新编拉汉英植物名称》第634页。

②广西科学院广西植物研究所编著：《广西植物志》第一卷第442页，南宁：广西科学技术出版社，1991年。学名、英文名见中国科学院植物研究所编《新编拉汉英植物名称》第634页。

色。短角果倒三角形或倒心状三角形，长 5~8 毫米。种子 2 行，长椭圆形，浅褐色。花期 4 月，果期 5~6 月。①

tin¹（din）是“脚”，kai⁵（gaeq）是“鸡”，荠菜壮名因其叶子羽状分裂形似鸡爪而得。环江壮语称荠菜为 pjak⁷ʔiːŋ¹（byaekieng）。嫩荠菜是有名的野菜，富含维生素，可素炒，也可做汤。除了食用外，全草可入药，有利尿、止血、清热、明目之效。热天酷暑，可采鲜荠菜来做菜、做汤，享受口福的同时，还能清热解暑。小外伤出血，采鲜荠菜捣烂敷伤口，可止血消炎。常食荠菜有助于排肾毒。

大青，也叫路边青，壮名为 pjak⁷meːn¹（byaekmen），学名*Clerodendrum cyrtophyllum*，英文名Manyflower Glorybower。落叶灌木。茎近方形，嫩枝青绿色，有短毛。叶对生，长椭圆形，全缘，叶面不平展，揉碎有臭气。顶生圆锥花序，花冠白色。核果，似黄豆大，卵圆形，青蓝色。②

大青常见于村旁草地、路边、荒坡等处，其味略苦。大青是有名的野菜，用其鲜嫩叶做汤，可清火去暑。不过，煮大青叶做菜很耗油，若有鸡汤、鸭汤或猪骨头汤则好，不然太涩。

大青全株可入药，有清热解毒、凉血消炎、散瘀止血之功。感冒发烧、咽喉炎、肠炎、痢疾，用其茎叶煮水服。小孩浑身长痱子，用大青叶煮水洗澡。风疹，即荨麻疹，壮语叫 faːt⁷mɯn¹（fatmwn）或 pan²maːn⁵（baenzmanq）。病患皮肤成片长起红肿疙瘩，很痒很难受。用大青叶搓烂或捣烂擦患处，可止痒。用大青叶与木芙蓉叶各适量，共捣烂外敷患处，可治痈疮。

①中国科学院华南植物研究所编，吴德邻主编：《广东植物志》第三卷第34—35页，广州：广东科技出版社，1998年第2次印刷。学名、英文名见中国科学院植物研究所编《新编拉汉英植物名称》第154页。

②广西兽医研究所编著：《兽医中草药彩色图谱》第278页，南宁：广西科学技术出版社，1996年第2次印刷。学名、英文名见中国科学院植物研究所编《新编拉汉英植物名称》第199页。

byaekmen　大青（路边青）

繁缕，壮名为 pjak⁷ɲin²（byaeknyinz），俗称鹅肠菜，也叫鸡肠菜，学名*Stellaria media*，英文名Chickweed、Common Chickweed。多年生草本。茎纤弱，直立或平卧，高10~30厘米，多分枝。叶膜质，卵形或卵心形，长1~2.5厘米，宽0.7~1.5厘米，叶脉细小，不明显。小花白色。种子暗褐色。[①]

鹅肠菜是广泛分布的植物，在田间、菜畦、路旁或溪边草地很常见。初春逢雨之后，鹅肠菜长得很鲜嫩，人们整丛摘来做菜。可炒食，脆嫩清香。入夏后多变老，人们便采来当作饲料喂猪。

鹅肠菜全草可入药，能清热解毒。痢疾、肠炎，用鹅肠菜煮水滤渣，调红糖后服，可止泻止痢。尿路感染，用鹅肠菜煮水当茶饮。痈疮，用鲜草捣烂敷患处。若已破脓溃烂，把鹅肠菜烧成炭，研末，调花生油或芝麻油搽患处。

ɲin²（nyinz）是“筋”。扯断鹅肠菜的茎皮后，内有一细长心茎如筋条，其壮名因此而得。

pjak⁷mo⁵（byaekmoq）野茼蒿，学名*Crassocephalum crepidioides*，英文名Hawksbeard Velvetplant。一年生草本。茎直立，高 20~100 厘米，具纵条纹。叶质稍肥厚，卵形至长圆状椭圆形，长 5~15 厘米，宽 1.5~6 厘米。顶端尖，基部楔形至狭楔形，羽状分裂。花粉红至橙红色。瘦果圆柱形，肋上被短柔毛，冠毛多数。[②]

mo⁵（moq）是“新”，pjak⁷mo⁵（byaekmoq）即“新菜”之义。因其喜欢生长在新火烧的野地上，故而得名。荒地、路旁、村边很常见。其嫩茎、叶常采作蔬菜，可做汤，亦可开水焯后炒食。过去常作为野菜食用，又有“革

①广西科学院广西植物研究所编著：《广西植物志》第一卷第509页，南宁：广西科学技术出版社，1991年。学名、英文名见中国科学院植物研究所编《新编拉汉英植物名称》第703页。

②覃海宁、刘演主编：《广西植物名录》第351页，北京：科学出版社，2010年。英文名见中国科学院植物研究所编《新编拉汉英植物名称》第345页。

命菜”之名。全株可入药，有健脾胃、消水肿之效。消化不良、滞食，用野茼蒿煮水当茶饮。胃纳差，下肢浮肿，炖排骨汤加入野茼蒿做菜，连汤食用，可消水肿。

藜，壮名为 pjak⁷kju¹（byaekgyu），学名*Chenopodium album*，英文名Lambsquarters。一年生粗壮草本，高 30~50 厘米，全株茎叶常常被灰白色粉粒。茎直立，有棱，多分枝。叶变异大，有菱形、卵形、三角形或椭圆形等。花两性。胞果，种子黑色，有光泽。[①]

①广西科学院广西植物研究所编著：《广西植物志》第一卷第 552—553页，南宁：广西科学技术出版社，1991年。学名、英文名见中国科学院植物研究所编《新编拉汉英植物名称》第179页。

冬末春初，藜的嫩茎叶常被摘来当蔬菜。4~5 月后变老，一般只作为猪饲料。因其茎叶上的灰白粉粒很像盐粉，人们即以此为壮名，kju¹（gyu）即“盐”。藜全草皆可入药。肠炎或因食物不洁而拉肚，用藜煮水当茶饮，可止泻。疮疖疥癣，用其鲜茎叶捣烂敷患处，或全草煮水趁热洗烫。

一点红，壮名叫作 ko¹kaːn⁶θiːk⁸（goganhsieg），学名*Emilia sonchifolia*，英文名Sowthistle Tasselflower。一年生草本。茎直立或斜升，基部具分枝。叶近肉质，茎下部至中部叶卵形、宽卵形或肾形，长 5~10 厘米，宽 2.5~6.5 厘米，顶端钝，琴状分裂或间有不分裂叶，边缘有锯齿；上部叶小，披针形，边缘具细锯齿或全缘。叶子的背面常带紫红色。头状花序含多数管状花，着生在茎、枝顶端，花冠红色或紫红色。瘦果近圆柱形。冠毛白色，柔软。[②]

②中国科学院华南植物园编，吴德邻主编：《广东植物志》第八卷第230页，广州：广东科技出版社，2007年。学名、英文名见中国科学院植物研究所编《新编拉汉英植物名称》第289页。

ko¹（go）是“棵”，kaːn⁶（ganh）是“秆”，θiːk⁸（sieg）是“勺”。因其中、上部的茎生叶之叶柄甚长，像一把长柄勺，故名。一点红是近年常出现在餐桌上的野菜，多半是放在鸡汤里煮或大油爆炒。全株可入药，有清热解毒、凉血散瘀、利尿涩肠之效。内服可治肠炎、细菌性痢疾、上呼吸道炎和尿路感染等，外用可治疮疖、无名肿毒等。

byaekmoq　野茼蒿

byaekgyu　藜

goganhsieg　一点红

上述情况表明，人们不仅食用野菜，而且把野菜作为防病治病的日常药物。古代的生产水平低下，采集野生植物充饥是人类赖以维生的手段。有了种植农业后，粮食作物首先发展起来。蔬菜的种植要比粮食作物的种植起步晚。可以推测，古代种植的蔬菜品种是相对较少的，只能满足部分需要，人们尚需摘取野菜作为补充。食用野菜的习惯一直保持到现代，可见人是很珍视大自然的厚赐的。

从外部形状来分类，蔬菜可以分为 pjak^{7}ʔbaɯ^{1}（byaekmbaw）和 ʔan^{1}lɯk^{8}（aenlwg）两大类。pjak^{7}ʔbaɯ^{1}（byaekmbaw）是连叶子一起食用的青菜，如 pjak^{7}haːu^{1}（byaekhau）小白菜、pjak^{7}rom^{1}（byaekroem）苋菜、pjak^{7}ʔbuŋ^{3}（byaekmbungj）蕹菜等。这类蔬菜的叶子都比较大或者比较多。

小白菜，壮名叫 pjak^{7}haːu^{1}（byaekhau），学名*Brassica chinensis*，英文名Pakchoi，小白菜也叫青菜。一年生或二年生草本，高 25~70 厘米。基生叶倒卵形或宽倒卵形，长 20~30 厘米，坚挺而展开。叶片平滑，有光泽，全缘或有波状齿，叶柄长 3~5 厘米，基部抱茎，茎生叶倒卵形或椭圆形，基部耳形。总状花序顶生，呈圆锥状，花浅黄色。种子球形，直径 1~1.5 毫米，紫褐色。①

小白菜原产亚洲，全国普遍栽培，是常见的蔬菜品种。为了区别于大白菜，人们也常常称小白菜为 pjak^{7}haːu^{1} ʔi^{5}（byaekhau iq）或 pjak^{7}haːu^{1} lɯk^{8}（byaekhau lwg）。ʔi^{5}（iq）是“小”，lɯk^{8}（lwg）是“子，籽实”。因子比母小，故壮语中，lɯk^{8}（lwg）也有“小”之义，人们就用 lɯk^{8}（lwg）来比况小白菜。小白菜有几个变种，如 pjak^{7}haːu^{1} θiːk^{8}keːŋ^{1}（byaekhau sieggeng）匙羹白、pjak^{7}haːu^{1} kjaːp^{7}（byaekhau gyap）大叶白菜。θiːk^{8}keːŋ^{1}（sieggeng）是“匙羹，汤勺”，keːŋ^{1}（geng）即“羹”，单用

①中国科学院华南植物园编，吴德邻主编：《广东植物志》第八卷第29页，广州：广东科技出版社，2007年。学名、英文名见中国科学院植物研究所编《新编拉汉英植物名称》第128页。

也指调羹。壮名意指这种小白菜叶子像一把匙羹。其基生叶一般长 6~9 厘米，宽 4~8 厘米。叶柄长 6~12 厘米。kja:p^{7}（gyap）是“块，大块”，指该种小白菜叶片大，其基生叶长 15~20 厘米，宽 12~16 厘米。叶柄长约 10 厘米。栽种 40 天左右，就可以从基部开始摘取叶子来食用。

苋菜是春夏季的常见品种。苋菜叫 pjak^{7}rom^{1}（byaekroem），学名*Amaranthus tricolor*，英文名Threecolored Amaranth、Flower Gentle。一年生草本，高 30~150 厘米。茎粗壮，直立，青色或红色。叶卵形、菱状卵形或三角状卵形，长 4~10 厘米，顶端圆钝、急尖或钝而具尖头；基部楔形，红色、绿色或具有紫红色斑块。花簇生成球，腋生，顶部排成穗状花序。花雌雄混生，青白色或深红色。胞果长卵形，种子扁圆形，黑色或深褐色，有光泽。①

苋菜可以细分为三种。叶子红色的苋菜，其茎也是红色，叫 pjak^{7}rom^{1}hoŋ^{2}（byaekroemhoengz）红苋菜，hoŋ^{2}（hoengz）是“红”。叶子青色的叫 pjak^{7}rom^{1} heu^{1}（byaekroemheu）青苋菜，heu^{1}（heu）是“青”，全株皆青色。叶带紫红斑的，叫 pjak^{7}rom^{1} ra:i^{2}（byaekroemraiz）斑苋菜，ra:i^{2}（raiz）是“麻点，花斑”。红苋菜和斑苋菜煮时菜汁呈紫红色。

苋菜性凉，壮乡民众炒苋菜时，常把蒜米拍碎炝锅，然后猛火炒熟，认为如此烹饪，吃起来才不会拉肚子。便秘者适量食用苋菜，有利于通便。

从苋菜的壮名 pjak^{7}rom^{1}（byaekroem）我们可以推断，这是一种古老的蔬菜品种。在壮侗语族的语言里，苋菜的说法有严整的对应性，如：布依语的说法是 pi:k^{7}zɔm^{1}，临高语 sak^{7}sum^{1}，版纳傣语 p^{h}ăk^{7} hum^{1}，德宏傣语 p^{h}ak^{7}hom^{1}，泰语 p^{h}ak^{5}hom^{5}，侗语 ma^{1}ŋəm^{2}，仫佬语 ma^{1}ɣəm^{2}，水语 ʔma^{2}ɣəm^{2}，毛南语 ʔma^{1}bəm^{1} 或 ʔma^{1}ŋgəm^{1}。② 这种对应反映了壮侗语族先民早在分开之前就已经

①中国科学院华南植物研究所编，吴德邻主编：《广东植物志》第四卷第100页，广州：广东科技出版社，2000年。学名、英文名见中国科学院植物研究所编《新编拉汉英植物名称》第46页。

②泰国玛希隆大学语言文化研究所与中国中央民族大学侗台语研究所合作编著：《壮侗语族语言词汇集》第72页，曼谷：玛希隆大学语言文化研究所，1996年。

认识这种蔬菜，同时也反映了常用词的稳固性。

以 pjak^{7}rom^{1} 得名的还有下边几种植物：

pjak^{7}rom^{1}raːi^{5}（byaekroemraiq）野苋菜，即皱果苋、绿苋，学名*Amaranthus viridis*，英文名Wrinkledfruit Amaranth。草本。叶互生，卵形或卵状长圆形，先端通常凹缺。穗状花序直立，花单性，花丝分离。果实扁球形，果皮有皱纹。①

raːi^{5}（raiq）是“野地”，pjak^{7}rom^{1}raːi^{5}（byaekroemraiq）壮名含义即“野生的苋菜”。野苋菜水焯去涩后，可炒食。此菜也可以作为猪饲料。入药可治痢疾、肠炎、咽喉炎、乳腺炎、痈疮肿痛等。

pjak^{7}rom^{1}ʔon^{1}（byaekroemoen）刺苋，学名*Amaranthus spinosus*，英文名Thorny Amaranth、Spiny Amaranth。直立草本，高 30~100 厘米。茎绿色或淡紫红色。叶卵状菱形或椭圆状披针形，长 3~12 厘米，顶端钝，基部楔形。叶柄长 1~8 厘米，叶柄两侧有刺两枚，长 4~16 毫米。花簇生于叶腋，穗状花序，花淡绿色。胞果长圆形，长 1~1.2毫米。②

ʔon^{1}（oen）是“刺”，pjak^{7}rom^{1}ʔon^{1}（byaekroemoen）即“带刺的苋菜”。此菜常生于野地、路边等，其嫩茎叶可食。全草可入药，有清热解毒、散瘀消肿功效。

pjak^{7}rom^{1}mou^{1}（byaekroemmou）青葙，学名*Celosia argentea*，英文名Feather Cockscomb。一年生草本，高 30~100 厘米。茎常为淡红色。叶披针形，长 5~12 厘米，宽 1~3 厘米，顶端急尖或渐尖。叶柄长 0.2~ 1.5 厘米。穗状花序顶生，长 3~10 厘米，花密生，白色或浅紫红色。胞果卵形，长约 3 毫米。种子扁圆形，直径约 1.5 毫米，黑色，有光泽。花果期 5~10 月。③

①黄燮才主编：《中国民间生草药原色图谱》第129页，南宁：广西科学技术出版社，2009年第5次印刷。学名、英文名见中国科学院植物研究所编《新编拉汉英植物名称》第46页。

②中国科学院华南植物研究所编，吴德邻主编：《广东植物志》第四卷第99页，广州：广东科技出版社，2000年。学名、英文名见中国科学院植物研究所编《新编拉汉英植物名称》第46页。

③中国科学院华南植物研究所编，吴德邻主编：《广东植物志》第四卷第103页，广州：广东科技出版社，2000年。学名、英文名见中国科学院植物研究所编《新编拉汉英植物名称》第167页。

byaekroemoen 刺苋

byaekroemmou 青葙

mou^{1}（mou）是“猪”，pjak^{7}rom^{1}mou^{1}（byaekroemmou）壮名意思是“猪的苋菜”，全株可用作猪饲料，嫩枝叶可当作蔬菜。种子即药材的青葙子，有清热明目之效。因青葙的花穗长且漂亮，一些农户也在屋边或园篱旁栽来观赏。

景观植物的千日红，壮名叫 pjak^{7}rom^{1}wa^{1}（byaekroemva），学名*Gomphrena globosa*，英文名Globeamaranth。一年生草本，高 20~ 60 厘米，茎、叶均被白色粗毛。叶纸质，长圆形或长倒卵形，长4~13 厘米，宽 1.5~5 厘米，顶端尖或圆钝，基部渐狭。叶柄长 0.5~1.5 厘米，被毛。头状花序顶生，球形或长椭圆形，长 1.5~3 厘米，紫红色或淡紫色。胞果近球形，直径 2~2.5 毫米，果皮薄膜质，近基部薄革质。花果期 6~11 月。①

虽然也归入 pjak^{7}rom^{1}（byaekroem）之列，但千日红不用作蔬菜。因是观赏植物，故在壮语中以 wa^{1}（va）命名，归入花类。其花序入药，有止咳平喘、清热明目的效用。

同属的鸡冠花叫 wa^{1}rou^{3}kai^{5}（varoujgaeq），学名*Celosia cristata*，英文名Common Cockscomb。直立草本。茎绿色、红色或黄色。叶卵形、卵状披针形或长椭圆形，常为红色或黄绿色。复穗状花序的形状和颜色多样，花梗和花序轴常扁平化，呈鸡冠状、卷冠状或羽毛状（rou^{3}ȵam^{4}，即 roujnyaemx）。花序多分枝，呈圆锥状，有紫、红、橙、黄或红黄相间的杂色，是中国特有的观赏花卉。它起源于青葙，是一种四倍体的植物，品种很多，美不胜收。②

鸡冠花虽不是蔬菜，但人们常常栽种在园篱边，用作景观植物美化环境。这是著名的观赏花卉，也可入药，具解郁、调经、止痛、止血等作用。咳血吐血，用红鸡冠花 50 克，茅根 50 克，煮水服。痢疾，用干鸡冠花 20 克，煮水，调蜜糖服。肝郁导致的月经不调，可用鸡冠花、月月红、凌霄花各等量煮

①中国科学院华南植物研究所编，吴德邻主编：《广东植物志》第四卷第113页，广州：广东科技出版社，2000年。学名、英文名见中国科学院植物研究所编《新编拉汉英植物名称》第239页。

②中国科学院华南植物研究所编，吴德邻主编：《广东植物志》第四卷第103页，广州：广东科技出版社，2000年。学名、英文名见中国科学院植物研究所编《新编拉汉英植物名称》第167页。

varoujgaeq　鸡冠花

鸡蛋汤食。

带叶食用的蔬菜品种很多，像上海青、茼蒿菜、芥菜和生菜等等，都是著名的 pjak⁷ʔbaɯ¹（byaekmbaw）。

ʔan¹lɯk⁸（aenlwg）指作为菜肴的瓜果或豆类，如 lɯk⁸kwe¹（lwggve）丝瓜、lɯk⁸tu⁶（lwgduh）豆子、lɯk⁸kɯ²（lwggwz）茄子、lɯk⁸fak⁸（lwgfaeg）冬瓜、lɯk⁸ham²（lwghaemz）苦瓜、lɯk⁸tiːŋ¹（lwgdieng）黄瓜、lɯk⁸kwa¹（lwggva）南瓜以及 lɯk⁸heu³（lwgheuj）慈姑、lɯk⁸ɕit⁸（lwgcid）荸荠、lɯk⁸ʔbu¹（lwgmbu）莲藕等。

lɯk⁸kwe¹（lwggve）是“丝瓜”，有两种，一种有棱，一种无棱。

有棱丝瓜叫 kwe¹lim⁵（gvelimq），学名*Luffa acutangula*，英文名

Singkwa Towelgourd。一年生草质藤本。茎有纵槽，具细毛，卷须常有3~4叉分枝。叶近心形，5~7浅裂或具角，长宽均在10~23厘米之间，顶端短尖，基部深凹陷，边缘具疏小齿，叶两面粗糙。花黄色。果棒状，有明显的10~12条纵棱和沟槽，深绿色或灰绿色，瓜皮粗糙。种子卵形，长约1厘米，黑色。①

kwe^{1}（gve）是“瓜”，lim^{5}（limq）是“棱，棱角”。有棱丝瓜的嫩果是春末至初秋的常见蔬菜。刨去外皮，丝瓜可炒食，可做汤，还可以切成约3厘米的小段，在中间塞入肉末等蒸熟做 kwe^{1}ȵɯːŋ^{6}（gve’nyiengh）丝瓜馕。“馕”在壮语中是个记音用字，记壮语的 ȵɯːŋ^{6}（nyiengh），当地汉语方言实际读音是 niɛŋ^{4}。ȵɯːŋ^{6}（nyiengh）在壮语中名动同形：作动词时，表示把肉末、香菇末、粉丝等菜馅塞入油豆腐、丝瓜、苦瓜等内部，蒸熟，做成一种带馅的菜肴；作名词时，则指这类带馅的菜肴，如 ta^{6}fou^{6}ȵɯːŋ^{6}（dahfouhnyiengh）豆腐馕、lɯk^{8}kɯ^{2}ȵɯːŋ^{6}（lwggwznyiengh）茄瓜馕、lɯk^{8}ham^{2}ȵɯːŋ^{6}（lwghaemznyiengh）苦瓜馕等等。

无棱丝瓜也叫水瓜，壮名 kwe^{1}ram^{4}（gveraemx），学名*Luffa cylindrica*，英文名Suakwa Vegetablesponge。一年生藤质草本，茎、叶外形与有棱丝瓜相似，花黄色。差异即无棱丝瓜的果是圆柱状，长15~55厘米，直径5~10厘米，青色外皮光滑，有浅纵槽或条纹，有时带有小白点。种子卵形，黑色。花果期在夏秋季。②

ram^{4}（raemx）是“水”。盖因无棱丝瓜做菜时出水多，其得名缘由即此。无棱丝瓜老熟时，里面有网状纤维，俗称瓜络，可用来洗刷锅头等炊具、碗具。瓜络剪

①中国科学院华南植物研究所编，吴德邻主编：《广东植物志》第三卷第123—124页，广州：广东科技出版社，1998年第2次印刷。学名、英文名见中国科学院植物研究所编《新编拉汉英植物名称》第434页。

②中国科学院华南植物研究所编，吴德邻主编：《广东植物志》第三卷第124页，广州：广东科技出版社，1998年第2次印刷。学名、英文名见中国科学院植物研究所编《新编拉汉英植物名称》第434页。

开后可做成蒸笼的垫子，也可以入药，有清热、凉血、解毒、利尿等功效。

以 kwe^{1}（gve）得名的还有 kwe^{1}moːŋ^{1}（gvemong），蛇瓜，学名*Trichosanthes anguina*，英文名Serpentgourd、Edible Snakegourd。一年生草质藤本。块根短小，多须根。茎纤细，有纵槽，被短毛。卷须 2~3 裂，有短毛。叶薄纸质，通常是圆心形或扁心形，长 5~16 厘米，宽 6~18 厘米，常有3~7 浅裂，顶端钝或短尖，基部凹入，边缘有疏小齿。花白色。果细长圆柱形，长 30~150 厘米，直径 3~4 厘米，绿白色，有苍白色条纹，弯曲或旋扭，蛇状。种子淡褐色，长圆状椭圆形，长约 12 毫米，有皱纹。①

moːŋ^{1}（mong）是“灰色”，蛇瓜外皮被一层灰白粉，故以此得名。蛇瓜夏秋开花结果，果期很长，结果多。农户种几丛蛇瓜，搭个架子让其攀缘，挂果时架下尽见长长的、灰白色的蛇瓜。嫩蛇瓜是普通蔬菜，炒食或做汤皆宜，味道与水瓜类似。

西瓜也以 kwe^{1}（gve）得名，叫 kwe^{1}hoŋ^{2}（gvehoengz），但它不是蔬菜，人们把它当水果食用。

壮语农谚说：ʔdɯːn^{1}ɕiːŋ^{1} ʔdam^{1} kwa^{1}，ʔdɯːn^{1}ŋei^{6} tok^{7} tu^{6}（Ndwencieng ndaem gva，ndwenngeih doek duh），正月种瓜，二月播豆。tu^{6}（duh）即“豆”，lɯk^{8}tu^{6}（lwgduh）是“豆子”。豆类品种很多，有不少直接当作蔬菜食用。

豇豆，壮名 tu^{6}pjak^{7}（duhbyaek），学名*Vigna unguiculata*，英文名Common Cowpea、Cowpea、Black-eyed Pea。一年生缠绕藤本。羽状复叶具 3 小叶。小叶卵状菱形，长 5~15 厘米，宽 4~6 厘米，先端急尖，边全缘或近全缘，有时淡紫色。总状花序腋生，花 2~6 朵聚生于花序顶端。花萼浅绿色，钟状。花

①中国科学院华南植物研究所编，吴德邻主编：《广东植物志》第三卷第133—134页，广州：广东科技出版社，1998年第2次印刷。学名、英文名见中国科学院植物研究所编《新编拉汉英植物名称》第741页。

冠黄白色而略带青紫色，长约 2 厘米。线形荚果下垂，长 20~30 厘米，宽 6~10 毫米。种子多颗，长椭圆形、圆柱形或肾形，长 6~9 毫米，黄白色、暗红色或其他颜色。花果期5~8 月。①

pjak^{7}（byaek）是“菜”，tu^{6}pjak^{7}（duhbyaek）即“菜豆”的意思。豇豆嫩荚可炒食，也可以剁碎拌肉末做成包子、饺子的馅料。

长豇豆，也叫豆角，壮语的说法是 tu^{6}no^{6}（duhnoh），学名 *Vigna unguiculata* subsp. *sesquipedalis*（L.）Verdc.，英文名Yard-long Bean、Asparagus Bean。一年生缠绕藤本，长 2~4 米。荚果长 30~70 厘米，宽约 1 厘米，下垂。豆荚嫩时种子部位明显膨胀。种子肾形，长 6~12 毫米，颜色有白色、淡绿色、红色等。花果期夏季。②

长豇豆嫩荚是常见蔬菜，通常用来炒食或做包子的馅料。长豇豆是豇豆的变种。

同是豇豆变种的还有短豇豆，也叫眉豆、饭豆等，学名 *Vigna unguiculata* subsp. *cylindrica*（L.）Verdc.，英文名Catiang Bean、Hindu Cowpea、Marble Pea 等。其藤蔓不长，仅 1 米余，荚果长10~16 厘米。种子颜色多种。花期 7~8 月，果期 9 月。③

按收获季节，短豇豆有 tu^{6}lok^{8}（duhloeg）六月豆、tu^{6}peːt^{7}（duhbet）八月豆之分。lok^{8}（loeg）是“六”，peːt^{7}（bet）是“八”，即六月、八月之简称。

按种子颜色，黑种豇豆叫 tu^{6}ŋaːi^{2}ʔdam^{1}（duhngaizndaem）黑饭豆，红种豇豆叫 tu^{6}ŋaːi^{2}hoŋ^{2}（duhngaizhoengz）红饭豆，白种豇豆叫 tu^{6}ŋaːi^{2}haːu^{1}（duhngaizhau）白饭豆。它们也常简称作 tu^{6}ʔdam^{1}（duhndaem）黑豆、tu^{6}hoŋ^{2}（duhhoengz）红豆和 tu^{6}haːu^{1}（duhhau）白豆。在壮家，这三种豇豆种子的食用方法

①中国科学院华南植物研究所编，吴德邻主编：《广东植物志》第五卷第330—331页，广州：广东科技出版社，2003年。学名、英文名见中国科学院植物研究所编《新编拉汉英植物名称》第763页。

②中国科学院华南植物研究所编，吴德邻主编：《广东植物志》第五卷第331页，广州：广东科技出版社，2003年。学名、英文名见中国科学院植物研究所编《新编拉汉英植物名称》第763页。

③中国科学院华南植物研究所编，吴德邻主编：《广东植物志》第五卷第331页，广州：广东科技出版社，2003年。学名、英文名见中国科学院植物研究所编《新编拉汉英植物名称》第763页。

通常是：掺进米里做饭、煮粥，或同骨头一起炖；也可以把豆子煮熟后加入干菜或其他青菜同煮；还可以磨浆提取淀粉做粉丝等。

赤豆也叫红豆或小红豆，壮名叫 tu⁶hoŋ²（duhhoengz），学名*Vigna angularis*，英文名Adsuki Bean。一年生直立或缠绕藤本，高 1 米余，植株被疏长毛。羽状复叶具 3 小叶。小叶卵形至菱状卵形，长 5~10 厘米，宽 5~8 厘米。花黄色，花萼钟状。种子通常暗红色，圆形或近圆形，长 5~6 毫米，宽 4~5 毫米，种脐不凹陷。花期夏季，果期 9~10 月。①

赤豆是农家常见的栽培豆类。种子可掺米煮粥、做饭，或与干菜同炖。人们还常以之制作豆沙——月饼、包子等食品的馅料。入药有清热、解毒、利尿、止泻等功效。脚水肿，用赤豆煮汤喝，可消肿。痈疮红肿，用赤豆泡软后捣烂外敷，可排毒拔脓。高尿酸血症者慎用。

赤小豆叫 tu⁶riŋ⁶（duhringh），学名*Vigna umbellata*，英文名Rice Bean。一年生草本。茎细，长 1 米余，幼时被黄色长柔毛，老时无毛。羽状复叶具 3 小叶。小叶纸质，卵形或披针形，长 10~13 厘米，宽3~7.5 厘米。花黄色。荚果线状圆柱形，下垂，长 6~10 厘米，宽约 5 毫米。种子 6~10 颗，长椭圆形或圆柱形，以暗红色居多，也有褐色、黑色或草黄色。②

赤小豆也是常见的粮菜兼用豆类。riŋ⁶（ringh）是“细小”，tu⁶riŋ⁶（duhringh）即“细小的豆子”。种子供食用，亦可入药，有补血补气、健脾胃、去湿气、利水消肿之效。

绿豆叫 tu⁶heu¹（duhheu），学名*Vigna radiata*，英文

①中国科学院华南植物研究所编，吴德邻主编：《广东植物志》第五卷第330页，广州：广东科技出版社，2003年。学名、英文名见中国科学院植物研究所编《新编拉汉英植物名称》第763页。

②中国科学院华南植物研究所编，吴德邻主编：《广东植物志》第五卷第330页，广州：广东科技出版社，2003年。学名、英文名见中国科学院植物研究所编《新编拉汉英植物名称》第763页。

名Mung Bean。一年生直立草本，高 60~80 厘米。茎被褐色硬毛。羽状复叶具 3 小叶。小叶卵形，长 5~16 厘米，宽 3~12 厘米，侧生的稍有偏斜，全缘，先端渐尖，基部阔楔形或浑圆。总状花序腋生，花黄绿色。荚果线状圆柱形。种子 8~14 颗，淡绿色或黄褐色，短圆柱形，长 2.5~4 毫米，宽 2.5~3 毫米。花期初夏，果期 6~8 月。①

①中国科学院华南植物研究所编，吴德邻主编：《广东植物志》第五卷第329页，广州：广东科技出版社，2003年。学名、英文名见中国科学院植物研究所编《新编拉汉英植物名称》第763页。

绿豆可拿来发豆芽作蔬菜食用，也可以提取淀粉，做粉丝或豆沙。磨成瓣状浸泡，淘去外皮，用种仁做粽子的馅料。绿豆加薏米煮海带，是著名的解暑食品，有清热解毒、明目的功效。

上边讨论的带叶蔬菜 pjak⁷ʔbaɯ¹（byaekmbaw）和籽实蔬菜 ʔan¹lɯk⁸（aenlwg），只是大致的划分。其实有一些植物作为蔬菜时，既用籽实，也用茎叶。

比如南瓜藤，壮名 kau¹kwa¹（gaeugva），植株学名为 *Cucurbita moschata*，英文名Cushaw、Pumpkin。一年生蔓生藤本。茎长，圆柱形或稍带 5 棱，通常在节部生根，密被短刚毛。卷须 3~4 分枝。叶纸质，阔卵形或近圆形，5 浅裂或呈五角形，长 15~40 厘米，宽达 40 厘米；边缘有细齿，两面被短硬毛。叶柄粗，中空，长达 25 厘米。花黄色。雄花梗长约 30 厘米，雌花梗粗短，长 8~10 厘米。果大，有近梨形、扁球形、短圆筒形、卵形、棒槌形等。果皮暗绿色或绿白相间，成熟时赤褐色，有时有数条浅槽。种子灰白色，有边缘。春末开花，果夏秋成熟。②

②中国科学院华南植物研究所编，吴德邻主编：《广东植物志》第三卷第139页，广州：广东科技出版社，1998年第2次印刷。学名、英文名见中国科学院植物研究所编《新编拉汉英植物名称》第228页。

南瓜的嫩茎、叶柄剥去外皮纤维，可作蔬菜，叫 pjak⁷kwa¹（byaekgva），俗称“瓜苗”，是叶子菜。籽实叫 lɯk⁸kwa¹（lwggva），即“南瓜”，是夏季常见蔬菜。嫩南瓜可用醋炒，做成酸甜瓜丝。老南瓜可切片炒食，也可以蒸食，还可以蒸熟后调入糯米粉做南瓜煎饼。雄花冠可做汤，亦可做瓜花镶，用肉末、鱼虾、香菇、葱花等做馅料，填充到花冠里，蒸熟上桌，亦是色、香、味皆具的特色菜肴。

跟南瓜相似，佛手瓜和豌豆也是嫩茎叶和籽实均可吃的蔬菜。

佛手瓜，壮名 maːk^{7}ʔiːn^{1}（makien），学名*Sechium edule*，英文名Chayote、Christophine，草质藤本，被小粗硬毛。根块大，肉质。卷须长 5~6 厘米，通常 3~5 叉分枝。叶膜质或纸质，卵状心形，长宽均8~20 厘米。花淡黄色。果倒卵形或长梨形，亮绿色或淡白色。种子卵形，扁平，较大。花期夏季，果期7~12 月。①

①中国科学院华南植物研究所编，吴德邻主编：《广东植物志》第三卷第141—142页，广州：广东科技出版社，1998年第2次印刷。学名、英文名见中国科学院植物研究所编《新编拉汉英植物名称》第672页。

makien　佛手瓜

佛手瓜可作蔬菜，切片或切丝来炒肉，味道不错。块根煮熟也可食用。其嫩茎叶可素炒，亦可做汤，壮语叫 ȵoːt⁸ maːk⁷ʔiːn¹（nyod makien）佛手瓜苗。ȵoːt⁸（nyod）是“嫩芽，顶芽”。台湾民众称佛手瓜苗为龙须菜。

在南宁，龙须菜则指豌豆苗。豌豆，壮名 tu⁶ho⁶laːn⁵（duhhozlanh），学名*Pisum sativum*，英文名Garden Pea。一年生或二年生藤蔓草本，高可达 2 米，全株光滑，被粉霜。偶数羽状复叶，小叶卵圆形，长 2~5 厘米，宽 1~2.5 厘米。花冠颜色多种，常见的有白色、紫色、胭脂红色等。荚果长椭圆形或扁形，长 2.5~10 厘米，宽 1~1.5 厘米，顶端斜急尖。种子 2~10 颗，球形，绿色，干后变黄色。①

①中国科学院华南植物研究所编，吴德邻主编：《广东植物志》第五卷第357页，广州：广东科技出版社，2003年。学名、英文名见中国科学院植物研究所编《新编拉汉英植物名称》第550页。

豌豆的嫩苗、嫩荚及老熟的种子均可食用。不过其嫩苗若在做菜时油料放不足，则味道涩。如有鸡汤、骨头汤，用豌豆苗吸油，则味道佳妙。

南瓜、佛手瓜、豌豆都是嫩茎、叶和籽实皆可作蔬菜的品种。可见民间对 pjak⁷ʔbaɯ¹（byaekmbaw）带叶蔬菜和 ʔan¹lɯk⁸（aenlwg）籽实蔬菜的分类只是在生活体验方面的大致划分，并非严密的科学分类。

就食用情况而言，蔬菜还可以分成两大类：一是主菜，叫 pjak⁷kɯn¹（byaekgwn），即“吃的蔬菜”。这是每日不可缺少的，各种瓜豆、青菜就属这类。另一类是 pjak⁷poi⁵（byaekboiq），即“配菜”。顾名思义，是用作调味料的蔬菜，如 hiŋ¹（hing）姜、ɕoŋ¹（coeng）葱、ho¹（ho）蒜、pjak⁷paːt⁷（byaekbat）假蒌、pjak⁷hoːm¹（byaekhom）芫荽、pu⁵ha²（buqhaz）紫苏、jɯːŋ¹ɕim²（yiengcimz）薄荷等等。这类蔬菜不作主菜，通常只当作调味品配合烹饪而用，或直接当佐料生食。

配菜用量不太大，因具有某种芳香气味而大受欢迎。它们在烹饪中并不因为用量少而受轻视，这些配菜几乎都有它们独特的药用功能。人们在食用过程中不仅享受这种芳香，而且利用这些配菜的种种特殊性达到防病治病的目的。

二、蔬菜的妙用

在壮家人的饮食观念里，蔬菜是非常重要的食物。俗话说：kɯn^{1} pjak^{7} kɯn^{1} raːŋ^{2} θaːŋ^{1} ŋa^{6}ŋo^{2}，kɯn^{1} pja^{1} kɯn^{1} no^{6} kjau^{3}ho^{5} pan^{2} tɯŋ^{4}kjoːŋ^{1}（Gwn byaek gwn rangz sang ngahngoz，gwn bya gwn noh gyaeujhoq baenz dwngxgyong），吃菜吃笋个子高，吃鱼吃肉膝盖成鼓槌。说的是粗茶淡饭能养人。人们认为小孩挑食不好，多吃蔬菜身体才高大健壮，而专拣选精美的肉食，营养不均衡会造成身体病弱，以致膝盖鼓凸犹如鼓槌。

日常饮食，壮家人口味多偏向于清淡，喜酸食、生食。俗话说：pou^{4}pi^{2} ŋa^{6} ʔoːm^{1}，pou^{4}pjoːm^{1} ŋa^{6} θom^{3}（Bouxbiz ngah om，bouxbyom ngah soemj），胖者喜炖，瘦者馋酸。餐桌上诸如酸黄瓜、酸木瓜、酸萝卜、酸莲藕、酸辣椒、酸藠头、酸豆角等腌制的风味酸品，四时可见。像酸菜鱼头汤、酸笋炒牛肉、酸梅清蒸鲶鱼、柠檬鸭等等，都是广西以酸出名的地方特色招牌菜。

由于爱吃生食，壮族民众过去喜食生鱼片。用上好的大鱼去鳞，把肉厚的部分切成薄片，蘸着酸醋、花生油、香油和香菜调成的佐料而吃，是待客的佳肴。现在，人们的卫生保健意识逐渐加强，对食用生鱼片持谨慎的态度。烹饪青菜时，多数是七八分熟就出锅，喜其青翠爽口。

壮家人的另一个重要饮食观念是药食同源。人们利用膳食来平衡营养，调节人体机能，进而调动体内的天然正气，以达到强身健体的目的；利用各种蔬菜，或内食，或外用，巧妙地对付疾病。这些不起眼的生活琐事，背后蕴含着丰富的哲理。现从以下蔬菜的用法，来展示壮族人的生活智慧：

姜，壮名叫 hiŋ^{1}（hing），学名*Zingiber officinale*，英文名Common Ginger。多年生草本。根茎块状，有芳香及辛辣味。叶片长 15~30 厘米，宽 2~2.5 厘米，花冠黄绿色。①

①中国科学院华南植物研究所编，陈封怀主编：《广东植物志》第二卷第429页，广州：广东科技出版社，1998年第2次印刷。学名、英文名见中国科学院植物研究所编《新编拉汉英植物名称》第776页。

烹调中，姜主要用来解除腥膻味，如姜丝爆炒牛羊肉、嫩姜红焖牛肉、生姜炒鸭片、生姜酸笋焖田螺等。通常吃鱼也离不开姜。人们认为吃生冷腥物，同时吃姜，可灭菌，能助消化，预防滞食。生姜还可以糖渍或酸渍，制成姜糖或酸姜，是很好的开胃小吃。

姜是辛辣之物，能行气血，祛风寒，发汗解表，化痰止咳，健脾胃，消食解毒。感冒咳嗽，用生姜煮红糖水喝，可以发汗，平喘止咳。中暑发痧，亦可用姜块切开，蘸花生油少许，自上而下搓刮病人的颈项、肩背部、胸部等，可解痧气。

妇女坐月子，把姜拍碎放到肉汤或鸡汤中同煮，临起锅时再调上酒。吃这种姜酒肉汤，能给产妇滋补身子，同时还能化瘀止痛，祛风消寒，预防日后染上风湿或见风头痛症。把姜块拍碎放到热水里给产妇洗澡，亦可起同样的作用。

给新生儿洗澡，为了预防感冒，可拍碎姜块放到热水中。汉语中，轻视或不信任年轻人时经常说是乳臭未干或乳臭小儿，壮语表达同类意思时就说 kjau^{3} lei^{4} hau^{1} hiŋ^{1}（Gyaeuj lij haeu hing），头尚臭姜。洗澡还要用姜，当然是很稚嫩的人。

姜是经济价值很高的作物。由于人们认为种姜、养羊、养鱼是三大致富门路，并对此有深刻的体会，因此壮语中有不少关于姜的农谚，如：hiŋ^{1} laːu^{1} ŋɯːk^{8}，pɯːk^{7} laːu^{1} pja^{3}（Hing lau ngieg，biek lau byaj），姜怕蛟龙，芋怕雷公。ŋɯːk^{8}（ngieg）即 tu^{2}ŋɯːk^{8}（duzngieg）蛟龙，主管下界。水中百物及地下冥界幽灵尽归蛟龙统辖。pja^{3}（byaj）即 tu^{2}pja^{3}（duzbyaj）雷王。雷王是天神之

尊，掌管天界。入地太深，怕冒犯蛟龙，露头太多，又怕见雷王。这说的是姜不能深种，芋头恰好反过来，要深种才行。hiŋ¹ ko⁵ ke⁵ çi⁶ maːn⁶（Hing goj geq cix manh），姜是老才辣。比喻老人见多识广，经验丰富，因而显得比年轻人更有本事。ʔdam¹ hiŋ¹ ʔbou⁵ θiːt⁸，ʔdam¹ pɯːk⁷ ʔbou⁵ kom¹（Ndaem hing mbouj sied， ndaem biek mbouj goem），种姜不蚀，种芋不亏。说的是这两种作物投工投本少，经济效益大。

葱叫 çoŋ¹（coeng），常见有两种：大葱 çoŋ¹ʔbou³（coengmbouj）和香葱 çoŋ¹hoːm¹（coenghom）。ʔbou³（mbouj）是指刀、锅铲等器物上安柄的套孔。因大葱的叶子中空，故用 ʔbou³（mbouj）来比况，hoːm¹（hom）是“香”。香葱比大葱要纤细，故也叫 çoŋ¹ȵeːn²（coengnyenz），ȵeːn²（nyenz）即“纤细”。çoŋ¹ʔbou³（coengmbouj）虽叫大葱，但跟中国北方的大葱不是同一物。北方大葱高可达 120 厘米，圆柱状的鳞茎直径 2~2.5 厘米。南方大葱没这么大。

中国南方的大葱叫çoŋ¹ʔbou³（coengmbouj），学名 *Allium fistulosum*，英文名Fistular Onion。多年生草本，株高 25~70 厘米。鳞茎圆柱状，簇生，粗 1~1.4 厘米，外皮白色，膜质。叶圆筒状，中空，粗 0.8~1.4 厘米，长约 40 厘米。花葶圆柱状，中空，与叶子等高，从叶丛中间抽出。伞状花序顶生，近球形，多花，花白色。种子有6 棱，黑色。花期春末夏初，果期7~8 月。全株有辛辣气味。①

香葱，çoŋ¹hoːm¹（coenghom），学名*Allium ascalonicum*，英文名Shallot。株高 25~30 厘米，鳞茎簇生，分蘖能力强，外皮黄红色、红褐色或紫红色，膜质。叶圆筒状，向顶端渐尖，略带白粉。栽培的香葱不抽葶开花，通常用鳞

①中国科学院华南植物研究所编，吴德邻主编：《广东植物志》第五卷第449页，广州：广东科技出版社，2003年。学名、英文名见中国科学院植物研究所编《新编拉汉英植物名称》第40页。

茎再繁殖。[①]

葱是烹饪上广泛使用的调料，不论荤素，常常用葱来调色调味。特别是吃米粉，更少不了要葱花来调味。

葱全株入药，用于通阳发汗解表，能利尿。风寒感冒，头痛发热而无汗者，用葱头连须根 10 个，豆豉tau⁶θei⁶（daeuhseih）、生姜各适量，水两碗，浓煎成一碗，趁热服，然后盖被子发汗。夏天失汗过多，内热郁积，小便不通，用生葱 100 克，洗净，加盐炒热，趁热贴于肚脐下，可通小便。痈疮肿痛，用葱捣烂，加醋炒热敷患处。

蒜叫 ho¹（ho），学名*Allium sativum*，英文名Crown's Treacle、Garlic。草本，株高 50~70 厘米，有强烈气味。鳞茎球形至扁球形，有小瓣 6~10 枚，外皮膜质，白色至淡紫色。叶数片，线形至线状披针形，扁平，实心，绿色。[②]

蒜在武鸣壮语中叫 θuːn⁵（suenq）。蒜是历史悠久的栽培植物，一般认为是张骞通西域时从西亚引入，故又名“葫”。[③] 然据台湾学者的研究，蒜分二物，有大蒜与小蒜。《尔雅》称小蒜为“蒜”，大蒜为“葫”。小蒜原产中土，有山蒜、石蒜之分。大蒜的“葫”也写作“胡”。《离骚》有“矫菌桂以纫蕙兮，索胡绳之纚纚”，“胡”即“葫”，也就是大蒜。除了《离骚》，李贺的《箜篌引》也有“陇亩油油黍与葫”之句，可见唐代时大蒜已经普遍栽培。[④] 若此说不谬，则“葫”远在张骞之前就已经进入中国。

蒜尚可细分为两种：一是 ho¹kiːu¹（hogiu），俗称“骨蒜，香蒜”。kiːu¹（giu）是“臭”，这里指气味呛。二是 ho¹no⁶（honoh），肉蒜。no⁶（noh）是“肉”。两者区别在于骨蒜 ho¹kiːu¹（hogiu）的鳞茎外皮常带紫红色，老株不抽

①中国科学院华南植物研究所编，吴德邻主编：《广东植物志》第五卷第448页。广州：广东科技出版社，2003年。学名、英文名见中国科学院植物研究所编《新编拉汉英植物名称》第39页。

②中国科学院华南植物研究所编，吴德邻主编：《广东植物志》第五卷第448—449页，广州：广东科技出版社，2003年。学名、英文名见中国科学院植物研究所编《新编拉汉英植物名称》第41页。

③中国科学院华南植物研究所编，吴德邻主编：《广东植物志》第五卷第449页，广州：广东科技出版社，2003年。

④潘富俊著：《楚辞植物图鉴》第44—45页，上海：上海书店出版社，2003年。

蒜薹；肉蒜 ho^{1}no^{6}（honoh）的鳞茎外皮是白色，到了春季能长出蒜薹。

蒜是广泛使用的配菜，无论荤素皆可搭配。如大蒜炒肉片、大蒜炒牛羊肉、大蒜焖豆腐等，有无大蒜，味道完全不同。像炒南瓜苗、蕹菜、苋菜等，人们也喜欢拍一些蒜瓣炝锅，炒出蒜香味后才放菜入锅。

蒜全株可入药，功能甚多。

毒虫咬伤肿痒，用蒜头捣烂，敷涂患处。预防流行性感冒及脑膜炎，生嚼大蒜，每日2次，连吃一星期。百日咳，用蒜头 30 克，捣烂，加冷开水一碗，泡 5~6 小时，滤渣，加白糖，3 岁以下服半匙，3~5 岁服一匙，日服3次。

蒜最常见的吃法是拍碎，加少许辣椒，或加一些醋与酱油，做成调料，进餐时用来蘸菜吃。这样能开胃，还能预防中暑、发痧、感冒等。用蒜头渍酸当小菜，功效相同。

现代医学证明，常吃大蒜，可以降低胆固醇，保持冠状动脉畅通，有防癌、杀菌、驱虫等功效。

laːu^{4}pak^{8}（lauxbaeg），萝卜，学名*Raphanus sativus*，英文名Garden Radish、Radish。一年生或二年生草本。具肉质直根。叶常提琴状分裂或羽状分裂。花大，有白色、淡紫色等。种子球形或近球形。①

萝卜营养价值高，富含糖分和维生素，是常见蔬菜。萝卜用其肉质直根做菜。人们认为经霜的萝卜有滋补功效，壮语谚语有 toŋ^{1}ɕi^{5} laːu^{4}pak^{8} taːŋ^{5} kai^{5}me^{6}（Doengceiq lauxbaeg dangq gaeqmeh），冬至萝卜当母鸡。日常饮食中，萝卜可炖可炒，萝卜炒羊肉、萝卜炖牛肉、萝卜炖猪排骨，皆为壮家人的家常菜。

在广西，萝卜最具特色的吃法是腌醋做成风味酸品。将新鲜脆嫩的萝卜洗净，切片或切丝，用米醋浸泡，两三天后即可取

①广西科学院广西植物研究所编著：《广西植物志》第一卷第426页，南宁：广西科学技术出版社，1991年。学名、英文名见中国科学院植物研究所编《新编拉汉英植物名称》第607页。

出，调上白糖、辣椒，此即风靡壮乡的酸萝卜。也可以切片、切丝、切条做成干萝卜。

萝卜是普通蔬菜，但其根、叶、种子均可入药。顽固性呃逆，壮语叫作θak^{7}ʔɯk^{7}（saek wk），可用鲜萝卜、生姜适量，捣烂取汁，加蜂蜜后兑温开水服。大便秘结，用萝卜 500 克切片，加 1000 克水，煎至 500 克，温服。伤风感冒咳嗽，将萝卜煨热，剖开，用喷了酒的纱纸贴患者背部、颈部、胸部，以热萝卜隔着纱纸熨烫。若无酒及纱纸，单用萝卜敷熨亦可，但见效稍慢。冻疮，用萝卜叶煮水，趁热烫洗患处；或把萝卜煨热，剖开敷贴患处，同样有效。萝卜种子中药名叫莱菔子，可降气止咳喘，利尿降压。

冻疮，马山壮语叫 lɯk^{8}nou^{1}（lwgnou），即“疙瘩”，指手足、耳朵等部位被冻后结成肿块，成一个个小疙瘩。因萝卜可以治疗冻疮，故生了冻疮又说是 ʔom^{5} laːu^{4}pak^{8}（Oemq lauxbaeg），意即“用萝卜来敷烫”。ʔom^{5}（oemq）本义是把东西捂住，使其发热发酵，故引申为热敷、敷烫。这本来是得了冻疮要用萝卜来敷烫，结果却是把治疗手段当成了病名，可见这一手法早已深入人心。

萝卜是既高产又成熟很快的蔬菜，适宜在大田栽培。早熟的品种60 天即可有收成，所以，壮语格言说：θɯːŋ^{3} kɯn^{1} ʔdam^{1} laːu^{4}pak^{8}，θɯːŋ^{3} taːi^{1} pai^{1} ku^{6} ɕak^{8}（Siengj gwn ndaem lauxbaeg，siengj dai bae guh caeg），想吃种萝卜，想死去做贼。这话是说：萝卜可以救急，生活艰辛实在没有办法了，就赶紧栽下萝卜，有了收成就不至于饿肚子；若不想老实干活，想走歪门邪道做盗贼，那是自寻死路。这话告诫大众，要勤劳才有出路，投机取巧或做盗贼，都没有好下场。

pjak^{7}keːp^{7}（byaekgep）韭菜，亦称扁菜，学名*Allium odorum*，英文名Fragrant-flowered Garlic。多年生草本，簇生。叶条形，扁平，绿色。种子黑色。韭菜气味辛香，故人们把它视为葱类植物，也叫作ɕoŋ^{1}keːp^{7}（coenggep）。①

①中国科学院华南植物研究所编，吴德邻主编：《广东植物志》第五卷第450页，广州：广东科技出版社，2003年。学名、英文名见中国科学院植物研究所编《新编拉汉英植物名称》第40页。

byaekgep　韭菜

韭菜是一种非常古老的蔬菜，很早就有人工栽培了。《诗经》中的《七月》就有“献羔祭韭”诗句。“韭”作为祭祀的供品，可见在当时是属于尊贵之物。直到现在，韭黄和韭菜的花薹在市场上依旧价格不低。韭菜可作主菜，亦可作配菜，其味佳美，荤素皆宜。

韭菜可入药。跌打内伤疼痛，用鲜韭菜捣烂取汁冲酒服，或用其鳞茎煮水冲酒服。跌打肿痛瘀血，用韭菜、生姜、葱白各适量，以酒炒热敷伤处，可以消肿散瘀止痛。汗斑，壮语叫kjaːk^{7}（gyak），风疹，壮语叫faːt^{7}mɯn^{1}（fatmwn），用鲜韭菜加少许盐捣烂，涂擦患处。建筑、矿山、冶炼、纺织、理发等接触粉尘多的从业人员，常食韭菜煮猪血，有助于清体内粉尘。

ko^{1}paŋ^{1}（gobaeng）落葵，学名*Basella rubra*，英文名Red Vinespinach。缠绕藤本。茎绿色或带紫色，长达数米。花淡红色。果球形，红色至深红色。[1]

落葵的嫩茎叶是普通蔬菜，可炒食或做汤。常栽于园篱边上兼作为观赏植物。全株可入药，能滑肠、利大小二便，亦可清热解毒、拔脓消肿。老人大便秘结，用鲜落葵煮水服；或用嫩茎叶当菜食，可润肠通便。但常食易引起肝功能损伤，因而肝功能不全者慎食。火伤烫伤起泡，用鲜落葵茎叶捣烂，取汁涂搽，能凉血消炎。痈疮肿毒，用其鲜茎叶捣烂外敷。

pjak^{7}poi^{5}（byaekboiq）红背菜，学名*Gynura bicolor*，英文名Gynura。多年生草本，高达 50~100 厘米。茎直立，带有紫色。全株带肉质。叶面绿色，叶背紫红色。头状花序成伞房状排列，花黄色。果长圆形，冠毛白色。[2]

红背菜也叫观音苋、当归菜、紫背菜、红番苋、血皮菜，是普通蔬菜。人们认为其性偏凉，因而种植不太普遍。因叶背的紫红色，壮语也称之为 pjak^{7}poi^{5}hoŋ^{2}（byaekboiqhoengz）。

byaekboiq　红背菜

①广西科学院广西植物研究所编著：《广西植物志》第一卷第565页，南宁：广西科学技术出版社，1991年。学名、英文名见中国科学院植物研究所编《新编拉汉英植物名称》第95页。

②黄燮才主编：《中国民间生草药原色图谱》第371页，南宁：广西科学技术出版社，2009年第5次印刷。英文名见http://www.linban.com/special/b22.shtml邻伴网/特产/食品/红背菜，2016年8月26日搜索。

红背菜可清热解毒，凉血止血。中暑发痧，或支气管炎咳嗽咳血，用红背菜、荷叶、茅根各60克煮水，空腹喝。阿米巴痢疾、腹泻，用红背菜煎鸡蛋食；用酸笋炒红背菜，或用酸笋水来煮红背菜，亦可止痢止泻。对妇女而言，红背菜有补血的作用。痛经或盆腔炎，用红背菜捣烂，加少许酒，水煎服；或用红背菜、益母草各适量，水煎，代茶饮。

samvengqlueg　益母草

pjak⁷ʔbuŋ³（byaekmbungj），蕹菜，学名*Ipomoea aquatica*，英文名Aquatic Morning Glory。常见蔬菜，一年生草本。茎匍匐，中空，节上生根。叶卵形、三角形或披针形。花白色，喇叭形。种子具细毛。①

蕹菜是壮族地区的普通蔬菜，按栽培方式，有水蕹和旱蕹之分。水蕹在水田或用竹筏盘上泥浆来栽种，旱蕹在菜地上栽种。每年开春种植，暮春及夏季是蕹菜生长旺盛期。蕹菜属高产长效蔬菜，一直可以摘取到晚秋。

蕹菜全株可入药，有清热解毒、利尿止血之功效。食物中毒，用蕹菜 500 克捣烂，取汁服；或用蕹菜根、雷公根各 500 克，共捣取汁服。此方据记载，可解一般不洁食物或变质食物的中毒，亦可解断肠草中毒。但不论是何种中毒，安全起见，仍应立即送医院抢救，以免耽误救治时间。蜈蚣咬伤，用蕹菜、食盐各适量，捣烂，搓擦伤口及其四周。风火牙痛，用蕹菜根 100 克，加水、醋各半碗，煮后含漱。痈疮，用蕹菜适量、八角两枚、红糖少许，共捣烂敷患处。暑天失水过多，小便不出或浑浊，用蕹菜煮汤喝；严重者，取蕹菜 500 克，捣烂取汁，兑凉开水，调少许盐、白糖喝。

草医认为蕹菜有很强的解毒能力，所以给病人开药时，往往叮嘱患者禁食蕹菜，否则会减弱药效。

ko¹ʔbu¹（go'mbu），藕，又称莲藕，学名*Nelumbo nucifera*，英文名Hindu Lotus、Sacred Lily，其花称荷花、莲花，是传统名花。多年生水生草本。根茎横走，圆柱形，肥大而多节，白色，中有孔洞。叶盾形，高出水面，粉绿色。花单生于花梗顶端，红色、粉红色或白色。栽培于湖沼、水田或池塘中。②

藕的节间膨大粗壮，叫 lɯk⁸ʔbu¹（lwgmbu）。这与薯、芋相类，把根茎当作籽实，故归入 lɯk⁸（lwg）。壮文以

①中国科学院华南植物研究所编，吴德邻主编：《广东植物志》第四卷第354页，广州：广东科技出版社，2000年。学名、英文名见中国科学院植物研究所编《新编拉汉英植物名称》第383页。

②华碧春、陈小峰编著：《袖珍中草药彩色图谱》第432页，福州：福建科学技术出版社，1999年。学名、英文名见中国科学院植物研究所编《新编拉汉英植物名称》第482页。

ŋau^{4}（ngaeux）为规范词，以 ʔbu^{1}（mbu）为方言词。ŋau^{4}（ngaeux）是“藕”的老汉语借词读音，ʔbu^{1}（mbu）才是壮族固有词。

藕的根状茎可作蔬菜食用，切块可跟骨头炖汤，切片可炒，荤素皆宜。切碎加肉剁成末状，可煎或蒸藕饼，也可做成馅包糍粑、饺子等。荷叶虽不食用，但烹饪中亦有用场。厨师用荷叶包裹食品，或蒸或煎或烤，让荷叶的清香气味渗入食物中，使食物具有特殊芳香，如荷叶清蒸鸡、荷叶蒸豆豉排骨、荷叶蒸糯米饭等。

莲藕全株皆有用处，除可观赏及当菜食用，尚可入药。冬天，脚掌受冻皲裂，用藕蒸熟后捣烂敷患处。平时做菜，把藕节头洗净，投入盐罐中备用。突然失音，壮语说是 ho^{2} kjo^{3}（hoz gyoj），指嗓子沙哑说不出话，用盐渍的藕节头来含，徐咽口水，能恢复发声。咽喉炎，用盐渍的藕节头10粒、清水 1000 克，浓煎成 500 克后温服。莲子、绿豆、海带一起煮水喝，是解暑佳饮，能预防中暑发痧。用莲心（莲子里的绿色胚芽）来蒸瘦肉末给幼儿吃，可以治疳积。小儿发烧，用荷叶、荷梗煮水，水温适宜后泡洗患儿，可退烧。

苦瓜，壮名 lɯk^{8}ham^{2}（lwghaemz），学名*Momordica charantia*，英文名Balsampear。藤蔓草本。叶 5~7 深裂。花单生，雌雄同株。果实纺锤形，表面有瘤状突起。种子多数，有红色或橘红色假皮。[①]

ham^{2}（haemz）是“苦”。苦瓜在壮族地区是普遍栽培的蔬菜，因其果实略带苦味而得名。在马山，苦瓜炒羊肉是颇有名气的菜肴。lɯk^{8}ham^{2}（lwghaemz）也叫 lɯk^{8}ʔdei^{5}（lwgndeiq）。ʔdei^{5}（ndeiq）是“不好”，指苦瓜的味道不好，故而得此壮名。

①广西科学院广西植物研究所编著：《广西植物志》第一卷第696页，南宁：广西科学技术出版社，1991年。学名、英文名见中国科学院植物研究所编《新编拉汉英植物名称》第471页。

lwghaemz　苦瓜

壮族地区地处热带、亚热带，夏季炎热多雨，经常出现闷热天气。小孩整天四处奔跑玩耍，常常一身泥尘汗垢，长痱子是常事。痱子痒时用脏手抓挠，极易生疮疖。对付痱子，最简便的方法是小孩洗完澡后，将苦瓜榨汁，用汁水来涂搽患处。自己种有苦瓜者，用其藤、叶煮水给孩子洗澡更便捷。苦瓜治痱子有良效。

此外，苦瓜切片晒干，用来泡开水当茶饮，可以降血脂、血糖。用其鲜花生嚼，或煮水喝，可治痢疾。小孩生疮疖，采苦瓜鲜叶，捶捣后敷患处，可拔脓消肿。

冬瓜，壮语叫 $lɯk^8fak^8$（lwgfaeg），学名*Benincasa hispida*，英文名White Gourd、Chinese Waxgourd。藤蔓草本，全株密被硬毛。叶掌状，

5浅裂。花单生，雌雄同株。果实大型，长圆柱状或近球状，外具硬毛，被白蜡质粉末或无白粉。瓜皮暗绿色。①

冬瓜通常在初春下种，夏季可收获，是高产蔬菜。老瓜可以留存3~4个月，是应付秋天蔬菜淡季的品种，故农家很乐意种植。冬瓜可以炖汤，也可以切片炒食。月饼馅的冬蓉，就是用冬瓜来当主料的。冬瓜还可以腌制果脯。

生地煮冬瓜汤，也是消除痱子的良方。生地是普通药材，一般药店有售。用冬瓜1000克，去瓤后连皮切片，加生地20克，煮水，调白糖，当作解暑凉茶喝，能预防痱子、疮疖。冬瓜皮、冬瓜子均有清热、利尿、止咳、消肿的功效。

pjak^{7}kaːt^{7}（byaekgat），芥菜，学名*Brassica juncea*，英文名India Mustard。一年生或二年生草本，植株绿色或淡青色。叶和菜薹是传统蔬菜，品种甚多。原产亚洲，中国南方普遍有栽培。壮族地区常见品种有pjak^{7}kaːt^{7}no^{6}（byaekgatnoh）包心肉芥菜，kaːt^{7}（gat）是“芥”，no^{6}（noh）是“肉”，这种芥菜常常包结成球；pjak^{7}kaːt^{7}reːŋ^{5}（byaekgatrengq）桄榔芥菜，reːŋ^{5}（rengq）是“赘物，赘片，碎片”，这里指该种芥菜的叶下部有小裂片；pjak^{7}kaːt^{7}to^{3}（byaekgatdoj）南风芥菜，to^{3}（doj）是“土”，指这种芥菜是本土品种；pjak^{7}kaːt^{7}kjaːp^{7}（byaekgatgyap）大叶芥菜，kjaːp^{7}（gyap）是“块，大块”，指这种芥菜的叶片大；pjak^{7}kaːt^{7}ka^{1}θaːŋ^{1}（byaekgatgasang）高脚芥菜，即枇杷叶芥菜，ka^{1}（ga）是“脚”，θaːŋ^{1}（sang）是“高”。②

芥菜除了鲜吃，人们还常用来腌制酸菜、咸菜，或做成干菜。虚火燥热多痰，用芥菜煮汤喝；或把芥菜切细，

①广西科学院广西植物研究所编著：《广西植物志》第一卷第698页，南宁：广西科学技术出版社，1991年。学名、英文名见中国科学院植物研究所编《新编拉汉英植物名称》第102页。

②广西科学院广西植物研究所编著：《广西植物志》第一卷第431页，南宁：广西科学技术出版社，1991年。学名、英文名见中国科学院植物研究所编《新编拉汉英植物名称》第128页。

煮粥将熟时拌入，加油盐适量，做菜粥吃，能清火化痰止咳。感冒头痛畏风寒，口苦喉干，用芥菜 500 克、豆腐 200 克、生姜 10 克，水煮，连菜带汤吃掉，食后盖被子发汗。种子含芥子素，可磨作芥末粉。感冒鼻塞，用芥末粉当调料佐餐，开胃的同时，还能通鼻发汗。

秦以前的中国古籍以《诗经》所载的植物资料最为丰富，而芥菜不见于其上，可以推测，先秦时代黄河流域尚未出现此物。芥菜在汉代已见记载，东汉崔寔《四民月令》载："六月大暑中伏后，可以收芥子，七八月可种芥。"①

芥从介得声，介归月部，收 -t 韵尾。芥在平话中读 kaːi^{55}，在南宁白话中读 koi^{33}，两者均非入声韵。芥在壮族各地普遍说 kaːt^{7}，壮侗语族其他语言的说法也多有对应。如布依语、毛南语、仫佬语也说 kaːt^{7}，水语说 qaːt^{7}，泰语、老挝语及傣语、佯僙话、锦话、拉珈语均说 kaːt^{9}，标话说 kɔːt^{9}，临高语说 kaʔ^{7}，侗语是 aːt^{9}，琼山语是 ka^{2}。②

在汉语方言中，芥入月部，但它今音与月、歇、揭、谒不同韵。在壮侗语族中，其读音却更多保持了上古语音的入声韵尾特点。这一语音事实表明，芥菜是壮族地区的古老作物。从语音特点考虑，芥菜至少在先秦时代或者更早一些就出现了。换一句话说，在骆越人分化之前，芥菜已经为人们所熟知并充分利用了。

壮家人在饮食上，常常需要各种佐料调和味道，解腥除毒。如河蚌、田螺等水生动物，其性凉寒，腥味大，人们在烹饪时，用葱、姜、酒去其腥味，用薄荷、紫苏等除其寒毒，以使食物味道更好，食用更安全。

①李炳东、弋德华编著：《广西农业经济史稿》第270页，南宁：广西民族出版社，1985年。《汉魏遗书钞经翼二集》中收录的《四民月令》记载的是"可收芥子"，无"以"字。

②梁敏、张均如：《侗台语族概论》第536页，北京：中国社会科学出版社，1996年。

薄荷，壮名 jɯːŋ[1]ɕim[2]（yiengcimz），学名*Mentha haplocalyx*，英文名Wild Mint。多年生草本。茎直立，高 30~60 厘米，下部数节常生须根及水平伸展的根状茎。茎四棱形，有凹槽。叶片长圆状披针形、椭圆形或卵状披针形，长 3~5 厘米或稍过之，宽 0.8~3 厘米，顶端锐尖，边缘有锯齿，有微毛。花冠淡紫色。小坚果卵球形，黄褐色。①

①中国科学院华南植物研究所编，吴德邻主编：《广东植物志》第三卷第442页，广州：广东科技出版社，1998年第2次印刷。学名、英文名见中国科学院植物研究所编《新编拉汉英植物名称》第460页。

薄荷在德保壮语中叫 pjak[7]hoːm[1] ʔbaɯ[1] ȵau[5]（byaekhom mbaw nyaeuq），hoːm[1]（hom）是“香”，ʔbaɯ[1]（mbaw）是“叶子”，ȵau[5]（nyaeuq）是“皱”，直译就是“皱叶香菜”。实际上，壮族民众也是把薄荷当作香菜来调味的，煮田螺、河蚌、田鸡等，少不了用薄荷当作配菜。吃生鱼片时，也经常用到薄荷。

yiengcimz　薄荷

除了用作香菜，薄荷也常常入药。薄荷全草含薄荷油，可提炼薄荷脑，是制药和食品工业香料的重要原料。医家用薄荷茎叶来给病人发汗、散风热。

紫苏，马山壮语叫 pu^5ha^2（buqhaz），学名*Perilla frutescens*，英文名Common Perilla。一年生芳香草本。茎四棱形，有槽。叶膜质或草质，长7~13厘米，宽4.5~10厘米，顶端短尖或突尖，基部圆形或阔楔形，两面绿色或紫色，或仅下面紫色，边缘有齿。轮伞花序顶生或腋生。花冠白色至紫红色，冠筒短，花盘环状。小坚果近球形。①

紫苏在武鸣叫 $\theta i^3\theta u^1$（sijsu），此即“紫苏”的汉借词读音。其嫩茎、叶用作香菜，常用来搭配那些腥

①中国科学院华南植物研究所编，吴德邻主编：《广东植物志》第三卷第444—445页，广州：广东科技出版社，1998年第2次印刷。学名、英文名见中国科学院植物研究所编《新编拉汉英植物名称》第530页。

buqhaz　紫苏

膻味大的食物。煮田螺、田鸡以及牛肉、羊肉等，人们喜欢用紫苏作为配料。因食客喜爱，故粉店一般会把紫苏切细作为调味品，与辣椒、蒜米、芫荽、葱花等摆在桌上任由人们自己调用。

紫苏入药，可治感冒咳嗽或呃逆。伤风感冒咳嗽，用紫苏60克、枇杷叶5张、姜10克，煮水当茶饮。胃寒经常呃逆，用紫苏和100克瘦肉剁碎，加上适量胡椒粉蒸熟，一天一次，连吃5天。

从前边的讨论可以看到，壮家人不仅有丰富的蔬菜食材，而且善于运用它们来治疗一些常见病。从这个意义上看，食用蔬菜而暗含防病治病的寓意，这是药食同源观点的绝妙表现。有了种种良方，人们就能化奇腥为佳肴。

过去壮族乡村多数处于贫穷闭塞之野，缺乏现代医疗技术是普遍现象。在这种交通不便、半封闭的农耕环境里，蔬菜入药是简便廉价而又实用的医疗手段。这些蔬菜是园圃里的常见品种，甚至在厨房里随便就可以找到。能就地取材而防病治病，这是壮医壮药得以生存的先决条件。不管城市的医疗设施如何先进，在偏远农村里，对付一些常见的小病痛，人们还是依赖身边这些物品。实用至上是治病的首要原则，只要能解除病痛，药物自然以便捷为好。这些家喻户晓的蔬菜管用，它们理所当然成为首选药物。人们在实际生活中逐渐积累起这方面的经验，并把它当作常识而世代相传，这是大众医疗实践的知识总结。作为行之有效的自救手段，这些实用技能会在人们的反复运用下得到强化。

三、油料植物

做菜离不开油，油料不仅能改善菜的味道，还能给人体供应热能和必需的营养物质。因社会需求量大，故油料植物具有很高的经济价值。在广西，油料植物的种类不多，大宗的仅见花生、大豆、油茶等，其余的如芝麻、火麻、向日葵等多是零星栽培。

油料植物最受重视的首推花生。花生在马山叫 tu⁶naːm⁶（duhnamh），学名*Arachis hypogaea*，英文名Peanut。一年生草本。根部有丰富的根瘤。茎直立或匍匐，长30~80 厘米，茎和分枝有棱，被黄色柔毛，后变无毛。叶通常具小叶二对，叶柄基部抱茎。花冠黄色或金黄色。荚果长 2~5 厘米，宽 1~1.3 厘米，膨胀，荚壳厚。种子长 0.8~1.2 厘米，宽 0.5~1 厘米。[①]

①中国科学院华南植物研究所编，吴德邻主编：《广东植物志》第五卷第354页，广州：广东科技出版社，2003年。学名、英文名见中国科学院植物研究所编《新编拉汉英植物名称》第66页。

花生在武鸣叫 tu⁶tom¹（duhdoem），其他地方尚有 tu⁶tei⁶（duhdeih）、tu⁶kok⁷（duhgoek）、tei⁶tau⁶（deihdaeuh）等名称。naːm⁶（namh）与 tom¹（doem）同义，是“泥土，土壤”；tei⁶（deih）是“地，泥地”；kok⁷（goek）是“根部”。因花生开花，胚珠受精后子房柄渐渐延长伸入土中，犹如在根部结籽实，故以 kok⁷（goek）入名。汉语称此物为落花生，也是着眼于这一特性。tau⁶（daeuh）是“豆”的汉借词读音。花生原产于南美洲，明清时期传入中国，故汉语方言还有番豆、番豆无花果等名称。从其壮名的各地不同说法也可以看出，花生不可能是壮族地区的原生植物，传入壮族地区的路径也可能不止一条。花生是普遍的栽培植物，常见的有普通型、蜂腰型、多粒型和珍珠型四种。在壮族地区，按成熟先后，又分为早熟花生 tu⁶naːm⁶ ɕau⁴（duhnamh caeux）和迟熟花生 tu⁶naːm⁶ laːu⁴（duhnamh laux）两种。ɕau⁴（caeux）是“早”；laːu⁴（laux）是“大，老”，亦是“迟熟”。

花生一身是宝。种仁含油量高达 45%，主要是用来榨油。其油叫 jou²tu⁶naːm⁶（youzduhnamh）、jou²θeu⁵（youzseuq）、jou²θeːŋ¹（youzseng），是上好的食用

油。jou^2（youz）是“油”。因其油质好，透明之中带着黄色，肉眼观察很明净，故说是 θeu^5（seuq）。θeu^5（seuq）是“净”。因花生油常直接加入食品或调料中食用，能生吃，所以用 θeːŋ^1（seng）命名。θeːŋ^1（seng）是“生”。榨油后，豆渣压成的豆饼叫 ku^{5}jou^2（guqyouz）、ku^{5}tu^{6}naːm^6（guqduhnamh），即“油枯，花生枯”。ku^5（guq）是“枯，油枯”，是喂猪喂牛的好饲料。用其来当作瓜果的基肥，种出来的果实特别饱满而且味道很好。花生蔓可当作牛马饲料，也可以翻压到地里当绿肥。花生根部有根瘤，能从空气中吸收氮，种过花生的土地会更加肥沃，因此，在新垦地上栽种花生，还有改良土壤的效果。

除了榨油，花生还可以用煮、炒、烤等方式加工成风味食品。直接炒花生仁当佐酒的小菜，或当米粉的佐料，也很对味。把炒花生拍碎，放到凉拌黄瓜、凉拌米粉之中，能增加香味。花生炖骨头也是常见的菜肴。至于将花生加工，做成糕饼、糍粑、水圆等食物的馅料，那更是常事。

外来物种中，芝麻也是重要的油料作物。

芝麻，壮名叫 lɯk^{8}ra^2（lwgraz），学名*Sesamum indicum*，英文名Oriental Sesame。一年生草本，高可达 1 米。茎直立，四棱形，被短柔毛。单叶对生或上部者互生，卵形或长圆形，长 3~15 厘米，宽 1~8 厘米，边缘有锯齿或下部叶 3 浅裂。花白色，带紫色或黄色彩晕，腋生。蒴果椭圆形，长 2~2.5 厘米。种子黑色，也有白色或淡黄色。①

种子是黑色的，壮语叫 ra^{2}ʔdam^1（razndaem），即黑

①黄燮才主编：《实用中草药原色图谱（一）》第386页，南宁：广西科学技术出版社，2008年第7次印刷。学名、英文名见中国科学院植物研究所编《新编拉汉英植物名称》第677页。

芝麻，ʔdam[1]（ndaem）是“黑”；白色或淡黄色的，叫 ra[2]haːu[1]（razhau），即白芝麻，haːu[1]（hau）是“白”。芝麻榨出的油是高级食用油，也叫香油。把芝麻炒香，碾成末，是做汤圆、糍粑和各种糕点的好馅料。

芝麻在古代也叫胡麻、脂麻，意指从胡地传来的物种，故冠以胡字。相传是张骞从西域带到中原的物种。芝麻原产地为印度，现全世界的热带和亚热带均有栽培。①因其富含油脂，所以也叫脂麻。芝麻的用途以籽实榨油和做馅料为主。因其秆叶也是上等的绿肥，人们在收获其种实之后，常把芝麻秆拿回地里翻耕到土中，当作基肥。特别是在新垦的地里种上两年芝麻，土地很快就会变得肥沃起来。

同样以 lɯk[8]ra[2]（lwgraz）为名的还有火麻。

火麻，壮名 lɯk[8]ra[2]paːk[8]（lwgrazbag），简称 ra[2]paːk[8]（razbag），学名*Cannabis sativa*，英文名Hemp。一年生草本，高可超 1 米，有强烈气味。茎方形，绿色，全株密生细毛。火麻是古代重要的经济植物，茎皮纤维供纺织用，果实可榨油或煮食。②

在红水河中段一带，火麻如今还是作为食品植物来栽培。过去壮族民众把火麻种实炒香，舂碎，煮菜时放一些下去充当油料。妇女产后少乳，用火麻籽煮粥食用，可以催乳。如今巴马、都安、大化一带还盛行火麻芥菜粥，这是有名的地方风味粥品。火麻虽香，但有一定的毒性，过量食用会致幻觉症，故古人说“多食令人见鬼狂走”③。壮家人之所以称其为 lɯk[8]ra[2]paːk[8]（lwgrazbag），原因即此。paːk[8]（bag）义为“疯，疯狂”，意指这种麻实吃多了会发疯。因其籽实形扁，

①中国科学院华南植物研究所编，吴德邻主编：《广东植物志》第四卷第408页，广州：广东科技出版社，2000年。

②耿煊：《诗经中的经济植物》第18—19页，台北：台湾商务印书馆股份有限公司，1996年。

③吴普：《神农本草经》第20页，沈阳：辽宁科学技术出版社，1997年。

故又叫 lɯk^{8}ra^{2}keːp^{7}（lwgrazgep），keːp^{7}（gep）是“片，小块”。

芝麻与火麻都以 lɯk^{8}（lwg）归类，是因为两者的食用部分是籽实。lɯk^{8}（lwg）即“子”。两者都叫 lɯk^{8}ra^{2}（lwgraz），这是典型的一名二物。不过，从词的来源考证，ra^{2}（raz）作植物专名，其原始所指却是荏。荏即紫苏，荏子就是苏子。过去苏子常当作调味品，功用与后来的芝麻相类。芝麻传入我国之后，因味道好，更受人们喜爱，后来者居上，就把荏的名称给占用了。荏在上古读ŋa^{2}，今壮侗语族不少语言依旧读此音或近似之音，ra^{2}（raz）是 ŋa^{2} 的音变形式。①

壮乡的油料植物还有大豆，大豆壮名 tu^{6}na^{2}（duhnaz），学名*Glycine max*，英文名Soybean。一年生草本，高 30~90 厘米。茎粗壮，直立或上部缠绕，密被褐色硬毛。羽状复叶有小叶 3 片，小叶纸质，菱状卵形或阔卵形，长 7~13 厘米，宽 3~7 厘米，先端渐尖，基部阔楔形或圆形。花萼钟状，花冠紫色、淡紫色或白色。荚果长圆形，稍弯，密生黄褐色硬毛。种子 2~5 粒，椭圆形、卵形至近球形。种皮光滑，有淡绿、黄、褐和黑等颜色。②

按种子外皮颜色，大豆又细分为 tu^{6}na^{2}heu^{1}（duhnazheu）青大豆、tu^{6}na^{2}heːn^{3}（duhnazhenj）黄大豆和 tu^{6}na^{2}ʔdam^{1}（duhnazndaem）黑大豆。后两种也分别简称 tu^{6}heːn^{3}（duhhenj）黄豆和 tu^{6}ʔdam^{1}（duhndaem）黑豆。大豆是中国古老的传统作物，有 5000 年以上的栽培历史，是粮、油、菜兼用的品种。大豆种子富含蛋白质、脂肪和多种维生素，可跟米一起煮饭，也可以炒、焖、炖，做成不同口味的菜肴。大豆制品很丰富，如豆腐、豆浆、腐竹、酱油、豆酱、豆豉等，都是餐桌上常见之物。大豆种子浸泡后萌发的豆芽，是很常见的蔬

①蒙元耀：《壮汉语同源词研究》第204—206页，北京：民族出版社，2010年。

②中国科学院华南植物研究所编，吴德邻主编：《广东植物志》第五卷第313页，广州：广东科技出版社，2003年。学名、英文名见中国科学院植物研究所编《新编拉汉英植物名称》第335页。

菜。蔬菜淡季时，人们常发豆芽来补充蔬菜的不足。

除了直接食用，大豆最大的用途是用来榨油。大豆油是优质的食用油。目前市场上出售的食用油以大豆油和花生油居多。

除充当食品以外，黑大豆还经常入药，有补肾生血、利尿消肿的功效。肾虚血亏、眩晕乏力、腰膝酸痛、腹水脚肿等，食用黑大豆，有一定的辅助疗效。患高尿酸血症者慎食。

油茶树，壮语叫 $ça^2jou^2$（cazyouz），学名*Camellia oleifera*，英文名Oiltea Camellia。常绿灌木至乔木，嫩枝有毛。叶革质，椭圆形或倒卵形，长 4~7 厘米，宽 2~4 厘米，先端尖，基部楔形。花顶生，白色，花瓣 5~7 片。果实内有黑褐色的种子。①

油茶树的花朵艳丽，也有人种植当作观赏植物。其种仁用来榨油，叫 $jou^2ça^2$（youzcaz）茶籽油，是一种常见的食用油料。jou^2（youz）是“油”，$ça^2$（caz）即“茶”。种仁榨油后余下的渣滓压成饼，叫 $ça^2ku^5$（cazguq）茶枯，是很好的洗洁剂，过去人们常用来捣碎煮水洗头、洗衣物，也可用作肥料。因茶枯里含有生物碱，如打碎后水煮成粥状，洒泼到水里，会导致水里的鱼类等生物受毒害。

除了上述五种植物，向日葵和油菜也是油料植物。

向日葵，壮名 $wa^1taŋ^1ŋon^2$（vadaengngoenz），学名*Helianthus annuus*，英文名Sunflower。一年生草本。茎高 1~3 米，被白色硬毛，通常不分枝。叶互生，卵状心形或卵圆形，长和宽 10~30 厘米或更大。叶柄长。头状花序极大，直径 20~35 厘米。花序托平或稍凸，花舌片黄色，花冠棕色。瘦果倒卵形或卵状长圆形，压扁。②

①中国科学院华南植物研究所编，陈封怀主编：《广东植物志》第二卷第128页，广州：广东科技出版社，1998年第2次印刷。学名、英文名见中国科学院植物研究所编《新编拉汉英植物名称》第149页。

②中国科学院华南植物园编，吴德邻主编：《广东植物志》第八卷第119页，广州：广东科技出版社，2007年。学名、英文名见中国科学院植物研究所编《新编拉汉英植物名称》第354页。

wa¹（va）是“花”，taŋ¹ŋon²（daengngoenz）是“太阳”，壮名义为“太阳花”。向日葵虽有零星栽培，但更多的是作为景观植物种在园边或屋旁。其籽实多是炒后当零食。向日葵籽实含油量大，可榨油。目前广西市场上所售的葵花籽油多属外来产品，本地这一领域有待开发。

油菜也叫芸薹，壮名 pjak⁷jou²ɕa:i⁴（byaekyouzcaiq），学名 *Brassica campestris*，英文名Bird Rape。一年生或二年生草本，高 30~90 厘米，稍被粉霜。基生叶大头羽状分裂，顶裂片圆形或卵形，侧裂片 1 至数对，卵形，叶片平滑，叶缘有不整齐弯缺牙齿。叶柄长 2~6 厘米，基部抱茎。总状花序伞房状，花黄色。种子球形，紫褐色。花期 3~4 月，果期 5 月。[①]

油菜的嫩茎叶是普通蔬菜，种子榨油供食用，叫 jou²ɕe⁶pjak⁷（youzcehbyaek）菜籽油。ɕe⁶（ceh）是“种子”，pjak⁷（byaek）是“菜”。因油菜籽直接榨出的油口感与香味都不及花生油、茶油好，人们一般都不太喜欢。现今提纯技术进步，菜籽油经加工提炼，多半以调和油的形式出售。因其花连片开放时非常灿烂壮观，不少地方特意在大田里栽种油菜来作为旅游景点。

上边讨论的油料植物壮名显示，壮族地区本地的食物资源很难做到完全自给自足。当本地物产不能满足生活需要时，人们会根据社会需求而引进外地优良品种来补充本地资源的不足。本地的优良品种也会向外输送。相互间的互通有无，促进了农业生产的发展，同时也在语言文化中留下深刻的印记。这方面的突出表现便是词语借用。

比如 ɕa²jou²（cazyouz）油茶，其壮名就借自汉语。当然，其语序仍按壮语的传统语法规则，中心词在前，修饰语在后，叫“油茶树”。当然，口语之中若是为了强调植株，人们也说 ko¹ɕa²jou²（gocazyouz），ko¹ɕa²（gocaz）是“茶树”，

①中国科学院华南植物研究所编，吴德邻主编：《广东植物志》第三卷第28页，广州：广东科技出版社，1998年第2次印刷。学名、英文名见中国科学院植物研究所编《新编拉汉英植物名称》第128页。

jou^{2}（youz）是“油”，此即榨油用的茶树。像 pjak^{7}jou^{2}ɕaːi^{4}（byaekyouzcaiq）油菜，pjak^{7}（byaek）是“菜”（民族固有词），jou^{2}ɕaːi^{4}（youzcaiq）是“油菜”，新汉语借词。大体上，pjak^{7}jou^{2}ɕaːi^{4}（byaekyouzcaiq）也还是中心词在前，修饰词在后，但修饰词明显是从汉语整体借入。这一语言特征显示，这种植物进入壮族地区的年头很晚，应当属现代引进的物种。

作为一般词语，植物名称常常会随着植物的扩散，从一种语言传入另一种语言。像 pjak^{7}ʔo^{5}θɯn^{3}（byaekohswnj）莴苣、pjak^{7}po^{5}ɕaːi^{4}（byaekbohcaiq）菠菜以及tu^{6}ho^{6}laːn^{5}（duhhozlanh）豌豆（荷兰豆），明显是来自汉语的新借词。

据李炳东等人的考证，莴苣在明嘉靖的《钦州志》中已有记载。①莴苣分叶用、茎用两类。在广西，比较常见的叶用莴苣是长叶莴苣，叫 pjak^{7}kɯ^{4}（byaekgwx），学名*Lactuca dolichophylla*，英文名Longleaf Lettuce；②长叶莴苣中有一种叶面带淡紫褐色的变种，壮名叫 pjak^{7}kɯ^{4}lin^{4}waːi^{2}（byaekgwxlinxvaiz），汉语方言称之为牛舌生菜。lin^{4}（linx）是“舌头”，waːi^{2}（vaiz）是“水牛”，kɯ^{4}（gwx）义未明，待考。

另一常见品种是玻璃生菜，叫 pjak^{7}θuːk^{7}（byaeksuek）。按叶子结球与不结球，又分成两个变种：结球者叫 pjak^{7}θuːk^{7}kiːn^{3}（byaeksuekgienj）球叶莴苣，学名*Lactuca sativa* var. capitata，英文名Lettuce Iceberg。不结球者叫 pjak^{7}θuːk^{7}haːi^{1}（byaeksuekhai）皱叶莴苣，学名*Lactuca sativa* var. crispa。③ θuːk^{7}（suek）是动词，义为“包，包裹”；kiːn^{3}（gienj）是“卷”，指球叶莴苣是卷心的；haːi^{1}（hai）是“开”，指皱叶莴苣的叶子是张开的，不结球。玻璃生菜在农历三月三、清明节常用来做荷包饭，其吃法是：用生菜叶一张，置五色糯米饭一小团及一些菜肴于叶心，卷成小包，蘸上调味的酱料后再吃。壮语谓此为 kɯn^{1} pjak^{7}

①李炳东、弋德华编著：《广西农业经济史稿》第268—271页，南宁：广西民族出版社，1985年。

②学名、英文名见中国科学院植物研究所编《新编拉汉英植物名称》第399页。

③广西植物研究所编：《广西植物名录》第二册第636页，桂林，1971年。

θu:k[7]（gwn byaek suek）或 ta[3] pjak[7] θu:k[7]（daj byaek suek），此菜壮名 θu:k[7]（suek）即由此而得。由于能够生吃，故其汉名为生菜。其叶薄脆近乎透明，所以冠上玻璃表明特点。马山壮语还另有 pjak[7]po[5]li[6]（byaekbohliz）之说。po[5]li[6]（bohliz）即“玻璃”。茎用莴苣叫 pjak[7]ʔo[5]θɯn[3]（byaekohswnj）、ʔo[5]ki[5]θɯn[3]（ohgihswnj）或 ʔo[5]θɯn[3]（ohswnj），源于汉语的莴苣，或叫莴笋，学名*Lactuca sativa* L. var. *aspara-gina* Bailey。[①] 几种莴苣的得名方式不一致，有意译、音译，还有半音译加半意译。这一现象表明，它们进入壮族地区的时间各不相同。先引进者，其命名方式如同大白菜，是由本民族的词语来构成。而按西南官话音译的名称，多为现代出现的事物，植物亦不例外。从植物命名方式考虑，茎用莴苣进入壮族地区的时间可能要比叶用莴苣晚。莴苣的原产地为欧洲，菠菜的原产地为波斯。[②] 莴苣传入中国后，先在中原地区种植，然后才扩散到其他地区。这从植物的得名方式可以看出。

从本章及前边讨论过的植物名称、来源及用途看，壮族人民很善于利用周边的植物。利用野生植物作蔬菜，利用蔬菜来防病治病，说明壮家人不但对这些植物有充分的认识，而且有相当丰富的综合运用经验。药食同源的观念，反映了壮家人饮食文化的独特性。尤其像马齿苋、羊角菜（望江南）和白花菜（龙葵）之类，本是野生植物，因能菜药兼用，受到人们欢迎，而且经济效益不错，也有菜农进行人工栽培了。这说明人们的思路相对开放，并不墨守成规。

从蔬菜和油料植物一途，我们不仅能够看到壮家人的日常生活内容，而且能看到由此产生的饮食文化以及人们对各种蔬菜的妙用。借助这些生活事象，也许我们能够进一步了解壮族地区的民风民俗及民众的心态。

①广西植物研究所编：《广西植物名录》第二册第636页，桂林，1971年。

②李炳东、弋德华编著：《广西农业经济史稿》第271页，南宁：广西民族出版社，1985年。

第五章 有毒植物

广西的有毒动植物很多，且不说毒蛇毒虫，植物中就有许多怪异毒物。壮家人对有毒植物的传统看法颇具哲理。人们认为，大地滋生万物，自然能造化出许多食物来养活人类和动物，同样也能创造出许多有毒植物来平衡环境。有美味佳肴，自会有酸涩苦辣毒。就像有崇山峻岭，也必然存在深川大泽一样，这是自然法则。世界不可能都是平原，犹如人间不可能全是康乐均平、人人富裕。不过，世上总是好人居多，自然界里也是好东西居多。

有毒致命的植物虽然可怕，但不会主动侵害人。只要识别它们，提高警惕，一般都会平安无事。不可否认，因无知而酿成中毒的悲剧时有传闻，所以壮家人非常重视对有毒植物的识别教育。

田头地尾、村边路旁不时长着一些毒草，其中有的花果还很艳丽诱人。为了安全起见，大人往往会指着实物告诉孩童，这是什么毒物，有何危险，绝对不能触摸。进入山林劳作，遇上一些毒树毒草，有经验者也会主动告诉同伴，那些植物为何惹不得。借助实物互相告诫，人们因而认识各种有毒植物。这种识别经验成为生活常识，以口头形式父传子，子传孙，一人传给另一人，进而在社会上得到普及。

壮族山乡的有毒植物为数不少，从菌类、草类到灌丛、乔木，都有它们的分布，其中不少还因毒性太强而臭名昭著。

一、草本毒物

草类植物之中有不少毒物，其中一些是自古以来就出名的大毒草。洋金花就是很常见的一种。

洋金花，马山壮语的说法是 $man^2jo{:}k^7$（maenzyok），学名*Datura metel*，英文名Hindu Datura。一年生草本。茎直立，粗壮，多分枝。有时呈小灌木状。嫩枝略带紫色，老枝灰白色。叶互生，卵形或广卵形，先端渐尖。花喇叭形，生于叶腋，通常白色，也有黄色或紫色，花冠长14~20厘米。果近球形或扁球形，表面针刺短而粗，成熟时由白绿色变为淡褐色。①

洋金花因其花白色居多，故也叫白曼陀罗，是普遍为人们所知的毒草。武鸣壮语的说法是 $mɯn^6ta^4la^4$（mwnhdaxlax），其实就是曼陀罗的对译。古代强盗行劫所用的蒙汗药，主要成分即此物。《岭外代答》对此已做了描述：

> 广西曼陀罗花，遍生原野，大叶白花，结实如茄子，而遍生小刺，乃药人草也。盗贼采干而末之，以置人饮食，使之醉闷，则挈箧而趋。南人或用为小儿食药，去积甚峻。②

笔者疑心马山壮语洋金花$man^2jo{:}k^7$（maenzyok）之名当是不明就里而误传。man^2（maenz）应是“曼”字$ma{:}n^6$（manh）音的讹变，$jo{:}k^7$（yok）则是“药”的中古音

①广西兽医研究所编著：《兽医中草药彩色图谱》第230页，南宁：广西科学技术出版社，1996年第2次印刷。学名、英文名见中国科学院植物研究所编《新编拉汉英植物名称》第242页。

②杨武泉：《岭外代答校注》第334—335页，北京：中华书局，2006年第2次印刷。

对译。

因洋金花多生于村边路旁的山坡荒地上，是滥生的植物，花朵大且很艳丽，大人十分担心小孩无知而去摘取，所以一见即铲除，此外还特地告诫孩子们，不要胡乱攀折此花。

洋金花入药，有止咳平喘、镇痛麻醉、解毒消肿之效。民间医师在为严重骨折的病患驳骨复位之时，也会用洋金花作为麻醉止痛药。哮喘咳嗽很难入眠时，食少许可助眠，但需在有经验的医师指导下用药。

洋金花毒性太强，没有医师指导，切勿妄用，否则稍有不慎即酿大祸。误食洋金花，严重中毒时也会致命。发现中毒，应立即送医院急救。

香花海芋，壮名 ko^{1}faŋ^{6}（gofaengh），学名*Alocasia odora*，英文名Fragrant Alocasia。多年生草本，高大。直立茎很粗壮，肉质，外皮黑褐色。叶互生，阔卵形，极大，长 30~90 厘米，宽 20~60 厘米，先端短尖，基部广心状箭头形。叶柄粗大，长 60~90 厘米，下部粗大，抱茎。叶脱落后，茎上留有明显的环纹。花单性，同株；花柄序粗壮，肉穗花序短于佛焰苞。浆果红色。多生于村边及山沟溪流边，山野间的阴湿处亦可见到。①

香花海芋也叫野芋头、大叶野芋头、朴薯头等。壮语尚有me^{6}faŋ^{6}（mehfaengh）、faŋ^{6}pja^{1}（faenghbya）、muŋ^{2}tok^{8}（mungzdoeg）等说法，皆指此物。faŋ^{6}（faengh）是此类毒芋的专名；me^{6}（meh）有“大”义，这里指香花海芋块茎大；pja^{1}（bya）是“山”，指这类植物生长在山野处。而称其为 muŋ^{2}tok^{8}（mungzdoeg），则因其叶子、叶柄形似芋头而归类到 muŋ^{2}（mungz）里。muŋ^{2}（mungz）即

①广西壮族自治区革命委员会政治工作组卫生小组编印：《广西民间常用中草药手册（一）》第320页，南宁：广西人民出版社，1970年。学名、英文名见中国科学院植物研究所编《新编拉汉英植物名称》第42页。

gofaengh　香花海芋

“芋叶”。tok[8]（doeg）是“毒”，强调该植物的危险性。

香花海芋有大毒，入口有强烈的麻感，一般不内服。医家多用作消肿止痛解毒的外用药。香花海芋对无名肿毒、痈疮有很好的疗效，也能治火伤烫伤。痈疮肿毒，用香花海芋块茎和酒糟共捣成泥，用其叶子包好药泥煨热，敷患处，可拔脓消肿。轻度火伤烫伤，或被蜈蚣、蝎子等毒虫咬伤、蜇伤，用香花海芋块茎捣烂敷伤处。

夏天高湿高热时在野外干活很容易中暑发痧，严重时可能会暑气攻心而虚脱昏迷。壮族民众的应急之法是以毒攻毒，用香花海芋治疗中暑。其法是将病人安置于阴凉处，取来香花海芋的块茎，对半剖开，用纱布或薄衣物包裹，以剖面搓擦患者的后脖颈、背部、胸部、四肢，可解暑，降体温，舒缓胸闷心悸，让病人全身放松。这是壮族民间的常用疗法。

《壮汉词汇》把香花海芋条对译为野芋头，解释为“可作饲料”，误。[①]老百姓不用香花海芋来喂禽畜，这是公认的有毒植物，若非药用，人们平时不会去触碰这一有毒植物。

海芋，muŋ²kuk⁷（mungzguk），学名*Alocasia macrorrhiza*，英文名Giant Alocasia。kuk⁷（guk）在壮语有“大”之义。如：kɯn¹ kuk⁷（gwn guk）是“大吃大喝，狼吞虎咽”，而不是吃老虎；pei²hei⁵ kuk⁷（beizheiq guk）

①广西壮族自治区少数民族语言文字工作委员会研究室编：《壮汉词汇》第340页，南宁：广西民族出版社，1984年。

mungzguk　海芋（广狼毒）

是“脾气大，性子急”。海芋是多年生粗壮草本。成长的植株具地上茎，茎皮茶褐色，多黏液。根状茎肉质，粗达20厘米。叶盾状，长30~90厘米，宽20~60厘米。肉穗花序，雌雄同株，雄花生于上部，雌花生于下部，两者之间有不孕部分。浆果红色，直径约4毫米，有种子一颗。[①]

海芋多生长于山谷林下、沟溪边或村旁阴湿之处，是大毒植物。医家用于清热解毒，消肿散结，外用可治热病高烧、流行性感冒、痧病、疔疮肿毒等。

海芋也叫广狼毒、痕芋头。壮家人因其叶似芋而且比芋叶大、厚，故把它归入muŋ²（mungz）类。广西壮语南部方言称之为muŋ²θɯ¹（mungzsw），θɯ¹（sw）亦“虎”。痕芋头的“痕”，是粤语记音用字。粤语的hɐn²是“痒”，意指人体触碰鲜海芋的浆汁，皮肤会发痒。壮语里“痒”也有han²（haenz）的说法。考虑地缘与文化渊源，这两者当有共同来源。

海芋和香花海芋是同类毒物，其外形相似，药用功能一样，人们往往不加分别而等同使用。

卜芥，亦称尖尾芋、老虎耳、虎耳芋，壮名叫faŋ⁶ʔdɯːŋ⁵（faenghndiengq），学名*Alocasia cucullata*，英文名Chinese Taro。多年生草本。地上茎粗壮，直立或横卧，黄褐色，圆柱形，粗3~6厘米，具环形叶痕。叶片宽卵状心形，长10~16厘米，宽7~18厘米。生于溪谷湿地、田边或宅旁。医家用于清热解毒，消肿止痛。因其毒性强烈，内服必须炮制后方可用。[②]

老百姓治疗烫伤或毒疮，常用卜芥块茎去皮，捣烂，外敷患处。风湿疼痛，用其叶子烤热，焐敷痛处。

因卜芥茎块常常横生或者直立于地表，稍一施力，即

①黄燮才主编：《实用中草药原色图谱（一）》第462—463页，南宁：广西科学技术出版社，2008年第7次印刷。学名、英文名见中国科学院植物研究所编《新编拉汉英植物名称》第42页。

②广西兽医研究所编著：《兽医中草药彩色图谱》第110—111页，南宁：广西科学技术出版社，1996年第2次印刷。学名、英文名见中国科学院植物研究所编《新编拉汉英植物名称》第42页。

可晃动，壮名即由此而得。ʔdɯːŋ[5]（ndiengq）指“物体放置不平而晃动，摇晃”。

六棱菊，壮名 ko[1]ʔiːn[1]ha[2]（go' ienhaz），学名*Laggera alata*，英文名Winged Laggera。多年生草本，全体密生淡黄色短腺毛。茎具明显的翅。单叶互生，椭圆形或长圆形，边缘有齿，基部渐狭。头状花序，顶生或腋生，排成圆锥花序，花白色而略红。瘦果，被短柔毛。生于山坡荒野、路旁。①

六棱菊味极苦，可以治感冒发热、肝炎、肝硬化腹水、肝脓肿等症。草医认为它有小毒，能清热解毒、消肿

①广西兽医研究所编著：《兽医中草药彩色图谱》第198—199页，南宁：广西科学技术出版社，1996年第2次印刷。学名、英文名见中国科学院植物研究所编《新编拉汉英植物名称》第400页。

go'ienhaz　六棱菊

止痛。痈疮溃烂流脓久不愈合，以及癞痂、湿疹、皮肤瘙痒等，用六棱菊、九里明煮水，敷烫并洗淋患处，能去腐生新，除毒去恶。手足生癣，用六棱菊茎叶捣烂，直接涂搓患处，能止痒杀菌。跌打瘀肿、腰肌劳损、肩背疼痛或风湿骨痛等，用六棱菊、樟树枝叶、小叶榕气生根等煮水，敷烫患处，能消肿止痛。

六棱菊搓揉后有一股近似于生烟叶的青臭味，其壮名因此而得。ʔiːn^{1}（ien）即“烟草”，ha^{2}（haz）是“茅草”。

同样以 ʔiːn^{1}（ien）得名的还有罂粟。

罂粟，壮名叫 ʔiːn^{1}naːm^{6}（iennamh）或 ko^{1}ʔiːn^{1}naːm^{6}（go’iennamh），学名*Papaver somniferum*，英文名Opium Poppy。① 一年生或二年生草本，高 60~100 厘米。茎平滑，被白粉。叶长椭圆形，有缺裂，边缘有锯齿，灰绿色。花单生，花瓣 4 枚，有白、粉红或紫等颜色。果长椭圆形或壶状。花期 4~5 月，果期 6~8 月。

①学名、英文名见中国科学院植物研究所编《新编拉汉英植物名称》第513页。

罂粟是出名的有毒植物，植株的乳汁含多种生物碱、吗啡等，是提取海洛因的源植物，与大麻、古柯并称三大毒品植物。长期使用会上瘾，造成慢性中毒，严重危害身体。国家明令严禁民间种植。

ʔiːn^{1}（ien）是“烟，烟草”，naːm^{6}（namh）是“泥土”，ʔiːn^{1}naːm^{6}（iennamh）直译即“烟土”，也叫大烟、鸦片或洋烟。烟草是明代进入中国的外来物种。罂粟以 ʔiːn^{1}（ien）得名，进入壮族地区的年代应是在烟草之后。清朝时，鸦片给中国带来的严重危害，至今老一辈的人仍记忆犹新。毒品是祸害自身和家庭，殃及社会的东西，绝对不可碰。

同属罂粟科的野生有毒植物还有博落回，壮名叫 ko^{1}haːu^{6}toŋ^{2}（gohauhdoengz），医家称之为 θaːm^{1}ɕiːn^{2}θaːm^{1}（samcienzsam），学名*Macleaya cordata*，英文名Pink Plumepoppy。大型草本，高 1~2 米，全株破损时有黄色汁液流出。茎直立，粗壮，中空，表面有白粉，基部稍带木质。叶大，阔卵形或近圆形，长 5~30 厘米，宽 5~28 厘米，掌状 7~9 浅裂或深裂，基部心形，裂片边缘波状、粗齿状或具缺刻。叶面绿色，叶背粉绿色。叶柄长 2~17 厘米。圆锥花序，多花，白色或淡红色。蒴果扁平，种子 4~6 颗，卵状椭圆形。花期 6~7 月，果期 7~11 月。①

博落回常见于向阳荒坡或路边草地，全草有剧毒。医家用来散瘀消肿，杀虫止痒。跌打瘀肿，风湿骨痛，用其鲜叶、鲜根捣烂，酒炒，热敷患处。痈疮溃烂，用叶焙干研末撒患处，可拔脓毒，去腐肉，生新肌。毒虫叮咬，蜂子蜇伤，手足生癣或皮肤瘙痒，用其叶或嫩枝捣烂取汁涂抹患处。此物毒性太强，切忌内服，即使外用，药量也很少。故医家称之为“三钱三”，壮名亦因此而得。θaːm[1]（sam）是“三”，ɕiːn[2]（cienz）是“钱”。ko[1]haːu[6]toŋ[2]（gohauhdoengz）是“号筒杆”的直译，haːu[6]（hauh）是“号”，toŋ[2]（doengz）是“筒”，盖因博落回在两广有“号筒杆”的别称。

过去没有化工生产的农药，一些农户将此草采回沤入粪池，以杀灭蝇蛆和孑孓。用粪水给禾稻施肥，能杀稻苞虫、螟虫、椿象等，也可灭掉田中的钉螺、蚂蟥等。也有人直接将之沤入田中做成绿肥，亦能发挥灭虫作用。

大型草本有毒植物中，蓖麻也是很常见的一种。

蓖麻，壮名 ko[1]ɕoŋ[6]（gocoengh），学名*Ricinus communis*，英文名Castor-oil-plant、Castorbean、Palma Christi。一年生粗壮草本或亚灌木，高可达 5 米，全株常被白霜。叶轮廓近圆形，掌状分裂至叶片的一半以下，长可达 40 厘米或更长。叶柄粗壮，中空，长可达 40 厘米。总状或圆锥花序，长 15~30 厘米。子房卵状，密生软刺或无刺，花柱红色。蒴果卵球形或近球形，长 1.5~2.5 厘米。种子椭圆形，微扁平，长 8~18 毫米，具淡褐色或灰白色斑纹。②

蓖麻毒性最强的部位是种子，壮语叫 ɕe[6]ɕoŋ[6]（cehcoengh）。ɕe[6]（ceh）是“种子，籽实”，ɕoŋ[6]（coengh）是蓖麻的专名。因蓖麻种子富含蓖麻毒蛋白和蓖麻碱，误食，轻者泻肚，重者可中毒致死。

①中国科学院华南植物研究所编，吴德邻主编：《广东植物志》第四卷第58页，广州：广东科技出版社，2000年。学名、英文名见中国科学院植物研究所编《新编拉汉英植物名称》第441页。

②中国科学院华南植物研究所编，吴德邻主编：《广东植物志》第五卷第92—93页，广州：广东科技出版社，2003年。学名、英文名见中国科学院植物研究所编《新编拉汉英植物名称》第631页。

gocoengh　蓖麻

蓖麻种子含脂肪油 40%~50%，榨出的油料在工业上有广泛的用途，是高级润滑油的主要原料。民间用其叶、根入药。鲜叶捶烂外敷，可治疮疖、无名肿毒、毒虫叮咬等。根与其他药物配伍，泡酒外搽，可治疗风湿骨痛、肩周炎、跌打扭伤等。

石蒜，壮名 $ho^1 fa:ŋ^2$（hofangz），学名*Lycoris radiata*，英文名 Shorttube Lycoris。多年生草本。鳞茎肥大，球形，直径 2.5~3.5 厘米。叶丛生，狭带形，长约 15 厘米，宽约 0.5 厘米，上面深绿色，下面粉绿色。花茎高约 30 厘米，伞形花序有花 4~7 朵，7~10 月开花，花鲜红色或有白色边，无香气。蒴果，种子近球形，黑色。[①]

石蒜常生于丘陵坡谷低湿处，也是一种有毒植物。人们经常用来治疗无名肿毒及毒疮。毒疮红肿不溃脓，或无名肿毒硬痛不消退，用鲜石蒜捣烂敷患处。石蒜的毒素有催吐之效，人若误食，会激烈呕

①中国科学院华南植物研究所编，吴德邻主编：《广东植物志》第五卷第442页，广州：广东科技出版社，2003年。学名、英文名见中国科学院植物研究所编《新编拉汉英植物名称》第437页。

吐。医家利用这一特性，对食物中毒或痰涎壅塞不畅者，用鲜石蒜 20~30 克煮水，使其服下催吐。

壮族地区蓼属植物相当多，壮语称部分蓼属植物为 ko^{1}we^5（goveq），其中有不少是常用草药。不过，老百姓认为它们当中有一部分是有毒植物。

大马蓼，壮名叫 we^{5}ʔdo:k^7（veqndok），学名*Polygonum lapathifolium*，英文名Dockleaved Knotweed。一年生草本，高 0.5~2.5 米，多分枝。茎直立，圆柱形，有纵槽，棕红色，茎节膨大。叶披针形或椭圆形，长 7~15 厘米，宽 1~3.5 厘米。两端渐尖，背面有腺点，全缘，微反卷。穗状花序，长 2~6 厘米，花小而多，花被粉红色或淡白绿色。瘦果卵状双凸镜形，长 1.5~2 毫米，顶端微凹，黑褐色。①

①中国科学院华南植物研究所编，吴德邻主编：《广东植物志》第四卷第93页，广州：广东科技出版社，2000年。学名、英文名见中国科学院植物研究所编《新编拉汉英植物名称》第569页。

大马蓼常作为土农药使用。农民采集此草，捣烂之后放入水中沤，待其汁液浸出后，洒泼于稻田里，可防治稻飞虱，能杀稻苞虫等。菜农也直接把大马蓼泡入粪池，用以杀灭蝇蛆及孑孓。用此粪水淋菜，能灭菜青虫、卷叶虫等。

水蓼，即辣蓼，壮名为 we^{5}ram^4（veqraemx），学名*Polygonum hydropiper*，英文名Red-knees、Marshpepper Smartweed。一年生草本，直立或披散状，高 0.3~1.3 米。茎棕红色或青绿色，有明显的腺点，节部通常膨大。叶披针形，长 4~7 厘米，宽 0.5~1.5 厘米，顶端渐尖，基部楔形。叶柄短，或近于无柄。花序穗状，长 5~15 厘米，顶生或腋生，疏花，花被通常 5 深裂，淡红色或白色。子房卵圆形，微具 3 棱。瘦果三棱形，有细瘤点。常长于池塘边、沟边或河边。②

②中国科学院华南植物研究所编，吴德邻主编：《广东植物志》第四卷第95页，广州：广东科技出版社，2000年。学名、英文名见中国科学院植物研究所编《新编拉汉英植物名称》第569页。

水蓼全草有祛风止痛、解毒消肿之功效。民间草医常用其治疗风湿性关节炎、跌打肿痛。因其有毒，可杀虫止痒，故湿疹、手足生癣，民间也用此草来治疗。水蓼如同大马蓼，农户一样将它作为土农药使用，两者功效相同。

因水蓼可治风湿，养鸭农户常用其来垫鸭笼鸭圈，鸭子栖息于水蓼草上，可预防风湿脚软病。

红辣蓼，也叫丛枝蓼、簇蓼，壮名为 we[5]hoŋ[2]（veqhoengz），学名*Polygonum posumbu*，英文名Clustered Knotweed。多年生草本，高 30~60 厘米。茎柔弱，略分枝，上部直立，下部伏地，红褐色，节膨大。叶卵形或披针形，长 4~7 厘米，宽 1.5~3 厘米。总状花序顶生或腋生，长 6~12 厘米，花疏。苞片斜漏斗形，内有 1~3 朵花，花被 5 深裂，裂片长约 2 毫米。瘦果很细小，长约 2 毫米，三角形，黑褐色，有光泽。茎及叶揉烂后有辣味。①

红辣蓼可以入药，能活血止痛，清热利尿，也可作为土农药使用。

对养鸭户来说，这些蓼属有毒植物还有一个用途：把它们采来捣烂，放到水桶中浸泡，一小时后取水泼到蚯蚓多的地方。不一会儿，蚯蚓即纷纷爬出地面，养鸭人便拾起来喂鸭子。

蓼属植物并不全是毒物，其中一些可以作为野菜或调味品食用。如 we[5]huŋ[1]（veqhung）荭草，学名*Polygonum orientale*，英文名Prince' s Feather。② 其嫩茎叶可当作调味品。籽实为中药材水红花子。根、茎、叶能舒筋活络，治风湿性关节炎。叶可治恶疮，花能止痛散瘀。huŋ[1]（hung）是“大”，因其茎秆比较粗大而得名。

we[5]hoːm[1]（veqhom）香蓼，也叫粘毛蓼，学名*Polygonum viscosum*，英文名Viscidhairy Knotweed。一年生草本，茎直立，上部分枝或不分枝，全株具香气。小枝具粘性腺毛。全草可提取芳香油，嫩枝叶可作香菜，种子富含淀粉。③ hoːm[1]（hom）是“香，芳香”，因该植物全株揉烂后有香味，故而得此壮名。

蓼属植物也不全以 we[5]（veq）命名，其中不少另有归类。如

①广西科学院广西植物研究所编著：《广西植物志》第一卷第546页，南宁：广西科学技术出版社，1991年。学名、英文名见中国科学院植物研究所编《新编拉汉英植物名称》第568页。

②学名、英文名见中国科学院植物研究所编《新编拉汉英植物名称》第569页。

③中国科学院华南植物研究所编，吴德邻主编：《广东植物志》第四卷第91—92页，广州：广东科技出版社，2000年。学名、英文名见中国科学院植物研究所编《新编拉汉英植物名称》第570页。

荞麦叫 me:k^{8}ka:k^{7}（meggak），学名*Fagopyrum esculentum*，英文名Common Buchwheat，壮家人视之为粮食作物而归入麦类。me:k^{8}（meg）是“麦”，ka:k^{7}（gak）是“角”，故又叫三角麦（详见第三章的相关部分）。

金荞麦，壮名叫 me:k^{8}θɯ:ŋ^{1}（megsieng），学名*Fagopyrum dibotrys*，英文名Cymose Knotweed，也叫野荞麦。①全草入药，治咽喉肿痛、肺脓疡、肺炎、消化不良，有清热解毒、活血散瘀、健脾胃的功效。θɯ:ŋ^{1}（sieng）是“伤”。壮名即因其可消炎散瘀，治疗跌打损伤而得。

火炭母，壮名 ko^{1}to:ŋ^{6}mei^{5}（godonghmeiq），学名*Polygonum chinense*，英文名Chinese Knotweed。② to:ŋ^{6}（dongh）本义是“柱子”，此处比喻火炭母的茎秆较为粗大，能直立。mei^{5}（meiq）是“醋”，因其全株具有醋的酸味而得名。火炭母煮水可作凉茶饮，当药可治痈疮、痢疾，能消炎止痛。

虎杖，马山壮语名为 ko^{1}to:ŋ^{6}ʔboŋ^{5}（godonghmboengq），学名*Reynoutria japonica*，英文名Giant Knotweed、Japanese Fleece-flower。③ to:ŋ^{6}（dongh）是“柱子”，ʔboŋ^{5}（mboengq）是“节，段”。因该草粗大的茎秆上有膨大的茎节，故得此壮名。全草入药，有清热解毒、活血散瘀的功效。可治肝炎、肺炎、新生儿黄疸、急性和慢性支气管炎、急性肾炎、关节炎。烧伤烫伤，亦可用鲜枝叶捣烂敷患处。将其捶烂泡水，可喷杀螟虫、蚜虫和菜青虫等。

这些蓼属植物的不同命名方式，体现了壮家人对植物的不同观察角度，同时也显示出壮语中的植物分类与植物学的科学分类有相应差异。民间对植物的分类，更多的是老百姓根据自身的生产生活经验来划分的，与植物学家的科学分类自然有较大的差异。

①金荞麦的学名见覃海宁、刘演主编：《广西植物名录》第97页，北京：科学出版社，2010年。英文名见中国科学院植物研究所编《新编拉汉英植物名称》第568页。

②火炭母的学名、英文名见中国科学院植物研究所编《新编拉汉英植物名称》第568页。

③虎杖的学名见覃海宁、刘演主编：《广西植物名录》第100页，北京：科学出版社，2010年。英文名见中国科学院植物研究所编《新编拉汉英植物名称》第568页。

megsieng 金荞麦

godonghmeiq　火炭母

godonghmboengq　虎杖

二、藤本毒物

壮语称“藤”为 kau^{1}（gaeu）。凡藤类皆可用 kau^{1}（gaeu）作为小类名。藤类植物中有许多品种也是有毒之物，这些毒植物虽然对人畜有一定的危险性，但若善于利用，它们同样能造福于人。

木鳖子，壮语称之为 $mok^{8}pi\!:\!t^{7}$（moegbiet），学名*Momordica cochinchinensis*，英文名Cochinchina Momordica。攀缘藤本。根块状。卷须生于叶柄侧边，不分叉。叶革质，阔卵状心形，长 8~16 厘米，宽 6~20 厘米，3~5 中裂，两侧较浅，顶端急尖或渐尖，边缘有浅波状小齿。花冠白中略带黄色。果实卵形，长12~15厘米，密生锥状刺。种子边缘波状，微甘，有毒。可散结消肿，攻毒疗疮。①

木鳖子藤常生于村边路旁或疏林边上，民间常用来治痈疮疔毒、无名肿毒、腮腺炎、淋巴结炎等。最通行的用法是将一个底部粗糙的瓷碗倒扣过来，斟少许米醋到碗底，然后取木鳖子在醋中磨浆，取醋浆擦患处，可凉血止痛消炎。用其鲜根、叶加盐捣烂敷患处，亦同样有效。小孩若生癣疥或瘌痢头，用木鳖子藤煮水，待温度适宜后，用来洗澡、洗头。此法可以连续使用，直到痊愈。用其种子研末，拌上香饵，可诱杀老鼠，壮语称为 $ʔbɯ^{1}$ nou^{1}（mbw nou），毒杀老鼠。$ʔbɯ^{1}$（mbw）是批量“毒杀”，nou^{1}（nou）是“鼠”。

木鳖子虽然有毒，但壮家人却喜欢用其嫩叶做菜做汤，认为其性凉，味微苦，能清火解暑。夏季炎热，多饮此汤，可消暑气，败心火，能预防长痱子、疮疖等。

木鳖子因其种子黑褐色，有花斑，而且形态与小鳖有几分相似，故而得名。壮名译自汉语，mok^{8}（moeg）是“木”，$pi\!:\!t^{7}$（biet）即“鳖”。

①中国科学院华南植物研究所编，吴德邻主编：《广东植物志》第三卷第122—123页，广州：广东科技出版社，1998年第2次印刷。学名、英文名见中国科学院植物研究所编《新编拉汉英植物名称》第471页。

榼藤子，壮语名称为 kau[1]niːu[3]（gaeuniuj），学名*Entada phaseoloides*，英文名Climbing Entada。大型木质藤本。嫩枝无毛，老藤螺旋状扭曲。二回羽状复叶互生；羽片通常 2 对，顶生 1 对常变成卷须。小叶长椭圆形，两侧不等，先端圆。花 5 瓣，淡黄色。荚果长达 1 米，宽 8~10 厘米，每节有种子一粒。种子直径 4~6 厘米。①

①黄燮才主编：《实用中草药原色图谱（二）》第200页，南宁：广西科学技术出版社，2008年第5次印刷。学名、英文名见中国科学院植物研究所编《新编拉汉英植物名称》第290页。

niːu[3]（niuj）是“扭，曲扭”，榼藤子因茎秆旋转曲扭而得名。榼藤子也叫过江龙，有小毒。茎皮及种子含皂素，具有强烈的刺激性，有催吐泻下的作用。砍柴时若被其汁液飞溅入眼，会引起眼睛红肿发炎。

民间常将此藤用于治疗风湿骨痛、跌打损伤诸症，有止血止痛之功效。尤其是与鸡血藤、杜仲、六方藤、两面针等互相配伍浸泡药酒，对风湿性关节炎有明显疗效。炭制种仁可治脱肛、痔疮、便血。

在深山密林中，榼藤子缠绕在大树上，长成非常粗大的长藤。老人常说，过去在山道之间架设藤索桥，所用的主索即此藤和 kau[1]nuːm[1]（gaeunuem）大血藤及 kau[1]lɯːt[8]（gaeulwed）鸡血藤等。这几种藤茎坚韧耐磨，至今民间还常常用作搬抬重物的工具。

鸡血藤，壮名为 kau[1]lɯːt[8]（gaeulwed），学名*Spatholobus suberectus*，英文名Suberect Spatholobus。木质大藤本。老藤茎扁圆柱形，横断面有3圈至多圈偏心环，新鲜藤砍断后有鸡血状的暗红黏液渗出。羽状复叶互生，小叶3枚，故又称为三叶鸡血藤。② lɯːt[8]（lwed）是“血”，因这一植物的浆汁颜色暗红似血而得名。

②黄燮才主编：《实用中草药原色图谱（二）》第224页，南宁：广西科学技术出版社，2008年第5次印刷。学名、英文名见中国科学院植物研究所编《新编拉汉英植物名称》第693页。

大血藤，壮名为 kau[1]nuːm[1]（gaeunuem），学名*Sargentodoxa cuneata*，英文名Sargentgloryvine。木质藤本。茎圆柱形，暗褐色，扭曲，有条纹，外观犹如黑蟒。三出复叶互生，中间小叶较小，有柄，菱状卵形，基部楔形。两侧小叶较大，无柄，斜卵形，基部两边不对称。花黄色。浆果卵圆形，成熟时蓝黑色。③

③黄燮才主编：《实用中草药原色图谱（一）》第54页，南宁：广西科学技术出版社，2008年第7次印刷。学名、英文名见中国科学院植物研究所编《新编拉汉英植物名称》第655页。

gaeulwed　鸡血藤

gaeunuem　大血藤

nuːm¹（nuem）是"蟒蛇"，因其茎暗褐色与蟒蛇相似，壮名即由此而得。其藤茎被砍时，整个断面有红色汁液渗出，故汉名叫大血藤。大血藤具有清热解毒、活血、祛风止痛作用，用于治疗肠痈，痛经、闭经，以及跌打风湿痛。

壮语同样称为 kau¹nuːm¹（gaeunuem）的还有厚果鸡血藤。该种植物也有毒。这是同名异物现象。

厚果鸡血藤，学名*Millettia pachycarpa*，英文名Thickfruit Millettia，又叫厚果崖豆藤。木质大藤本，长可达 15 米，幼时呈灌木或小乔木状，嫩枝褐色，老茎暗褐色。羽状复叶长 30~50 厘米。叶柄长 7~9 厘米。小叶 6~8 对，草质，长圆状椭圆形至长圆状披针形。花冠淡紫色。荚果深褐黄色，长圆形，长 5~23 厘米，宽约 4 厘米，厚约 3 厘米。种子 1~5 颗，黑褐色，肾形。[①]

除了用来捆绑东西，老百姓还将此藤砍来丢入茅坑废井中，毒杀蝇蛆和孑孓等。撒于田中，亦可杀灭蚂蟥。因其藤茎含毒汁，过去有人用其藤茎浸水来毒鱼，故又有毒鱼藤之名。此外，其老茎外形与大血藤近似，故而与大血藤重名。有时为了区别两者，人们将厚果鸡血藤称作 kau¹nuːm¹ tok⁸（gaeunuem doeg），tok⁸（doeg）是"毒"。又因其羽状复叶有小叶 6~8 对，而且比大血藤的叶子小，人们亦称之为 kau¹nuːm¹ ʔbaɯ¹ lek⁸（gaeunuem mbaw leg），lek⁸（leg）是"细小"之义。

藤商陆，壮名kau¹moːŋ¹（gaeumong），学名*Ipomoea digitata*，英文名Fingerleaf Morningglory。多年生草质藤本。根粗大肥厚，近肉质。全株含乳状汁液。单叶互生，掌状 5~7 深裂，裂片披针形，边全缘。聚伞花序腋生，花

①中国科学院华南植物研究所编，吴德邻主编：《广东植物志》第五卷第232—233页，广州：广东科技出版社，2003年。学名、英文名见中国科学院植物研究所编《新编拉汉英植物名称》第468页。

gaeumong 藤商陆

冠粉红色或紫红色，喇叭状。萼片宿存，夏秋开花。蒴果卵形，种子有长绵毛。生长在沟边、河边、园边、路旁或荒坡上。①

藤商陆也叫七爪龙、野牵牛，味苦，性寒，入药有利水消肿、排脓散结的功效。但本品有毒，一般不内服。藤商陆的藤呈灰白色，壮语以此命名，mo:ŋ[1]（mong）即“灰色”。

黧豆，壮语叫 tu[6]meu[2]（duhmeuz），学名*Mucuna pruriens* var. utilis，英文名Florida Velvet Bean。一年生缠绕藤本，茎和枝纤细，被紧贴茸毛，老后变为无毛。羽状复叶，有小叶 3 片，两面均被白色疏毛；叶柄长 8~26 厘米，被毛；顶生小叶卵状菱形或卵状椭圆形，长 7~16 厘米，宽 4~10 厘米。总状花序腋生，长 15~30 厘米，下垂。花冠深紫色。荚果密被灰色或淡褐色短柔

①黄燮才主编：《中国民间生草药原色图谱》第418页，南宁：广西科学技术出版社，2009年第5次印刷。学名、英文名见查字典https://m.chazidian.com/baike/903639/，2016年9月2日搜索。

毛，两侧有隆起的棱脊 1~2 条。种子灰白色或黄褐色，大粒，长 1.5~2 厘米，宽 1~1.2 厘米。[①]

①中国科学院华南植物研究所编，吴德邻主编：《广东植物志》第五卷第301页，广州：广东科技出版社，2003年。学名、英文名见中国科学院植物研究所编《新编拉汉英植物名称》第474页。

黧豆也叫狗爪豆，因其豆荚形状略似狗的爪子而得名。壮名 tu^6meu^2（duhmeuz）直译则是“猫豆”，tu^6（duh）是“豆”，meu^2（meuz）即“猫”。因其豆粒灰白色中带有灰黑的斑点，略似猫的灰黑斑，故得此名。

黧豆的嫩荚和种子可食，但有小毒，一般必须经过水煮，浸泡，除去毒性后，才能安全食用。小孩无知，私下拿黧豆直接煨烤，在半生不熟的情况下就乱吃，结果很容易中毒。因黧豆产量高，且不用管理，农户通常在园篱边上或石山有土的缝隙处播种，任其滥生，待豆荚成熟时才去摘取。种子常当作猪、牛的饲料，也用来制药。

duhmeuz　黧豆

藤本植物中，壮族地区的第一大毒草当数 kau^{1}kei^1（gaeugei），古书所记载的胡蔓草即此物。

kau^{1}kei^1（gaeugei）汉语叫断肠草，学名*Gelsemium elegans*，英文名Graceful Jessamine。常绿木质藤本，全株无毛。老茎有厚皮，断面黄色。单叶对生，卵形或卵状长圆形，边全缘。花 5 瓣，黄色，聚伞圆锥花序顶生或腋生。蒴果长圆形，基部有宿存的花萼。种子扁平，具刺状凸起，边缘有齿裂状膜质翅。[①]

kau^1（gaeu）是“藤”，kei^1（gei）是断肠草的专名。因其花黄色，壮语又称之为 wa^{1}heːn^3（vahenj）或 ko^{1}wa^{1}heːn^3（govahenj）。wa^1（va）是“花”，heːn^3（henj）是“黄”。断肠草古称胡蔓草、钩吻、冶葛等。远在唐代，段成式在《酉阳杂俎》里就记载了胡蔓草：

胡蔓草，生邕、容间，丛生，花偏如支（栀）子稍大，不成朵，色黄白，叶稍黑。误食之，数日卒，饮白鹅、鸭血则解。[②]

从食品的药用功能看，白鹅、白鸭的血并不能解除断肠草的剧毒。这应该是段成式误信传言而记录的结果，并非医家的实际疗效记载。宋代周去非在《岭外代答》中对此物同样有细致的描写：

有藤生者曰胡蔓，叶如茶，开小红花，一花一叶。揉其叶渍之水，涓滴入口，百窍溃血而死矣。愚民私怨，茹以自毙。人近草侧，其叶自摇。盖其恶气，好攻人气血如此。人将期死，采其叶心，嚼而水吞之，面黑舌伸。家人觉之，急取抱卵不生鸡儿细研，和以麻油，抉口灌之。乃尽吐出恶物而苏。小迟，不可救矣。若欲验之，齿及爪甲青，探银钗咽中，银变青黑者是也。人

①黄燮才主编：《实用中草药原色图谱（二）》第304页，南宁：广西科学技术出版社，2008年第5次印刷。学名、英文名见中国科学院植物研究所编《新编拉汉英植物名称》第329页。

②段成式：《酉阳杂俎》，曹中孚校点，第116页，上海：上海古籍出版社，2012年。

死焚尸，次日灰骨中已生胡蔓数寸。此等恶种，火不能焚，天之生物，有如此者！[①]

①杨武泉：《岭外代答校注》第343页，北京：中华书局，2006年第2次印刷。

此段文字非常精彩，对断肠草的毒性刻画入微。但很可能是周去非听人传言而下笔，并非亲自考察，故文中有不实之处。如其花黄色而非红色，人靠再近，其叶也不可能自摇。至于人死烧尸成灰，胡蔓草还能从灰骨之中再生，这更是匪夷所思，夸张至极。不过，用恶臭之物灌中毒者使之呕吐，再行治疗，这一经验在医疗条件落后的过去倒起了一定的作用。如今医家对中毒者洗胃，即先行催吐，或许这是受到了古人医疗经验的启发。

此草是人间至毒，俗话有云："人吃人断肠，猪吃猪心凉。"说明此草是不可内服的。但医家以毒攻毒，外用它来散瘀止痛、杀虫止痒。顽癣、痈疮、无名肿毒，可用其根捣烂外敷患处。风湿骨痛，可用干断肠草根点燃，隔纸灸痛处。

断肠草中毒，危险性非常大。凡中毒者，要及时送往医院救治，不能延误。

三、木本毒物

树木之中的毒物亦为数甚多。从灌木、小乔木到大树，不少植物具有毒性，而且毒性五花八门。轻者让人受到刺激而难受，重者则危及生命。认识各种有毒树木，掌握它们的特点，也是壮家人的生活常识。

木本毒物之中，名声最显赫的当推见血封喉。见血封喉的壮名为 ko^1tok^8（godoeg），学名*Antiaris toxicaria*，英文名Common Antiaris。高大乔木，高可达25米。树干基部粗大，树皮灰色。具板状根。叶纸质或革质，嫩叶披针形，密被棕色长粗毛；成株叶长圆形，长7~20厘米，宽3.5~7厘米，顶端短渐尖，基部圆形或心形，略偏斜，叶面叶背皆有棕色短毛。叶柄长6~8毫米，有棕色短毛。果梨形，直径1.8厘米，有紫、绯红或粉红等颜色。花期春季。①

见血封喉成树虽大，但材质轻，结构粗，不耐久，且有挠裂。通常解锯成厚板，做简易楼板、隔板，也作为一般家具的方料。树皮富含纤维，细长柔软，拉力好，可用来编绳索。

据记者吕海锋在2019年9月30日《南国早报》第5版的报道，广西陆川县良田镇杏村有一棵有千年树龄的见血封喉，树高18米，胸径2.42米，冠幅平均达18.5米。每年5月上旬，这棵见血封喉树上的果实表皮由红色变为紫黑色，然后掉落到地上，家禽啄食后会全身麻痹甚至死亡。见血封喉树的汁液和种子具有强心、麻醉、解热等功效。用其树汁外涂，治淋巴结核有良效。但有伤口者禁用。

见血封喉的树汁是剧毒品，过去猎人用来涂箭头，射杀猛兽，毒汁从伤口进入血液，很快致命。在古代，人们以涂有此树树汁的弩箭为作战武器，这种药箭杀伤力巨大，很能威慑人心，其汉名即由此得。父老相传，明朝忻城八寨之乱时，药箭对朝廷官兵构成沉重打击，故官兵得胜后，守官下令砍尽各地的见血封喉树。此后，壮族地区才少见此树。

尽管如此，壮族语言之中还保留有此树名称，而且口语中还不时用到。比如背地里骂某人太狠毒，人们会说他：$tuŋ^4$ $pɯn^1$ $tuŋ^4$ nau^6，$ja:k^7$ lum^3 ko^1tok^8（Dungx bwn dungx naeuh，yak lumj godoeg），肚子长毛肚子烂，毒似见血封喉树。壮族民众把 ho^2（hoz）颈脖、$tuŋ^4$（dungx）肚子、$θim^1$（sim）心以及 $ʔuk^7$（uk）脑子等，一起视为思维器官。$tuŋ^4$ $pɯn^1$ $tuŋ^4$ nau^6（dungx bwn dungx naeuh）是一个固定结构，说人心恶毒，人品太坏。凡被咒骂为 ko^1tok^8（godoeg）的人，肯定不是善良之辈。

①中国科学院华南植物研究所编，陈封怀主编：《广东植物志》第一卷第185—186页，广州：广东科技出版社，1987年。学名、英文名见中国科学院植物研究所编《新编拉汉英植物名称》第62页。

野漆树，壮语名称为 ko^1rak^8（goraeg），学名*Toxicodendron succedaneum*，英文名Field Lacquertree。落叶乔木，树皮暗赤色，有纵裂。单数羽状复叶互生，小叶 9~15 枚，对生。小叶片披针状长椭圆形，长 6~12 厘米，宽 2~3 厘米，边缘全缘，两面光滑无毛。花黄绿色，杂性，组成腋生圆锥花序，核果扁肾形，直径约 8 毫米，成熟时淡黄色。[①]

①黄燮才主编：《实用中草药原色图谱（一）》第240页，南宁：广西科学技术出版社，2008年第7次印刷。学名、英文名见中国科学院植物研究所编《新编拉汉英植物名称》第735页。

野漆树在石山、土山均有分布，百姓常砍来当作柴薪。树汁有毒，但只对部分人有致敏作用，不少人对此无不良反应。过敏者常常手部、面部起红色丘疹，皮肤瘙痒；严重过敏者甚至面部及四肢肿胀，丘疹溃烂流黄水。致敏方式也因人而异。据传闻，有些人是触摸了野漆树的树干、枝叶或因砍树被树汁溅到身上才导致过敏。有一些人比较敏感，烧的柴火中有野漆树，被其烟熏亦过敏。更有甚者接触了刚砍伐野漆树的打柴人或伐木者，也会产生过敏。野漆树的毒性虽然不至于要人命，但也使过敏者非常难受，因此很多人都退避三舍，对它敬而远之。

在人迹罕至的深山老林，野漆树常能长成高大的树木，有些胸径甚至有 50~60 厘米。野漆树木柴干燥较慢，有挠裂，色黄或近白，材质细致，削面光滑，可解锯作为板材、方料，做成建材或家具等。

野漆树的叶、根或根皮可入药，能散瘀消肿，止痛止血。小便出血，用野漆树根皮 10 克煮水服。痈疮毒疔，用野漆树根皮适量捣烂调上猪油，外敷患处。若是干品，则焙脆磨成粉再调上猪油外敷。小外伤出血，采鲜嫩的野漆树叶和马尾松树叶，捶捣外敷伤处。对野漆树过敏者禁用。

乌桕，壮名 ko^1kou^4（gogoux），学名*Sapium sebiferum*，英文名Chinese Tallow Tree。落叶乔木，高可达 15 米，胸径达 40 厘米，成年树皮厚而粗糙，有浅纵裂。叶互生，斜方形或斜方状卵形，全缘，先端渐尖，基部广楔形或截平，叶长及宽 3~9 厘米，晚秋、初冬时变红色。穗状花序，花小，无花瓣，淡黄色。蒴果梨状球形，直径 1~1.5 厘米。种子近球形，黑色，外被白蜡层。花期夏季，果期 10 月。[①]

ko¹（go）是“棵”，kou⁴（goux）是“桕”。乌桕常见于山坡、村边、河边、塘边。喜湿润，耐肥，但在荒坡旱地上亦能生长。乌桕木材纹理直，结构细，材色灰白，可做普通家具、农具及建筑材料的顶筒、模板等。种子可榨油，是重要的工业原料。

乌桕的嫩枝叶及叶柄折断后流出的乳汁有毒。民间常常用其鲜枝叶来治疗疔疮肿痛等。生恶疮毒疔，用鲜叶捣烂，敷患处。小孩生小疖子，用乌桕叶煮水，洗烫热敷患处。手足生癣，用枝叶煮水，趁热烫洗，连用多日，直到痊愈。医家认为乌桕性凉，能利尿下泻，通二便，用其根皮治水肿、腹水、便秘等。可与宽筋藤、大小驳骨一起捣烂、酒炒外用于接骨。

乌桕的枝叶、果投置于粪坑、阴沟、废井，能杀灭蚊蝇幼虫。

与乌桕同科的还有：圆叶乌桕，别名雁来红、红叶树，壮名 kou⁴ʔbaɯ¹ʔduːn¹（gouxmbawnduen），ʔbaɯ¹（mbaw）是“叶”，ʔduːn¹（nduen）是“圆”，学名*Sapium rotundifolium*；[②]山乌桕，别名红叶乌桕、山桕子，壮名为 kou⁴hoŋ²（gouxhoengz），hoŋ²（hoengz）是“红”，学名 *Sapium discolor*。[③] 两者皆用 kou⁴（goux）命名，壮家人视之为同类植物。它们同样是有毒植物，均可用于杀虫。外用可治跌打扭伤、毒疮及顽癣等。

由于乌桕、圆叶乌桕、山乌桕到了秋天叶子变红，满树皆艳，别有一番景致，也有人将它们栽植于公园、路边、堤岸边

①钟济新主编：《广西石灰岩石山植物图谱》第97页，南宁：广西人民出版社，1982年。学名、英文名见医学百科http://www.a-hospital.com/w/%E4%B9%8C%E6%A1%95，2016年9月2日搜索。

②钟济新主编：《广西石灰岩石山植物图谱》第96页，南宁：广西人民出版社，1982年。此书收录的圆叶乌桕学名现已作为异名，*Triadica rotundifolia*为其接受名。

③中国科学院华南植物研究所编，吴德邻主编：《广东植物志》第五卷第128页，广州：广东科技出版社，2003年。此书收录的山乌桕学名现已作为异名，*Triadica cochinchinensis*为其接受名。

作为风景绿化树。每每经霜，即可领略满树红叶的秋天意境。

苦楝树，壮名ko¹re:n⁶（gorenh），学名*Melia azedarach*，英文名Chinaberry-tree。落叶大乔木，高可超 20 米。幼树树皮紫灰色，平滑，皮孔显著，老树树皮有浅裂。2~3 回奇数羽状复叶，互生，叶痕明显隆起，小叶对生，卵形，椭圆形至披针形，长 3~8 厘米，宽2~3 厘米，先端短渐尖，基部近圆形，稍偏斜，边缘锯齿深浅不等。圆锥花序，顶生，与叶等长。花两性，淡紫色，萼片5枚，倒披针形，外面被短柔毛。核果近球形，长 1.5~2 厘米，经冬不落，初时淡青色，成熟时黄色。果实很多，累累满树。①

①钟济新主编：《广西石灰岩石山植物图谱》第197页，南宁：广西人民出版社，1982年。学名、英文名见中国科学院植物研究所编《新编拉汉英植物名称》第458页。

苦楝树喜欢湿润肥沃的土质，但在瘠瘦处也能长成大树，即使在石穴石缝中，也可以存活，只是长势稍差。在厚土处，7~8年即可成材。因其不择生长环境，容易种植，成材迅速，很适宜作为石山中下部的绿化树种。人们常在村庄周边、房前屋后栽种此树。其材质轻软，木纹美观，加工容易，刨面光滑，适宜作为家具和建筑用材，可做门窗、箱板等。苦楝树与菜豆树、杉树并称壮乡农村三大木工用材。其经济价值明显，很值得大力种植。

苦楝的叶子除了可当作绿肥，农户还将其投放到粪坑、脏沟里，以杀蚊蝇的幼虫。其果、根皮可入药，水煮内服能驱蛔虫，但毒性大，过量则危及生命。

木荷，亦称荷树，壮名为 ko¹ʔi:n¹（go' ien），也叫 fai⁴ʔi:n¹（faexien），学名*Schima crenata*，英文名Crenate Gugertree。常绿大乔木，树干通直，高可达 30 米，胸径达 1 米。外皮灰褐。嫩枝通常无毛。树冠浓密。叶厚，薄革质或革质，椭圆形，长 7~12 厘米，宽 4~6 厘米，先端尖，基部楔形，边缘有钝齿。叶柄长 1~2 厘米。花多朵生于枝顶，常排成总状花序，直径 3 厘米。花柄长 1~2.5 厘米。蒴果直径 1.5~2 厘米。花期 6~8 月。大树喜光，幼树耐阴。木材淡红之中略带黄色，纹理斜，结构细，材表平滑。②

②中国科学院华南植物研究所编，陈封怀主编：《广东植物志》第二卷第150页，广州：广东科技出版社，1998年第2次印刷。学名、英文名见中国科学院植物研究所编《新编拉汉英植物名称》第661页。

同属植物尚有银木荷，壮名叫 ko^{1}ʔiːn^{1}haːu^{1}（go' ienhau），学名*Schima argentea*，英文名Silvery Gugertree。ko^{1}ʔiːn^{1}（go' ien）是“木荷”，haːu^{1}（hau）是“白”。壮名因其木材白色而得。

红木荷，壮名叫 ko^{1}ʔiːn^{1}hoŋ^{2}（go' ienhoengz），学名*Schima wallichii*，英文名Chilauni Darjeeling Gugertree。①hoŋ^{2}（hoengz）是“红”。因其木材呈淡粉红色，壮名由此而得。

在壮家人的眼里，这三种木荷是同类，只是因材质颜色略有不同而加以区分。其外部形态与木材性质、用途均无太大的差别。三者根系发达，能耐瘠薄干燥，对土壤适应性强，广西各地均有分布。木材容易干燥，削面光滑，油漆、胶黏性能好，可做成家具方料、胶合板等。做沙发、床架、楼梯扶手等，过清色油漆，可凸显其漂亮木纹，明亮色泽。但解锯为小材则容易挠曲，做成板材时扭翘尤为显著。木匠很不乐意解锯加工其木料，因树的内皮随锯末刨花飞溅到身上，刺痒刺痛十分难受。

其树皮根皮有毒，投于水田中，可灭钉螺、蚂蟥。民间采其鲜根皮捣烂外敷，治痈疮肿毒。

ko^{1}toːŋ^{2}heu^{1}（godongzheu），麻风树，学名*Jatropha curcas*，英文名Manioca。灌木或小乔木，高 2~5 米，全株有水样的灰白色液汁。枝条粗壮，小枝绿色，光滑无毛，老枝有半月形叶痕。叶卵圆形或近圆形，长 7~18 厘米，不分裂或 3~5 浅裂，具长柄。伞房状聚伞圆锥花序腋生，花瓣椭圆形，黄绿色，长约 6 毫米。蒴果椭圆状球形，长 2.5~3 厘米，嫩果的外果皮肉质，黄色。种子椭圆形，黑色，长1.5~2 厘米。花期 9~11 月。②

麻风树全株有毒，汁液滴落到人体上，会红肿起泡。民众常栽此树作为园圃的围篱，这是天然的好屏障。其种子毒性最大，但含油率有 60%~70%，经加工提炼，可制成生物柴油。其树皮、根、枝、叶也可以提取多种有效成分供制药用，或做成农药。

①银木荷、红木荷的学名、英文名见中国科学院植物研究所编《新编拉汉英植物名称》第661页。

②中国科学院华南植物研究所编，吴德邻主编：《广东植物志》第五卷第110页，广州：广东科技出版社，2003年。英文名见沪江英语词库 https://m.hujiang.com/ciku/manioca/，2016年9月3日搜索。

医家用麻风树鲜叶入药。跌打伤痛瘀肿，捣烂鲜叶外敷。骨折，用鲜叶加两面针、五加皮各适量，捣烂，酒炒，热敷伤处，每日一次。火伤烫伤，用鲜嫩叶捣烂敷伤处。皮肤瘙痒、湿疹，用火烤其鲜叶，揉烂后搓擦痒处。

麻风树原产于美洲加勒比海岛，葡萄牙商人把它带进非洲和亚洲。中国引种已有 300 多年的历史，主要分布在广东、广西、海南、云南、贵州、四川等南方省（自治区）。其生长迅速，生命力强，果的收获期可达 50 年，宜在荒地上种植，是很有发展前景的燃油植物。

其壮名的 heu^1（heu）是“青”，$ko^1to:ŋ^2$（godongz）则是“刺桐”。因这两种树的叶子与树干外形有一定的相似性，壮族民众把它们归为同类。然刺桐是无毒植物。

刺桐，壮名 $ko^1to:ŋ^2$（godongz），学名*Erythrina variegata*，英文名India Coral Tree、Tiger's Claw、Variegated Coralbean。大乔木，高达 20 米。树皮灰褐色，有短圆锥形的黑色直刺。髓部疏松，常形成空腔。枝上有明显叶痕。羽状复叶具 3 小叶，密集于枝端，小叶近膜质，顶生小叶阔卵形或菱状卵形，长 10~17 厘米，宽与长近相等，先端渐尖而钝，基部阔楔形至近截平；侧生叶略小，先端稍偏斜。总状花序腋生，总花梗粗壮，长 7~10 厘米，花密集于花序轴上部，通常 2 朵成对着生，花冠鲜红色。荚果黑色，肿胀，长 15~30 厘米，宽 2~3 厘米，稍弯曲。种子暗红色至褐色，近肾形。花期 3 月，果期 8 月。①

树皮入药，叫海桐皮，可祛风湿、通经络。医家常用来跟其他药物配伍泡酒，治跌打扭伤、腰肌劳损、肩背疼痛。

①中国科学院华南植物研究所编，吴德邻主编：《广东植物志》第五卷第296页，广州：广东科技出版社，2003年。学名、英文名见中国科学院植物研究所编《新编拉汉英植物名称》第301页。

godongz　刺桐

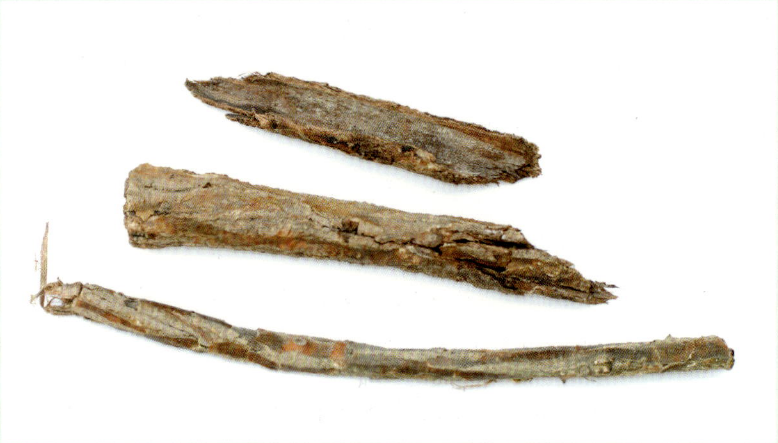

naeng godongz　海桐皮

在马山、平果一带，壮族师公常用刺桐树材来雕刻各种仪式上使用的神灵面具。在龙州一带，人们用刺桐薄板材做天琴的琴腔面。因其花鲜红艳丽，南宁市有些绿地也栽种刺桐作为观赏树。

巴豆，壮名 tu⁶paːp⁷（duhbap），学名*Croton tiglium*，英文名Purging Croton。小乔木，高 3~10 米。叶互生，干后近膜质，卵形或椭圆形，长 7~14 厘米，宽 3~8 厘米，顶端急尖至长渐尖，基部阔楔形至钝圆或浅心形，边缘具细齿，有时近全缘。叶柄长 2~6 厘米。总状花序顶生，花序轴被稀疏微星状毛，花蕾球形，花瓣长圆形。蒴果椭圆形，长 1.7~2 厘米，果皮稍粗糙或疏生微星状毛，干后浅黄色。种子椭圆形，长约 1.2 厘米，具褐色斑纹。花期 4~6 月，有时 9~10 月还二度开花。①

①中国科学院华南植物研究所编，吴德邻主编：《广东植物志》第五卷第102页，广州：广东科技出版社，2003年。英文名见北京外国语学院英语系《汉英词典》编写组编《汉英词典》第9页，北京：商务印书馆，1982年。

巴豆是大毒之物，医家用来散瘀消肿，止血止痛。茎皮称九龙川，根或茎皮泡酒，可外治风湿骨痛、跌打扭伤，但有伤口者忌用。民间用其鲜根来捣烂外敷，治疗毒蛇咬伤。若触碰毒虫或虫类毒液，身上长红疱疹，壮语叫 poːp⁷ la⁶（蔓延的泡泡），可用其鲜叶捣烂，调淘米水涂搽患处。人们也将巴豆种子或叶子捣烂浸水，取水喷洒房屋四周，以灭蝇蚊；或直接将其丢入阴沟、粪池、田间等，以灭杀孑孓、蝇蛆、蚂蟥、钉螺等。

误食巴豆种仁，会出现严重的口腔炎、咽喉炎，并发肠胃疼痛，下泻，甚者出现虚脱。将巴豆粉投到食物中，人食后会腹泻不止，所以民间俗语说：mɯŋ² rɯŋ¹ ha¹，θoːŋ¹ çe⁶ tu⁶paːp⁷ çou⁶ ʔau¹ mɯŋ² puːt⁷ çiŋ³ tɯk⁷ ta¹ ʔbok⁷ pai¹!（Mwngz rwng ha，song ceh duhbap couh aeu mwngz buet cingj dwk da mboek bae!）你猖獗呀，两粒巴豆就让你跑

厕所跑得眼睛都下凹！这话常用于警告他人不要太过于得意忘形，以免遭到忌恨。rɯŋ[1]（rwng）指人是形容精力过分旺盛，或说话口气太狂；指事物则形容势头大，如 ram[4] rɯŋ[1]（raemx rwng）水势大，fei[2] rɯŋ[1]（feiz rwng）火势大。ɕiŋ[3]（cingj）本义是“井”，这里指“茅厕，粪坑”。巴豆是泻药，吃了会拉肚子。这话的真意是“别太招摇，遭人下毒就见鬼”。ʔbok[7]（mboek）是（水位）“下降”。眼睛凹陷下去，说明拉肚子拉得人都干瘪了。

tu[6]paːp[7]（duhbap）是典型的一名二物，除了指有毒的药材巴豆，还另指蚕豆。

蚕豆，壮名也叫 tu[6]paːp[7]（duhbap），学名*Vicia faba*，英文名Broadbean、Bean，也称胡豆、南豆。一年生草本，高 0.3~1 米。根瘤粉红色，密集。茎直立，具 4 棱，中空，无毛。偶数羽状复叶具 1~5 对小叶，小叶互生，椭圆形、长圆形或倒卵形，长 4~6 厘米，宽 1.5~4 厘米，先端圆钝，具短尖头，基部楔形，全缘，两面均无毛。总状花序腋生，有花 2~4 朵，有时也见 6 朵。花冠白色，具紫色脉纹及黑色晕斑，长 2~3.5 厘米。荚果肥厚，长 5~10 厘米，宽 2~3 厘米，被茸毛，成熟后变黑。种子 2~4 颗，有时也见到 6 颗，长圆形。种皮革质，青绿色、灰绿色至棕褐色，偶尔有紫色或黑色。花期 4~5 月，果期 5~6 月。①

蚕豆是栽培作物，原产于欧洲地中海沿岸及中亚一带，现各地有栽培。种子供食用。市面上常见有厂家将其加工成小食品出售。

牛茄子，也叫癫茄、簕丁茄、红果丁茄、苦茄子、

①中国科学院华南植物研究所编，吴德邻主编：《广东植物志》第五卷第355页，广州：广东科技出版社，2003年。学名、英文名见中国科学院植物研究所编《新编拉汉英植物名称》第762页。

天茄子、假茄子、刺茄、番鬼茄等，壮语名称叫 θɯ³faːŋ²（swjfangz），学名*Solanum surattense*，英文名Sodaapple Nightshade。小灌木。茎有硬而脆的锐刺。叶互生，外形似茄瓜叶，边缘有不规则浅裂，两面有毛，主脉和叶柄上有刺。花序腋生，花白色。果肉质，球形，未成熟时果蒂处青绿色，下半部白青色，熟时全果呈橙红色。①

牛茄子有毒，具抗菌、活血、散瘀作用及麻醉镇痛、镇咳平喘之功，可用来外治跌打损伤、风湿骨痛、支气管炎及痈疮等。

牛茄子多生于村边路旁的荒地或菜园边上。其果熟时颜色与西红柿近似。马山壮语称西红柿为 lɯk⁸θɯ³（lwgswj）。因牛茄子是野生植物，故称之为 θɯ³faːŋ²（swjfangz）鬼西红柿。lɯk⁸（lwg）是“子”，θɯ³（swj）是“西红柿”，faːŋ²（fangz）是“鬼，野生”。

与牛茄子同属的 ko¹ja⁴ka²（goyaxgaz）水茄，学名*Solanum torvum*，英文名Water Nightshade。灌木，高 1~3 米。枝条被星状毛和黄色皮刺，刺长 3~10 毫米，尖端略弯，基部宽扁。叶单生或双生，叶片卵形至椭圆形，长 6~18 厘米，宽 5~14 厘米，顶端急尖，基部心形或楔形，稍不对称，边缘 3~4 裂或波状。伞房状聚伞花序腋外生，花冠白色，直径约 1.5 厘米。浆果球形，黄色，无毛，直径 1~1.5 厘米。种子盘状，直径 1.5~2 毫米。②

ko¹（go）是“棵”，常作为植物的大类别词；ja⁴（yax）是“野”；ka²（gaz）即“茄”。水茄常见于沟谷、荒地、村边、路旁的潮湿处。医家认为其药用功能跟牛茄子相类。根有散瘀消肿的功效，泡酒外搽，可治疗跌打瘀肿、扭伤挫伤、冻疮等，一般不内服。

①广西兽医研究所编著：《兽医中草药彩色图谱》第528页，南宁：广西科学技术出版社，1996年第2次印刷。学名、英文名见中国科学院植物研究所编《新编拉汉英植物名称》第688页。

②中国科学院华南植物研究所编，陈封怀主编：《广东植物志》第二卷第376—377页，广州：广东科技出版社，1998年第2次印刷。学名、英文名见中国科学院植物研究所编《新编拉汉英植物名称》第688页。

swjfangz　牛茄子

goyaxgaz　水茄

了哥王，其壮名为 $tei^{6}kok^{7}$（deihgoek），学名 *Wikstroemia indica*，英文名Indian Stringbush。小灌木，全株秃净无毛。茎直立，分枝多，茎枝红褐色，茎皮纤维丰富。单叶对生，矩圆形或倒卵形，全缘。花顶生，数朵成丛，淡黄绿色。浆果近球形，熟时暗红色。多生于山坡、村边、路旁的荒野处。[①]

了哥王别名雀儿麻、地谷根、地巴麻、雀麻木、铁骨散。壮名 $tei^{6}kok^{7}$（deihgoek）即来自汉语借词的“地谷根”。tei^{6}（deih）是“地”，这里指“地谷”；kok^{7}（goek）是“根”。了哥王全株具有大毒，能消炎拔脓止痒。壮医常作外用药，治痈疮、脚癣及跌打诸症。疮疖毒

①广西兽医研究所编著：《兽医中草药彩色图谱》第108页，南宁：广西科学技术出版社，1996年第2次印刷。学名、英文名见中国科学院植物研究所编《新编拉汉英植物名称》第771页。

deihgoek　了哥王

痈，用其鲜叶捣烂，敷患处，留孔排脓。指间或脚趾缝生癣pan^{2} ro^{1}（baenz ro）痒痛、糜烂开裂，用鲜茎皮捣烂，敷感染处，连用7日。用其根浸泡米酒，外治跌打损伤、肿痛。本品误服，可致头晕眼花、呼吸困难，甚至死亡。

了哥王常被人们砍来作为土农药。将其嫩枝叶丢入粪池、阴沟，可杀灭蚊蝇幼虫。全株捣烂泡水，取其水喷洒田地作物，可杀玉米螟、菜青虫等。因其毒性大，投到水中，鱼虾也被毒得翻肚上浮。

《壮汉词汇》失察，把此物当作两种植物来收。一作 deihgoek，注为地巴麻；一作 godeizgoek，注为地谷，又名了哥王。① 其实 deih 就是“地”，字音 tei^{6}，本调是第六调，第二调是连读变调。地巴麻、地谷都是了哥王的别名。

麒麟角，马山壮名叫 kiːt^{7}luŋ^{2}（gietlungz），学名 *Euphorbia neriifolia*，英文名Crested Neriumleaf Euphorbia，俗称龙骨树，医家多称其为火殃簕，标准壮文作 lungzgoet。灌木，全株无毛，有白色乳汁。老茎圆柱形或有棱，黄白色；小枝肉质，绿色，有 3~5 条波纹翅边，在翅边的凸起处有两枚小刺。叶少，肉质，倒卵状披针形，春季开黄花于茎枝的翅边上。②

kiːt^{7}（giet）是“结，纠结”；luŋ^{2}（lungz）是“龙”，指该植物像纠结的龙。麒麟角浑身上下尽是刺，而且肉质枝叶经触碰易断折，会滴下有毒的汁液。这是一种天然屏障物，民众常栽培于村边、园边作为绿篱。壮医用麒麟角入药，可消肿止痛拔毒。无名肿毒、痈疮肿痛、指头疔 pai^{2}ŋɯ^{2}（baezngwz）等，用其鲜茎捣烂与酒糟炒，热敷患处，可去毒拔脓。

①广西壮族自治区少数民族语言文字工作委员会研究所编：《壮汉词汇》第199页、第339页，南宁：广西民族出版社，1984年。

②广西壮族自治区革命委员会卫生管理服务站编：《广西中草药》第二册第374页，南宁：广西人民出版社，1970年。学名、英文名见中国科学院植物研究所编《新编拉汉英植物名称》第311页。

gietlungz　麒麟角

麒麟角的有毒汁液是白色浆汁，人们常用小竹筒来收集。小竹筒一般比成人拇指略大，长 20~25厘米，一头留节眼，一头斜削成尖头状。把尖的一头斜刺入麒麟角的嫩茎部，毒汁自然流入小筒内。待浆汁满筒，便取下注入大竹筒，用塞子堵好。用三五十个小竹筒，在一两个小时内就能收集到很多麒麟角浆汁。

采集毒汁一定要十分细心，不能让毒汁溅入眼内，否则轻者眼睛发炎红肿，重者可导致失明。过去军阀混战，广西隆山县有人不愿当兵，即拿此物滴入眼内，宁可弄瞎自己的眼睛也不愿上战场。

与麒麟角同科的铁海棠，也是有毒植物。

铁海棠，也叫虎刺梅，壮名 $\text{ki:t}^{7}\text{luŋ}^{2}\text{kau}^{1}$（gietlungzgaeu），学名 *Euphorbia milii*，英文名Crown of Thorns Euphorbia。灌木，全株有白色

的乳汁。茎直立或稍呈藤状，有棱，棱上有硬刺。叶少数，肉质，倒卵形或倒卵状披针形，全缘。秋末至春初开小红花，2~8朵组成二叉状的聚伞花序。①

kau[1]（gaeu）是“藤”，壮名因此物的茎呈藤状丛生而得。铁海棠茎上密生硬刺，故壮语又称之为 kiːt[7]luŋ[2]ʔon[1]（gietlungzoen），ʔon[1]（oen）即“刺”，kiːt[7]luŋ[2]（gietlungz）即“龙骨树”。铁海棠的花很艳丽，且花期很长，人们常把它作为观赏植物来栽培。石山地区的岩石坑洼处，亦不时可见野生的铁海棠。

铁海棠有小毒，壮医常用来拔毒消肿。将其鲜根捣烂，与酒糟同炒，热敷，治痈疮肿毒。疮疖脓头已白，但不溃脓，用铁海棠汁液点滴疮疖四周，可拔脓消肿。竹木刺戳伤，刺在肉者，可用铁海棠汁液滴入伤口，待竹木刺露头即可拔除。下厨杀鱼若被鱼刺所伤，断刺在肉中者，亦可用此法去之。

壮语因其茎、叶、刺、汁液皆与麒麟角有相似之点，故把它们视为一类。同归此类的尚有仙人掌科植物量天尺。

量天尺，壮名 kiːt[7]luŋ[2]paːŋ[6]（gietlungzbangh），学名*Hylocereus undatus*，英文名Night-blooming Cereus、Honolulu Queen。多年生肉质植物，茎攀缘，呈三棱角状，有气根，棱边上有短刺。花大型，漏斗状，白色，夜间开放。②

在石山地区，量天尺常攀附在石灰岩上蔓生。paːŋ[6]（bangh），义为“游荡，闲荡，四处奔走；攀爬，攀缘”。其壮名即因其茎到处蔓长延伸而得。量天尺的花也叫剑花，有清热润肺、止咳平喘之效，可治肺结核、支气管炎等。肺结核、支气管炎，用其花 30 克，加冰糖，水煎服。燥热干咳，用其鲜花 50 克，陈皮 6 克，红糖适量，水煎服。除了入药，人们还将其花当作蔬菜食用。夏秋之际，摘取其即将开放的花蕾或初放的花苞来晾干保存。用时，将干花与瘦猪肉或鸡蛋煮汤，即为上好的

①广西壮族自治区革命委员会卫生管理服务站编：《广西中草药》第二册第366页，南宁：广西人民出版社，1970年。学名、英文名见中国科学院植物研究所编《新编拉汉英植物名称》第311页。

②广西科学院广西植物研究所编著：《广西植物志》第一卷第739页，南宁：广西科学技术出版社，1991年。学名、英文名见中国科学院植物研究所编《新编拉汉英植物名称》第371页。

清火去暑食品。患 pai^{2}nou^{1}（baeznou）颈淋巴结核，或 ŋa^{2}kwaːn^{1}mou^{1}（ngazgvanmou）腮腺炎，用量天尺鲜茎去刺捣烂外敷，能凉血消肿止痛。烧伤、烫伤，可用其鲜茎汁外涂伤处。

量天尺虽在语言上归入麒麟角、铁海棠之类而叫 kiːt^{7}luŋ^{2}（gietlungz），但它却是无毒之物，而且其三角状的肉质茎一点都不像树木类植物。只是因为量天尺的茎与麒麟角的小枝同为肉质，茎的棱边上也有刺，也常常纠结成丛生长，所以壮家人就以 kiːt^{7}luŋ^{2}（gietlungz）来命名，把三者归为同类植物。

量天尺原产地在美洲热带，现今广西各地都有栽培。量天尺也叫番鬼莲，从这一名称也可以推知它是外来物种。在壮族石山地区，该植物逸为野生，常连片泛滥生长。

前边的介绍显示，壮族地区树木类中的有毒植物不仅种类多，情况也很复杂。从见血封喉、木荷、苦楝树等高大的树木，到水茄、牛茄子、了哥王、铁海棠等低矮灌丛，它们都有自己的独特性。尽管这些植物的毒性强弱不同，用途也不一样，但在日常生活中，壮家人并不因为它们有毒而一味害怕。相反，人们熟悉这些植物的特性，还能充分利用它们。这种经验不但反映了壮家人丰富的植物知识，同时也体现出壮族的植物分类思想。

四、有毒植物的利用

广西地形复杂，地貌多样化，植物资源十分丰富。像大明山、十万大山、金钟山、猫儿山等处的深山老林，都是植物资源的宝库。植物品种多种多样，有毒植物相应也会很多。在漫长的历史发展过程中，壮家人对周边环境的有毒植物有着充分的认识，不仅深刻了解这些有毒植物的习性和特点，而且能多方面利用这些有毒植物。

最值得注意的是壮医壮药对有毒植物的运用。壮族民间草医使用毒物来治病救人是非常普遍的现象。因壮家人所处的地理环境特殊，深山老林，湿热多雾，瘴毒并盛，人们认为除毒蛇、毒虫等有形毒物以外，暑气瘴疠、食物霉变、污秽臭气亦属百毒之列。行走在外或居家生活，不免要遇上各种突发事件。以毒攻毒是壮医的重要观念之一，善用毒物自然成为壮医的一大鲜明特色。用毒物治疗毒蛇、毒虫所伤，便是这一观念的鲜明体现。此外，毒物还有许多药用价值：对付各种痈疮肿毒，入药的毒物能拔毒、排脓、消肿，去腐生新；对付各类皮肤病，毒物可杀虫灭菌，消炎、止痒；用于外伤、跌打骨折，毒物能止血、散瘀、止痛；用于风湿寒痹，毒物可祛风去邪，通经活络。

当然，有毒植物不是包治百病的万宝灵丹。常言道：θei^{6} $j\text{ɯ}^{1}$ $\theta a\text{ː}m^{1}$ fan^{1} tok^{8}（Seih yw sam faen doeg），是药三分毒。说的就是凡用作药材治病的东西，或多或少都有几分毒性。药品并非什么好吃之物，能少用则尽量少用。因为药物往往具有一定的副作用，治病的同时对人身体也可能造成一定损害。两害相权取其轻，当不得已要用毒物来对付疾病时，医家才会下猛药。

壮医擅用毒物之能在历史上很有名气。隋代巢元方《诸病源候论》记载了岭南俚人使用的五种毒药，即不强药、蓝药、焦铜药、金药、菌药，以及中毒的诊断方法。唐代陈藏器在《本草拾遗》中慨叹："岭南多毒物，亦多解物，岂天资乎？"举凡毒草、毒树、毒虫、毒蛇、毒水、毒矿、毒箭等等，无数中毒致病甚至死亡的实例和教训，使壮族先民对毒物有了特别深刻的感受，并总结出丰富的中毒解救治疗方法。唐代苏敬的《新修本草》就收载有当时壮族地区两种著名的解毒药——陈家白药和甘家白药。① 这些史料显示，壮医在医疗实践中，对毒物的运用有自己一套独特的心得和见解。毒物可以危害于人，也可以造福于人，关键是如何使用。

①朱华、蔡毅编著：《中国壮药原色图谱》序一第1页，南宁：广西民族出版社，2003年。

从前边的探讨可以看到，有毒植物的药用价值是很大的。人们认识有毒植物，固然是为了避免因无知而遭遇伤害，但更重要的是利用它们来防病治病。如前所述，人们用香花海芋来治疗重度中暑，用了哥王、麒麟角、铁海棠等来治疗各种疔疮肿毒，这便是"以毒攻毒"的理念。这种理念不仅贯穿于壮医的医疗实践活动，甚至不少壮族民众都能熟知和运用。

善用毒者必善解毒，壮医对各种毒症也有一套解毒方法。如解瘴毒、暑热毒、寒毒等，人们会用水槟榔、高良姜、山柰（沙姜）、枇杷叶、姜、葱、蒜、萝卜、蕹菜等来煮水或捣汁喝下，以此解除诸般毒邪。壮族过去喜嚼槟榔，据老人传言，此举有抵御瘴气侵害的效用。驱蚊子防毒虫，可用蓤香草（亦称灵香草）等。以毒蛇、蛤蚧加草药浸制药酒来医治风湿跌打疼痛，更是运用毒物的佳例。毒蛇咬伤，以七叶一枝花、半枝莲等草药来解毒，是民间生活常识。

枇杷树浑身是宝。叶子利于化痰止咳，常配生姜水煎服。前边第二章已对枇杷做了分析，此不赘述。水槟榔也是解暑毒的常用药，后面第六章的第二部分"多用途的特色植物"有专门探讨，这里也不多做介绍。至于姜、葱、蒜、蕹菜等蔬菜的药用功能，前边已做讨论。过去，对这些普通蔬菜的解毒作用，壮族民众深信不疑。常用的解毒药物还有假蒌、雷公根、七叶一枝花等。

假蒌，也叫假蒟、青蒌等，壮名 pjak^{7}paːt^7（byaekbat），学名*Piper sarmentosum*，英文名Runner Pepper。多年生攀缘状灌丛，茎节膨大，常生不定根。叶互生，阔卵圆形，先端短尖，基部截形或浅心形，叶面亮绿色。花小，白淡黄色。浆果球形。①

假蒌通常用作调味品，吃鱼生、羊肉时常常离不开它。它跟紫苏、芫荽、薄荷等齐名，均属餐桌上的佐料。在南宁，有一道

①广西兽医研究所编著：《兽医中草药彩色图谱》第448—449页，南宁：广西科学技术出版社，1996年第2次印刷。学名、英文名见中国科学院植物研究所编《新编拉汉英植物名称》第549页。

byaekbat 假蒌

菜是用假蒌做的。其做法是将猪肉剁碎，加少许生粉、盐及酱料，用两张假蒌叶把肉末夹扁做成饼状，置油锅里炸熟，出锅上盘，便是一道翠绿亮眼、香气四溢的好菜。

据《壮族科学技术史》记载，假蒌、槟榔、水槟榔、山柰、姜黄、高良姜等，可以解瘴气之毒。[1] 医家认为，假蒌性温，味辛，能祛风、利湿消肿、行气止痛，可用来治风湿跌打、产后水肿等。

雷公根也叫积雪草，壮名 pjak^{7}no:k^7（byaeknok），学名*Centella asiatica*，英文名Asiatic Pennywort。多年生匍匐草本。茎纤细，节上生不定根。叶片圆形。花紫红色。[2]

①覃尚文、万辅彬等主编：《壮族科学技术史》下卷第813页，南宁：广西科学技术出版社，2019年。

②广西兽医研究所编著：《兽医中草药彩色图谱》第492—493页，南宁：广西科学技术出版社，1996年第2次印刷。学名、英文名见中国科学院植物研究所编《新编拉汉英植物名称》第168页。

no:k^7（nok）有“敲打，瘤子，凸起的疙瘩”等意思。但此专名应作何解，不明。民间草医认为，雷公根能清热解毒，治咽喉疼痛、口腔发炎、感冒咳嗽、尿路感染等，也用于解木薯或不洁食物中毒。医家认为雷公根汁还可以解断肠草中毒。

口腔发炎、喉咙疼痛，壮医认为是内热引起，属毒火上攻。雷公根可以清火散毒，用鲜雷公根洗净煮水代茶饮，可败火毒。风热感冒和急性尿路感染，也可以用此法。如配上车前草、茅根、金银花等，则解热毒的效果更明显。食物中毒，可先催吐，然后用鲜雷公根捣汁喝下，病症缓解后再送医院急救。

byaeknok　积雪草

雷公根归入野菜类而以pjak⁷（byaek）得名。广西民间还喜用鲜雷公根来煮粥。雷公根别名叫 pjak⁷ɕiːn²（byaekcienz），ɕiːn²（cienz）即“钱”，盖因其叶似一枚枚铜钱而得此名。

七叶一枝花，武鸣壮语叫hiŋ¹ʔdoŋ¹（hingndoeng）、pɯːk⁷ʔdoŋ¹（biekndoeng），靖西壮语叫 tau³kjam¹（daeujgyaem），学名*Paris polyphylla*，英文名Manyleaf Paris。多年生草本，高20~100厘米。叶轮5~11片，通常7片，长圆形、椭圆形、倒披针形或披针形，长7~20厘米，宽2~5厘米，同一植株上的叶子近等长而不等宽，基部圆形或楔形，顶端渐尖或急尖；叶柄长1~5厘米。花柄从轮生叶的中心抽出，顶端着生一花，花梗长5~25厘米，外轮花被片3~7片，绿色，

hingndoeng　七叶一枝花

卵状披针形或披针形，长3~7厘米；内轮花被片狭线形，绿色或黄绿色。根状茎粗1~3厘米，肥厚，横卧，上有环节，并着生细长须根。[①]

七叶一枝花多长在深山密林里的溪边或林荫温暖少风阴湿处。药用部位主要是根茎。其性凉，有小毒，可清热解毒、消肿散瘀，治痈疮、肿痛、高热、脱肛、跌打损伤等，也是治蛇伤的常用药。食物中毒，可取七叶一枝花根茎3~9克，加甘草适量，煮水，加少许醋和姜汁，灌服。

壮族地区气候多雨且炎热的时间长，故毒蛇跟各种毒虫很多。被蛇咬伤，或被蜈蚣、蝎子、马蜂、黄蜂蜇伤不足为怪。治疗这类蛇伤虫伤中毒，壮医也有自己的用药特点。除了用七叶一枝花治蛇伤，还可用鸠喙解蛇毒，用蜈蚣治风毒热毒，等等，这些都是以毒攻毒的妙方。而用菌烧灰治疗恶疮癣疥，用蓖麻、羊踯躅、半夏、山豆根、皂角、薯莨等毒物治病，也是壮家人对中华医学的贡献。[②]

以毒攻毒不仅仅局限于治病，许多生活小事也用此法解决。如荔枝很好吃，但过量食用，会引起邪火上升，口腔发炎，浑身燥热。壮医解决的办法是将荔枝核或果壳煮水，代茶饮，即能败火退热。壮族石山的凹洼缝隙处常长有一种 30~50 厘米高的草本植物，壮语叫 $ko^1 çuːm^4$（gocuemx），植物学家称之为葡萄叶艾麻，民间称作红麻风草，学名*Laportea violacea*。[③] 上山砍柴若不小心让皮肤误触了 $ko^1 çuːm^4$（gocuemx）的叶子，则奇痒无比，即使把皮肤抓破也不能止痒。止痒方法是取其茎秆，捶打后用汁液来涂抹痒处，或取其根水煎外洗。此物根茎煮水服，可治胃病。

①中国科学院华南植物园编，吴德邻主编：《广东植物志》第九卷第172页，广州：广东科技出版社，2009年。学名、英文名见中国科学院植物研究所编《新编拉汉英植物名称》第516页。

②覃尚文、万辅彬等主编：《壮族科学技术史》下卷第811页，南宁：广西科学技术出版社，2019年。

③广西壮族自治区中国科学院广西植物研究所编著：《广西植物志》第二卷第825页，南宁：广西科学技术出版社，2005年。此植物承蒙广西植物研究所韦发南先生告知汉名及拉丁学名，特此致谢！

gocuemx　葡萄叶艾麻（红麻风草）

壮族先民能悟出这类以毒攻毒的妙法，可见人们对有毒植物不是一味害怕而加以排斥，而是利用毒物，使之成为人们生活常识的重要组成部分。不过，这些知识是实践型的经验。人们运用毒物，并非对其成分做了化验分析，明白药理后才使用，而是祖祖辈辈沿用至今。这是文化观念的熏陶，既是生活经验的传授，也是民族文化因素的传承。

除食物之外，与社会生活关系最密切的，自然要算药物了。有毒植物能入药这一点毋庸置疑，然而壮族历史上对毒物的运用并不单单局限于治疗疾病和伤痛。

壮族先民很善于使用药箭作为武器。嘉庆年间谢启昆主持编修的《广西通志》卷九○引《庆远府志》云：“弩箭毒药，以恶毒蛇虫配草药盛罐中，俟烂，取以涂箭，被伤即死。”前面讨论见血封喉时曾提及，忻城一带八寨起义的民众用药箭杀得官军魂飞魄散。范成大的《桂海虞衡志》说壮族的药箭“药以蛇毒草为之”。周去非《岭外代答》的“药箭”条下记载：

溪峒弩箭皆有药，唯南丹为最酷。南丹地产毒虺，其种不一，人乃合集酝酿以成药。以之傅矢，藏之竹筒，矢、镞皆重缩。是矢也，度必中而后发，苟中血缕，必死。唯其土人，自有解药。[①]

壮家人善用毒物，自然也精于解毒。解箭毒的药物有甘蔗、石药、猪腰子、鹅抱、狗獾骨等。特别是用狗獾骨解箭毒，更是壮族民间的独特经验。[②] 由此可见壮族民众对毒物的理解与运用已经到了纯熟的程度。

①杨武泉：《岭外代答校注》第215页，北京：中华书局，2006年第2次印刷。

②覃尚文、万辅彬等主编：《壮族科学技术史》下卷第811页，南宁：广西科学技术出版社，2019年。

综合前边的分析，可以看到，壮族关于有毒植物的知识是相当有历史渊源的。毒物入药可以治病救人；用来制作药箭，可以杀敌保命；进山打猎时，更是对付虎豹等猛兽的重要武器；生产上以毒物制农药，可杀灭害虫。种种事实表明，有毒植物若能善用，也不失为一种宝贵资源。

第六章　特色植物

大千世界，无奇不有。壮乡大地植物品种丰富，各种珍奇植物不在少数。它们有高大的优良树木，也有奇花异果，更有疗效神奇的草药。这里介绍的特色植物有两类：一是壮乡特有的植物，二是那些分布虽然广泛，但壮家人有自己独特用法的植物。壮乡民众在运用这些植物的同时，也创造了自己别具一格的植物文化。透过这些植物的使用经验，我们也能够观察壮族文化的某些特色。

一、优质木材树种

广西地形复杂，雨量充沛，属热带、亚热带气候，林木品种非常丰富。高大乔木中，蚬木、格木、金丝李、擎天树、紫荆木、樟树、楠木、喙核桃等等，都是有名的优质木材。稍微普通一点的有香椿、红椿、香樟等等。这些树种都各具特色，在人们的生活中发挥各种重要作用。

蚬木，壮名叫$ko^{1}ji{:}n^{5}$（goyienq），亦称$fai^{4}ji{:}n^{5}$（faexyienq），学名*Burretiodendron hsienmu*，英文名Hsienmu Burretiodendron。常绿大乔木，高可达40米以上，胸径可达3米以上。叶互生，革质，椭圆形或阔卵形，长9~18厘米，宽5~10厘米，先端急尖，基部近圆形。叶柄长3~9厘米。聚伞花序，淡黄白色。花瓣5枚，间或有6~9枚。花期4~5月，果期8~9月。蒴果长圆

goyienq　蚬木

形，有纵翅。[1]

蚬木在南宁、崇左、百色、河池等地的许多县市有产，以龙州、宁明、大新、那坡及靖西等地居多，天然分布于石山杂林中。平果市坡造镇龙味村就有一片天然生长的蚬木林。广西弄岗国家级自然保护区龙州县境内的武德乡武德村陇呼屯有一株千年巨蚬，树高48.5米，板根之上的树干直径达2.99米，折计材积107立方米。大新硕龙镇有一株“蚬木王”，高50余米，胸径3.24米，树龄亦逾千年。[2]

①钟济新主编：《广西石灰岩石山植物图谱》第66页，南宁：广西人民出版社，1982年。学名、英文名见中国科学院植物研究所编《新编拉汉英植物名称》第136页。

②陇呼巨蚬见《广西植物》1988年增刊一，插图第3页；大新“蚬木王”见广西百科全书编纂委员会编《广西百科全书》第745页，北京：中国大百科全书出版社，1994年。

蚬木是建筑、机械、车船等领域大型用材的优秀者，材质的硬度和细密度都很好，用作柱子、屋梁、桥梁，历时几百年而不坏，名列广西四大硬木之首。用来制作高级家具，或制作承重力大的工具，十分耐用。因其材质坚重，也有农户拿来做磨子、舂臼等。龙州砧板之所以有名气，其实就是沾了蚬木的光。不过蚬木特别难干燥，很难加工。

因是古老的植物名称，jiːn⁵（yienq）在壮语中已无法考究其含义了，只能认定它是该植物的专名。蚬木是珍贵用材树种，在国家植物保护名单上列为二级保护植物。

格木，壮名是fai⁴tuːt⁸（faexdued），学名*Erythrophleum fordii*，英文名Ford Erythrophleum。常绿乔木，高可达30米，胸径可达1米以上。嫩枝和幼芽被铁锈色短柔毛。二回羽状复叶，羽片通常3对，对生或近对生，长20~30厘米，每羽片有小叶8~12枚；小叶互生，卵形或卵状椭圆形，长5~8厘米，宽2.5~4厘米。花瓣5枚，淡黄色。荚果长圆形，扁平，长10~18厘米，宽3.5~4厘米，厚革质，有网脉。种子长圆形，稍扁平，长2~2.5厘米，宽1.5~2厘米，种子色泽黑褐。花期5~6月，果期8~10月。[①]

格木的木材深褐色，坚硬异常，有铁木、铁力木之称，是广西四大硬木之一，亦为国家二级保护植物。材质结构细密，耐久性极好，是上佳木材。格木能抗蛀虫、白蚁，用作房屋梁柱或桥梁，极耐腐蚀。用其制作的高级家具，越用越光滑，越显得乌黑油亮，有一种天然的古朴风格，气派超然高雅。格木家具极为坚固耐久，除非受到暴力作用或火灾，否则很难损毁。由于过去砍伐太甚，许多地方已不见其树，只有拆除老旧房屋，才见不少梁柱是此木材。

①中国科学院华南植物研究所编，吴德邻主编：《广东植物志》第五卷第177页，广州：广东科技出版社，2003年。学名、英文名见中国科学院植物研究所编《新编拉汉英植物名称》第302页。

广西容县经略台真武阁是有名的古建筑物，位于容县县城之东的绣江畔。经略台始建于唐乾元二年（公元759年），是诗人元结任容管经略使时建造的。明洪武十年（公元1377年）在台上建道观，名“玄武宫”。万历元年（公元1573年），知县伍可受将玄武宫扩建为三层楼阁，称真武阁。阁呈方塔形，高13.2米，面宽13.8米，进深11.2米。黄瓦宽檐，用近3000条大小不一的格木构件串联而成，全阁结构精巧，不用一件铁器，400余年来安稳无损。著名建筑学家梁思成称之为“我国古代建筑史上罕见的一颗明珠”。著名考古学家商承祚题词赞其为“天南杰构”。①

格木在广西防城港市、靖西市和龙州县、容县、藤县一带有天然分布。容县尚存活6棵古老大格木。广西林业部门在桂南择地用格木造林，进行保护种植，效果不错。②

tu:t[8]（dued）为树名，其义已不可考。因属珍稀濒危树种，故被国家列为二级保护植物。

金丝李，壮名为fai[4]lu:i[3]（faexluij），学名*Garcinia paucinervis*，英文名Fewnerve Garcinia。常绿乔木，高可达30米，胸径可达80厘米。全株具黄色汁液。小枝近四棱形，嫩枝、叶紫红色。单叶对生，革质，长圆形或倒卵状长圆形，长8~15厘米，宽3~6.5厘米。聚伞花序，腋生或顶生。果单生，长圆形，长3~4厘米，直径1.2~2厘米，熟时黄中带红。每年开花结果两次，5~6月第一次开花，10~11月果熟，秋季第二次开花，翌年3~4月果熟。③

金丝李木材干燥很困难，容易开裂，通常砍伐去枝之后，将连树皮的树干置于背阴通风处自然干燥。其木材纹理密致，材质坚重，耐湿抗虫，经久不腐，是优良的建筑

①岭南文化百科全书编纂委员会编：《岭南文化百科全书》第426页，北京：中国大百科全书出版社，2006年。

②此信息为广西林业厅苏扬先生提供。

③钟济新主编：《广西石灰岩石山植物图谱》第65页，南宁：广西人民出版社，1982年。学名、英文名见中国科学院植物研究所编《新编拉汉英植物名称》第327页。

材料，也是广西的四大硬木之一。用其制作的高级家具，精致美观，结实耐磨，越用越光亮，色泽黄澄，气质典雅。金丝李的枝条亦可制作斧柄、锤柄、凿柄，或雕刻工艺品。

金丝李按木材色泽还可以细分为三种。材质黄中带红纹的，叫luːi^{3}hoŋ^2（luijhoengz），即“红金丝李”。其木质金黄色中杂以红褐色条纹，非常美观。材质全黄如蛋黄的，叫lui^{3}heːn^3（luijhenj），即“黄金丝李”。材质淡黄偏白的，叫lui^{3}haːu^1（luijhau），也叫lui^{3}nou^1（luijnou），即“白金丝李”。用金丝李来制作的整套家具，其身价不菲。

金丝李生长缓慢，只有大石山区的沟谷、山坡等人迹罕至的老林才有分布。过去有钱人家肯用重金求索，人们大量砍伐。现在天然林中已少见此树，故其被列作国家二级保护植物。广西林业部门在凭祥、宁明一带以此树种为重点保护对象刻意种植，其长势良好。金丝李可以作为广西石山地区的优良树种而进行广泛绿化种植。

金丝李不是常见植物，所以壮语之中物件不知去向、下落不明了，人们就用它来比喻。如：faːk^8 fou^3 kou^1 ʔbou^5 ro^4 kwa^5 pjai^1 ko^{1}luːi^3 ki^{2}laɯ^2 pai^1 liːu^4（Fag fouj gou mbouj rox gvaq byai goluij gizlawz bae liux），我的斧头不知道过哪里的金丝李树梢去了（我的斧头不知道去哪里了）。

luːi^3（luij）是“铜钱，铜圆”，因金丝李的木质黄灿灿犹如铜圆，故名。另有一说：其树珍贵，值大钱，故以luːi^3（luij）得名。luːi^3（luij）是古代钱币，直至今日，马山壮语还用作钱的代称：ʔdaɯ^1 tai^6 ʔbou^5 mi^2 luːi^3（Ndaw daeh mbouj miz luij），口袋里没有钱；ŋon^{2}nei^4 ku^{6}hoŋ^1 ʔdai^3 30 luːi^3（Ngoenzneix guhhong ndaej 30 luij），今天干活得了30元钱。

据杨武泉考证，宋代范成大所著的《桂海虞衡志》中的思儡木，即宋代周去非著的《岭外代答》所记的思檑木，亦即清代屈大均著的

《广东新语》中的金丝櫐、白櫐，是制作弩弓之良材。①据乡友告知，有人认为壮语的fai^{4}lu:i^{3}（faexluij）是范成大、周去非的书中所记的思儡木、思櫑木，亦即金丝櫐，也就是现代植物学中的金丝李。②思与丝同音，儡、櫑、櫐三字亦同音，李在粤语中读lei^{24}，与此三字近音。而在壮语中金丝李的lu:i^{3}（luij）也跟它们的读音相去不远。假如此说不谬，则思儡木即壮语的fai^{4}lu:i^{3}（faexluij），即金丝李。白櫐是lui^{3}ha:u^{1}（luijhau），即白金丝李。作为旁证，金丝李壮名也写为费累。③

据壮医介绍，用金丝李木泡酒外搽，可治风湿骨痛、跌打损伤等症，疗效甚佳。用其树叶煮水置凉后外搽，可治烧伤烫伤，能止痒，防溃疡。

同称为lu:i^{3}（luij）的还有紫檀。紫檀叫lu:i^{3}kjam^{5}（luijgyaemq）或lu:i^{3}ʔdam^{1}（luijndaem），学名*Pterocarpus indicus*，英文名Rose Wood、Burma Coast Padauk，也叫青龙木、赤檀等。紫檀为大乔木，成株高10~25米。树皮灰色，木材坚硬致密，心材红色或棕红色。单数羽状复叶，互生，小叶3~5对，叶片互生，卵形，长6~11厘米，宽4~5厘米。花黄色，圆锥花序，顶生或腋生。荚果圆形，扁平，宽约5厘米。周边有宽翅，翅宽约2厘米。有种子1~2颗。④

紫檀木材重，心材大，新伐的木材呈橘红色，放置久后渐渐变成红紫色，常有深紫黑色条纹，壮名即因此而得。kjam^{5}（gyaemq）是“紫”，ʔdam^{1}（ndaem）是“黑”，lu:i^{3}（luij）则是“金丝李”。紫檀木材坚重，削面光滑，材色及纹理皆美观，有光泽，用于制作高档家具、雕刻美术工艺品等，价格昂贵。锯末、削片可入药，有消肿定痛及止血等功效。紫檀木片磨汁，外搽，可治肿毒、金疮出血、毒疮等。恶毒大疮可用紫檀、八角莲、金果榄加醋磨成浓汁外搽患处。

①杨武泉：《岭外代答校注》第292页，北京：中华书局，2006年第2次印刷。

②此为《左江日报》原总编谢寿球先生告知，谢是马山壮族人。据其介绍，此信息是他在百色市的一位高档家具制造商朋友所云，该人对木材树种有研究。

③谢福惠、徐峰、祝俊新、李重九编著：《木材树种识别、材性及用途》第278页，北京：学术书刊出版社，1990年。

④黄燮才、杨松年主编：《实用中草药原色图谱（四）》第138—139页，南宁：广西科学技术出版社，2009年第4次印刷。学名、英文名见中国科学院植物研究所编《新编拉汉英植物名称》第592页。

lienzbetgak　八角莲

maenzrengq　金果榄

广西优质的硬木不少，但只有蚬木、格木、金丝李和紫荆木并称“四大硬木”。[①] 紫荆木学名*Madhuca pasquieri*，英文名Pasquier Madhuca。常绿乔木，成株高6~22米，有黄白色乳汁。叶常密聚于小枝顶部，多倒卵形。花腋生，花冠白色或淡黄色，花期在夏季。浆果椭圆状或近卵状，长2~2.5厘米，种子有光泽。[②]人们认为这些优良木材十分珍贵难得，能拥有其中一种木材做的一套硬木家具，是身份尊贵、家境优裕的象征。这四者中的任何一种，都不比世界著名的红木品质逊色。然而如此负有盛名的优质木材，《壮汉词汇》竟然只收有蚬木ko¹jiːn⁵（goyienq）和金丝李fai⁴çi³（faexcij，作方言词收）。仅此一点即可想见，壮语植物文化研究的基础工作是何等薄弱。

进入优质硬木之列的还有擎天树。擎天树也叫望天树，壮名叫fai⁴laːu⁴（faexlaux），学名*Parashorea chinensis* var. Kwangsiensis，英文名Kwangsi Parashorea。常绿高大乔木，成株高50~65米，胸径1~2.5米，树干通直，枝下高可达30米以上。板状根很发达，高可达2米。小枝被灰色茸毛及星状毛。单叶互生，椭圆形至长圆形，长6~15厘米，宽2~5厘米。花淡黄白色。果卵状椭圆形，长2.5~3厘米，直径1.3~1.8厘米，外面被密茸毛及疏星状毛。7~9月树上花、幼果、熟果并存，至10月中旬树上仍有熟果。[③]

擎天树是广西珍稀树种，可长成壮乡最高大的树木。广西壮语南部方言叫 mai⁴laːu⁴（maexlaux），壮语北部方言叫 fai⁴laːu⁴（faexlaux）。laːu⁴（laux），本义是“老”。动植物的年岁大一般其体形也大，故laːu⁴（laux）有“大”之义。fai⁴laːu⁴（faexlaux）顾名思义即“大树”。擎天树树干通圆丰满均匀，出材量大。材质坚硬，耐腐性强，不招

①覃尚文、陈国清主编：《壮族科学技术史》第61页，南宁：广西科学技术出版社，2003年。

②中国科学院华南植物研究所编，陈封怀主编：《广东植物志》第二卷第349页，广州：广东科技出版社，1998年第2次印刷。学名、英文名见中国科学院植物研究所编《新编拉汉英植物名称》第443页。

③钟济新主编：《广西石灰岩石山植物图谱》第59页，南宁：广西人民出版社，1982年。学名、英文名见中国科学院植物研究所编《新编拉汉英植物名称》第515页。

虫害，纹理直，结构细，易加工，花纹美观，是家具、建筑、桥梁的优良用材。

擎天树在桂中、桂西的石山地区有分布。在那坡百合，有1000余株，其中“一号擎天树”高63.3米，胸径1.48米。①其材质优良，生长速度快，幼树每年可长高58~94厘米。擎天树数量特少，故被列为国家一级保护植物。擎天树适宜在广西中西部和南部种植，值得在石山地区大力发展。

①覃尚文、陈国清主编：《壮族科学技术史》第61页，南宁：广西科学技术出版社，2003年。

秋枫也是壮乡一种材质特别坚硬的优良树种。壮语称秋枫为ko[1]waːk[7]（govak），学名*Bischofia javanica*，英文名Autum Maple。常绿大乔木，成株高15~25米，有时达40米，胸径可达1米。三出复叶，小叶近革质，卵形、倒卵形至卵状椭圆形，长8~18厘米，宽4~8厘米，边缘有钝锯齿。叶柄较长，约4厘米。腋生圆锥花序。浆果球形，熟时黄褐色，直径7~15毫米。花期5~6月，果期10~11月。②

②钟济新主编：《广西石灰岩石山植物图谱》第83页，南宁：广西人民出版社，1982年。学名、英文名见树木谷http://www.hktree.com，2016年8月7日搜索。不过，按网上的说法，重阳木与秋枫有区别，是两个不同品种的植物。

秋枫也叫重阳木、水蚬木。木材微褐淡红，越近髓心颜色越深，木纹艳丽，削面有光泽。材质坚重，很耐水湿，浸泡于水中也不易腐烂，水蚬木之名即因此而得。用作建筑、桥梁、船龙骨及底板、猪栏板等，很耐久。做成水桶、木盆，用上几十年都不会腐朽。农村民众用其原木在水边打桩搭建洗衣洗菜的小码头，历经上百年都不需更换。

秋枫是偏阴性植物，于石山、土山均能生存，但喜欢湿润环境，多生长在山谷中或溪流边的林地。其树叶浓密，树冠大，根系发达，蓄水能力特别强，可作为绿化和水源林树种来栽培。果可食。范成大《桂海虞衡志》所记的秋风子即为其果。根、树皮、树叶皆可入药，有行气活血、消肿止痛之效。根及皮泡酒可治风湿骨痛，鲜叶捣烂外敷，可治痈疮，能拔脓消肿。

除了上述优质硬木，龙眼树、荔枝树不仅是著名果树，同时也是材质很好的硬木，适宜打制高档家具或各种耐用器具。此外下列树种也属有名的优良木材。

樟树，壮名 fai[4]ɕuːŋ[1]（faexcueng），也叫 ko[1]ɕuːŋ[1]（gocueng），学名*Cinnamomum camphora*，英文名Camphor Tree、Camphorwood。常绿高大乔木，高可达30米，全株有樟脑芳香气味。叶革质或薄革质，卵形或卵状椭圆形，长6~12厘米，宽2.5~5.5厘米。花细小，黄白色或黄绿色。果球形，直径6~8毫米，初时青色，成熟时紫黑色。①

樟树也叫kaːu[3]ɕuːŋ[1]（gaujcueng），ɕuːŋ[1]（cueng）是“樟”，kaːu[3]（gauj）是“栲”。栲在壮语也用于部分樟类树种。樟树是多用途的优质树材，耐久性好，加工容易，建筑上用作梁、柱、窗、楼梯等。用其制作衣箱、书柜特佳，其芳香气味使蠹虫不敢接近。木材、根、枝、叶可以提取樟脑和樟油，根、果、皮、叶均可入药。

樟树寿命长，而且能长成通直的高大树木。因材质好和气味清香，加上树冠大，绿叶浓荫，人们很喜欢在房前屋后或村边种植。这是很好的绿化树种。由于人们刻意保护，一些地方仍有数百年树龄、胸径70厘米以上的高大古樟。广西民族大学图书馆东侧就有一棵老樟树，胸径60多厘米。广西全州县大西江镇锦塘村王家屯原有一棵古樟树，树高34米，胸围12.2米，胸径4.4米，地径7米，荫地0.21公顷，已有上千年树龄，是广西的樟树王。②可惜的是，这棵千年古樟树于2011年11月齐根断掉倒下了。

黄樟，壮名为ɕuːŋ[1]heːn[3]（cuenghenj），学名*Cinnamomum parthenoxylon*，英文名Yellow Cinnamomum。常绿乔木，成株高10~30米，胸径可达40厘米以上。树皮灰黄色至暗

①中国科学院华南植物园编，吴德邻主编：《广东植物志》第六卷第4页，广州：广东科技出版社，2005年。学名、英文名见中国科学院植物研究所编《新编拉汉英植物名称》第186页。

②覃尚文、陈国清主编：《壮族科学技术史》第62页，南宁：广西科学技术出版社，2003年。

灰色，深纵裂，内皮淡红色。叶互生，革质，椭圆状卵形或长椭圆状卵形，长5.5~11.5厘米，宽2.5~6厘米。叶面绿色，有光泽，叶背淡绿色。枝、叶、根、树皮和木材可提取芳香油做香料，是重要的香精原料。种子含脂肪油，榨出的油料可供工业用。木材颜色为淡红色，纹理细致，很容易加工，是家具、建筑、造船等行业的优质用材。[1] heːn[3]（henj）即“黄”。

①中国科学院华南植物园编，吴德邻主编：《广东植物志》第六卷第4页，广州：广东科技出版社，2005年。学名、英文名见中国科学院植物研究所编《新编拉汉英植物名称》第187页。

cuenghenj　黄樟

大果樟，壮名为fai[4]kaːu[3]（faexgauj），广西壮语南部方言叫mai[4]kaːu[3]（maexgauj），即“米栲”，学名*Cinnamomum migao*，英文名Migao Cinnamon。大乔木，高可达30米。叶椭圆形至椭圆状披针形，长8~12厘米，宽3.5~5厘米。圆锥

花序长达12厘米。果球形，直径1.2~1.3厘米。种子榨油可供工业用。材质硬度中等，材色淡红灰，木料可作为一般家具及建筑用材。①

岩樟，壮名为kaːu^{3}pja^1（gaujbya），学名*Cinnamomum saxatile*，英文名Rockdwelling Cinnamon。乔木，高可达15米，胸径可达30厘米。枝条干时呈黑褐色，叶长圆形或卵状长圆形，长6~15厘米，宽2.5~5.5厘米，光亮平滑，干后呈灰黑色。木材颜色为淡黄或黄白色，材质坚硬，可做家具和建材。②pja^1（bya）是“石山”。岩樟也叫栲蚬，壮名为kaːu^{3}jiːn^5（gaujyienq），kaːu^3（gauj）是“栲”，也指部分樟类树种；jiːn^5（yeinq）指“蚬木”，这里是说岩樟木质很硬，颇似蚬木。

阴香，壮名为kaːu^{3}jam^1（gaujyaem），学名*Cinnamomum burmannii*，英文名Burmann's Cassia、Batavia Cinnamon。乔木，高可达14米，直径可达30厘米。树皮光滑，灰褐色至黑褐色，内皮红色。枝纤细。叶革质至薄革质，互生或近对生，卵圆形、长圆形至披针形，长5.5~10.5厘米，宽2~5厘米，顶端短渐尖，基部阔卵形。叶面绿色，叶背粉绿色，干后呈黄褐色。嫩叶淡红褐色。枝叶有肉桂香味。果卵球形。③jam^1（yaem）是“阴”，因在背阴处此树也能生长很好，故而得名。

阴香树皮可作为肉桂皮的代用品，入药外用可治痔疮，枝叶煮水敷烫可祛风湿、散寒散瘀、舒筋活络，对跌打扭伤或肌肉劳损者有良好疗效。皮、叶、根均可提取芳香油，称广桂油，用于食品及化妆品。种子榨油可制作肥皂。木材材质中等，黄白色，纹理通直，削面光滑，可作为家具、建筑、车辆的用材。叶可作肉类罐头香料。阴香

①广西科学院广西植物研究所编著：《广西植物志》第一卷第209页，南宁：广西科学技术出版社，1991年。学名、英文名见中国科学院植物研究所编《新编拉汉英植物名称》第186页。

②广西科学院广西植物研究所编著：《广西植物志》第一卷第209页，南宁：广西科学技术出版社，1991年。学名、英文名见中国科学院植物研究所编《新编拉汉英植物名称》第186页。

③广西科学院广西植物研究所编著：《广西植物志》第一卷第215页，南宁：广西科学技术出版社，1991年。学名、英文名见中国科学院植物研究所编《新编拉汉英植物名称》第186页。

是绿化常选树种。

名贵木材树种中，楠木也是榜上赫赫有名者。楠木壮名叫 fai^{4}ra^{5}（faexraq），亦称 ko^{1}ra^{5}（goraq）。

在广西，楠木常指闽楠。闽楠学名*Phoebe bournei*，英文名Borne's Phoebe。常绿大乔木，高可达30余米。树干通直，分枝少，树皮灰白色，是耐阴的深根性树种。叶面光亮，无毛；叶背面有短柔毛。①

楠木木材纹理直，结构细，气芳香，不易被虫蛀，是建筑、高级家具的良好用材。过去的宫殿式建筑喜用此树材做梁柱，历经几百年而不朽烂，不招虫。

闽楠被列为国家三级保护植物。此外，楠木属植物在广西尚有十余种。其中大多数是上好木材，可供建筑、家具所用。②

白楠，壮名fai^{4}ra^{5}haːu^{1}（faexraqhau），学名*Phoebe neurantha*，英文名White Nanmu、Nervedflower Phoebe。常绿乔木，高可达13米，直径可达30厘米。外皮灰褐，内层红褐。小枝初时被柔毛，后渐脱落。叶狭长，先端渐尖，基部渐狭下延。③ 白楠材质中等，木材颜色为淡黄或淡黄褐色。因其木材色淡而视为白色，壮语以haːu^{1}（hau）得名。haːu^{1}（hau）即“白”。白楠木材纹理直，刨面光滑，干燥容易。可作为家具、农具、门窗、梁柱、地板、楼板、船板、车厢用材。白楠也叫黄楠、圆叶楠。

紫楠，壮名fai^{4}ra^{5}ʔdam^{1}（faexraqndaem），学名*Phoebe sheareri*，英文名Purple Nanmu。常绿乔木，高可达20米，胸径可达50厘米。树干外皮呈红褐色，具小纵裂。叶质薄，宽阔，先端急渐尖或急尾状渐尖。花序长7~15厘米，有时可达18厘米。果卵形，长约1厘米。花期4~5

①广西科学院广西植物研究所编著：《广西植物志》第一卷第245页，南宁：广西科学技术出版社，1991年。学名、英文名见中国科学院植物研究所编《新编拉汉英植物名称》第537页。

②广西科学院广西植物研究所编著：《广西植物志》第一卷第240—247页，南宁：广西科学技术出版社，1991年。

③广西科学院广西植物研究所编著：《广西植物志》第一卷第245页，南宁：广西科学技术出版社，1991年。学名、英文名见中国科学院植物研究所编《新编拉汉英植物名称》第537页。

月，果期9~10月。[①] ʔdam[1]（ndaem）是“黑”。

紫楠也叫黄心楠、金丝楠、紫金楠。木材色泽淡黄褐或淡褐色，纹理直，结构密实细致，耐腐性好，加工容易，刨面光滑，可作为家具、农具、门窗、楼板、地板及梁柱等的用材。紫楠的根、枝、叶可提炼芳香油，供医用或工业用。种子可榨油，用作肥皂或润滑油原料。过去广西森林茂密，紫楠是常见之树。赵翼在去归顺州（今靖西市境内）途中，见有紫楠七十余株，皆大五六抱。[②] 如今要在天然林里找到胸径30厘米的紫楠，已经非常困难了。

红楠，壮名fai[4]ra[5]hoŋ[2]（faexraqhoengz），学名*Machilus thunbergii*，英文名Common Machilus、Red Nanmu。常绿乔木，高可达20米，胸径可达1米。树皮褐色，底层灰红黄。叶倒卵形至倒卵状披针形，长4.5~13厘米，宽1.7~3.5厘米。果扁球形，直径8~10毫米。木材硬度中等，材色微红偏白，气味浓，纹理直，刨面光滑，可作为建筑、家具、小船、胶合板用材。种子榨油可做肥皂和润滑油。树皮入药可治跌打损伤，有舒筋活络的效果。[③] hoŋ[2]（hoengz）是“红”。

顶果树，壮名fai[4]jaːŋ[5]（faexyangq），学名*Acrocarpus fraxinifolius*，英文名Shingle Tree。落叶大乔木，高可达40米，胸径可达1.5米。小枝有凸起的皮孔和叶痕。二回羽状复叶，长22~55厘米，羽片5~9对，对生，小叶5~8对，对生或近对生，纸质，卵形至卵状长圆形，长5~12厘米，宽2~4.5厘米。叶轴和羽轴密被锈毛。总状花序，腋生，花两性。荚果扁，长8~16厘米，宽2~2.5厘米，一侧具狭翅。种子卵圆形，有光泽。花期3~4月，果期6~7月。[④]

顶果树是速生树种，喜欢湿暖环境，对土壤适应性强，石山、土山都有分布，是绿化造林的优良树种。其材质坚

①广西科学院广西植物研究所编著：《广西植物志》第一卷第247页，南宁：广西科学技术出版社，1991年。学名、英文名见百度百科https://baike.baidu.com/item/紫楠/2038693?fr=aladdin，2016年8月8日搜索。

②赵翼：《檐曝杂记》，曹光甫校点，第40页，上海：上海古籍出版社，2012年。

③广西科学院广西植物研究所编著：《广西植物志》第一卷第227页，南宁：广西科学技术出版社，1991年。学名、英文名见中国科学院植物研究所编《新编拉汉英植物名称》第441页。

④钟济新主编：《广西石灰岩石山植物图谱》第111页，南宁：广西人民出版社，1982年。学名、英文名见沪江英语网https://dict.hjenglish.com/w/shingle%20tree，2016年8月8日搜索。

韧，容易加工，是建筑、家具的好材料。因属特有的优良树种，故被列为国家三级保护植物。

壮语中，jaːŋ^{5}（yangq）是“长”，多指植物的茎节长，也指人的个子高。高的人自然是手脚骨节长，故能通用。如：fai^{4}faːi^{2} ho^{6} jaːŋ^{5} ʔdei^{1} ta^{3}θaːn^{1}（Faexfaiz hoh yangq ndei dajsan），麻竹节长好编织东西；tu^{2} lɯk^{8} nei^{4} keːn^{1} ka^{1} jaːŋ^{5}，ɕoːk^{8}nei^{4} ko^{5} pan^{2} wun^{2} θaːŋ^{1}（Duz lwg neix gen ga yangq，cogneix goj baenz vunz sang），这孩子手脚长，将来也会成高个子。因顶果木的树干通直，分枝高，一个jaːŋ^{5}（yangq）字就把它的特点完全表露。

在常见树种中，香椿肯定能列入优质用材树种的名单。香椿壮名叫fai^{4}ɕin^{1}hoːm^{1}（faexcinhom），简称ɕin^{1}hoːm^{1}（cinhom），学名*Toona sinensis*，英文名Chinese Toona。高可达30米以上，胸径可达1米。树干直立，树皮灰褐色。叶是偶数羽状复叶，长25~60厘米。小叶14~18片，对生，或互生，纸质至近纸质，卵状披针形至卵状长圆形。圆锥花序，花小，白色。蒴果狭椭圆状，长1.5~2厘米，褐色，干后变黑。种子褐色，上端有膜质的长翅。花期6~7月，果期10~11月。①

香椿在水土适宜处，20年可长成胸径30厘米的大树，可作为石山的绿化树种，亦可作风景树栽于村边或空旷处。其树干挺拔秀气，树冠浓绿，颇耐观赏。木材有香气，淡黄红色，纹理细致美观，削面光滑，材质坚硬，是制作高级家具的好料，亦可作为船只、建筑材料。若特意连片栽种，香椿可长成匀称的良材。

香椿的嫩叶可食，壮语称之为pjak^{7}ɕin^{1}（byaekcin）。但少作素菜，多与荤菜搭配，用作调料香菜。吃羊肉或做生鱼片时，人们特别喜欢用香椿叶作佐料。

①中国科学院华南植物研究所编，陈封怀主编：《广东植物志》第二卷第303页，广州：广东科技出版社，1998年第2次印刷。学名、英文名见中国科学院植物研究所编《新编拉汉英植物名称》第733页。

cinhom　香椿

红椿，壮名 çin¹hoŋ²（cinhoengz），学名*Toona ciliata*，英文名Suren Toona。乔木，高可达20米以上，外皮呈灰褐色，有小片状剥落。红椿外形与香椿很相似。木材颜色为褐红或黄红，壮名即因此而得。hoŋ²（hoengz）是“红”。红椿香气比香椿更为浓烈，材质比香椿略轻，心材小，纹理直。① 不过就木工而言，两者用途大致相当。然因红椿的天然分布甚少，故被列为国家三级保护植物。

同样称为 çin¹（cin）的尚有çin¹hau¹（cinhaeu）臭椿，学名*Ailanthus altissima*，英文名Tree of Heaven。落叶大乔木，高可达30米，胸径可达1米。外皮灰黑褐，粗糙。其材质轻，心材大，材色黄白，纹理直，干燥容易，少开裂，不挠曲。可作火柴梗、包装箱板材、玩具或纸浆。② hau¹（haeu）是“臭”。因其材色浅，壮语亦有çin¹haːu¹（cinhau）之称，haːu¹（hau）乃“白”义。虽同称椿树，但从材用角度看，臭椿材质远不如香椿和红椿，其木材

①谢福惠、徐峰、祝俊新、李重九编著：《木材树种识别、材性及用途》第491—492页，北京：学术书刊出版社，1990年。学名见覃海宁、刘演主编：《广西植物名录》第271页，北京：科学出版社，2010年。英文名见中国科学院植物研究所编《新编拉汉英植物名称》第733页。

②谢福惠、徐峰、祝俊新、李重九编著：《木材树种识别、材性及用途》第479—480页，北京：学术书刊出版社，1990年。学名、英文名见中国科学院植物研究所编《新编拉汉英植物名称》第35页。

cinhaeu　臭椿

易招虫蛀，不耐久。

任木，壮名ko¹ra:m¹（goram），亦称fai⁴ra:m¹（faexram），学名*Zenia insignis*，英文名Common Zenia。落叶大乔木，成株高15~20米，胸径可达1米。奇数羽状复叶，互生，长25~45厘米。叶轴被柔毛。小叶互生，长圆状披针形，长5~9厘米，宽2~3厘米。花顶生，红色。荚果熟时为淡褐色，膜质，每果通常有种子6~8颗。花期4月，果期9月。[①]

任木是大石山区的速生树种。在山脚山腰土厚肥沃且湿润的地方，幼树每年可长高2米，很容易长成大树，是比较理想的一种绿化植物。任木的嫩枝叶可作为饲料及绿肥，农户常常采来丢入

①钟济新主编：《广西石灰岩石山植物图谱》第122页，南宁：广西人民出版社，1982年。学名、英文名见中国科学院植物研究所编《新编拉汉英植物名称》第776页。

牛羊圈，任由牲畜啃食，或践踏后成为厩肥。任木属中国特有树种，被列为国家三级保护植物。

但就木材而论，任木远不如樟木、红椿、顶果树，就连菜豆树、苦楝树也比它略胜一筹。其嫩材易招虫，不经处理就直接用其打制器物，不用3年，就会让蛀虫咬得全成粉末。任木的材质软，纹理直，易解锯加工，刨面光滑。作为木料最好选用20年树龄以上的老树大树。砍伐下来需放入水中浸泡，捞起后置于阴爽处自然风干，可锯作楼板、隔墙板等或打制一般家具。嫩叶可作牛羊饲料，或作绿肥。

由于任木小材无用，且生长迅速，故常能长成大树。raːm^{1}（ram）义为“抬”，指其树大，砍伐后需抬运，故得此名。

上述树种以木材为主要用途，经济价值很高。其中除臭椿、任木等的材质不太理想外，其余多属良材，在森工行业里有很重要的地位。

二、多用途的特色植物

壮乡有不少植物在用途方面很有特色，其中一些还是广西特产，它们在传统经济之中扮演着重要的角色。八角、肉桂、三七是最具代表性的植物。像板蓝、木蓝、苏木等，过去是重要的染料植物，它们在生活中曾经发挥巨大的作用。虽然现在基本不作染料用了，但人们依旧把它们当作药用植物。而罗汉果、水槟榔等，它们的疗效神奇，至今仍是壮乡民众常用的特色药物。人们在运用这些植物的同时，不仅满足了生活需要，而且形成了内涵丰富的民族植物文化，在综合利用植物方面给后人留下了宝贵的经验。

壮乡的特色植物品种相当多，它们往往一物多用，别具一格。这里选择一些显著者来讨论。

八角，壮名maːk^{7}kaːk^{7}（makgak），学名*Illicium verum*，英文名Truestar Anisetree。常绿乔木，成株高10~15米。小枝黄褐色，分枝低。叶稠密，不

整齐互生或3~6片假轮生，革质，椭圆形或倒卵状椭圆形，或椭圆状披针形，长5~14厘米，宽2~5厘米。花粉红色或深红色。花期春秋各一次。果熟期秋月一次，翌年春初一次。果呈八角形星状芒。[①] 八角另一壮名$pa:t^7ka:k^7$（batgak）即因其形状而得，$pa:t^7$（bat）是“八”，$ka:k^7$（gak）是“角”。

①中国科学院华南植物研究所编，陈封怀主编：《广东植物志》第二卷第5页，广州：广东科技出版社，1998年第2次印刷。学名、英文名见中国科学院植物研究所编《新编拉汉英植物名称》第378页。

八角盛产于广西西南部，上思、龙州、宁明、德保和靖西等地出产的尤其著名，桂中各地亦有栽培。八角树喜欢土层深厚肥沃且避风背静的阴坡。通常栽种六七年就开始有果可收，二三十年后进入盛产期，六七十年后方衰老。

八角树最具经济价值的为其果与叶。果作调味品供食用，著名的五香粉主料即八角。人们煮牛羊肉，通常喜欢放八角果同炖，能除腥膻之味。八角还能入药，可治胃痛、呃逆等症。八角叶经蒸馏可得茴油。茴油又叫八角油，是多用途的芳香油。淘汰的老树可制作家具、农具等，其材质细密，刨面光滑，适宜作细木工用材。

八角也叫茴香。唐代名医孙思邈的《备急千金要方》载：“煮臭肉，下少许，即无臭味，臭酱入末亦香，故曰茴香。”[②]

②转引自覃尚文、陈国清主编：《壮族科学技术史》第59页，南宁：广西科学技术出版社，2003年。按《钦定四库全书》本的《备急千金要方》，此节是：“臭肉和水煮，下少许，即无臭气，故曰茴香。酱臭末中亦香。”文字稍有出入——编者注。

宋代的周去非曾在广西为官，著有《岭外代答》一书，其中记录许多有关壮族地区的珍贵资料，是研究广西古代壮族文化的重要参考书。书中的《花木门》记载：

> 八角茴香，出左、右江蛮峒中，质类翘尖，角八出，不类茴香，而气味酷似，但辛烈，只可合汤，不宜入药。中州士夫以为荐酒，咀嚼少许，甚是芳香。[③]

③杨武泉：《岭外代答校注》第302页，北京：中华书局，2006年第2次印刷。

makgak　八角茴香

这些记载表明，八角是人们很早就认识并充分利用的重要香料植物。八角原是野生植物，分布在防城港、上思、宁明、龙州、靖西、那坡一带的山地，因经济价值高，人们进行人工栽培后，其分布区才向四周扩散。八角是著名香料，不仅在国内有巨大的消费量，在国际上也大有销路，长期以来一直是大宗出口物资。壮乡不少农户即靠种植八角致富。

肉桂，壮名ko^1kwi^5（go'gviq），学名*Cinnamomum cassia*，英文名Cassia Bark Tree、Chinese Cinnamon。常绿乔木，树皮灰褐色，老皮厚约1.3厘米，叶、枝、树皮有极浓烈的香气。幼枝略呈四棱。幼枝、嫩芽、花序、叶柄被灰褐色短柔毛。叶革质，长圆形或长圆状披针形，长8~20厘米，宽4~9厘米。叶面亮绿色，有光泽，背面淡绿色，干后深栗色。中脉及侧脉在叶面稍凹，在背面凸起。圆锥花序，花白色。果椭圆形，长1厘米，宽约9毫米。果期11~12月。树皮入药即肉桂，有温肾补火助阳和散寒止痛的功效；枝条即桂枝，有发汗解表、温通经脉的功能；嫩枝称桂尖，叶柄称桂节，果托称桂盅，果实称桂子，幼果称桂芽，药性与桂枝相当。[①]

肉桂主要用作药材。桂皮、桂枝、桂子可直接入药，尚可提炼桂油。桂叶专用于提炼桂油。桂油芳香浓烈，做调味品、化妆品或化工原料。桂油入药，皮肤瘙痒，毒虫叮咬，可用桂油外擦。断肠草中毒，洗胃后灌服桂油10~25毫升，可解毒。[②]

桂皮、桂枝、桂子、桂油皆属经济价值高的商品，市场需求量很大。人工林中的肉桂一般5~6年即能砍下剥取桂皮，故树材一般都不高大。但在自然林中，肉桂可以长成高12米以上、胸径30厘米的大乔木。肉桂的树干也是上好木材，材质中等，加工容易，刨面光滑，是制作家具、农具的良材。此树浑身是宝，广西各地都有栽培，但以桂南、桂东南、桂西为多。在广西南部、西南部石山大力种植肉桂，是发展当地农村经济的一条极好的途径。

肉桂是出名的樟科植物。壮语还有kaːu^{3}kwi^5（gaujgviq）、kaːu^{3}no^6（gaujnoh）、kaːu^{3}fei^2（gaujfeiz）、ȵok^{8}kwi^5（nyoeggviq）等说法。ȵok^8（nyoeg）是中古汉语借词“肉”的读音，kwi^5（gviq）是“桂”。壮语把许多樟科植物称为kaːu^3（gauj），即“栲”，no^6（noh）即“肉”，故kaːu^{3}no^6（gaujnoh）是“肉栲”。fei^2（feiz）是“火”，壮医认为肉桂是温热属性的药物，故而得名，kaːu^{3}fei^2（gaujfeiz）即“火栲”。kaːu^{3}kwi^5（gaujgviq）则是“桂栲”。

①广西科学院广西植物研究所编著：《广西植物志》第一卷第213页，南宁：广西科学技术出版社，1991年。学名、英文名见中国科学院植物研究所编《新编拉汉英植物名称》第186页。

②黄燮才主编：《实用中草药原色图谱（二）》第32页，南宁：广西科学技术出版社，2008年第5次印刷。

go’gviq　肉桂

naenggviq　桂皮

肉桂是上乘的传统药材，与人参、鹿茸齐名。医家素来重视肉桂。《山海经》开篇就说："南山经之首曰䧿山。其首曰招摇之山，临于西海之上。多桂，多金玉。"[①]《说文解字》木部："桂，江南木，百药之长。""梫，桂也。"《尔雅》释木："梫，木桂。"郭璞注："今南人呼桂厚皮者为木桂。"可见木桂即肉桂。[②] 古籍里传递出来的信息是，桂乃南人对肉桂的命名。远在远古时代，肉桂就已经是中国南方的名药。东汉年间成书的中国现存最早的本草书《神农本草经》载有365味药材，壮族地区盛产的菌桂、牡桂就赫然在列，可见壮族先民认识并利用这一药物由来已久。[③] 有专家认为广西简称为"桂"，即因盛产肉桂而得名。

大名鼎鼎的三七，也叫田七，是壮族地区著名的特产药材。

三七，壮名$\theta a{:}m^{1}\text{ç}at^{7}$（samcaet），学名*Panax pseudo-ginseng*，英文名Sanchi。多年生直立草本，成株高30~60厘米。根茎短粗，肉质，圆锥形或纺锤形，长2~5厘米，直径1~3厘米，有分枝及须根。茎直立，近于圆柱形，光滑，绿色或带紫色条纹。掌状复叶，3~4枚轮生于茎端。小叶3~7枚，椭圆形至长圆状倒卵形，长约5~14厘米，宽约2~5厘米。花萼绿色，花瓣5枚。核果浆果状，近于肾形，嫩时绿色，熟时红色。种子1~3颗，球形。花期6~8月，果期8~10月。[④]

因茎上轮生的叶柄数多为3，且每一叶柄上小叶片数常为7，其壮名由此而得。$\theta a{:}m^{1}$（sam）是"三"，$\text{ç}at^{7}$（caet）是"七"。过去三七的主产区在靖西、德保，古属田州，田州古称$ti{:}n^{2}\text{ç}ou^{1}$（Dienzcou）。三七以产地命名，故又叫其$ti{:}n^{2}\text{ç}at^{7}$（dienzcaet）田七。不过，现在三七的重要产地是云南的文山壮族苗族自治州。文山近年来着力发展三七人工栽培基地，形成了生产、加工和销售的巨大产业链，每年销售的三七价值近

①方韬译注：《山海经》第1页、第255页，北京：中华书局，2015年。

②汉语大字典编辑委员会编：《汉语大字典》缩印本，湖北辞书出版社、四川辞书出版社，1993年。"桂"见第501页，"梫"见第513页。

③覃尚文、陈国清主编：《壮族科学技术史》第346页，南宁：广西科学技术出版社，2003年。

④江苏新医学院编：《中药大辞典》上册第54页，上海：上海科学技术出版社，2007年第9次印刷。学名、英文名见中国科学院植物研究所编《新编拉汉英植物名称》第511页。

samcaet 三七

500亿元人民币。三七在文山壮语更多的是叫 kjiːŋ¹tseu⁵（gyienggyeuq）而不是θaːm¹çat⁷（samcaet）。kjiːŋ¹（gyieng）是“姜”，tseu⁵（gyeuq）是“皱”，意思是带皱纹的姜。这是因三七块茎上有横纹凸起且形状略似姜块而得名。

三七是著名的治疗外伤的良药，云南白药的主要成分即为三七。外伤出血，用三七粉撒到伤口上，包扎，可止血消炎，有收敛伤口并促进愈合之效。咳血、吐血、便血或受到严重内伤等，内服三七粉或用三七根茎煮水饮，疗效相同。用三七根须和灵芝、沙参一起煮水当茶饮用，可降血脂、血糖、血压，有抗癌防癌的作用。

广西、云南的相关日用化工企业用三七制作田七药物牙膏和白药牙膏，这些牙膏对一些口腔疾病，特别是牙龈炎、牙周炎和龋齿、牙髓炎等有良好的疗效，深受民众欢迎。

罗汉果，壮名ma:k^{7}lo^{2}ha:n^{1}（maklozhan），学名*Siraitia grosvenorii*，英文名Luohanguo Siraitia。攀缘藤本，全株有短柔毛和黑色小疣点。嫩枝叶折断有浅红色汁液。根块状。果实椭圆形、近球形，长6~11厘米，直径4~6厘米，有毛。①

罗汉果味甘甜，能清火去热、润肺止咳。感冒、咽喉炎、百日咳、肺结核诸症引起的久咳不止，均可用干罗汉果泡水代茶饮。干咳且喉咙痒者，可用罗汉果加胖大海泡水频服。

内虚燥热上火，大便干结带血，用罗汉果一个，ra^{2}ke:p^{7}（razgep）火麻仁15克，ko^{1}mi^{3}ça:u^{5}（gomijcauq）墨旱莲 30克，煮水服用。

①黄燮才、杨松年主编：《实用中草药原色图谱（四）》第74页，南宁：广西科学技术出版社，2009年第4次印刷。学名、英文名见中国科学院植物研究所编《新编拉汉英植物名称》第683页。

maklozhan 罗汉果

gomijcauq 墨旱莲

妇女气血不足，月经不调，气短心悸，干咳不止，用罗汉果一个，θaːm[1]weːŋ[5]luːk[8]（samvengqlueg）益母草10克，煮水服用。

林木之中，茶是大宗经济特产。茶、咖啡、可可并称世界三大饮料，社会需求量极大。在广西，桂平西山茶、桂林茶、大明山茶、梧州六堡茶、凌云白毫茶、横州茉莉花茶均是有名的好茶品。过去因各地都有野生茶，许多地名即因茶而得。

茶树，壮语叫ko[1]ɕa[2]（gocaz），学名*Camellia sinensis*，英文名Tea Tree。灌木或小乔木。叶长圆形。花腋生，白色，苞片2片，萼片5片，花瓣5~6片。蒴果。花期10月至翌年2月，果期11月至翌年3月。[①] 嫩叶嫩芽是制作茶叶的原料。泡出的茶水是著名饮品，可以解渴、提神、化痰消食、利尿排毒。茶入药可止泻、治头痛等。

①广西药用植物园编：《药用植物花谱（一）》第286页，重庆：重庆大学出版社，2009年。学名、英文名见中国科学院植物研究所编《新编拉汉英植物名称》第149页。

白毫茶因叶背有白毫而得名，是广西种植较多的品种。凌云全县种植面积超过6670公顷（约10万亩），是广西目前白毫茶产量最大的茶乡。一般茶树是灌木或小乔木，但目前凌云县玉洪乡仍保留有许多高大的老茶树，胸径在30厘米以上。据当地人士介绍，最大的一棵老茶树近地部分树干有两人合抱之粗，如三层楼高（10米左右）。[①]

①此为同事黄家信教授亲口告知。黄是广西凌云县壮族人，任职于广西民族大学民族学与社会学学院，长期从事壮族土司及本土壮族历史文化研究。

横州市的茉莉花茶在广西也相当有名气。花茶要用茉莉花来熏制，故茉莉花的需求量特别大。横州民众顺势而上，在茉莉花种植方面下大力气，形成了规模很大的产、供、销体系，横州市因此被誉为“中国茉莉之乡”。茉莉花本为观赏花卉，因经济意义显著而变成了经济作物。

茉莉花，壮名叫$wa^1mai^8lai^6$（vamaedlaeh），学名*Jasminum sambac*，英文名Arabian Jasmine。直立或攀缘状灌木，高可达3米。小枝圆柱形或近节部稍压扁状。单叶对生，膜质或薄纸质，卵形至阔卵形、椭圆形，有时呈倒卵形，成株叶长3~10厘米，宽2.5~7厘米。聚伞花序顶生，通常有花3朵，花冠白色。果球形，直径约1厘米，成熟时紫黑色。花期4~8月，果期7~9月。茉莉原产于印度，中国南方广为栽培。其花清香，是著名的观赏植物。花可提取香精，做化妆品和香料。入药，有疏肝解郁、行气止痛之效。用于熏茶，则是著名的茉莉花茶，享誉全世界。[②]

②中国科学院华南植物研究所编，吴德邻主编：《广东植物志》第五卷第435—436页，广州：广东科技出版社，2003年。学名、英文名见中国科学院植物研究所编《新编拉汉英植物名称》第391页。

茶类之中，苦丁茶因能做饮品，同时又兼有医疗保健效用，故身价陡增，被排进了名茶的行列。

苦丁茶，壮名叫 $ɕa^2taŋ^1$（cazdaeng），学名*Ilex kudingcha*，英文名Kuding Tea。常绿乔木。嫩枝具棱。单叶互生，革质，长圆状椭圆形，成株叶长14~28厘米，宽6~8厘米，边缘有锯齿。花序簇生于叶腋。果球形，直径1~1.2厘米，成熟时呈红色。[③]

③黄燮才主编：《实用中草药原色图谱（一）》第196页，南宁：广西科学技术出版社，2008年第7次印刷。

cazdaeng　苦丁茶

苦丁茶叶片厚大，常用来煮大锅茶。茶水初入口时味道略苦，后转甘甜。味香浓，润喉清凉，是解暑佳品。苦丁茶能降血脂、血压，帮助消化，对高血压、高血脂或肥胖症有治疗和预防作用，能降低胆固醇，所以被推荐为保健饮品而得到广泛传扬。如肉食过量，消化不良而腹胀、拉肚子，煮浓苦丁茶服用，可止泻、消食。急性肠胃炎、痢疾或高温中暑，喝苦丁茶也很有疗效。

山茶科是植物界的大家族，是著名的观赏植物。山茶，壮名ta:n^{1}ça^{2}（dancaz），学名*Camellia japonica*，英文名Japanese Camellia。灌木或小乔木。叶片椭圆形，叶缘有钝齿。花顶生，红色。苞片及萼片9~10片，花瓣6~9瓣。蒴果球形。花期1~4月，果期9~10月。① ça^{2}（caz）是“茶”，taːn^{1}（dan）即“丹”，“红”之义，取茶花是红色的意思。人们栽培山茶主要是用于观赏，但其花可入药，性凉，味甘、辛，有凉血、止血、散瘀消肿之效。主治吐血、咯血、血痢等。小外伤出血，或烫伤起泡，用鲜山茶花捣烂敷伤处，可止血、消炎。

山茶科中以金花茶名气最大，有“茶族皇后”的美称，是观赏植物中的极品，属名贵的观赏植物，同时也是珍贵稀有的种质资源。中国境内仅分布于广西。② 周边国家仅见越南有分布。

金花茶学名*Camellia chrysantha*，英文名Golden Camellia。常绿灌木或小乔木，高可达6米。叶长圆形，长11~16厘米，宽4~6厘米。花腋生，金黄色，直径4~6.5厘米，花瓣7~10枚，花期12月至翌年2月。③

广西壮语南部方言多称金花茶为ʔbjoːk^{7}kim^{1}ça^{2}（mbokgimcaz），简称ʔbjoːk^{7}kim^{1}（mbokgim），ʔbjoːk^{7}（mbok）是“花”，kim^{1}（gim）是“金”，ça^{2}（caz）是“茶”。ʔbjoːk^{7}（mbok）常音变为ʔboːk^{7}或joːk^{7}（yok）。也有一些地方读作ʔdoːk^{7}（ndok）。龙州还叫ʔbjoːk^{7}haːn^{2}θiːu^{5}（mbokhanzsiuq）。广西壮语北部方言则有taːn^{1}ça^{2}heːn^{3}（dancazhenj）、ça^{2}heːn^{3}（cazhenj）或ça^{2}kim^{1}（cazgim）之说。taːn^{1}ça^{2}（dancaz）是“丹茶”，即红山茶。heːn^{3}（henj）是“黄”，ça^{2}heːn^{3}（cazhenj）即“黄茶”，ça^{2}kim^{1}（cazgim）是“金茶”，盖因花的色泽金黄而得名。金花茶是珍稀物种，大新县宝圩乡板六村一带有约40公顷（600亩）的天然林连片分布有金花茶，这是得天独厚的植物瑰宝。④

①广西药用植物园编：《药用植物花谱（一）》第283页，重庆：重庆出版社，2009年。学名、英文名见中国科学院植物研究所编《新编拉汉英植物名称》第149页。

②广西壮族自治区环境保护局、广西植物研究所编著：《金花茶彩色图集》第1页，南宁：广西科学技术出版社，1992年。

③广西壮族自治区环境保护局、广西植物研究所编著：《金花茶彩色图集》第38—39页，南宁：广西科学技术出版社，1992年。根据《广西植物》1992年第1期李树刚、梁畴芬的文章，张宏达、叶创兴在《中山大学学报》（自然科学版）第30卷第3期（1991）上发文，称金花茶原植物早在1940年代已被戚经文定为新种，命名为*Camellia nitidissima* Chi，发表在国立中山大学理学院植物研究所专刊（*Sunyatsenia*）第7卷第1~2期上，19—20页，图版5。另，按广西药用植物园编的《药用植物花谱》第285页及覃海宁、刘演主编的《广西植物名录》第127页，金花茶的学名为*Camellia petelotii*，与此有异。

④此信息为崇左市左江日报社原总编辑谢寿球先生提供。

金花茶喜欢湿暖环境，常生长在沟谷两旁或山坡常绿阔叶林中。其树皮淡黄色，叶色深绿光亮，花瓣色泽金黄且带蜡质，有一种近似于半透明的晶莹质感，美观至极。其未放之苞似金壶，初绽之花似金盏、金碗。待其烂漫满枝头时，似耀眼夺目的闪闪金光。金花茶是山茶科植物的大花者之一，具有很高的观赏价值，故被列为国家一级保护植物。

除了金花茶，广西尚有多种山茶科植物也属珍稀植物。如凹脉金花茶，学名*Camellia impressinervis*，英文名Impres-nerved Yellow Camellia。凹脉金花茶的花朵是山茶科植物中的最大型者。其叶浓绿发亮，叶脉整齐明显。春天嫩叶初萌时呈紫红色，在阳光照耀下闪闪发亮，别具异彩。由于观赏价值很高，故与金花茶同列为一级保护植物。[①] 凹脉金花茶在广西16个县（市）都有分布，是分布区稍广的一种。

除了这两种，还有显脉金花茶（学名*Camellia euphlebia*，英文名Nervose Yellow Camellia）、柠檬黄金花茶（学名*Camellia limonia*，英文名Lemonyellow Camellia）、弄岗金花茶（学名*Camellia longgangensis*，英文名Longgang Yellow Camellia）、龙州金花茶（学名*Camellia longzhouensis*，英文名Longzhou Yellow Camellia）、平果金花茶（学名*Camellia pingguoensis*，英文名Píngguo Yellow Camellia）、毛瓣金花茶（学名*Camellia pubipetala*，英文名Hairypetal Yellow Camellia）、东兴金花茶（学名*Camellia tunghinensis*，英文名Dongxing Yellow Camellia）等，这七个品种被列为国家二级保护植物。[②]

金花茶的繁殖条件甚佳，用种子播种或扦插、压条繁殖皆可，也可以通过嫁接来繁殖。广西的首府南宁市辟有公园专植金花茶。园艺家利用异花授粉，培育出许多绚丽多姿的品种，以供人们观赏。

①广西壮族自治区环境保护局、广西植物研究所编著：《金花茶彩色图集》第32页，南宁：广西科学技术出版社，1992年。

②广西壮族自治区林业厅野生动植物和自然保护区管理站编：《自然保护区及野生动植物保护管理文件汇编》第171页，南宁：广西科学技术出版社，1990年。

金花茶不仅美丽珍贵，观赏价值高，其花、叶皆可入药，而且疗效显著。据多家药物检验权威部门检测，金花茶富含茶多糖、茶多酚、总皂苷、总黄酮、茶色素、叶酸等400多种天然营养成分及多种对人体具有重要保健作用的微量元素。以金花茶泡水代茶饮，可降“三高”（高血压、高血糖、高血脂），改善微循环，对心脑血管疾病和动脉粥样硬化等有辅助疗效。金花茶含有锗，有抗癌作用。

金花茶无论是作为陶冶心神的观赏品，还是作为防治疾病的高级饮品，其经济意义都十分显著。目前广西防城港市已有企业从事这方面的开发活动。除了开辟花园种植金花茶供旅游观光，采其花来制茶做药，也可获大利。若能大规模培育幼苗出售，也是一条前景广阔的生产门路。

此外还有一些植物虽然名气不算大，但同样有多种用途。比如曾经广泛使用的染料植物板蓝①与木蓝，就是其中两种。

板蓝也叫马蓝，壮名ko^{1}roːm^3（goromj），学名*Baphicacanthus cusia*，英文名Common Baphicacanthus。多年生粗壮草本，全株干燥后变黑色。茎节膨大，着地生根。嫩枝被短柔毛。单叶对生，长椭圆形或倒卵形，长5~11厘米，宽3~4厘米，边缘有锯齿，两面深绿色。穗状花序顶生或腋生，花冠紫蓝色。②

板蓝因用来提取蓝靛而成为重要的经济作物。人们种植板蓝，割取其茎叶放到大缸里，加上生石灰沤制，得到的蓝靛水叫 ʔdaŋ^5（ndaengq）或ram^{4}ʔdaŋ^5（raemxndaengq）。把 ʔdaŋ^5（ndaengq）中的水沥掉，

①《中国药典》收载本品为南板蓝。

②黄燮才主编：《实用中草药原色图谱（一）》第390—391页，南宁：广西科学技术出版社，2008年第7次印刷。学名、英文名见中国科学院植物研究所编《新编拉汉英植物名称》第94页。

goromj 板蓝（马蓝）

得到的蓝靛膏叫tan[6]（daenh）。用蓝靛膏煮水，可用来染衣服。

板蓝全草入药，用来防治感冒、肝炎、咽喉炎、扁桃体炎等等。生疮疖、腮腺炎，或小外伤出血，人们常用鲜板蓝茎叶捣烂外敷。腮腺炎严重者，还用板蓝煮水内服。板蓝有消炎止血、抗感染的功效，民间阉鸡、阉狗、阉牛常用板蓝捣烂敷刀口处，预防发炎。广西生产的板蓝根冲剂即以此物为原料。

与板蓝齐名的染料植物尚有木蓝，武鸣壮语叫ko[1]ɕaːm[2]（gocamz），龙州壮语叫ko[1]kjaːm[2]（go'gyamz），邕宁南部壮语叫koŋ[1]jaːm[2]（goeng'yamz），来宾壮语叫ko[1]keːt[8]（goged），宜州壮语叫 ko[1]kjat[8]（go'gyaed）。① 马山壮语有ko[1]ɕaːm[2]（gocamz）和

①广西区民语委研究室编：《壮语通用词与方言代表点词汇对照汇编》第293—294页，南宁：广西民族出版社，1998年。

$ko^1çat^8$（gocaed）两种说法。木蓝提取的染料可染青黑色，故也称之为青靛、槐蓝、大蓝、大蓝青、水蓝、小青、印度蓝等。

木蓝学名是*Indigofera tinctoria*，英文名True Indigo。直立灌木，野生者成株通常高40~60厘米，人工栽培者也常有1米多高的。小枝被银白色短毛。单数羽状复叶，互生，长3~5厘米。小叶通常9~13片，对生，卵状矩圆形或长椭圆形。叶子干时带蓝黑色。花萼小，银白色，花冠蝶形，红黄色。荚果长约2.5厘米，种子8~12枚。①

①江苏新医学院编：《中药大辞典》上册第359页，上海：上海科学技术出版社，2007年第9次印刷。学名、英文名见中国科学院植物研究所编《新编拉汉英植物名称》第382页。

木蓝提取蓝靛膏的方法与板蓝相同，只是染出的布料颜色上有差异。

木蓝同样也是药用植物。其性寒，味淡，微苦，用于清热解毒、散瘀止血，可治乙型脑炎、急性结膜炎、腮腺炎、疮痈肿结等。可水煮内服，也可用鲜草捣烂敷患处。

苏木过去也是一种常用的重要染料植物，壮语叫$ko^1θo^1mok^8$（gosomoeg），学名*Caesalpinia sappan*，英文名Sappan Caesalpinia。落叶灌木或小乔木，成株高3~10米。树干有疏刺，小枝有密而凸出的皮孔。二回羽状复叶，羽叶长30~45厘米，叶轴有刺。小羽片7~13对，长7~12厘米。小叶10~20对，长圆形至长圆状菱形，长1~1.5厘米，宽0.5~0.7厘米。圆锥花序顶生，有花萼片5片，花瓣5枚，黄色。荚果倒卵状长圆形，长约7厘米，宽3~4厘米，顶端斜截形，有上翘的硬喙。种子3~4颗。花期6~9月，果期次年夏季。②

②钟济新主编：《广西石灰岩石山植物图谱》第115页，南宁：广西人民出版社，1982年。学名、英文名见中国科学院植物研究所编《新编拉汉英植物名称》第138页。

$θo^1$（so）是“苏”，mok^8（moeg）是“木”。苏木在石山、土山均能生长，在阳光充足且土层肥沃处能长成乔木，在土地瘠瘦处则多是灌木。苏木心材红色，材质坚硬，纹理斜，结构细密，干燥后很少开裂，可作细木工或一些工艺品、雕刻品的上选之材。

苏木可提取红、黄两色染料。从前民间染布，用苏木茎枝浸泡出的汁液来作染料，染成的布呈暗红色。用根浸泡出的汁液可染成黄色的布。苏木茎枝含挥发油和苏木素，入药能行血去瘀、消肿止痛。外伤出血，用鲜枝叶捣烂敷伤处，可止血止痛。用根或茎枝浸泡药酒外搽，治跌打损伤、陈旧伤痛。

薯莨也是一种染料植物。薯莨的壮名叫ʔdak^{7}ʔdau^{1}（ndaekndaeu）、man^{2}ʔdau^{1}（maenzndaeu），学名*Dioscorea cirrhosa*，英文名Shoulang Yam。粗壮藤本，长可达20米，块茎长圆形、卵形、球形或葫芦状，外皮黑褐

ndaekndaeu　薯莨

色，凹凸不平，断面新鲜时呈红色，干后呈紫黑色，多须根。茎右旋。单叶，茎下部的互生，中部以上的对生，革质，卵形、椭圆状披针形，长7~15厘米，宽2~14厘米，顶端渐尖，基部圆形。花序穗状。蒴果近三棱状扁圆形。种子着生于中轴中部，四周有膜质翅。花期4~6月，果期7月至翌年1月。①

薯莨块茎富含单宁，可提制栲胶。煮水染布可得淡黄色。入药有活血、补血、收敛固涩的功效。泡酒外搽，可治跌打损伤、筋骨疼痛、风湿麻痹等症。炖鸡肉食，可治习惯性流产。

薯莨虽跟参薯、甜薯等同科，但却不是人们食用的淀粉类植物。壮语熟语说：ʔdak^{7}ʔdau^1 pan^2 kɯn^1 ʔbou^5 lɯ^1 taŋ^2 tu^{2}çeːn^6（Ndaekndaeu baenz gwn mbouj lw daengz duzcenh），薯莨好吃轮不到豪猪。说的是薯莨不好吃，才由豪猪来啃食。言下之意是若有好处，轮不到笨蛋来捡便宜。tu^{2}çeːn^6（duzcenh）是“豪猪”，tu^2（duz）是“只”，çeːn^6（cenh）是“箭”。因豪猪抖动身体能射出利箭般的硬毛来伤害敌人，故也叫它“箭猪”。

自染的布料、衣物要用牛胶煮水浆过一遍才能固色。青凡木的壮名就是因此而得。

青凡木，壮名叫ko^{1}kiːŋ^6（gogiengh），学名*Breynia fruticosa*，英文名Fruticose Breynia。灌木，多分枝。叶互生，叶面深绿色，叶背较淡。花腋生，无花瓣，单生或2~4朵聚生。果球形，肉质，藏于宿存的花萼内。②

青凡木也叫黑面叶、鬼画符、四眼草、四季青等。染布时用青凡木枝叶煮水，下牛胶，这一过程叫çaɯ^3 kiːŋ^6（cawj giengh）。çaɯ^3（cawj）是“煮”，kiːŋ^6（giengh）是“浆糊”，在此为浆布所用的浆汁。把着好色的布料放进青凡木煮牛胶的浆水中再煮一遍，所染的颜色即被牢牢吸附，而且青黑发亮。

①中国科学院华南植物园编，吴德邻主编：《广东植物志》第六卷第396页，广州：广东科技出版社，2005年。学名、英文名见中国科学院植物研究所编《新编拉汉英植物名称》第264页。

②广西兽医研究所编著：《兽医中草药彩色图谱》第338页，南宁：广西科学技术出版社，1996年第2次印刷。学名、英文名见中医世家http://www.zysj.com.cn/zhongyaocai/yaocai_h/heimianye.html，2016年8月12日搜索。

gogiengh　青凡木（鬼画符）

青凡木生长在丘陵土坡或路旁。全株皆可入药。外伤出血，用其嫩叶捣烂外敷。中暑发痧，用青凡木、乌桕、地桃花煮水服。屙痢，生嚼鲜嫩叶两三片即止。风湿骨痛，用青凡木煮水，敷烫患处。疮疖、湿疹、皮炎、伤口化脓，用青凡木、墨旱莲煮水洗患处，可止痒、消脓。

壮乡农家还用青凡木的嫩枝叶来作绿肥，或沤制堆肥，故又称其为$fot^{8}ki{:}\eta^{6}$（foedgiengh）、$ko^{1}fot^{8}ki{:}\eta^{6}$（gofoedgiengh）。$fot^{8}$（foed）即“绿肥”。

作为药物，水槟榔也是很值得一提的植物。

水槟榔，壮语叫$ma{:}k^{7}\theta ai^{3}kai^{5}$（maksaejgaeq），学名*Capparis masaikai*，英文名Masaikai Caper。常绿攀缘灌木，茎向上攀缘，长可达数

米。小枝新生枝略扁平，带红色，密被锈色短柔毛；有短刺，长约5毫米，外弯。单叶互生，革质，叶片椭圆形、长圆形或椭圆状披针形，长7~20厘米，宽3.5~9厘米，先端钝圆，基部近圆形或宽楔形，全缘，上面近无毛，下面淡紫色，密被锈色短柔毛，后渐脱落。聚伞花序顶生或腋生，有花3~8朵；顶生则呈圆锥状。萼片及花瓣均4枚，白色或粉红色。果卵形或近梨形，长3~6厘米，直径3~5厘米，成熟时紫红褐色，干后表面有6~8条高3~6毫米的鸡冠状纵肋棱，顶端有短喙，极似鸡头。外果皮硬革质，紫红色。种子数颗，呈肾形或圆形而扁，一端常呈鸟喙状，直径1~1.8厘米。花期7~8月，果期9~12月。偏阴性植物，喜阴凉环境，石山、土山均有分布。[①]

水槟榔种仁能消食利咽，生津止渴，可治咽喉炎、食滞胀满，能醒酒、解暑。生嚼其种仁后，再喝生水也不怕中暑发痧和肚子疼痛。在桂西一带，入山林干活或走长途，人们会随身携带一些水槟榔种仁，以备中暑发痧时应急。此物特点是生嚼时微有苦味，喝水后嘴里感觉变甜，再吃食物皆为甜味，故称“奇异果”。根泡酒，可内服或外搽，治风湿骨痛。

从名称看，壮语里水槟榔归入果类，maːk^{7}（mak）是“果”，θai^{3}（saej）是“肠”，kai^{5}（gaeq）是“鸡”。盖因水槟榔的种仁似鸡肠弯曲。得名之初，也许人们是把这一植物的果实当水果来食用的。有趣的是，水槟榔的拉丁种名叫*masaikai*，这是根据该植物的壮名maːk^{7}θai^{3}kai^{5}（maksaejgaeq）来记音而命名的。

上述都是一物多用的植物。即便是那些不太出名的植物，人们也一样能发现它们有各种不同的神奇用处。至于

①钟济新主编：《广西石灰岩石山植物图谱》第39页，南宁：广西人民出版社，1982年。学名、英文名见中国科学院植物研究所编《新编拉汉英植物名称》第154页。

有名的八角、肉桂、三七、金花茶等，它们受到重视更是因自身的种种奇特功效。从这些多用途的植物可以看出，壮家人对周边世界有深刻的感悟和认知，具有丰富的植物知识，也很善于利用周边的植物。

三、文化意蕴丰富的植物

前面的探讨充分显示，用途越多的植物，其文化内涵就越丰富。如肉桂，可做成香料，是日用化工的重要原料；可做药品，是药材里的名品上品；树材可提炼芳香油，也可以作为木材使用。甚至连广西的简称都因之而得。可见人们对肉桂的重视程度与了解程度早就达到非常高的地步。广西一个“桂”字包含了极为丰富的文化信息。

可见，植物不仅具有实用价值，而且拥有文化价值。细细考究，壮乡不少植物里蕴含的文化内容很有个性。挖掘这些植物的文化内涵，了解这些文化内涵对壮乡民众的影响，对理解壮族民众的心态与性格或许会有所帮助。

海红豆，壮名ko^1lim^2（golimz），学名*Adenanthera pavonina*，英文名Coralwood、Redwood。落叶乔木，成株高5~16米。幼枝被微柔毛。二回羽状复叶，有羽片3~12对，小叶互生，8~14片，长圆形或卵形，长2~4厘米，宽1~2.5厘米，先端钝圆或微凹，基部近圆形。花小，顶生或生于叶腋，白色至淡黄色，有香气。荚果扁平并弯曲，开裂后果壳旋卷。种子鲜红可爱，阔卵形或近圆形。木材坚硬耐腐，色泽美观，可制作高档家具，用于船舶、油榨、坑道支柱及建筑等。树形漂亮，可作绿化用树。①

自唐代诗人王维将红豆写入诗后，此树即千古扬名。

①钟济新主编：《广西石灰岩石山植物图谱》第107页，南宁：广西人民出版社，1982年。学名、英文名见中国科学院植物研究所编《新编拉汉英植物名称》第25页。

只要稍对唐诗有所接触，几乎无人不知这首名诗：“红豆生南国，春来发几枝。愿君多采撷，此物最相思。”壮歌之中也有同类作品，其用词简练，意境婉转，绝不亚于这首唐诗。然因语言隔膜，知道的人并不多。其歌如下：

ɕe⁶lim² hoŋ² jeːn²jeːn²，θoŋ⁵ haɯ³ pei⁴ ʔdeːn¹ nuːŋ⁴.

Cehlimz hoengz yenzyenz，soengq hawj baex nden nuengx.

种 相思 红 艳 艳 送 给 兄 惦念 妹

相思豆红艳，送与郎相念。

θim¹ fou² ʔbou⁵ tɯːk⁸ puːŋ⁶，ɕan⁶ muːŋ⁶ kwaːŋ¹ kaːn⁵ko⁵.

Sin fouz mbouj dieg buengh，caenh muengh gvang ganqgoq.

心 浮 不 地方 扯 尽 望 君子 看 顾

心浮无处倚，但盼君看顾。

这是姑娘送给心上人的一首情歌。壮歌押腰脚韵，即第一句的尾字与第二句中间一字（通常是第三字，也可以前移为第二字或后移为第四字）押韵，第二句的末字又与第三句的末字及第四句中的一字押韵。歌中jeːn²（yenz）、ʔdeːn¹（nden）、nuːŋ⁴（nuengx）、puːŋ⁶（buengh）、muːŋ⁶（muengh）即押韵用字。四句之中有五个地方用韵，给人一种环环相扣的感觉。加上歌词里姑娘用红艳艳的相思豆寄托自己的满腹心绪，那种相思、挂念、忧虑、凄惶、渴望得到呵护的心情跃然纸上。借红豆并用凝练的歌词来表达自己的内心情感，这是托物言志，也是歌者的巧妙构思。以红豆寄托相思之情，应是壮汉两个民族都有的文化习俗。

铁冬青也叫救必应，壮名ko¹ruːn²（goruenz），学名*Ilex rotunda*，英文名Ovateleaf Holly。常绿乔木，高可达20米。树皮厚，灰白色，内皮黄色。小枝带紫红色。单叶互生，卵形至卵状椭圆形，全缘，叶面光亮，绿色，叶背淡绿色，中脉凸出。花腋生，绿白色。果球形或椭圆形，直径4~6毫米，熟时呈朱红色。①

①广西兽医研究所编著：《兽医中草药彩色图谱》第454页，南宁：广西科学技术出版社，1996年第2次印刷。学名、英文名见中国科学院植物研究所编《新编拉汉英植物名称》第378页。

铁冬青为常用药物，性寒，味苦，有止血消炎、清热解毒的功效。草医常用来治疗咽喉肿痛、肠炎腹泻、外伤出血、火伤烫伤等。中暑发痧或风热感冒、咳嗽咽痛，用铁冬青叶煮水服用，疗效甚佳。肠炎拉肚子，生嚼其嫩叶或用叶煮水服，可止泻。外伤出血，烫伤烧伤，用鲜叶捣烂敷伤处，可止血止痛，防止感染。用其皮或枝条泡酒外搽，可治跌打损伤。

铁冬青入药当有悠久的历史。1976年贵县罗泊湾汉墓出土的药物里即有铁冬青。南宁街头摆卖的王老吉凉茶，即以铁冬青叶为主料之一。[1] 可见，在壮乡用铁冬青治病是比较普遍的。铁冬青蕴含着厚重的壮族茶文化和独特的壮医药文化。

①覃尚文、陈国清主编：《壮族科学技术史》第369页，南宁：广西科学技术出版社，2003年。

goruenz　铁冬青（救必应）

与铁冬青相类，橄榄也是文化内涵丰富的植物，人类利用橄榄的历史非常悠久。在欧洲文明里，橄榄枝就象征着和平。在《圣经》的创世故事里，大雨日夜连下不停，诺亚和他妻子乘坐的方舟漂流了40天，搁浅在高山上。为了探知洪水消退与否，诺亚先后放出乌鸦和鸽子去探听消息。待鸽子衔回了橄榄枝，诺亚知道洪水已全部消退。西方世界用橄榄枝来象征和平，其缘由即此。

不过，欧洲的橄榄是原产于地中海沿岸的木樨科植物油橄榄（学名*Oleaceae europaea*，英文名Olive），当地人常取其种仁来榨油；而中国的橄榄是橄榄科橄榄属植物。

橄榄，壮名$ko^1kja:m^3$（go'gyamj），学名*Canarium album*，英文名White Canary Tree，也叫白榄、山榄、黄榄、青果。乔木，高可达25米，胸径达80厘米。小枝幼时被黄棕色茸毛。小叶7~11片，有时可达17片，纸质至革质，长圆状披针形至卵状披针形，长6~20厘米，宽2.5~6厘米。花白色，芳香。核果卵圆形至纺锤形，长2.5~3.5厘米，初时黄绿色，后变黄白色，有皱纹。果核两端锐尖，有种子一枚。花期4~5月，果期10~12月。

橄榄果实可生食，亦可腌制成凉果做小吃，种仁可榨油。果核磨汁内服，可治鱼骨鲠喉。果肉清热解毒、利咽生津，可治咽喉肿痛。根泡酒可内服外搽，有舒筋活络的功效。材质优良，可打制家具，用于造船、建筑、枕木等。橄榄树的树冠很大，枝叶茂密，可以作为优良的绿化树种。

橄榄是百越民族老早就懂得利用的植物。美国考古学家切斯特·戈尔曼（Chester F. Gorman）两次发掘泰国西北部夜丰颂府的仙人洞遗址，在距今11690±560—8750±140年的早期地层中发现了杏、榄仁、槟榔、豆类、瓜类、葫

lwggyamj 橄榄果

芦、菱角、胡椒、白胡桃、油桐子以及栝楼属、蓖麻属等植物，在距今8141±390—7622±140年的晚期地层里发现了胡椒、槟榔、橄榄、苦瓜、莲属、朴属及大戟科和竹类植物。虽然目前尚不能证明这些种属完全是栽培作物，但至少意味着当地人民经过长期摸索和筛选，正处于熟悉和利用这些植物的过程中。[①] 1976年，广西考古工作队在贵县罗泊湾挖掘西汉的一座墓葬，发现有橘子、人面子、橄榄、葫芦、黄瓜、香瓜、番木瓜等热带、亚热带果品的种子。[②]

在许慎的《说文解字》中不见橄榄，但《玉篇·木

①童恩正：《南方文明》第129页，重庆：重庆出版社，2004年。

②广西壮族自治区文物工作队：《广西贵县罗泊湾一号汉墓发掘简报》，载《文物》1978年第9期。

部》有："橄，橄榄，果木。出交趾。"橄榄是南方广东、广西、福建的传统名果。李锦芳从语源角度考证，认为汉语"橄榄"一词系译自古侗台语。他把汉语"橄榄"的上古音构拟为*kamx *lamx，中古音kâm，与古侗台语的*klɛm^B对等。因汉语的复辅音已经简化，故用两个字来对译。① 作为旁证，今武鸣两江、马头一带称橄榄果为maːk⁷klaːm³，贵港市覃塘区蒙公镇战蒙村也说maːk⁷klaːm³。横州云表说maːk⁷ha⁴naːm³，云南傣语叫haːm¹。泰语说klam³，老挝语说kjam³。② 毫无疑问，maːk⁷（mak）是"果"，kjaːm³ 与klaːm³的对应则无须冗言。至于横州云表的 ha⁴naːm³，应是klaːm³ 的缓读音变形式。这一点也可以从傣语的说法得到佐证。至于k-与h-、n- 与 l-的对应，语言中不乏其例，这里就不一一列举了。

从上面的讨论中可见，无论作为水果、木材、药材或是语言研究材料，橄榄都有很多值得探讨的话题。单单复辅音一项，即给音韵学研究提供了很好的例证。我们说橄榄的文化内涵丰富，绝无虚言。

壮名同样是复辅音为声母的葫芦，也是一种文化内涵很丰富的植物。葫芦是一种古老的蔬菜，远在上古时代就为人们所熟悉并利用了。泰国仙人洞遗址和广西贵县罗泊湾汉墓考古材料就说明了这一点。

葫芦，武鸣壮语称klo⁶，学名*Lagenaria siceraria*，英文名Bottle Gourd、Calabash Gourd，通称瓠、匏。草质藤本，有黏质柔毛，卷须2分枝。叶纸质，近圆状心形，有时具5角或稍3~5裂，长14~22厘米，宽15~35厘米，边缘有尖齿，两面有柔毛。叶柄长5~10厘米。花白色。果长短不一，形状也是多样，有葫芦状、烧瓶状、棒状。③

①李锦芳：《侗台语言与文化》第229—230页，北京：民族出版社，2002年。

②橄榄的说法分别是同事和研究生提供的，提供者有卢勇斌（武鸣壮语）、黄静露（贵港壮语）、韦远诚（横州壮语），以及代莹（傣语）、钟泰德（泰语）、卢文杰（老挝语）。

③中国科学院华南植物研究所编，吴德邻主编：《广东植物志》第三卷第131—132页，广州：广东科技出版社，1998年第2次印刷。学名、英文名见中国科学院植物研究所编《新编拉汉英植物名称》第400页。

葫芦的常用部分是果实，故在其专名前加 lɯk^{8}（lwg）。lɯk^{8}（lwg）是“子”。嫩的葫芦瓜作为蔬菜食用，老瓜则做容器，如酒壶、水壶、茶壶或贮存菜种、豆种等细小颗粒的物件等。

马山壮语无复辅音，武鸣的kl- 到此多变成kj-。如前述的橄榄klaːm^{3}，马山壮语是kjaːm^{3}（gyamj）；秧苗kla^{3}，马山壮语是kja^{3}（gyaj）；远klai^{1}，马山壮语是kjai^{1}（gyae）；鼓kloːŋ^{1}，马山壮语是 kjoːŋ^{1}（gyong）。不过葫芦的klo^{6}，到了马山虽对应为kjo^{6}（gyoh），却专指同类的棒状瓠瓜，俗称牛角瓜，即lɯk^{8}kjo^{6}（lwggyoh）。马山叫葫芦作 lɯk^{8}kjou^{4}（lwggyoux），叫瓢葫芦lɯk^{8}ɣo^{7}（lwgrok）作 lɯk^{8}peu^{2}（lwgbeuz）。

在壮族创世神话里，葫芦是伏羲兄妹借以躲过滔天洪水劫难的神物。按壮族神话的说法，雷王被人间的首领布伯擒获，关在谷仓里，靠着蒙骗伏羲兄妹得喝一碗蓝靛水才能脱困。雷王逃脱出来后就从嘴里拔出一颗牙来给这两兄妹，告诉他们赶紧拿去种，会长出一个大葫芦，待到洪水淹没天下时就可以钻进里面躲过劫难。后来，布伯在与雷王的战斗中牺牲，他的心飞到天上化作启明星（即金星）。而伏羲兄妹靠这个大葫芦停靠在大明山，洪水消退后两人才成婚再造人类。这个神话广泛流传在中国南方各少数民族之中，被概括为洪水遗民或兄妹成婚型的世界神话母题之一。①

在大明山周边，人们传说伏羲兄妹乘坐的大葫芦就停靠在今武鸣马头镇一带。马头过去是村，后来发展成镇，叫haɯ^{1}klo^{6}（hawgyoh）。haɯ^{1}（haw）是“圩”，klo^{6}（gyoh）是“葫芦”，汉字记作可鲁圩。可鲁即壮语 klo^{6}（gyoh）的记音。② 大明山被当地人视为神山、祖宗之山，壮名pja^{1}ɕaɯ^{4}（Byacwx）。pja^{1}（bya）是山，ɕaɯ^{4}（cwx）即“根、根蔸”，引申为“根源、种子、菌种”。盖因洪水过后人祖从葫芦里出来，在此处落

①蒙元耀：《远古的追忆》第98—106页，北京：民族出版社，2012年。

②此地名掌故为同事卢勇斌副教授告知。

地并繁衍人类，故此山即人种根源之山。葫芦在壮侗语族中被视为神物，其因由即此。

借助洪水神话，我们可以窥探到与葫芦相关的壮族创世神话的某些文化底蕴。

槟榔，壮名maːk^{7}laːŋ^{2}（maklangz），学名*Areca catechu*，英文名Betel-nut Palm、Areca-nut Palm、Catechu。棕榈科常绿乔木，成株高10~18米，茎直立。羽状复叶全裂，小叶线形或披针状线形。肉穗花序着生于最下一叶的基部，有佛焰苞状大苞片，长倒卵形，上部生雄花，下部着生雌花。坚果卵圆形或长圆形，橙红色，中果皮厚，纤维质。种子卵形。①

医家用槟榔来治疗滞食腹胀、便秘诸症。壮家人过去有食槟榔的习俗，以为槟榔能御瘴避毒，故常嚼食。以槟榔待客或作礼品是常事。周去非的《岭外代答》对这一民俗事象有专门记录。可知壮乡民众食槟榔之风由来已久。②

壮家人用槟榔作信礼，见载于《白山司志》之《风俗》卷：

> 土人婚姻，不用庚帖，但送槟榔一楂、戒指一对，谓之“吃准口”。行聘亦以槟榔为重，富厚家以千计。用苏木染之，每八枚包以箬叶，累累数十百包。亦有散盛盘内者。佐以蒌叶，每二三十叶为一束，缚以红绒。③

请人参加婚宴用请帖是现代的事。据老人说，在马山，壮族传统的婚宴是用maːk^{7}laːŋ^{2}（maklangz）来请客的。请某位亲友，就送一粒槟榔子给他，并告知宴席的日子和时辰；请一对夫妇，就送两粒槟榔子；若请全家，则视其家口送相应数目的槟榔子，或送一个尚未破开的槟榔坚果。

①华碧春、陈小峰编著：《袖珍中草药彩色图谱》第392页，福州：福建科学技术出版社，1999年。学名、英文名见中国科学院植物研究所编《新编拉汉英植物名称》第69页。

②杨武泉：《岭外代答校注》第235—236页，北京：中华书局，2006年第2次印刷。

③王言纪修：《白山司志》，杨东甫、杨骥校注，第138—139页，南宁：广西人民出版社，2017年。

宴请宾客用槟榔的因由，与跟马山相邻的上林一带的一个传说有关。古时候有兄弟俩，父母早亡，因为家贫，只好卖身为奴。后来弟弟在他乡被人收养为婿。弟弟不忘穷困的哥哥，择定完婚吉日后便派人去请哥哥来赴宴。但因路远，哥哥在半路上得瘴病而亡。弟弟闻报，捶胸痛哭道："是我疏忽，未叫人带上maːk^{7}laːŋ^{2}（maklangz），致使我哥中瘴而亡啊！"于是他带上槟榔，到哥哥死亡的地方去，用槟榔祭奠哥哥的亡灵，哭倒在哥哥的坟前。哥哥托梦给弟弟："我命本贱，死不足惜，但惜不能亲贺弟婚。今后请人庆吊，应先送上maːk^{7}laːŋ^{2}（maklangz），免得后人又像我这样死在半路上。"从那以后，人们请客赴宴皆以槟榔为信礼，若无此物，便不赴宴。[①]

林木中，最具文化意义的植物也许要算构树了。构树是传统的造纸原料。有了笔墨纸砚，文化知识就可以不受时地限制而得以传播。就此意义而言，可以说，构树是推动历史文明进步的树种，其对文化发展的贡献非常显著。

ko^{1}θa^{1}（gosa）构树，学名*Broussonetia papyrifera*，英文名Common Papermulberry。落叶乔木，高可达16米。单叶互生，卵形至长圆状卵形，不分裂或不规则3~5深裂，边缘有粗锯齿，上面粗糙，下面密被柔毛。雄花序为柔荑花序，雌花序头状。聚花果球形，肉质，熟时红色。花期4月，果期7月。[②]叶可作猪饲料，故壮族农家也称之为pjak^{7}θa^{1}（byaeksa）。也可作绿肥。树皮富含纤维，是制造纱纸的重要原料。树皮纤维叫θa^{1}（sa），造出来的纸叫ɕei^{3}θa^{1}（ceijsa），即"纱纸"。

①覃圣敏：《广西古代风俗杂考》，载谢启晃、郭在忠、莫俊卿、陆红妹编：《岭外壮族汇考》第761—762页，南宁：广西民族出版社，1989年。

②钟济新主编：《广西石灰岩石山植物图谱》第146页，南宁：广西人民出版社，1982年。学名、英文名见中国科学院植物研究所编《新编拉汉英植物名称》第131页。

gosa 构树

构树也叫楮树。《酉阳杂俎》载："构，谷田久废必生构。叶有瓣曰楮，无曰构。"[①] 叶有瓣，其实就是叶片呈掌状分裂形状。构树、楮树是同一树种的不同叫法。同一棵树就有可能出现卵形叶片和掌状分裂的叶片。一些叶片还可能形成半边深裂的不对称形状。总之，叶片形态变化大是构树的一大特点。

壮语称构树为θa^{1}（sa），这是"楮"字读音在壮语的对应，两者应是同源词。笔者在《壮汉语同源词研究》一书对此已做了细致分析。[②] 楮树皮自汉以来一直与麻、竹同是造纸的重要原料，楮纸是一种颇为流行的书写用纸。[③] 在传播文化知识方面，构树的贡献巨大。

纱纸坚韧牢固而柔软，吸墨性能很好，宜于书写毛笔字。抄写重要文献，可保存二三百年而无虞。纱纸用途很多，民间各种仪式，尤其是白事，也要用到纱纸，所以过去纱纸的销路相当广。

制造纱纸的工艺叫$tak^{7}çei^{3}$（daekceij）。造纸的工匠叫$ça:ŋ^{6}$ $tak^{7}çei^{3}$（canghdaekceij）或$ça:ŋ^{6}çei^{3}$（canghceij），即"纸匠"。

农户一般在秋后砍下构树的枝条，先把嫩叶摘来作猪饲料，再剥下树皮，用竹刀刮去外皮。这道工序壮语叫$ʔda:n^{1}$ θa^{1}（ndan sa）。$ʔda:n^{1}$（ndan）是"刮除"。刮除外皮后，得到的内皮叫θa^{1} $ʔdip^{7}$（sa ndip），即"生纱"。$ʔdip^{7}$（ndip）是"生"。生纱晒干后扎成捆，才卖给造纸的作坊。

过去，造纸采用家庭作坊作为生产经营方式，全是手工操作，主要工序有十几道：

1. $çim^{5}$ θa^{1}（cimq sa），浸纱：清早把生纱拿到河中流

①段成式：《酉阳杂俎》，曹中孚校点，第108页，上海：上海古籍出版社，2012年。

②蒙元耀：《壮汉语同源词研究》第163—164页，北京：民族出版社，2010年。

③钱存训：《书于竹帛——中国古代的文字记录》第110—111页，上海：上海世纪出版集团、上海书店出版社，2006年。

水处浸泡。傍晚将泡软的纱收回。

2. ʔbeːk^{7} θa^{1}（mbek sa），分纱：把泡软的纱皮扯成细条，同时把杂质或黑烂者捡出来。

3. ʔdoːŋ^{7} θa^{1}（ndong sa），沤纱：将洗净捡好的湿纱放入小池中，用生石灰沤制，浸泡一两天。

4. kan^{4} θa^{1}（gaenx sa），洗纱：将纱沤制软后再拿到水中漂洗。kan^{4}（gaenx）是"捏、揉、揉搗"，揉搗纱条，把其中的石灰水洗出。

5. çaɯ^{3} θa^{1}（cawj sa），煮纱：把洗净的纱放到锅中煮，加些生石灰或纯碱，起漂白作用。通常煮8~9小时，煮后的纱叫θa^{1} çuk^{8}（sa cug），熟纱。

6. piːu^{5} haːu^{1}（biuq hau），漂白：捞起熟纱再漂洗一次。将漂白粉放到池中，把漂洗过的熟纱投入漂白池浸泡一两天，熟纱即变软变绵。

7. tup^{8} θa^{1}（dub sa），捶纱：把漂白好的熟纱捞起，放在木砧上捶打，即得纸浆。纸浆呈稠糊状。捞起纸浆，捏成团，置于石槽中备用。

8. hoi^{6} kjaːu^{1}（hoih gyau），制作胶水：采来kaːu^{3}we^{6}（gaujveh）的叶子，晒干或烤干，放入石碓舂成细末，再放到桶里或缸里搅成稠糊状，滤出叶渣即得胶水。kaːu^{3}we^{6}（gaujveh）也叫kaːu^{3}hau^{1}（gaujhaeu）。前边说了，壮语之中有一部分樟类植物被归到"栲"类里面，故kaːu^{3}（gauj）即"栲"。we^{6}（veh）是"拌"，尤指用手"搅拌"。这一壮名意指"搅拌用的栲树"。hau^{1}（haeu）是"臭"，因此 kaːu^{3}hau^{1}（gaujhaeu）是"臭栲"，此树因有一种辣臭味而得名。因拿来造纸，所以又叫kaːu^{3}çei^{3}（gaujceij），即"造纸用的栲树"。这是樟科植物的乌药，学名*Lindera aggregata*，英文名Combined Spicebush、Chinese Allspice、

Black Medicine。乌药是常绿小乔木，高可达5米，树皮灰褐色。叶革质或近革质，互生，卵形、椭圆形至近圆形，通常长2.7~5厘米，宽1.5~4厘米。幼枝青绿色，叶及嫩枝干后变黑。聚伞花序腋生，果卵形或近球形。生枝叶搓揉或捣烂时有黏稠汁液。[1]

①中国科学院华南植物研究所编，吴德邻主编：《广东植物志》第六卷第55—56页，广州：广东科技出版社，2005年。学名、英文名见中国科学院植物研究所编《新编拉汉英植物名称》第421页。

gaujveh　乌药

9. hot⁸ θa¹（hoed sa），搅纱：搅纱所用的石槽叫ʔan¹ça:u²（aencauz），形如半个剖开的大圆筒。槽口长130厘米，宽100厘米，槽深80厘米。注入大半槽的胶水，将一盆约10公斤的纸浆放入槽中搅拌。待纸浆纤维均匀悬浮于胶水中即可。

10. tak⁷çei³（daek ceij），捞纸：捞纸的工具是竹帘，壮语叫fɯ²（fwz），用细篾条以细丝（今多用尼龙丝）编结，长约68厘米，宽约60厘米。竹帘置于木格上。木格用2厘米厚、4厘米宽的小木板钉成长方形，其尺寸以刚好承接住竹帘为度。端着木格按入胶水中一捞，上下左右一抖动，悬浮的纸浆纤维即均匀附着于竹帘上，形成一层纸膜。拿起木格，在竹帘上用竹刀依固定尺寸截去两头，将竹帘从木格上掀起，倒扣到一竹篾编成的reu¹（reu）小竹垫上。再把竹帘从纸上揭开，一张湿纸即成。每捞一次即得一张纱纸。湿纸依次成叠堆积。如此往复操作，直到积够120张，叫作ta:p⁸（dab），即"叠"。

11. ʔa:n⁵ ①çei³（anq ceij），干纸：捞纸石槽的旁边置一块长方形的宽平石板，石板上刻有纵横小线槽，呈方格状。周边是一深槽，开有缺口排水。此石板叫 ke:k⁷（gek），盖因其上有"格"。捞纸之初，先将小竹垫reu¹（reu）置于石板上，捞起的湿纸就一张张堆积在竹垫上。捞够一叠（120张）后，铺一块木板于层层堆积的湿纸上，用长木条穿于其边上的立柱眼，横压于湿纸之上。长木条的一端加挂石块，以压力除去水分。施压过程是渐次加强，不能一次就加到最重，那会把湿纸挤压成一坨而揭不开。通常是傍晚收工时开始施压，翌晨方可得纸。

12. θa:t⁷ çei³（sat ceij），裱纸：经过一夜施压，湿纸压成了半干纸。把纸逐张揭起，往墙壁、门板等一排溜地裱贴上去，自然风干后即成品纱纸。裱贴叫θa:t⁷（sat），即用棕毛刷子平整地扫压粘贴。②

大的专业作坊或工厂化生产，尚需建一烘干炉。烘干炉叫tak⁸çɯ²（daegcwz），字面意思是"公黄牛"。在炉膛

①ʔa:n⁵是按压，从上边施以重物而压，如ʔa:n⁵ tou⁶fou⁶，压豆腐（把豆浆注入垫有布块的格子中挤压水分）。从语音看，ʔa:n⁵ 当是"按"的借词读音。

②此工艺流程为大化瑶族自治县贡川街上的造纸专业户韦有恒先生所述，韦家祖上九代均以造纸为业。

里烧柴，就在炉的外壁裱贴纸张，利用火力把纸迅速烘干。

把干燥的成品纱纸揭下，叫θou[1] çei[3]（sou ceij）收纸，每40张作一小叠，壮语叫 nap[8]（naeb）。çip[8] nap[8] ku[6] poːk[8]（Cib naeb guh bog），十小叠为一扎。poːk[8]（bog）是“扎”，即400张纸。批量发售是以“扎”来计算的。通常一吨生纱可制作纱纸130~140扎，一公斤生纱大略可得0.4公斤成品。

纱纸生产如今已走向衰落的局面，虽有个别人还在操持此业，然市场有限，终究难成大规模。不过，作为一种民间工艺，只要还有人用纱纸，就会有人来生产。毕竟这一工艺不是高难技术，所需设备及投资不多，只要有技术，单家独户也能经营。所以，这门工艺恐怕还要以目前这种方式存在下去。

有特色的植物自然不止上面讨论的这些。比如枫树，既是高大树木，又是染料植物，同时还被视为庇护村寨的神树。由于人们利用植物是多角度的，所以用途越多的植物，其文化内涵就越丰富。因此，本章所述的特色植物，不管是优良树木、经济林木、药用植物或者是观赏植物，它们之中的大部分都具有十分重要的社会意义。像板蓝、苏木之类，虽然作为染料它们已经过时，但是作为药材，其社会地位却随着医学科技的进步反而得到强化。板蓝可防治许多常见病、多发病，其社会需求量是非常大的，单单板蓝根冲剂一项，就不知有多少病人要用上。这种成药在中国南方几乎成了家庭必备的应急品。姑且不论环境保护、资源物种保护和森林资源永续利用这些方面的重要意义，单纯从发展经济的角度来说，壮族地区农家要开展多种经营，多种植这些特色植物即不失为一条致富的门路。老人常说：jak[7] θɯːŋ[3] mi[2] çi[6] laːi[1] ʔdam[1] fai[4]（Yaek siengj miz cix lai ndaem faex），要想富则多种树。古训虽然简朴，但具有恒久的正确性。

第七章　竹子

竹子是壮乡的重要植物。壮族人民的日常生活与竹关系非常密切，方方面面都有竹子或竹制品。毫不夸张地说，壮家人从生到死，一辈子都离不开竹子。

从科学的分类角度来看，竹类的形态较为特殊复杂。因其非草非木，叶似禾稻且茎秆中空有节，所以植物学家把它们归入禾本科，另列为竹亚科。但在壮语里，很多竹子被视为木材类植物而归入fai⁴（faex）而与各种树木并称。

从实用角度观察，竹类植物可以当作木材来使用。大秆者可直接做杠子、桁条、支架等，小秆者可做围篱、扫把、筷子或各种小物件。篾用竹还可以破开取篾编织席子、箩筐，做各式各样的家用器物。许多竹类的嫩笋可以做菜，是上好的食材。竹子还可以作为造纸原料，极具经济价值。从文化角度观察，不少竹类是出名的景观植物，人们常栽培它来美化环境。竹类有独特的文化内涵，素来被文人雅士所推崇，他们认为竹贵虚心，有节，乃似君子的高洁情操。

一、壮乡的常见竹类

广西气候温暖湿润， 特别适宜竹类生长。中国的竹类有35属500余种[①]，近半数可在广西见到。[②]

① 温太辉主编：《中国竹类彩色图鉴》第2页，台北：淑馨出版社，1993年。

②戴启惠：《广西竹种及其栽培》前言，南宁：广西人民出版社，1987年。

从生长方式看，竹子可分为丛生、散生两大类。如麻竹、车角竹、簕竹、黄金间碧竹等皆为丛生竹。竹丛叫 ça^{2}ʔdok^{7} （cazndoek），ʔdok^{7}（ndoek）是“竹”，ça^{2}（caz）是“丛”。而毛竹、毛金竹、桂竹等则为散生竹，叫ʔdok^{7}ra^{6}（ndoek rah），ra^{6} （rah） 是“漫生”。散生竹往往连片长成竹林，竹林叫ʔdoŋ^{1}ʔdok^{7}（ndoengndoek）。ʔdoŋ^{1}（ndoeng） 是“林子”，ʔdok^{7}（ndoek）是“竹”。从外部形态看，竹类可分为乔木型和灌木型两种。竹秆高大，直径在4~6厘米以上者，如 ko^{1}peu^{1}（gobeu）撑篙竹、fai^{4}fa:i^{2}（faexfaiz） 麻竹、ko^{1}ji:u^{4}（goyiux） 桂竹等，是乔木型竹类。而茎秆细小如 ko^{1}ʔbo:n^{1}（go’mbon） 箬叶竹、wit^{8}wa:ŋ^{2}（vidvangz） 芸香竹、ko^{1}çat^{8}（gocaed） 簕竹等，则是灌木型竹类。

从功能来看，竹类还可以分为观赏型与实用型。方竹、紫竹、大佛肚竹、黄金间碧竹等即为常见观赏型竹种。实用型竹类指日常生活中有实际效用，被派以各种用场的竹子。它们还可以细分为材用竹和篾用竹。如撑篙竹、毛竹、车角竹等，其高大秆多被直接使用，故称之为材用竹。而粉单竹、青皮竹等，主要是用于破取篾条编织器物，故称为篾用竹。也有人将毛金竹、麻竹等品种专用于营林取笋，所以也有笋用竹之说。然笋用竹大多为兼用型，很少有单纯取笋用的竹子。

壮族地区的常见竹类如下：

最容易见到的是 fai^{4}ʔdok^{7}（faexndoek），也叫 ko^{1}ʔdok^{7}（go’ndoek）。但 fai^{4}ʔdok^{7}（faexndoek）不是单一品种，簕竹属的几种植物均叫此名，如簕竹、印度簕竹、鸡窦簕竹等。

箣竹，壮名又有ʔdok⁷ʔon¹（ndoekoen）的说法，学名 *Bambusa stenostachya*，英文名 Narrow-spike Bambusa，秆直立或稍倾斜，成株高8~15米，直径6~10厘米，顶端弯曲，竹壁厚2~3厘米，基部节间近实心，节间长20~40厘米。每小枝有6~10叶，叶片长10~16厘米，宽1~2.5厘米。[①] ʔdok⁷（ndoek）是"竹子"，ʔon¹（oen）是"刺"。箣竹的枝条节上长有3~4厘米的锐刺。

印度箣竹，壮名也叫fai⁴ʔdok⁷（faexndoek）或 ko¹ʔdok⁷（go'ndoek），学名*Bambusa arundinacea*，英文名 Thorny Bambusa。秆高可达14米，直径可达6~7厘米，节间长20~38厘米，竹壁厚1~1.5厘米。小枝有 7~11叶，叶片长 9~11厘米，宽 0.8~1.2厘米。[②]

鸡窦箣竹，壮名同样也叫fai⁴ʔdok⁷（faexndoek）或 ko¹ʔdok⁷（go'ndoek），学名*Bambusa funghomii*，英文名 Funghom Bambusa。秆直立或近直立，成株高 10~15 米，直径 4~6.5厘米，顶端劲直或稍作弧形弯曲，竹壁厚 1~1.5厘米，节间长 20~25厘米。小枝有叶 3~6片，叶片长 5~15厘米，宽 0.5~2.5厘米。[③]

这三种竹子均为密集多刺的丛生竹，人们常在村边、园边、住宅旁栽种作围篱。其竹材又韧又硬，不易招虫蛀。高大的秆条可用作建材，或制作扁担、杠子等。

车角竹也叫 fai⁴ʔdok⁷（faexndoek），因竹节粗大，常用来制作竹筒，竹筒叫ʔbaŋ⁵（mbaengq），故车角竹又称为ʔdok⁷ʔbaŋ⁵（ndoekmbaengq），学名*Bambusa sinospinosa*，英文名 Chinese Thorny Bambusa。秆直立或稍斜立，成株高 8~15米，直径7~14厘米，顶端稍弯曲，竹壁厚约1厘米，基部厚达2~3厘米，节间长30~34厘米。小枝有

①戴启惠：《广西竹种及其栽培》第23页，南宁：广西人民出版社，1987年。学名、英文名见中国科学院植物研究所编《新编拉汉英植物名称》第93页。

②温太辉主编：《中国竹类彩色图鉴》第26页，台北：淑馨出版社，1993年。学名、英文名见中国科学院植物研究所编《新编拉汉英植物名称》第93页。

③戴启惠：《广西竹种及其栽培》第20页，南宁：广西人民出版社，1987年。学名、英文名见中国科学院植物研究所编《新编拉汉英植物名称》第93页。

叶6~8片，叶片长6~20厘米，宽0.6~2厘米。[①]

车角竹的秆高大通直，可作建筑材料，或制作竹排、水管等，基部材是制作扁担、杠子的好料。常见于村边宅旁或水边。其枝条多刺，且纵横交错，人们喜欢栽作绿篱。

不少地方也把毛竹称为fai⁴ʔdok⁷（faexndoek）、ko¹ʔdok⁷（go' ndoek）或ʔdok⁷maːu⁶ɕu⁶（ndoekmauzcuz）。毛竹在融安、融水、三江、龙胜、资源等地很常见。

毛竹，ʔdok⁷maːu⁶ɕu⁶（ndoekmauzcuz），学名*Phyllostachys edulis*，英文名Moso Bamboo。秆直立，顶端稍弯曲，成株高10~15米，极少数可达20米以上，直径7~12厘米，极少数可达20厘米以上，竹壁厚5~10毫米，节间长30~40厘米。小枝有叶2~3片，叶片长4~11厘米，宽0.5~1.2厘米。[②]maːu⁶ɕu⁶（mauzcuz）是毛竹的汉借词读音。

毛竹是广泛分布的竹种，广西各地均有栽培，但以柳州、桂林、梧州三市辖区的人工林为最多。毛竹笋材兼用，经济意义很大。建筑上常用来做脚手架、竹排或搭建工棚。其篾柔韧，可编织精美竹器。其材质厚实且容易加工，人们常用来制作筷子、笔筒等，有些还剖开用作简易楼板等。

毛竹虽也以ʔdok⁷（ndoek）得名，但却不是簕竹属，而另列为毛竹属。以ʔdok⁷（ndoek）得名的尚有下边几种竹子：

ʔdok⁷ho⁶fok⁸（ndoekhohfoeg）大佛肚竹，学名*Bambusa vulgaris* cv. Wamin，英文名Buddha Common Bamboo。成株秆高约5米，直径 5~10厘米，节间长5~17厘米，呈葫芦状短缩，有时屈曲。小枝有叶 7~11片，叶片长21~28厘米，宽1.5~2.6厘米。[③] ʔdok⁷（ndoek）是“竹”，ho⁶（hoh）是

①戴启惠：《广西竹种及其栽培》第24—25页，南宁：广西人民出版社，1987年。学名、英文名见中国科学院植物研究所编《新编拉汉英植物名称》第93页。

②学名见覃海宁、刘演主编《广西植物名录》第485页，北京：科学出版社，2010年。形态描写见戴启惠《广西竹种及其栽培》第119—121页，南宁：广西人民出版社，1987年。英文名见中国科学院植物研究所编《新编拉汉英植物名称》第542页。

③温太辉主编：《中国竹类彩色图鉴》第67页，台北：淑馨出版社，1993年。学名、英文名见中国科学院植物研究所编《新编拉汉英植物名称》第93页。

ndoekhohfoeg　大佛肚竹

“节”，fok[8]（foeg）是“肿，肿胀”，指此种竹子节间膨大鼓胀。

大佛肚竹是著名的观赏竹种，竹秆如同花瓶状，形态奇异美观，人们常种植于庭院或公园，用来美化环境。其秆可制作笔筒、台灯柱等工艺品。

佛竹，壮名ʔdok[7]toŋ[2]ʔiːn[1]（ndoekdoengzien），学名*Bambusa ventricosa*，英文名Buddha Bamboo。秆有两种：成株正常秆高 3~7米，直径 2~3厘米，节间长20~30厘米；畸形秆高 30~60厘米，直径0.5~1.5厘米，节间甚短，仅2~5厘米，中下部节肿胀呈花瓶形。两种秆节间均为绿色，畸形秆的枝条也常是畸形的。小枝有叶7~13片，叶片长6~15厘米，宽1~1.5厘米。佛竹多为盆栽的园艺品。秆高60厘米以下者，多数为畸形秆，超过60厘米以上者多为正常秆。[①]

若栽于庭院，需用砖石围成小坑，把竹种在坑内，其根不能远伸，生长受限制，则多长畸形秆。畸形秆的佛竹除供观赏，尚可用来制作伞柄、烟筒、烟斗等工艺品。壮族地区抽烟的老人很喜欢用佛竹做烟筒，其壮名即因此而得。toŋ^{2}（doengz）是“筒”，ʔiːn^{1}（ien）是“烟”，toŋ^{2}ʔiːn^{1}（doengzien）即“烟筒”。

黄金间碧竹，壮名ʔdok^{7}kim^{1}（ndoekgim），学名*Bambusa vulgaris* cv. Vittata，英文名 Greenstripe Common Bamboo。秆直立或近直立，成株高 7~12 米，直径 5~8 厘米，顶端弯曲，竹壁厚约 1 厘米，节间长 20~40 厘米。秆初时呈红黄色，以后变为金黄色，间有绿色纵条纹。[②]其壮名 kim^{1}（gim）是“金”，因秆之黄色而得。

壮语称之为ʔdok^{7}kim^{1}（ndoekgim）、fai^{4}ʔdok^{7}kim^{1}（faexndoekgim）或 kim^{1}ɕuk^{7}（gimcuk），是因其秆色黄如金。此竹色彩艳丽，是著名的观赏竹种。金黄色的高大竹秆上有浓密的绿叶，微风吹拂，竹枝摇曳，很是赏心悦目。

方竹，壮名ʔdok^{7}fuːŋ^{1}（ndoekfueng），也叫 ko^{1}fuːŋ^{1}（gofueng），学名*Chimonobambusa quadrangularis*，英文名Square Bamboo。秆直立，成株高2~8米，直径0.5~4厘米，竹壁厚约3毫米。节间长10~22厘米，略呈方形，表面绿色或暗绿色。叶片薄，长8~20厘米，宽1~3厘米。[③]

方竹在桂北山区有天然分布，各地都有栽培，是珍贵的竹种，观赏价值极高。 常栽培于庭院、公园或风景名胜处，有美化环境之效。秆可制作手杖等工艺品。方竹虽然归到ʔdok^{7}（ndoek）之列，但植物分类学上它不是簕竹属，而另列为方竹属。

①戴启惠：《广西竹种及其栽培》第45—46页，南宁：广西人民出版社，1987年。学名、英文名见中国科学院植物研究所编《新编拉汉英植物名称》第93页。

②温太辉主编的《中国竹类彩色图鉴》第67页以大琴丝竹为正名，将黄金间碧竹作异名。学名、英文名见中国科学院植物研究所编《新编拉汉英植物名称》第93页。

③戴启惠：《广西竹种及其栽培》第138—139页，南宁：广西人民出版社，1987年。学名、英文名见中国科学院植物研究所编《新编拉汉英植物名称》第179页。

此外，更多的竹类以fai⁴（faex）或 ko¹（go）来作大类别词。这些名称也从语言角度体现了壮族民众对竹类的观察与识别。

麻竹，壮名fai⁴faːi²（faexfaiz），也叫 ko¹faːi²（gofaiz），学名*Dendrocalamus latiflorus*，英文名Broad-flower Dendrocalamus。秆近直立，成株高10~15米或更高，直径8~15厘米，顶端呈弓形下垂，竹壁厚1.5厘米，节间长40~50厘米。小枝有叶6~10片，叶片大型，长18~30厘米，宽4~8厘米，或更大。[①]

①戴启惠：《广西竹种及其栽培》第73—74页，南宁：广西人民出版社，1987年。学名、英文名见中国科学院植物研究所编《新编拉汉英植物名称》第251页。

fai⁴faːi²（faexfaiz）也叫甜竹，是笋材两用竹。其笋不仅味道清甜，且个头粗大，鲜食或加工成干品均好。因其优质高产，所以经济价值特别突出。竹材剖裂性好，可取篾编织器物。竹秆粗大，亦可做竹筏、水管、棚架等。由于用途多，竹丛高大，出材率高，且枝叶青翠，浓荫遮蔽，人们很喜欢在村边屋旁栽种，兼收绿化之功效。

吊丝竹，壮名fai⁴θei¹（faexsei），又叫 ko¹θei¹（gosei），学名*Dendrocalamus minor*，英文名Small Dendrocalamus。秆近直立，成株高6~8米， 直径3~6厘米，顶端弓形弯曲下垂，竹壁厚5~5.5毫米，节间长30~40厘米。小枝有叶6~8片，叶片通常长10~25厘米，宽1.5~3厘米；较大的叶片长30~35厘米，宽6~7厘米。[②] θei¹（sei）在壮语中是“丝”之义。

②戴启惠：《广西竹种及其栽培》第75页，南宁：广西人民出版社，1987年。学名、英文名见中国科学院植物研究所编《新编拉汉英植物名称》第251页。

吊丝竹在广西各地均有栽培。其篾韧性好，是编织各种精细竹器的材料。以之制作的凉椅或编织的竹席，清凉光洁，夏季特别招人喜爱。竹丛青翠秀丽，种于庭院或宅屋四周，可美化环境，以供观赏。

青皮竹，壮名θei¹moːŋ¹（seimong），学名*Bambusa textilis*，英文名Chinese Textile Bambusa。丛生，秆直立或

略偏斜，成株高6~10米，直径3~6厘米，顶端弯垂，竹壁厚2~5毫米，节间长50~70厘米。小枝有叶8~12片，叶片长16~22厘米，宽1.5~2.2厘米。① moːŋ^{1}（mong）是“灰，灰色”，盖因此竹秆上覆盖有一层灰白的粉状物而得名。

青皮竹节间长，篾条坚韧，容易剥析，适宜编织各种精致竹器，是主要的篾用竹种之一。因其经济价值较大，且对水土要求不苛，随处可种，用来营造竹林非常适宜。

大眼竹，壮名θei^{1}ta^{1}kjo^{5}（seida’gyoq），学名 *Bambusa eutuldoides*，英文名 Large-eye Bambusa。秆直立或近直立，成株高 8~12 米，直径 4~6.3 厘米，顶端弯曲，竹壁厚约 5 毫米，节间长 30~40 厘米。小枝有叶 4~8片，叶片长 12~18 厘米，宽 1.2~2 厘米。② θei^{1}（sei）是“丝”。因其节间长且常作篾材使用，故把它归入吊丝竹类以 θei^{1}（sei）命名。ta^{1}（da）是眼，kjo^{5}（gyoq）是“小团，小块”，指此竹之节眼大且突出而呈小块状。

粉单竹，壮名ko^{1}kon^{1}（gogoen），学名*Bambusa chungii*，英文名Chung Bambusa。秆直立或近直立，通常高5~10米，最高可达18米，直径3~5厘米，秆顶端微弯曲，竹壁厚3~5毫米，节间长30~110厘米。小枝有叶6~8片，叶片通常长7~21厘米，宽1~3厘米。③

粉单竹的节间很长，竹篾韧性好，是编织各种精美竹器的上好用材，也是造纸的原料之一。箫、笛等乐器常选用此竹来制作。ko^{1}kon^{1}（gogoen）是壮乡主要的篾用竹种。竹丛挺拔秀丽，竹叶随风摇曳，优美多姿。人们常在村边宅旁栽种，兼得绿化之宜。许多村庄因盛产此竹而以 kon^{1}（goen）命名，用汉字记音时常写为“昆”“坤”等。

单竹，壮名ko^{1}taːn^{1}（godan），学名*Bambusa cerosissima*，

①戴启惠：《广西竹种及其栽培》第42—43页。南宁：广西人民出版社，1987年。学名、英文名见中国科学院植物研究所编《新编拉汉英植物名称》第93页。

②戴启惠：《广西竹种及其栽培》第35—36页，南宁：广西人民出版社，1987年。学名、英文名见中国科学院植物研究所编《新编拉汉英植物名称》第93页。

③戴启惠：《广西竹种及其栽培》第49—51页，南宁：广西人民出版社，1987年。学名、英文名见中国科学院植物研究所编《新编拉汉英植物名称》第93页。

gogoen　粉单竹

英文名Cerated Bambusa。秆直立或近直立，成株高3~7米，直径2~5厘米，竹壁厚2~4毫米，秆顶呈弓形下垂，节间长30~60厘米。小枝有叶4~8片，叶片长16~20厘米，宽1.5~2厘米。①

单竹也是主要篾用竹种之一。因其茎秆光洁秀气雅致，人们常种于村边路旁或房前屋后，既能产生经济价值，又有绿化环境之功效。

撑篙竹，壮名ko^{1}peu^1（gobeu），学名*Bambusa pervariabilis*，英文名Punting Pole Bambusa。竹秆直立，成株高10~15米，直径4~6厘米，顶端微弯，竹壁厚约8毫米。小枝有叶4~6片，叶片长9~14厘米，宽1~2.5厘米。②

ko^{1}peu^1（gobeu）的另一壮名叫ko^{1}çuk^{7}kaːu^1

①戴启惠：《广西竹种及其栽培》第51—53页，南宁：广西人民出版社，1987年。学名、英文名见中国科学院植物研究所编《新编拉汉英植物名称》第93页。

②戴启惠：《广西竹种及其栽培》第46—48页，南宁：广西人民出版社，1987年。学名、英文名见中国科学院植物研究所编《新编拉汉英植物名称》第93页。

（gocukgau），因其秆通直匀称，结实坚韧，大小适中，船家常用来作撑篙而得名。çuk⁷ka:u¹（cukgau）是“竹篙”。建筑上常用此竹来搭脚手架、工棚架。篾可编竹笼、篓子等粗竹器。竹秆是造纸原料。撑篙竹喜欢疏松湿润的土壤，根系发达，枝叶茂密。壮乡民众常将其种于河岸、堤坝边上作防护林。

桂竹，壮名ko¹ji:u⁴（goyiux），学名*Phyllostachys bambusoides*，英文名Giant Timber Bamboo。秆直立，成株高6~10米，直径6~12厘米，最粗可达16厘米，竹壁厚约5毫米，节间长30~40厘米。小枝有叶3~6片，叶片长7~15厘米，宽1~2.5厘米。①

桂竹材质坚韧，是优良的篾用竹种，可作建筑、家具材料，笋可食。

苦竹，壮名ko¹pau²（gobaeuz），学名*Arundinaria amara*，也作*Pleioblastus amarus*，英文名Bitter Bamboo。成株秆高3~5米，直径1.5~2厘米。节间圆筒形，幼时呈绿色或绿紫色，具粉状斑点，老时呈黄绿色。叶椭圆状披针形，长4~20厘米，宽2~2.9厘米。②

苦竹秆可做成蚊帐竿、伞柄或瓜、豆的支架等。笋带苦味，要用水浸泡，漂去苦味后方可食用。

慈竹，壮名ko¹çei²（goceiz），学名*Bambusa emeiensis*，英文名Omei Mountain Bambusa。秆直立，成株高5~10米，或达15米，直径3~6厘米，尾梢弧形外弯，或悬垂如钓丝状。节间圆筒形，长15~30厘米，个别可达60厘米，被灰白色小刺毛，壁薄。叶在最后小枝上，有十数片。笋微苦，可食。③

慈竹枝叶青翠，秆光洁，人们常栽培在房屋周边作为景观植物，兼作笋、篾两用。篾片可编织精细竹器。

①戴启惠：《广西竹种及其栽培》第119页，南宁：广西人民出版社，1987年。学名、英文名见中国科学院植物研究所编《新编拉汉英植物名称》第541页。

②中国科学院华南植物园编，吴德邻主编：《广东植物志》第九卷第297页，广州：广东科技出版社，2009年。学名、英文名见中国科学院植物研究所编《新编拉汉英植物名称》第557页。

③中国科学院华南植物园编，吴德邻主编：《广东植物志》第九卷第257页，广州：广东科技出版社，2009年。学名、英文名见中国科学院植物研究所编《新编拉汉英植物名称》第93页。

摆竹，壮名ko¹pai⁵（gobaeq），学名*Indosasa shibataeoides*，英文名Shibataealike Indosasa。成株秆高约15米，直径约10厘米，节间长40~50厘米，初时绿色，后黄色，常具不规则的褐紫斑点或斑纹，节下方具白粉。叶鞘紫色，叶椭圆状披针形，长8~22厘米，宽1.5~3.5厘米。笋可食用，秆可制作家具，或做杠子、扁担等。因其材质强韧，也常用来搭建临时工棚或脚手架，或做简易房的桁条，破开后可做楼板等。摆竹是高大竹丛，壮族民众常在村边或后山等处种植，以之充当绿篱的同时，还能绿化环境，且兼得材用。[①]

①中国科学院华南植物园编，吴德邻主编：《广东植物志》第九卷第307页，广州：广东科技出版社，2009年。学名、英文名见中国科学院植物研究所编《新编拉汉英植物名称》第383页。

紫竹，壮名ko¹ʔdam¹（go'ndaem），学名*Phyllostachys nigra*，英文名Black Bamboo。秆近直立，顶端弯曲，成株高3~6米，最高可达10米，直径2~4厘米。节间20~30厘米，幼时淡绿色，以后颜色则由淡绿渐变为紫色，最后成黑色。小枝有叶2~3片，叶片长4~10厘米，宽1~1.5厘米。[②] ʔdam¹（ndaem）是“黑，黑色”，壮名即因其茎秆呈紫黑色而得。

②戴启惠：《广西竹种及其栽培》第129—130页，南宁：广西人民出版社，1987年。学名、英文名见中国科学院植物研究所编《新编拉汉英植物名称》第542页。

紫竹在桂西桂北的土山石山地区有野生或栽培，其秆颜色雅致，枝叶婆娑，是上佳的观赏竹种。用紫竹制作书架、烟杆、手杖和箫、笛等，其天然色泽自有一番独特情趣。紫竹材质强韧，弹性好，是做钓鱼竿的优质品种。

毛金竹，壮名ko¹rot⁸（goroed），学名*Phyllostachys nigra* var. henonis，英文名Henon Bamboo。秆高可达7米以上，直径3~7厘米。小枝有叶2~3片，叶片长5~10厘米，宽1.5~2.5厘米。毛金竹是散生竹，常连片生长成竹林。[③]

③温太辉主编：《中国竹类彩色图鉴》第170页，台北：淑馨出版社，1993年。学名、英文名见中国科学院植物研究所编《新编拉汉英植物名称》第542页。

毛金竹的外形与紫竹非常接近，区别在于秆的颜色不是紫黑色。毛金竹的幼秆为青绿色，老秆灰绿色或黄绿色，干后淡黄色。毛金竹可做撑篙、棚架以及竹桌、竹椅、竹书架等家具，亦可劈取篾片编织各种精美竹器。因其秆质地坚韧，弹性好，人们常用作钓鱼竿或鱼罾的撑竿。

其笋叫raːŋ^{2}rot^{8}（rangzroed），可食，以农历七月前后为盛产期。用清水浸泡两三天去掉青涩味后，有一股清香味，鲜炒食甚为得宜。可素炒直接作菜，也可以跟肉同炒，荤素搭配。切丝、切片后水汆，可加工成干笋，能长期保存，是著名的山货。干笋用热水泡软后，可入汤，亦可与肉同炒，食法甚多。

篱竹，壮名ko^{1}ɕat^{8}（gocaed），学名*Pseudosasa cantori*，英文名Hinds Cane。成株秆高2~3米，直径5~10毫米，竹壁厚2~4毫米，节间长15~20厘米。小枝有叶7~10片，叶片长9~20厘米，宽1.4~1.7厘米。① ɕat^{8}（caed）在壮语里意思为因营养不良而“矮小，长不大”。

篱竹是散生的小型竹类，常用来捆扎成大扫把。壮语称大扫把为θaːu^{5}kja^{2}（sauqgyaz）或θaːu^{5}pat^{7}kwaːŋ^{4}（sauqbaetgvangx），专用来扫大街或扫户外树叶、垃圾等。θaːu^{5}（sauq）是“扫”，kja^{2}（gyaz）是“破坏性使用”，因人们认为“扫把”是贱物，可以肆意使用而不必珍惜，故而得名。θaːu^{5}pat^{7}（sauqbaet）是“扫把”，kwaːŋ^{4}（gvangx）在这里是“横扫”的意思。篱竹有时也砍来做菜园的篱笆，其汉名即由此而得。

箬叶竹，壮名ko^{1}ʔboːn^{1}（go'mbon），也叫箬竹，学名*Indocalamus longiauritus*，英文名Longauricle Indocalamus。秆近直立，成株高1~3米，直径5~10毫米，竹壁厚约2毫米，节间长10~15厘米。小枝有叶1~3片，叶片大型，长

①戴启惠：《广西竹种及其栽培》第106—108页，南宁：广西人民出版社，1987年。学名、英文名见中国科学院植物研究所编《新编拉汉英植物名称》第589页。

10~35厘米，宽2~8厘米。秆可做筷子或毛笔杆儿，叶用来包粽子，或做斗笠、船篷的衬垫。①

芸香竹，壮名wit^{8}waːŋ^{2}（vidvangz），学名*Monocladus amplexicaulis*，英文名Gramineae、Rue Bamboo。这是一种丛生的竹子，成株秆高2~5米，直径0.5~1.5厘米，节间长30~50厘米，枝条长0.5~3米。叶片大型，通常长25~40厘米，宽4.5~8厘米。②

芸香竹广泛分布于石灰岩石山地区，山区民众常砍来充当柴薪。其秆圆筒形，青绿色或青黄色，光滑，节平，竹壁厚，几近实心。可破开取篾编织泥箕或筐子等，是上好的造纸原料。可用来做围篱，搭瓜、豆架等。叶子常用来做斗笠、雨篷的夹层衬垫。因采伐过度，现芸香竹资源大量减少，故被列入珍稀保护植物。

wit^{8}waːŋ^{2}（vidvangz）在壮语里是一个联绵词，有些地方也音变读作jit^{8}jaːŋ^{2}（yidyangz），估计“芸香”即jit^{8}jaːŋ^{2}（yidyangz）的记音用字。

壮乡的竹类远远不止这些，然这些都是比较常见且相当有名的品种。另外，有不少竹子只知其壮名，如ko^{1}fuːŋ^{2}（gofuengz）、ko^{1}tei^{2}（godeiz）、ko^{1}jeːŋ^{1}（goyeng）、ko^{1}pa^{2}（gobaz）等，它们的学名为何，至今仍未确认。

二、常用的竹器

壮乡竹子多，以竹子制作的器物种类也很丰富。竹器编织是一个行业。擅长编织技艺的工匠就叫ɕaːŋ^{6}ta^{3}θaːn^{1}（canghdajsan）。ɕaːŋ^{6}（cangh）即“匠，匠人，工匠”，θaːn^{1}（san）是“编织”，ta^{3}θaːn^{1}（dajsan）是“从事编

①戴启惠：《广西竹种及其栽培》第93—94页，南宁：广西人民出版社，1987年。学名、英文名见中国科学院植物研究所编《新编拉汉英植物名称》第382页。

②芸香竹的学名、英文名及形态描写见互动百科 https://baike.baidu.com/item/互动百科/，2016年7月22日搜索。

织”。因编织要用篾条，以此为业的人也叫篾匠，故壮语又有ɕaːŋ^{6}tuk^{7}（canghduk）之称。tuk^{7}（duk）即“篾条”。

破竹取篾，壮语叫 luːi^{6} tuk^{7}（luih duk）。剖开竹秆得到的厚篾片叫tuk^{7}tɯːk^{7}（dukdiek）。从tuk^{7}tɯːk^{7}（dukdiek）上剥取的篾青叫tuk^{7}naŋ^{1}（duknaeng）或tuk^{7}heu^{1}（dukheu）。heu^{1}（heu）是“青”。篾青是表层，故称之为 naŋ^{1}（naeng），即“皮”。篾青之下的篾黄叫tuk^{7}tuŋ^{4}（dukdungx）或 tuk^{7}no^{6}（duknoh）。篾黄在青皮之下，故用tuŋ^{4}（dungx）“肚”、no^{6}（noh）“肉”来比况。篾黄还能剥取篾条。紧接篾青的第二道篾叫tuk^{7}ŋei^{6}（dukngeih），ŋei^{6}（ngeih）即“二”。第三道篾叫tuk^{7}θaːm^{1}（duksam），θaːm^{1}（sam）即“三”。这两种篾比较脆软，不如篾青坚韧光滑，但还可以用来编织比较粗糙的用器。此后所余的废篾叫tuk^{7}hai^{4}（dukhaex），除了烧火外，tuk^{7}hai^{4}（dukhaex）已派不上用场。因属废弃之物，所以才冠以 hai^{4}（haex）。hai^{4}（haex）即“粪便，废物”。

竹器种类甚多。简易一些的，有装鸡鸭的笼子rap^{7}（raep）、装猪的笼子θoːŋ^{2}mou^{1}（songzmou）、装木炭杂物的篓子kjoi^{1}（gyoi）。精致一些的，有尖头斗笠 kjap^{7}koːk^{7}（gyaepgok）、提篮ʔdi^{3}（ndij）、簸箕ʔdoŋ^{3}（ndoengj）等。各种精巧的竹扇、竹枕、竹提箱等，则可视为艺术品。顾及篇幅，这里只能选择其中的常用品种略加介绍。

（一）家用竹器

壮家人的厨房里就有不少家用竹器。竹篾编的锅盖叫ŋum^{6}（ngumh）或wai^{5}ŋum^{6}（vaeqngumh），用在桌面上罩住饭菜不让苍蝇爬的竹罩子叫ɕa^{1}rap^{7}（caraep），菜篮子叫θɯ^{4}（swx），竹制的量筒或容器叫ʔboːk^{7}（mbok）。ʔboːk^{7}（mbok）作容器，有装筷子的ʔboːk^{7}taɯ^{6}（mbokdawh）筷筒、放针线的ʔboːk^{7}ɕim^{1}（mbokcim）针筒、盛油的ʔboːk^{7}jou^{2}（mbokyouz）油筒、储存硬币的ʔboːk^{7}ŋan^{2}（mbokngaenz）钱筒，还有ʔboːk^{7}pit^{7}（mbokbit）笔筒，等等。吹火筒叫ʔboːk^{7}kjoːŋ^{3}（mbokgyongj），kjoːŋ^{3}（gyongj）是“管子”。量米筒叫ʔbat^{7}（mbaet），按容量分有250克、

500克、1000克等不同的规格。竹筒做的水瓢叫 roːk^{7}ʔbaŋ^{5}（roekmbaengq），量酒、醋的提子叫 lɯk^{8}koːk^{7}（lwggok）或ʔan^{1}koːk^{7}（aengok）。lɯk^{8}（lwg）是“子”，ʔan^{1}（aen）是“个”，koːk^{7}（gok）是“角”。这些竹筒量具，有50克、100克至500克等不同的规格。外出劳作用于盛粥、装开水的竹筒叫ʔduŋ^{5}（ndungq）。一些地方把两节大竹中间的横隔板打通，用来挑水、背水，这种大竹筒叫ʔbaŋ^{5}（mbaengq）。ʔduŋ^{5}（ndungq）和ʔbaŋ^{5}（mbaengq）用作容器，故有ʔduŋ^{5}lau^{3}（ndungqlaeuj）酒筒、ʔbaŋ^{5}ŋaːi^{2}（mbaengqngaiz）饭筒等说法。洗菜淘米用的筲箕ɕaːp^{7}kei^{1}（capgei），烤火时防止接触火用的火罩子kjam^{2}fei^{2}（gyaemzfeiz），都是竹制品。一些地方还有竹碗、竹酒杯、竹椅、竹桌、竹床等用器。

餐具中中国人最熟悉的当数筷子。筷子叫 taɯ^{6}（dawh），这是每日必用的餐具，以至一提及它人们立即就联想到吃饭：

te^{1} ɕaŋ^{2} ʔdai^{3} kam^{1} taɯ^{6} hat^{7}nei^{4}.

De caengz ndaej gaem dawh haetneix.

他 尚未 得 拿 筷 早 这

今早他还没有拿筷子。

这是说某人一大早起来还没有得进食。筷子虽然也有用其他材料来制作的，但占主要地位的还是竹子。竹筷得以盛行，一是材料易得，制作方便；二是物美价廉，耐用实惠。

类似筷条的器物也以 taɯ^{6}（dawh）来命名。冬天烤火，火盆边上总有一双火筷。不管是金属或是竹木，夹炭火的火筷都叫 taɯ^{6}fei^{2}（dawhfeiz），fei^{2}（feiz）是“火”。煮玉米粥用来搅拌的竹叉叫 taɯ^{6}hot^{8}（dawhhoed），hot^{8}（hoed）是“搅拌”。水开了往锅里撒玉米粉，得不停地用竹叉搅拌，以免玉米粉结成小团（壮语称粥中结成团的小疙瘩为lɯk^{8}nou^{1}，即lwgnou）。壮家农户常常煮玉米粥，厨房里一般都会备有一把竹叉。①

与筷子齐名的还有 le^{5}（leq）。le^{5}（leq），壮语工具书解释为木制饭铲。② 其实 le^{5}（leq）更多的是用竹板削成。取一块厚0.6~0.8厘米，宽6~8厘米，长25~30厘米的竹片，把端口削平削薄，从中部往上端削小做把子，这就是舀饭的饭铲。竹木饭铲与炊具摩擦，一般不会损坏炊具。壮族熟语有ŋaːi^{2} neːm^{1} le^{5}，lɯk^{8} neːm^{1} me^{6}（Ngaiz nem leq，lwg nem meh），饭粒粘饭铲，孩儿恋母亲。这话指小孩依恋母亲是天性，犹如饭粒粘附在饭铲上一样。

le^{5}（leq）不仅仅指舀饭的厨具，许多有类似功能的器物也以le^{5}（leq）命名。泥水匠用的灰刀叫le^{5}nai^{2}（leqnaez），往脚手架上抛送砖头的木铲叫 le^{5}ɕiːn^{1}（leqcien），后者形状如同一柄划船的木桨。

肩胛骨叫ʔdoːk^{7}le^{5}（ndokleq）。农民常把猪、牛的肩胛骨绑上一截竹柄，称为 le^{5}hai^{4}mou^{1}（leqhaexmou）猪粪铲，捡粪时用来把粪便往泥箕里拨。肩胛骨用作农具不是现代壮家人的发明。浙江余姚市的河姆渡遗址，距今约7000年，因发现大量的稻谷、稻秆、稻叶堆积而举世瞩目。该遗址出土了不少农具，如骨耜、木耜等。骨耜的材料即猪、牛等大牲畜的肩胛骨。③ 可见，壮语把肩胛骨称为ʔdoːk^{7}le^{5}（ndokleq），用意很清楚，它可以用来制作农具。

与厨具相似，卧具也有一系列竹制品。挂蚊帐的竹竿叫θaːu^{4}riːp^{7}（sauxriep），θaːu^{4}（saux）是“竹竿”，riːp^{7}（riep）是“蚊帐”。竹枕叫θɯi^{2}tuk^{7}（swizduk），θɯi^{2}（swiz）是“枕头”，tuk^{7}（duk）是“竹篾，竹片”。竹席叫θaːt^{7}（sat），竹席下的竹垫子叫la^{6}liːk^{8}（lahlieg）。凉躺椅叫taŋ^{5}liːk^{8}（daengqlieg），taŋ^{5}（daengq）是“凳”，

①火筷、竹叉见蒙元耀：《壮语常见植物的命名与分类》附录5之图24、图25，南宁：广西民族出版社，2006年。

②广西壮族自治区少数民族语言文字工作委员会研究室编：《壮汉词汇》第462页，南宁：广西民族出版社，1984年。

③李炳东、俞德华主编：《中国少数民族科学技术史丛书（农业卷）》第102—103页，南宁：广西科学技术出版社，1996年。

liːk^{8}（lieg）是“厚竹片”。摇篮叫ʔou^{5}（ouq）。这些卧具以透风凉爽为主要特点。

（二）搬运工具

人力搬运工具中最简单的是杠子，壮语称之为kaːŋ^{5}（gangq），即抬运重物的粗长木棒或大竹秆。竹杠子以中空轻便、坚韧光滑而特受欢迎。毛竹、桂竹、撑竹、车角竹等结实高大的竹秆，是制作杠子的好材料。

扁担是 haːn^{2}（hanz），通常是选取弹性好的坚韧老竹秆来剖开加工而成。扁担是常用工具，一般农户都会备有好多根。根据不同的用途，扁担会制作成不同的式样。挑水用的扁担叫 haːn^{2}ram^{4}（hanzraemx）。这种扁担的两头有竹节疙瘩，承重下弯后，疙瘩可以阻止所挑之物滑脱。挑柴草的扁担叫 haːn^{2}fɯn^{2}（hanzfwnz）、haːn^{2}ha^{2}（hanzhaz）。fɯn^{2}（fwnz）是“柴”，ha^{2}（haz）是“茅草”。因挑担时要往柴火或禾草里扎，所以这类扁担不但长，而且两头还要尖，因而又称为 haːn^{2}θom^{1}（hanzsoem）。θom^{1}（soem）即“尖”。

与扁担配合使用的工具主要有 pe^{6}（beh）、lo^{2}（loz）、tam^{6}（daemh）、kjoi^{1}（gyoi）、poŋ^{4}loŋ^{4}（boengxloengx）等。

pe^{6}（beh）是“泥箕”，也有人称之为 kei^{1}（gei）。kei^{1}（gei）即“箕”的古汉借词读音。《壮汉词汇》把 pe^{6}（beh）列为kei^{1}pɯn^{6}（geibwnh）的方言词①，不妥。kei^{1}pɯn^{6}（geibwnh）是“粪箕”。pe^{6}（beh）只能与 kei^{1}（gei）相当，如：ʔan^{1}pe^{6}（aenbeh）是ʔan^{1}kei^{1}（aengei），即“泥箕”；pe^{6}pjak^{7}（behbyaek）是 kei^{1}pjak^{7}（geibyaek），即“菜箕”；pe^{6}ȵaːp^{7}（behnyap）等于 kei^{1}ȵaːp^{7}（geinyap），是“垃圾撮箕”。泥箕是常用运载工具。为了方便挑运，

①广西壮族自治区少数民族语言文字工作委员会研究室编：《壮汉词汇》第35页，南宁：广西民族出版社，1984年。

人们常用竹子给泥箕装上提梁。提梁叫koːŋ^{5}（gongq），带提梁的泥箕叫pe^{6}koːŋ^{5}（behgongq）。用长绳代替提梁的泥箕叫pe^{6}ɕaːk^{8}（behcag）。ɕaːk^{8}（cag）即“绳子”。不装提梁也不用绳子的泥箕叫pe^{6}ʔdo^{5}（behndoq）。ʔdo^{5}（ndoq）即“光，光秃”之义。

lo^{2}（loz）是“箩”，亦叫“竹箩，箩筐”。方底圆身敞口。底略小，箩身渐大， 接近箩口处有所收缩，有如鼓形。编箩的经篾是扁篾，纬篾是细小的方形篾，厚度2~3毫米。因此箩比较细密，常用来搬运或储存粮食。箩一般用长绳做提耳，以便挑运。

tam^{6}（daemh）是“矮箩”。底方形，边长35~40厘米，底部有木条对角交叉作为受力的横担。矮箩高约30厘米，口近圆形，有盖。以薄篾片织成“人”字纹，青皮朝里面，很密实，可以装玉米粉、米糠等而不泄漏。常用来装运谷物等。

kjoi^{1}（gyoi）是“竹篓”。底略小，开口大，敞口向上，篓口边上有提耳。可用扁担穿过提耳，或挑或抬；也可以在竹篓上拴绳子作为背带，把它当作背篓用。

poŋ^{4}loŋ^{4}（boengxloengx）是有盖的防雨竹箩。圆筒形，直径45~50厘米，高约60厘米，近箩口处逐渐往里收缩，故箩壁与箩口之间形成肩状，箩口比箩底小10厘米左右。盖子犹如一个浅盘倒扣在箩口上。编织所用的竹篾细薄，织成双层，中间竖着夹以竹叶或油纸，形成防雨层。过去小商贩以此为货郎担，挑着日用品走村串寨叫卖。

除了上述几种，常见的竹编装载工具还有ʔbuːp^{7}（mbuep）挎篓、ʔdi^{3}（ndij）提篮、kweːŋ^{1}（gveng）小筐、tuːŋ^{5}（duengq） 吊篮、θɯ^{4}（swx）菜篮、jiːn^{3}（yienj）笕（即小提篮）等等。这些工具是人们下田间劳动时常常随身携带的，遇上一些要采集的东西，如瓜果蔬菜等，随手就往这些工具里装。

用来搬运东西的竹器远远不止这些，而且各地竹器的形制也不尽相同。不管是大同小异还是形态各异，人们都就地取材，以简便实用的方法制作了形形色色的搬运工具，满足了日常生活的需要。

（三）农用竹器

竹制的农具不少，许多长柄农具就直接用上竹竿。如从粪池里舀粪的 roːk^{7}huŋ^{1}（rokhung）长柄大瓢，淋菜用的roːk^{7}koːn^{6}（rokgonh）戽水瓢，其柄常常就是用竹竿做成。roːk^{7}（rok）是“瓢”，huŋ^{1}（hung）是“大”，koːn^{6}（gonh）是“戽”。有一种竹筒瓢叫roːk^{7}ʔbaŋ^{5}（rokmbaengq），就是用带枝条的竹节截短而成的。竹枝是天然的瓢柄，粗短的竹筒就是一个瓢。ʔbaŋ^{5}（mbaengq）是“竹筒”。挖厩肥用的钉耙叫faːk^{8}ȵaːu^{3}（fagnyauj）。faːk^{8}（fag）是“把”，ȵaːu^{3}（nyauj）是“爪”。这种农具的柄常常就是竹材。翻晒谷物的齿耙叫taŋ^{5}kjaːu^{2}（daengqgyauz），其齿与柄也是竹制的。过去铁器不太普及，耙具上的耙齿fan^{2}raːu^{5}（faenzrauq）就用坚硬的竹材来制作。像ko^{1}peu^{1}（gobeu）撑篙竹、ko^{1}rot^{8}（goroed）毛金竹和ko^{1}jiːu^{4}（goyiux）桂竹等等，这些竹子粗细相宜，韧性好，不易开裂，常被农家用来制作各式农具。

当然，这类农具都是直接利用竹材。然而并非样样农具都能如此，不少农具需要把竹材加工，织成各种器物才能使用。如谷物的脱粒、晾晒、加工、收藏，就要用到一系列篾编的竹器。

tuŋ^{6}（dungh）即晒席，正方形，边长3.33米，按中国传统的长度单位来说是一丈见方。一张晒席恰好就是一平方丈。晒席是粗农具，常用二道篾、三道篾来编织。篾条宽约 1.5 厘米，收割稻谷或豆类作物时，常用晒席在田头脱粒和晾晒。

ʔbeːn^{1}（mben）即小垫席①，长方形或正方形。无固定

①小垫席见蒙元耀：《壮语常见植物的命名与分类》附录5之图27，南宁：广西民族出版社，2006年。

尺寸，视需要编成不同的规格。通常用篾青编织，青皮朝上，很密实。四个角略为收束，使四周形成翘起的边，犹如一个大浅碟。有的只收束两个角，让一头平展。切菜用的叫ʔbeːn^{1}pjak^{7}（mbenbyaek），pjak^{7}（byaek）即“菜”。垫在磨架下面承接玉米粉的叫ʔbeːn^{1}mu^{6}（mbenmuh），mu^{6}（muh）是“磨子”。ʔbeːn^{1}（mben）也常用来晾晒芝麻、绿豆、小米、蔬菜种子等。

ʔbeːn^{1}（mben）是一个兼类词。除了名词，还充当形容词，表示器物是“浅底的，扁平的”。如：ɕaːu^{5}ʔbeːn^{1}（cauqmben）炒锅，ɕaːu^{5}（cauq）是“锅头”，ʔbeːn^{1}（mben）即“扁”；paːt^{7}ʔbeːn^{1}（batmben）浅盘，paːt^{7}（bat）是“盘，盆”；teːp^{8}ʔbeːn^{1}（debmben）扁碟，teːp^{8}（deb）是“碟子”。这种用法皆因ʔbeːn^{1}（mben）是扁平物而引申开来的。

ʔdoŋ^{3}（ndoengj）即簸箕①，圆形，直径55~60厘米。因簸谷物时，簸箕太光滑反而不好使，故常用第二道篾黄来编织。簸箕篾条稍厚，周边用厚竹片箍成一道拇指粗的圆箍。

ʔdoŋ^{3}（ndoengj）是多功用器物，除了用来簸粮食，还可以晾晒菜种、芝麻等细小物。打稻谷时用来扬场，一人用簸箕从高处往下倾稻谷，一人在旁边用簸箕扇风。簸箕还可以用来盛东西，比如做五色糯米饭、包子、饺子等，人们就用簸箕来摆放这些食物。

raŋ^{1}（raeng）即筛子，常见者多为圆形。用竹篾交叉编成，底部形成许多小方孔，周边高中间低，浅盆状。

常用的筛子有raŋ^{1}ʔba^{1}（raengmba）与raŋ^{1}hau^{4}（raenghaeux）两种。raŋ^{1}ʔba^{1}（raengmba）是细孔筛，亦

①簸箕见蒙元耀：《壮语常见植物的命名与分类》附录5之图35，南宁：广西民族出版社，2006年。

称 raŋ^{1}tei^{6}（raengdeih），tei^{6}（deih）即“密”。这种筛子用来筛玉米粉、面粉等。把磨好的玉米粉、面粉放到筛里一筛，细粉下漏，用簸箕或小垫席在下面接住。细粉叫ʔba^{1}（mba），供食用。留在筛里的粗壳叫 puːp^{7}（buep），用来喂猪、喂鸡等。

raŋ^{1}hau^{4}（raenghaeux）是粗孔筛，用来筛粮食。hau^{4}（haeux）是“粮食”。用raŋ^{1}hau^{4}（raenghaeux）筛玉米、稻谷、黄豆等，目的是把掺杂在其中的泥尘、细沙、瘪谷等细物去掉，留在筛里的是好货。编织raŋ^{1}hau^{4}（raenghaeux）的篾条较粗，故孔眼较大，也比较稀疏，因而raŋ^{1}hau^{4}（raenghaeux）又叫raŋ^{1}ɕa^{4}（raengcax），ɕa^{4}（cax）即“疏、稀疏”。

有一种打谷扬场用的粗孔谷筛叫raŋ^{1}taːn^{5}（raengdanq），孔眼比raŋ^{1}hau^{4}（raenghaeux）还大。新打下的稻谷有许多碎稻叶、稻秆杂在里边，一人用raŋ^{1}taːn^{5}（raengdanq）筛的同时，另一人在旁边不停地扇风，既能清除碎稻叶、稻秆等杂质，又能把瘪谷、细尘扬走。

建筑业还有一种立筛，叫 raŋ^{1}faːk^{7}（raengfak），孔眼较大，常编成长方形。这种立筛用木条做边框，高1.5米左右，宽90~100厘米。筛网有竹篾，也有金属丝。用时取一根木棍从后面撑住筛子的一头，让一头触地，筛子就形成一个斜面。把沙子往筛面一撒，细沙漏到筛子后，粗沙自动滚落到筛前。faːk^{7}（fak）本义为“掴，扇”（耳光）。用铁铲往筛面撒沙子，犹如打耳光，筛子的壮名因此而得。

ɕaŋ^{4}（caengx）即盛谷物的大竹箩，也叫谷囤。底方身圆，中间大，高1.2~1.3米，中部最大处直径约90厘米，箩口直径约70厘米。经篾是扁篾条，纬篾用3毫米厚的小方篾编成。用来盛稻谷、玉米、豆类等。一个大竹箩可容200~300千克稻谷。

在竹制的各种农具中，当数灌溉工具最有壮族稻作农耕文化的特色。

koːn^{6}（gonh）即戽斗，竹编的汲水工具，形状略似量米斗。底扁且窄，自中部往戽口为圆筒形，敞口。口直径约25厘米，通高约35厘米。戽口及戽底两侧各系一条长绳。戽水时两人对立，双手扯动绳子控制戽斗的上下来提水。一般是从河、塘等处把水戽到稻田里。戽水叫 koːn^6 ram^4（gonh raemx）或 tɯk^{7}koːn^6（dwkgonh）。ram^4（raemx）是“水”，tɯk^7（dwk）是有“打，施放，从事”等多种用法的多义词。

koːn^6（gonh）是一个兼类词。充当名词时是“戽斗”，如：θoːŋ^1 ʔan^1 koːn^6（Song aen gonh），两个戽斗。作动词时表示“戽”，如：pai^1 koːn^6 pja^1（Bae gonh bya），去戽鱼。这是把某个水汪或河段的水全戽干而抓鱼。koːn^6（gonh）还可以充当量词，如：θoːŋ^1 koːn^6 ram^4（song gonh raemx），两戽斗的水。去戽鱼，抓得鱼了直接就用戽斗来装，因此也常说成θoːŋ^1 koːn^6 pja^1（song gonh bya），两戽斗的鱼。这是名量词的用法。koːn^6（gonh）还有动量词的用法，如：tou^1 ŋaːm^5 koːn^6 ʔdai^3 kei^3 koːn^6 ɕaːk^8 ɕou^6 kon^5（Dou ngamq gonh ndaej geij gonh cag couh goenq），我们才戽得几下绳子就断。前一个koːn^6（gonh）是动词，后一个是动量词，表示戽的动作数量单位。

在壮语里，很多工具类词的词性都存在这种名、动、量兼具的现象。比如 kaɯ^5（gawq）锯、θiːu^5（siuq）凿、paːu^2（bauz）刨、ɕaːn^3（canj）铲、θo^1（so）锹、ɕai^1（cae）犁、raːu^5（rauq）耙等等，它们都能一身兼三用。

lin^2（linz）即引水槽、引水管，安放在屋檐下或田野间。屋檐下的 lin^2（linz）是为排引雨水而设置的，常用剖开的大竹、棕榈或鱼尾葵树干来做。田野间的 lin^2（linz）多用于远距离输水，把竹竿的横隔板打通，一根根头尾相接，从高处把水引到需要的地方。所以又有人把这种引水管称为连筒。lin^2（linz）也叫 kiːn^3（gienj），汉字写作“笕”或“枧”。lin^2（linz）在山区较多见。从山泉或溪涧处沿途设木架，用竹管或竹槽把水引到家中或田头，这水便叫 ram^4 lin^2（raemx linz）或 ram^4 kiːn^3（raemx gienj）。

lin^2（linz）还常常与水车配套使用。有水车处必有竹笕。水车叫 lok[7]（loek）或lok[7]ram[4]（loekraemx），唐和北宋时盛行，但多称为“水轮”。南宋时，则渐有呼之为筒车者。[①] lok[7]（loek）在壮语也是“轮”之义。车轮即lok[7]çi[1]（loekci）。水车得名为 lok[7]（loek），是因其形状犹如一个大转轮。

lok[7]（loek）水车、lin[2]（linz）竹笕、mɯːŋ[1]（mieng）沟渠、waːi[1]（vai）水坝，这些是过去壮乡农业水利的一大景观。水泵出现之前，水车代表了壮乡农业灌溉器械的最高水平。如今各种水泵逐渐取代了水车，多数地方水车已经绝迹了，但作为一种省钱管用的农家机械，一些偏远乡村目前仍有水车在转动。

（四）竹渔具

捕鱼是一个古老的行当。近水居住的壮家人，不识水性不善抓鱼的男人少之又少。每一代人中都有一些技艺超群的捕鱼高手，也有不少精于编织渔具的能工巧匠。

按制作材料分类，渔具可以分成三类：一类是网具，一类是竹与网或线配合的渔具，再一类是竹编渔具。

muːŋ[4]（muengx）是“撒网，扣网”，圆形。过去用麻线编织，如今也有用尼龙线织成的。网身长2.3~3.6米，网的上端系着一根长绳，下端边缘上每隔10~12厘米有一个网坠。网坠叫lɯk[8]çin[2]（lwgcinz），用铜、铁、锡等金属来熔铸。

撒网可在岸边上使用，也可以在小船或竹筏上使用。一般以水深齐腰， 底平无杂物处的捕鱼效果为好。若水草多或水底有石头，把网撒出之后，人要同时扑入水中，把网坠踩入河底再收网，否则鱼儿会从间隙处逃逸。

θe[1]（se），标准壮文作re[1]（re），是拦江网[②]。长方形，高度0.8~4米不等，长度常达20米以上，甚至有50~80米

①何明、廖国强：《中国竹文化研究》第92页，昆明：云南教育出版社，1994年。

②广西壮族自治区少数民族语言文字工作委员会研究室编：《壮汉词汇》第635页，南宁：广西民族出版社，1984年。

者。因能横江而布，故称为拦江网。

打鱼时，人乘小船或竹筏，横过江河放置渔网。渔网犹如一道道水中围栏。通常把密网放在水流的最下方， 渐次放中网、疏网，然后从上游用竹篙击打水面，往下游驱赶鱼群。鱼儿顺流奔逃，撞到网眼里被卡住，起网时就把卡住的鱼取下来。

在壮乡，用不到竹子的渔具常见的仅有muːŋ^{4}（muengx）与θe^{1}（se）两种，其他渔具或多或少都要用到竹子。

θeːt^{7}（set）为“钓竿”，是常见的渔具。钓竿主要由fai^{4}θeːt^{7}（faexset）竹竿、ɕaːk^{8}θeːt^{7}（cagset）钓线、paːk^{7}θeːt^{7}（bakset）钓钩三部分组成。钓线过去用麻线或丝线，现在则多用尼龙胶丝。常用来做fai^{4}θeːt^{7}（faexset）的有ko^{1}rot^{8}（goroed）毛金竹、ko^{1}ʔdam^{1}（go’ndaem）紫竹和ko^{1}ɕat^{8}（gocaed）簝竹等。以ko^{1}rot^{8}（goroed）最为常见，以ko^{1}ʔdam^{1}（go’ndaem）最为名贵。

钓鱼叫ʔeːp^{7} pja^{1}（ep bya），ʔeːp^{7}（ep）是“钓”，pja^{1}（bya）是“鱼”。一些地方也称为ȵeːm^{5} pja^{1}（nyemq bya）。ȵeːm^{5}（nyemq）亦“钓”。这是常规的钓鱼方式。除此之外，还另有两种钓鱼手段。

一种是 jak^{8}（yaeg），jak^{8}（yaeg）义为“点，蘸”。jak^{8} pja^{1}（yaeg bya）用的钓竿比较粗长，通常在4米左右，钓线及钓钩也比较粗大。用小青蛙、虾子或小鱼作饵，长竿伸向河中，把诱饵一提一放，点到水面。隐藏在水草中的 pja^{1}ɕoːn^{5}（byaconq）乌鳢、pja^{1}ka^{5}（byagaq）鳜鱼以为是可食的小活物，便猛地蹿过来大口吞食。人一甩竿，吞饵之鱼即被甩上来。这种钓法因有逗引鱼儿咬钩之意，所以也有人说是to^{1} pja^{1}（do bya）。to^{1}（do）乃“逗引”。这种钓竿就叫θeːt^{7} jak^{8}（set yaeg）。

另一种是ɕaːŋ^{1} θeːt^{7}laːm^{6}（cang setlamh）。钓竿是1米左右的竹枝，如成人小指头般粗细。用一段80厘米左右的结实麻线或尼龙胶丝作钓线，拴上钓钩，以活的小鱼、虾子、青蛙、蚯蚓、蝗虫等作诱饵。入夜后顺着河岸下钓。每隔10米左右，把一根带饵的钓竿插在岸边的近水处，让鱼饵垂入水中20~30厘米深。钓竿一定要插牢，谨防大鱼咬钩后挣扎而把钓竿扯走。一般是布好几十根或上百根钓竿后即可回家，黎明时分再去收钓竿。上钩的鱼好像被拴住一样，在水中挣扎而无法逃脱。laːm^{6}（lamh）义为“拴，绑”，ɕaːŋ^{1}（cang）即“装”。

θaŋ^{1}（saeng）罾，是一种用竹竿做支架的渔网。罾口呈四方形，边长3~4米。四根竹竿相互交叉做成支架，另用一根长竿做吊杆，吊杆上端系上一根长绳。把罾的四个角拴到竹竿的梢上，撑开后就像一口方口大锅。

罾用来捕捉从其上边游过的鱼。鱼若不入罾则毫无所得。通常在大雨天河水浑浊上涨时用罾捕鱼为最佳。选水势比较缓慢的河湾下罾。罾平铺于水底，隔几分钟就扯起一次，过往的鱼即被兜住。壮语称此为ɕiːt^{7} θaŋ^{1}（ciet saeng）扳罾，ɕiːt^{7}（ciet）是“提拉，扯起”。也叫 peːŋ^{5} θaŋ^{1} （bengq saeng） 拉罾或 tɯk^{7} θaŋ^{1}（dwk saeng）下罾。peːŋ^{5}（bengq） 是“拉”， tɯk^{7}（dwk）即“放，放下”。

有一种专用来捕虾子、小鱼的小罾叫θaŋ^{1}kuŋ^{5}（saenggungq），kuŋ^{5}（gungq）即“虾子”。θaŋ^{1}kuŋ^{5}（saenggungq）的边长多在1米以下。用两条较厚的竹片十字交叉弯曲，撑开网的四角即可。在竹片的交叉处用绳子将罾拴到一根长竿上，把小罾置于浅水处，起罾时把长竿往上一扬起即可。

ʔbak^{7}（mbaek），也叫laːu^{2}ʔbak^{7}（lauzmbaek）或ʔan^{1}ʔbak^{7}（aen-mbaek），即“捞兜”。用竹竿或细长棍做柄，圆口，直径25~30厘米，网兜部分略似圆锥形，尖头朝下，长约40厘米。这种捞兜常用来捞起罾中的鱼。其形制较小，也称为ʔbak^{7} ʔi^{5}（mbaek iq），即“小捞兜”，与之相对的有一种ʔbak^{7} huŋ^{1}（mbaek hung），即“大捞兜”，其形制与小捞兜近似，只是开口更大，直径为50~60厘米或更大，用粗厚的竹片做边框，把网固定在边框上，装上一根长柄。ʔbak^{7} huŋ^{1}（mbaek hung）直接用来捞取水中的鱼。人在岸边上用大捞兜往水里一刮一抄，鱼虾即被兜住。

kjak^{8}（gyaeg），这种渔具无汉名，按它的功用，可称为“兜虾网”。kjak^{8}（gyaeg）用两条长约2米的竹片交叉下弯成弧形做支架，底是长方形的密网，长约90厘米，宽约60厘米。支架的两侧及后面有网围住，正面敞口。用一小竹竿或竹片折成一个等腰三角形的架子，在其顶点交叉打结做把手，以此为驱鱼工具。这种渔具在浅水处使用。用时左手将网按到水底，右手持三角架从远处向网里驱赶鱼虾。待鱼虾入网，即可提网出水。

上述几种渔具中，竹材仅是其中的构成部分。以竹材为主的渔具，还有下列这几种比较常见：

lei^{6}（leih）是用厚竹片编成的渔具，有人称它为“鱼床”或“鱼梁”，形似半截小船，开口1米左右，长2米有余，尾部收拢。通常在沟渠水位陡降之处安设木架，把它置于架上，口子接到水流的下方，尾部离水悬空，沟渠里的水流冲入里面，随水而下的鱼就被冲向尾部。因鱼床尾部每隔一段就有一根竹片上翘成倒牙状，被冲到倒牙里面的鱼因那里无水而被困住，任人捉拿。

lei^{6}（leih）在壮语工具书中被注为“箔”。[①] 这可能是理解有误。根据汉语词典对箔的解释，这是插在河水里的竹栅栏，用来阻挡鱼、虾、螃蟹，以便捕捉。[②] 从这一解释看，箔既是竹栅栏，那就必然可长可短。然而 lei^{6}（leih）的形状却是固定的。可见，把它注解为“箔”肯定是一个误解。“箔”应是壮语的reu^{1}pja^{1}（reubya）而不是 lei^{6}（leih）。

reu^{1}（reu）是竹篾笆，是用竹篾或竹片纵横交叉编成的扁状多用途隔离物，无固定形状，常按需要编成不同的

①广西壮族自治区少数民族语言文字工作委员会研究室编：《壮汉词汇》第464页，南宁：广西民族出版社，1984年。

②中国社会科学院语言研究所词典编辑室编：《现代汉语词典》第5版第343页，北京：商务印书馆，2005年。

尺寸。用来晾晒粉条的，叫reu[1]fan[3]（reufaenj），宽约50厘米，长约2米。用来圈养鸭子的，叫reu[1]pit[7]（reubit），宽约70厘米，长度6~8米。养鸭大户有时把几张reu[1]（reu）头尾相接，然后用小木棍做支柱，把它立起来做栅栏，可圈住上百只鸭子。

reu[1]pja[1]（reubya）要用在流水中作为栅栏，需具有一定的强度，故常以成人小指头般粗细的长竹片来编制。有时也用芸香竹或篱竹等小枝型的竹条来制作。为了方便搬运及安装使用，箔常用麻绳或软藤来做成编结的连接物。因此，收藏或搬运时，箔可以卷成筒状。

小型的reu[1]pja[1]（reubya）常插在鱼塘的进出水口处，用来防止鱼儿逃逸。也有用来把鱼塘分区，一边养鱼，一边养鸭子的。作为渔具，reu[1]pja[1]（reubya）常常与reːt[8]（red）配合使用。

reːt[8]（red）是“筌”①，是用细篾编成的捕鱼工具。筌口喇叭状，筌身管状，筌口有倒牙伸进筌身内。筌尾不封口，用时以草团堵住。取鱼时抽出草团，即可倒出筌中之鱼。筌有大有小，通常长度在0.8~1.2米之间，筌口直径50~70厘米，筌身直径12~20厘米。

①筌见蒙元耀：《壮语常见植物的命名与分类》附录5之图36，南宁：广西民族出版社，2006年。

用reu[1]pja[1]（reubya）与reːt[8]（red）配合捕鱼的方法叫kjam[3] pja[1]（gyaemj bya）。kjam[3]（gyaemj）即“装捕”。春、夏季涨大水时，鱼类溯流而上寻找产卵之处，壮语称此为pja[1] θeːt[7] ram[4]（bya set raemx），即“鱼溯水”。选择沟渠溪流旁边有水田可改流之处横置两条木棍，把reu[1]pja[1]（reubya）竖着放进水中排开，压实，用草团或泥团塞好两旁的漏洞，此即横于溪流中的一道栅栏。在栅栏的下方10余米处，用石头泥块从两旁堆垒，使渠道或水沟形成一个窄口。窄口要小于筌口。鱼溯流而上，至栅栏处受阻，往往群集而跃。这时将筌按入窄口处，截断鱼群的退路，再用席子等物放到reu^{1}pja^{1}（reubya）的上方阻隔水流，使沟渠中的水流改道，栅栏下方的鱼群因水断流而被人捉拿。

与筌的功效类似，θai^{2}①（saez）也是用细篾编成的渔具，可译为鱼牢。θai^{2}（saez）是尖尾长筒形，筒身直径20~25厘米，长约80厘米。筒口有一个可活动的倒牙，叫ŋa^{2}（ngaz），用竹篾编成，略似圆锥体。用时将倒牙朝里往筒口一套，以篾条固定好，倒牙伸向筒身内。捕鱼时，将θai^{2}（saez）置于田埂口或沟渠口，以两条小长棍交叉卡住不让水冲走，或在上边压一块石头亦可。随水而来的鱼顺着倒牙进入θai^{2}（saez）里后，因筒口有倒牙阻挡，鱼儿一旦入内，就像进了牢笼。

①θai^{2}见蒙元耀：《壮语常见植物的命名与分类》附录5之图34，南宁：广西民族出版社，2006年。

一些地方不分reːt^{8}（red）鱼筌和θai^{2}（saez）鱼牢，常常把两者混同。在马山壮语里，鱼筌是大口喇叭状，而鱼牢是圆筒尖尾状，虽然它们的使用方法有些类似，但两种渔具的形状是完全不同的。

鱼篓叫rɯːŋ^{1}（rieng），也叫kjoŋ^{2}（gyoengz）。不管下钓、撒网或用什么方式捕鱼，捕鱼者总得随身带着鱼篓。tɯk^{7} pja^{1} ʔbou^{5} taɯ^{2} kjoŋ^{2}（Dwk bya mbouj daiq gyoengz），打鱼不带篓，这话常用来斥责懒人干活不带工具。去打鱼连鱼篓都不肯带，这人实在太懒了。

θom^{5}（soemq）是“鱼罩子”②，用比较厚的竹片编成。上边开口约 20 厘米，下边开口约 45 厘米，高约 60 厘米。θom^{5}（soemq）也是名、动、量同形的词。作动词时，其义为“罩”，如：ʔau^{1} θom^{5} pai^{1} θom^{5} pja^{1}（Aeu soemq bae soemq bya），用罩子去罩鱼。捕鱼时，人执罩子，往有鱼的地方猛

②鱼罩子见蒙元耀：《壮语常见植物的命名与分类》附录5之图33，南宁：广西民族出版社，2006年。

罩下去。鱼被罩后人即从罩子上口伸手进去抓鱼。θom^{5}（soemq）作量词，表示用罩子罩的动作次数，如：θom^{5} θoːŋ^{1} θom^{5}（soemq song soemq），罩两罩（即罩两下）。

捕鱼有时也是撞彩的事，凑巧了就能大获丰收，手气不佳时一无所得也不稀奇。然而人们对运气总是无法把握，以为有某种神灵在主宰渔事。出于敬畏心理及对收获的企盼，人们就产生了种种禁忌。这些禁忌在旁人看来或许是荒诞不经的，但打鱼人却奉为戒律而不愿触犯。

禁忌叫kei^{6}（geih），这是汉语“忌”的借词读音。在壮乡，捕鱼者在出动前kei^{6} ɕaːu^{6}ja^{6}（geih cauhyah）忌讳女人，如：去打鱼的前夜，不能跟女人同房；平时孕妇不能触摸渔具；打鱼时不能让妇女跟随；拿渔具出门时忌讳撞见寡妇，最害怕对方先打招呼。还忌讳别人从渔具上跨过。切忌跨过喂鱼的药物，否则药物就失灵。忌讳旁人说不吉祥的话或恭维的话，特别是询问去何处打鱼，能不能得鱼。以为如此一说，会冲撞鱼神，就难以捕到鱼了。

打鱼人很讲究先兆。第一网或第一钓，总希望能打到带鳞的鱼，得无鳞的鱼以及龟鳖虾蟹之类就不太喜欢。若接连几次都得这些家伙，尔后就清清冷冷，通常认为是手气不佳的征兆，要另择地方下网下钓。出门遇到乌鸦叫亦属不吉，心理负担重的人，甚至为此而不愿出门。梦到张网捕鱼，尤其是捕得大鱼，大吉。不独渔猎有获，就是去做生意，也会顺风顺水。蛇是有鳞之物，若出门见蛇，或梦中见蛇，便暗自高兴。谚语有：ɕop^{7} kwe^{3} fɯ^{2}，ɕop^{7} ŋɯ^{2} hoŋ^{6}（Coep gvej fwz，coep ngwz hoengh），遇蛙荒凉，遇蛇兴旺。ɕop^{7}（coep）是“遇”，kwe^{3}（gvej）是“泽蛙”，也叫蚂蜗，ŋɯ^{2}（ngwz）是“蛇”，hoŋ^{6}（hoengh）是“旺”。认为见蛇是好事，能旺财。这也许是古越人蛇崇拜心理在民间的遗存。

三、内涵丰富的竹文化

竹类及竹制品不仅是生活中的常见物，而且构成了壮族色彩特别浓重的文化内涵。就吃而言，嫩笋是美味。壮族地区食笋风气甚浓。笋叫raːŋ^{2}（rangz），常作为菜肴的竹笋有raːŋ^{2}ʔdok^{7}（rangzndoek）、raːŋ^{2}faːi^{2}（rangzfaiz）、raːŋ^{2}rot^{8}（rangzroed）等等。壮家人喜爱竹笋，是看中它的实用价值。与周边民族相比，壮家人吃笋的方法有许多特异之处。

一般竹笋可鲜吃。鲜笋剥去笋壳后切片，用清水浸泡两三个晚上，即可用来做菜。也可以加工成干货。干笋多用块头较大的raːŋ^{2}ʔdok^{7}（rangzndoek）、raːŋ^{2}faːi^{2}（rangzfaiz）来做。干笋叫raːŋ^{2}reːŋ^{3}（rangzrengj），分有raːŋ^{2}θei^{1}（rangzsei）笋丝、raːŋ^{2}keːp^{7}（rangzgep）笋片两种。通常把鲜笋切丝或切片，放到开水中一烫，捞起来晾晒，晒干即可。reːŋ^{3}（rengj）即“干”，θei^{1}（sei）是“丝”，keːp^{7}（gep）是“片，块”。

鲜笋炒肉片，干笋焖五花肉，干笋木耳爆炒猪腰、猪心，酸笋炒猪肚，酸笋炒鸡块，酸笋豆腐焖鱼片，酸笋鱼头汤，诸如此类，都是节日喜庆或宴请宾客时颇受欢迎的好菜。清油素炒鲜笋，或鲜笋丝炒蕹菜、红薯叶，这是家常素菜。水灵灵的蔬菜配上鲜嫩白净的笋丝，嚼起来口齿生香，不仅令人食欲大增，而且很有益于健康。

酸笋叫raːŋ^{2}θom^{3}（rangzsoemj），θom^{3}（soemj）即“酸”。做酸笋当以簕竹笋raːŋ^{2}ʔdok^{7}（rangzndoek）为最佳，其次是麻竹笋raːŋ^{2}faːi^{2}（rangzfaiz）。把鲜笋去壳，放在瓦坛或陶罐中，以清水浸泡，盖严，不须换水。月余之后，笋自变酸，有一种特殊的芳香气味。泡酸笋不需技术，唯一要求是刀具、容具必须干净，不能触碰油腥物。沾染油腻，很容易产生杂菌，酸笋会腐臭。最好用新买的器物来操作，备有专用工具更佳。

一些农户喜欢把酸笋长年浸泡。陈年酸笋以食用其汁水为主，故称为ram^{4}raːŋ^{2}（raemxrangz），ram^{4}（raemx）是“水”。做菜时以此为调料，别有一番风味。用陈年酸笋焖小鱼小虾或用其汁水炒红薯叶，尤其对味。这种酸笋能解暑败火。中暑发痧，头昏脑涨，口苦无食欲，用半碗酸笋汁兑开水喝下，能解除暑气热毒。人们格外珍惜陈年酸笋，视之为珍品，平时开坛取笋汁，或添加新笋新水，皆要专人料理。

壮家人嗜好酸味。除了做菜，酸笋还用来煮粉。著名的螺蛳粉和老友粉就少不了酸笋。

做螺蛳粉，先用石螺或田螺、猪骨头来熬成浓汤，汤中加入酸笋和酸菜等，让汤水具有一种特殊的芳香味，再加入辣椒、生姜、紫苏、八角等佐料除去螺的腥味。将鲜粉烫好后，淋上这种酸笋汤，拌上木耳、黄花菜、腐竹、萝卜干以及花生米、酥黄豆等配菜（有的还拌上木耳炒碎肉末、小鱼小虾等），一碗香、辣、酸的螺蛳粉即可上桌，其香辣酸爽的味道令人吃后经久难忘。

老友粉也用到酸笋，但其做法又是别具一格。做老友粉，先把锅头烧热，用热油炝一炝拍碎的蒜米和鲜肉片，把酸笋丝放入锅中用猛火同炒，加入少许豆豉和辣椒，待酸笋七分熟时往锅里放用骨头炖好的汤水，煮沸后放入鲜粉，稍微一煮，等到米粉软透，即可出锅装碗。端上桌时再根据个人口味加一些炒花生米、酱油、葱花等佐料，即得到香喷喷的老友粉。

在冬季的早晨，吃上一碗香气扑鼻的老友粉，那种热乎乎的香辣酸味能驱走不少寒气。伤风着凉的人，趁热吃一碗老友粉，发一发汗，能缓解鼻塞、流鼻涕、咳嗽的难受程度。

当然，老友粉不一定要用水煮，也可以用同样的配料做成口味相同的炒老友粉。这是在酸笋、肉片即将炒熟的时候放入鲜粉一起炒熟，再撒上一些葱花和炒花生米，其味道更浓郁。

笋在日常生活中占有很重要的位置，所以有不少谚语、格言涉及此物。如：kɯn^{1} pjak^{7} kɯn^{1} raːŋ^{2} θaːŋ^{1} ŋa^{6}ŋo^{2}，kɯn^{1} pja^{1} kɯn^{1} no^{6} kjau^{3}ho^{5} pan^{2} tɯŋ^{4}kjoːŋ^{1}（Gwn byaek gwn rangz sang ngahngoz， gwn bya gwn noh gyaeujhoq baenz dwngxgyong），吃菜吃笋个儿高，吃鱼吃肉膝盖成鼓槌。ŋa^{6}ŋo^{2}（ngahngoz）是摹状词，用来形容人的个头高大壮实。tɯŋ^{4}（dwngx）是“拐杖”，kjoːŋ^{1}（gyong）是“鼓”，两者连用指“鼓槌”。这话比喻粗茶淡饭能养人，专挑精美食物反而营养不良，身体瘦弱。raːŋ^{2} θaːŋ^{1} kwa^{5} ʔdok^{7}（Rangz sang gvaq ndoek），笋比竹高。这话比喻学生在某

些方面比老师强，或后起之秀比老手能干。

除了吃笋，竹叶也能供烹饪所用。箬竹叶就常被用来包粽子。

箬竹叶包的粽子有两种较常见：一种是faŋ^{4}ȵaːŋ^{3}jou^{2}（faengxnyangjyouz），即“凉粽”，是农历五月初五端午节的节庆食品之一。另一种是faŋ^{4}θaːm^{1}ɕoːm^{1}（faengxsamcom），也叫faŋ^{4}θaːm^{1}kaːk^{7}（faengxsamgak），即“三角粽”。ɕoːm^{1}（com）与kaːk^{7}（gak）均是“角”。标准壮文此条作faŋ^{4}kau^{1}juːŋ^{2}（faengxgaeuyuengz）羊角粽子。①

三角粽是农历七月十四或春节期间的食品。除了包裹的叶子及形状不同外，三角粽与常规粽子无多大差别。但因所用的叶子不同，才形成不同的风味。

用箬竹叶包粽子，不仅味道清香，更重要的是它具有一定的保健作用，能清肝明目。用其参与烹饪，可达到一定的防病治病目的。民间草医视竹叶为清凉之物，不独箬竹叶，很多竹类的叶子均可入药。如粉单竹、吊丝竹的叶子有退烧解暑之功效，暑天可以用来与茅根等物煮水当茶饮，小儿发烧咳嗽时，以此茶水作药服下，有效果。

就烹饪而言，别具风味的还有竹筒饭和竹筒肉。做竹筒饭最初是农家上山干活时因无锅而不得已的应急措施。因拿锅头上山不便，人们只随身带米和水去劳作。在山上干活，到了煮饭时间，就近砍来竹筒，挖出一个小孔，将水和米灌入，把小孔堵好，然后在火堆边慢慢把米烤熟或煨熟。吃饭时把竹筒破开，即得到带有竹子清香味的米饭。后来这种风味独特的米饭被一些有眼光的餐馆老板发现了，于是他们就把这种烹饪手段加以发挥，用来满足那些猎奇的食客。饭店里食材丰富，厨师就用五花肉加相应

①广西壮族自治区少数民族语言文字工作委员会研究室编：《壮汉词汇》第273页，南宁：广西民族出版社，1984年。

的酱料，拌好后放进新砍的带青竹筒，用文火烤熟。因竹子的清香味浸入肉块，形成了一种别致的香味，故而获得食客们的青睐。

在衣着服饰领域，竹子曾经发挥过重大的作用。在普遍使用棉花为纺织原料之前，古人就用过麻、葛、蕉、竹等植物的纤维来织布。竹纤维织成的布叫竹布，夏天穿这种竹布衣服很凉爽舒适。竹布过去曾经一度盛行。不过竹毕竟不如棉花容易加工，当棉布得到通用时，竹布就退出了人们的视野。到了近代，人们的着装早已不见竹布的踪影。

跟竹子相关的遮阳挡雨用具，以各种雨具最常见。壮乡地处炎热多雨的地带，不论出大太阳还是下雨，人们出门劳动都要随身携带一顶斗笠或雨帽，用于遮阳挡雨。hau^{3} ʔdoŋ^{1} kai^{5} lum^{2} ɕa^{4}，roŋ^{2} na^{2} lak^{8} lum^{2} kjap^{7}（Haeuj ndoeng gaej lumz cax，roengz naz laeg lumz gyaep），入林莫忘柴刀，下田莫忘雨帽。这是老人经常告诫年轻人的生活经验。

下雨天与雨帽配合使用的尚有背篷[①]。背篷叫puːŋ^{2}（buengz），用竹篾编成，中间夹层衬以竹叶或竹箨，上端肩头及两侧稍微向内弯，下端有卷口朝外翻卷，内侧有绳可背可系。把背篷背在身后，戴上雨帽，下雨时就淋不着。

①元王祯的《农书》称之为覆壳，并绘有图。

有趣的是，龟、鳖、蟹等动物的背部甲壳壮语也叫puːŋ^{2}（buengz），如puːŋ^{2}fɯ^{1}（buengzfw）鳖壳、puːŋ^{2}kwi^{1}（buengzgvi）龟壳、puːŋ^{2}pau^{1}（buengzbaeu）蟹壳。看来先民们是视背篷类似龟壳而称之为puːŋ^{2}（buengz）。

在实用领域中，竹子最大的用途是充当建筑材料。大竹子可以整条用作柱子桁条，也可以破开来做椽子，做屋瓦。可编竹片做隔墙或做楼板。在竹子丰富的山村，甚至还有精致的竹楼。门窗是竹子，梁柱是竹子，隔墙与楼板也是竹子，连同吃饭的桌椅和睡觉的床铺、枕头都是竹子。人就生活在竹子的世界里。即使如今用到钢筋水泥了，竹子在建筑业上依然还起着重大作用。脚手架和竹排，以及捆绑脚手架的篾条，这些都需要大量的竹子。恐怕在今后相当长的一段时间内，还没有什么物美价廉的代替品来把竹子逐出建筑领域。

追溯历史，越往远古越发现竹子在居住领域的贡献大。很多建筑形式虽少见了，但它们的名称在壮语中依然时有所闻，比如tiːŋ^{2}ha^{2}（diengzhaz）茅棚、tiːŋ^{2}fɯːŋ^{2}（diengzfiengz）稻草棚、tiːŋ^{2}tau^{6}（diengzdaeuh）草木灰棚、tiːŋ^{2}pɯn^{6}（diengzbwnh）茅厕、tiːŋ^{2}liːŋ^{2}（diengzliengz）凉亭、tiːŋ^{2}taɯ^{2}ŋeu^{2}（diengzdawzngeuh）瞭望棚等等。与tiːŋ^{2}（diengz）相关的词，不胜枚举。

tiːŋ^{2}（diengz）在壮语中是“草亭”，多为“人”字形，或单面斜下搭盖。通常用柱子来支撑，没有隔墙，是简易的竹木结构。

tiːŋ^{2}（diengz）再进一步演化，就成了房屋。房屋要比草棚高大坚固。房屋叫raːn^{2}（ranz）。raːn^{2}（ranz）并非一开始就是砖瓦结构。初民们的房屋，恐怕更多的还是木柱子茅草顶结构。不需寻求旁证，语言中就有raːn^{2}ha^{2}（ranzhaz）茅屋、raːn^{2}fɯːŋ^{2}（ranzfiengz）稻草屋、raːn^{2}faːk^{8}（ranzfag）筚房、raːn^{2}kjaːn^{1}（ranzgyan）干栏屋、raːn^{2}θau^{1}（ranzsaeu）立柱房。随着建筑工艺的进步，后来才出现raːn^{2}ɕɯːŋ^{2}（ranzciengz）泥墙屋、raːn^{2}ɕiːn^{1}（ranzcien）砖房、raːn^{2}wa^{4}（ranzvax）瓦房。至于raːn^{2}lau^{2}（ranzlaeuz）楼房，那是更后边的事情。

多数房屋名称可以见字明义，然raːn^{2}ɕɯːŋ^{2}（ranzciengz）、raːn^{2}faːk^{8}（ranzfag）、raːn^{2}kjaːn^{1}（ranzgyan）却需一番解释。ɕɯːŋ^{2}（ciengz）是“墙”。壮乡丘陵地带的农家常舂泥土墙建屋，泥土墙即ɕɯːŋ^{2}naːm^{6}（ciengznamh）。舂墙的夹板叫toŋ^{3}ɕɯːŋ^{2}（doengjciengz），也有反过来说是ɕɯːŋ^{2}toŋ^{3}（ciengzdoengj）的。此即古书上的版筑。因此，用泥土做墙的房屋叫raːn^{2}ɕɯːŋ^{2}（ranzciengz）。舂泥墙时，要在墙体里放置长竹条，以增加墙体的纵向拉力，预防墙体泥土干燥后开裂。壮语称此长竹条

为ȵin²ɕɯːŋ²（nyinzciengz）墙筋，ȵin²（nyinz）是“筋”，ɕɯːŋ²（ciengz）即“墙”。可见就地取材是人们建筑民居的主要思路。即便是用泥土来筑墙，也少不了要用到竹材。

raːn²faːk⁸（ranzfag）是茅草盖顶，编竹片、竹条做隔墙的简易房。汉语蓬门荜户指的正是这类房屋。faːk⁸（fag）是竹篱或竹片编成的隔离物，如tou¹faːk⁸（doufag）篱笆门、faːk⁸θuːn¹（fagsuen）园篱。faːk⁸（fag）的同义词是fa²（faz），故raːn²faːk⁸（ranzfag）与raːn²fa²（ranzfaz）、tou¹faːk⁸（doufag）与tou¹fa²（doufaz）各为同义词。山区民众的木柱房常编竹片当墙。把某物挂到“墙”上，人们就说weːn³ hɯn³ kɯm² faːk⁸ pai¹（Venj hwnj gwnz fag bae），挂到篱墙上去。

raːn²kjaːn¹（ranzgyan）是“干栏屋”，指高脚楼居式的木柱结构房屋。山区民众沿山坡斜面立石柱，石柱之上再架楹立桩，搭建栈台式的屋架，用竹木做楼板，楼上住人，楼下关养牲畜。这种房屋常常在人居住的楼层向阳一侧延伸搭建一个晾晒粮食的晒台。竹木搭建的晒台叫ɕaːn²（canz）。故这类住房也称为raːn²ɕaːn²（ranzcanz），即有“晒台的房子”。

raːn²kjaːn¹（ranzgyan）是立柱间用竹片、荆条等编作隔墙的房屋。若隔墙为木板或他物，则要称之为raːn²θau¹（ranzsaeu），即“立柱屋”。周去非《岭外代答》“巢居”条有：“深广之民，结栅以居，上设茅屋，下豢牛豕。”[①] kjaːn¹（gyan）正是“栅”之音义。《中国汉字文化大观》在探讨汉字反映远古时代居住的结构形式时说，“格者，栅也”；栅者，“编树木也”。[②] 可见，编竹木为墙乃自古以来一脉相承的做法。

①杨武泉：《岭外代答校注》第155页，北京：中华书局，2006年第2次印刷。

②何九盈、胡双宝、张猛主编：《中国汉字文化大观》第304—306页，北京：北京大学出版社，1995年。

竹子还常常被用来搭桥。在小沟渠处摆放上四五根大竹，用竹篾一扎一拴，连结在一起，就成了简易的桥，行人过往非常方便。在河道之上，就不是扎这种简易桥了。工匠们会选上好的结实竹材，按柱、梁、桥身、横栏等部件有机地组合，构建成精美的、带有扶手和围栏的竹桥。有些甚至还把桥扎成凉亭型，上面盖上瓦片，靠围栏处有供行人休息的排椅。夏天人们还可以到竹桥上纳凉。这种竹桥做得好的，能使用二三十年。因材料易得，造价低廉，过去颇为常见。直到钢筋水泥普遍使用后，这类建筑工艺才逐渐消失。

一些地方不宜搭桥，人们要解决交通问题就建索道横跨水面。索道用的大索，过去就是用韧性好的竹子来破篾编织而成的。现今使用钢丝绳后，竹索也退出了历史舞台。

竹筏叫θa^{2}（saz），也是一种常见的水面交通工具。不少地方渡河就是用竹筏来作为摆渡的运载工具。把毛竹、摆竹、簕竹等大秆的竹子扎成一排，利用筏子的浮力，就可以轻易地把人或东西运送到河对岸。

竹子是大宗林产品，从林区往外运竹子，过去常常采取放竹排的方法。特别是高大秆的竹类，更是采用这一方法。如三江、融水一带盛产毛竹，人们把大批的竹子砍后运到江边，扎成竹筏，使其首尾相连，顺着融江下柳江，可以把竹子运到柳州。若再往下走，还可以运到桂平、梧州，更远的还可以运到广州。

作为狩猎武器，竹子可以做kuŋ^{1}（gung）弓、nɯ^{3}（nwj）弩、na^{5}（naq）箭和陷阱下边的ɕiːm^{1}tiŋ^{1}（ciemding）竹签等。

由于用途广泛，竹子在壮家人生活的各个方面都起着不可取代的作用。正因如此，竹子在精神生活领域同样也对壮家人产生了重要的影响。

文学方面，竹子入歌、入谚语格言、入故事传说，是构成壮族文学内容的一大要素。

音乐方面，竹子可制作笛、箫、二胡、竹埙等乐器，满足人们听感上的怡情需要。以丝竹之声表示音乐，可见竹制的乐器在音乐艺术领域所占的位置何等重要。

宗教方面有许多用品也离不开竹子。师公、麽公的卜具叫作lɯk^{8}kaːu^{5}（lwggauq），方块壮字常写成“劢笅”或者“劢筶”。这是用佛竹或佛肚竹的竹节对半剖开做成的。人们认为竹子有灵性，能预知凶吉，故用来做卜具最灵验。

最常用的jɯːŋ^{1}（yieng）香、laːp^{8}（lab）蜡烛，其芯即竹子。lo^{2}jɯːŋ^{1}（lozyieng）是“香炉”，用竹筒来做的也很常见。lo^{2}（loz）即“炉”。tɯŋ^{4}haːu^{5}（dwngxhauq）孝杖、maːu^{6}tau^{6}（mauhdaeuh）孝帽也是竹制品。此两物是重要的丧葬用具。老人去世，子女要穿孝服。孝男haːu^{5}naːm^{2}（hauqnamz）要头戴孝帽maːu^{6}tau^{6}（mauhdaeuh），手执孝杖tɯŋ^{4}haːu^{5}（dwngxhauq），腰扎稻草腰带θaːi^{1}fɯːŋ^{2}（saifiengz），绕棺木行走以示哀痛。孝男守灵用此两物，是因母亲生育孩儿坐月子时，身体虚弱需戴帽子或缠头巾，不能下地走动，无法站立；父亲照料母亲及幼儿，寝食不安，累得腰不能伸直。故行孝时，孝男孝女不可饱食，扶孝杖戴孝帽绕棺木走要弯腰垂首，以此为礼节表示牢记父母的大恩大德。

竹为孝杖是古礼。以竹为杖不是简单的行孝报恩， 其中还蕴含着一种敬奉老人贞性不改的孝道思想。

不独竹子，笋在某种场合也具有一定的宗教色彩。农历七月十四是壮族的“鬼节”。在壮乡，春节、农历三月三与中元节是一年之中的三大节日。壮家人要在七月十三、十四日杀鸭祭祖，并焚化冥衣、冥钞及其他冥物给列祖列宗。在笔者家族的各个宗支，与祭的供品中必有一道竹笋。老人的解释是农历七月十四乃çiːt^{7} raːŋ^{2}（ciet rangz），即“笋节”，用笋祭祀，祖先才乐意。此亦不忘祖先功德之举。

贤达之士居有竹。在壮家人的心目中，竹子不仅有灵性，而且还有实际效益。人们愿意在村边宅旁栽种竹丛，不仅能够得到可观的经济效益，同时还能绿化环境，更为重要的是民众认为竹子能报平安。竹子可兆地气、人气之兴衰，可预知地方治理之凶吉。绿荫浓郁，竹林茂密的村庄，不单人畜平安，子孙后代也常常人才辈出。反之，若竹丛生长迟缓，势头衰颓，则表明运气不佳。如果竹子大面积连片开花、枯死，人们便视此为凶兆，预示地方将不安宁，即 pɯːŋ² jak⁷ paːi⁶（Biengz yaek baih），地方要败落，天下将有纷乱的可能。

其实竹子开花多是大旱年头，地下的竹鞭无法生长了，竹子不得不换一种代谢方式，靠种子来繁衍新株，以图生存。人们不解其机理，但见竹子开花便以为是凶年，于是倒果为因。再者，竹子开花会结çe⁶ʔdok⁷（cehndoek）竹米，竹米能救穷人度饥荒， 犹如圣贤能救人于厄难，于是就把竹子看成神物，以为竹子能预卜凶吉。

透过上举材料，可以清晰地看到，竹子无论在实用领域，抑或在人文精神方面， 都在壮族社会形成了洋洋可观的文化事象。竹子渗透到壮族社会生活的各个角落，几乎每个行当都少不了竹子。可以说，壮家人从生到死都离不开竹子。壮乡的自然环境得天独厚而且竹类丰富，人们匠心独运，充分利用竹子，因而形成了自己别具一格的竹文化。

壮家人缘何如此钟爱竹子呢？首要原因在于壮乡是竹子的盛产地，竹材易得。其次是竹子属大众化的材料，竹制品价格适中，卖者有利可图，用者承受得起。它符合千百年来人们所形成的节俭之道。最后，竹材容易加工，这也是人们乐意使用竹器的原因之一。壮家人经过漫长的经验积累，早已摸透了竹子的脾性，形成了一套运用竹子的技术，同时也形成了自己民族的审美意识。其竹艺、竹器呈现一种细致、对称、平稳的风格，讲究坚固实用的同时兼顾美观，审美观即体现在竹器的精美上。

第八章　植物与月令

古往今来，农事活动莫不受制于天气。观天测云而耕作成为农家的一大本事。《氾胜之书·耕作》开头就说："凡耕之本，在于趣时。"这话的意思是耕种最根本的原则在于抓紧适当的时间来耕耘播种。[1] 春耕夏种，必须争分夺秒。人耽搁土地一时半会，有违农时，就会导致田地减产或失收，半年的收成就没有了。人们在长期的生产实践中探索出本地物候与季节相关的经验，并依据这些经验来安排农事。壮族是一个稻作农耕民族，多数人靠务农维持生计，人们非常注重农时。观察本地的物候，掌握天气冷暖变化而进行耕耘，是获取丰收的诀窍。

①竺可桢、宛敏渭：《物候学》第10页，长沙：湖南教育出版社，2007年。

一、壮族的季节歌

中国的农历，是因用历书配以二十四节气来指导农业生产而得名的。农历以月亮盈亏周期为一个月，大月30天，小月29天，大小月份间隔不均衡。平年为12个月，一年353天、354天或355天。农历平年要比太阳回归年少约11天，故每19年需置7个闰月来调整季节。因此，每逢闰年则有13个月，全年383天、384天或385天。二十四节气是按太阳运行规律把一回归年均分为24个点，每点取一反映气候特征的名称。前半个月的点及所属时段称为节气，后半个月的点及所属时段称为中气，并称为节气。故说中国农历是阴阳合璧的历书。

中国是以农为本的国度，历朝历代都很重视历法的制定和气候、物候的观测。中国古代把一年划分为四季，再细分为12个月二十四节气七十二候，这对农业生产很有帮助。五天为一候，一年七十二候，大致而言则一年是360天。据专家的研究，《逸周书》中就已经有了七十二候的物候记载。① 至于二十四节气，其说法也由来已久。在先秦古籍《管子》中，大暑、中暑、小暑、大寒、中寒、始寒、冬至、夏至、春至（分）、秋至（分）等名称就已经出现。② 壮族是稻作农耕民族，受中央皇朝的制约，壮族地区所用的历书也是皇朝颁布的权威版本。由于农事活动离不开二十四节气，人们对这些节气非常熟悉。在马山，二十四节气的壮语说法如下：

lap^{8}çin^{1} 立春	haɯ^{4}θi^{3} 雨水	kiŋ^{1}çik^{8} 惊蛰
çin^{1}fan^{1} 春分	çiŋ^{1}miŋ^{2} 清明	kok^{7}haɯ^{4} 谷雨
lap^{8}ha^{6} 立夏	θiːu^{3}muːn^{4} 小满	muːŋ^{2}çuŋ^{5} 芒种
ha^{6}çi^{5} 夏至	θiːu^{3}θaɯ^{5} 小暑	taːi^{6}θaɯ^{5} 大暑
lap^{8}çou^{1} 立秋	çaɯ^{5}θaɯ^{5} 处暑	peːk^{8}lo^{6} 白露
çou^{1}fan^{1} 秋分	haːn^{2}lo^{6} 寒露	çuːŋ^{5}kjaːŋ^{5} 霜降
lap^{8}toŋ^{1} 立冬	θiːu^{3}θiːt^{7} 小雪	taːi^{6}θiːt^{7} 大雪
toŋ^{1}çi^{5} 冬至	θiːu^{3}haːn^{2} 小寒	taːi^{6}haːn^{2} 大寒

与标准壮文相比，这些节气名称说法大体相当。标准壮文里，这些节气分别是laebcin立春、hawxsij雨水、gingcig惊蛰、cinfaen春分、cingmingz清明、goekhawx谷雨、laebhah立夏、siujmuenx小满、muengzcungq芒种、hahceiq夏至、siujsawq小暑、daihsawq大暑、laebcou立秋、cawqsawq处

①竺可桢、宛敏渭：《物候学》第65页，长沙：湖南教育出版社，2007年。

②竺可桢、宛敏渭：《物候学》第2页，长沙：湖南教育出版社，2007年。

暑、begloh白露、coufaen秋分、hanzloh寒露、suenggangq霜降、laebdoeng立冬、siujsiet小雪、daihsiet大雪、doengceiq冬至、siujhanz小寒、daihhanz大寒。如前所示，马山壮语节气名称仅仅在夏至（ha⁶ɕi⁵）、冬至（toŋ¹ɕi⁵）和霜降（ɕuːŋ⁵kjaːŋ⁵）三者上与标准壮文稍有差异。夏至、冬至中的“至”，标准壮文拼写为ceiq，而马山壮语说ɕi⁵，韵母-ei、-i 的差别不大。“霜降”在马山读 ɕuːŋ⁵kjaːŋ⁵，kjaːŋ⁵与gangq是“降”不同时间层次的汉借词读音。马山的kj-更接近现代汉语，而标准壮文的gangq则接近汉语中古音。至于“霜”在马山说ɕuːŋ⁵，是声母和声调发生了变异。首先是声调受后边音节影响变读为第五调。其次是声母s-受到后一音节kj-的影响，发音部位后移，于是变成了ɕ-。这是同化的结果。

这些节气的名称显然是汉语老借词的读音。各地节气的说法虽然接近，但物候和天气却不完全一致，农耕活动也不可能完全同步，人们需要准确地掌握农时，因地制宜来做相应的农事。故观天测云、记录本地物候和总结气候变化规律，进而掌握农作物的生长规律，成了农民的一大本事。

根据方志记载，广西各地有不少气候和物候谚谣。像清朝谢启昆的《广西通志》就有陆川月令：

正月柳怀胎，茶芽坼，荔枝吐叶，土膏动，农治耕具。二月草木青，芦叶茂，春分早种，竹笋盛，寒蝉鸣，元鸟至。三月杨梅熟，人著单衣，农种姜芋，杜鹃啼。四月桃李盛，早稻秀，晚种播，初暑，大雨时若。五月荔枝熟，早稻实，荷芰茂，霪雨时行。六月溽暑，早稻登场，插晚禾，农事忙。七月圆眼熟，黄花菜茂，暑气逼人，谚云：争秋熟。八月元鸟至，霪气未除。八白禾熟，梨栗登。九月篱菊黄，朝夕薄雾，晚稻始获。鸿雁来，荷芰尽退。十月单衣间著，柑红橘黄，芥菜盛，农事毕。十一月有薄霜，晴则暖，阴则寒，木落草枯，虽寒无雪，桃李间开。十二月桃李盛开，雨多则竹笋萌芽，农犁霜田。[1]

[1]谢启昆修、胡虔纂：《广西通志》第2721页，南宁：广西人民出版社，1988年。

这篇月令直观形象且简明扼要地概括了陆川一年的气象与物候特点，对农时农事做了相应点拨，意在提醒人们到某个时节就该干某种农活。字里行间弥散着浓重的农耕气息。月令里涉及的植物有柳、茶、荔枝、芦苇、竹笋、杨梅、姜、芋、桃、李、稻、荷、圆眼（即龙眼）、黄花菜、梨、栗、菊、柑、橘、芥菜等 20 种，动物有蝉、元鸟（即燕子）、杜鹃、鸿雁等。这些动植物是相应节气的常见物或标志物。用它们来标志相关的节气和物候，能起到点拨农事的作用。

goseq　杨梅

农耕经验丰富的歌师也编有切合壮乡物候的季节歌，用以传播生产经验。如隆安的壮族节气歌，歌师按次序把二十四节气和农事、物候结合起来，并借景抒情慨叹人生艰辛。其歌如下：

正月立春添雨水，

tsiːŋ^{1}ŋuːt^{8} lap^{8}tsɯn^{1} t^{h}eːm^{1} hei^{4}ɬuːi^{3},

Ciengnyied laebcin dem hawxsij,

正月　　　立春　跟　雨水

正月立春跟雨水，

𩇗发𤆍忐汘弄吗。

kɯn^{2} fa^{4} pɯ^{3} ra^{5} p^{h}ɯn^{1} loŋ^{2} ma^{1}.

Gwnz fax fwj raq fwn roengzma.

上　天 云 集 雨　下来

天上云集雨下来。

二月惊蛰添春分，

ȵei^{6}ŋuːt^{8} kiŋ^{1}tsik^{8} t^{h}eːm^{1} tsɯn^{1}fan^{1},

Ngeihnyied gingcig dem cinfaen,

二月　　　惊蛰　跟　春分

二月惊蛰跟春分，

盯硯妣侬造𥞦𬏕。

liːu^{3} t^{h}an^{1} pei^{4}nuːŋ^{4} tsaːu^{6} rei^{6} na^{2}.

Liuj raen beixnuengx cauh reih naz.

看　见　兄弟　　造　地　田

看见兄弟耕田地。

三月清明添谷雨，

ɬaːm^{1}ŋuːt^8 tsiŋ^{1}miŋ^2 t^{h}eːm^1 kok^{7}hei^4,

Samnyied cingmingz dem goekhawx,

三月　　清明　　跟　谷雨

三月清明跟谷雨，

[illegible]发黜[illegible]卦顶岜。

kɯn^2 fa^4 ʔoːk^7 ʔdit^7 kwa^5 tiŋ^3 p^{h}a^1.

Gwnz fax ok ndit gvaq dingj bya.

上　天 出阳光 过　顶　山

天上日出过山来。

四月立夏添小满，

ɬei^{4}ŋuːt^8 lap^{8}ha^6 t^{h}eːm^1 ɬiːu^{3}muːn^4,

Seiqnyied laebhah dem siujmuenx,

四月　　立夏　跟　小满

四月立夏跟小满，

佈客[illegible]孤度至吗。

pou^{4}k^{h}eːk^7 puːn^5 kjɯ^1 to^{4}hɯn^3 ma^1.

Bouxhek buenq gyu doxhwnj ma.

个客　　贩　盐　向上　来

客商贩盐上山寨。

五月芒种添夏至，

ŋo^{4}ŋuːt^8 maːŋ^{2}tsuŋ^5 t^{h}eːm^1 ha^{6}tsi^5,

Nguxnyied muengzcungq dem hahceiq,

五月　　芒种　　跟　夏至

五月芒种跟夏至，

官黜告示佑州衙。

kuːn^{1} ʔoːk^{7} kaːu^{5}ɬi^{6} jou^{5} tsou^{1}ja^{2}.

Guen ok gauqseih youq couyaz.

官　出 告示　在　州衙

官出告示在府衙。

六月小暑添大暑，

hok^{7}ŋuːt^{8} ɬiːu^{3}ɬei^{5} t^{h}eːm^{1} taːi^{6}ɬei^{5},

Loegnyied siujsawq dem daihsawq,

六月　　小暑　跟　大暑

六月小暑跟大暑，

滉黜曾瞧楪庇花。

tɯ^{6} ʔoːk^{7} tsaŋ^{2} tsiːu^{5} ʔbaɯ^{1} pei^{2} wa^{1}.

Dwh ok caengz ciuq mbaw beiz va.

汗　出　才　瞧　张　扇 花

汗流才把花扇找。

七月立秋添处暑，

tsat^{7}ŋuːt^{8} lap^{8}tsou^{1} t^{h}eːm^{1} tsei^{5}ɬei^{5},

Caetnyied laebcou dem cawqsawq,

七月　　立秋　跟　处暑

七月立秋跟处暑，

舻𡍣百色不掉吗。

ru^{2} pei^{1} paːk^{7}ɬak^{7} pu^{3} tiːu^{6} ma^{1}.

Ruz bae Baksaek mbouj diuh ma.

船　去　百色　不　调 回

船去百色不回来。

八月白露添秋分，

peːt^{7}ŋuːt^{8} peːk^{8}lo^{6} tʰeːm^{1} tsou^{1}fan^{1}，

Betnyied begloh dem coufaen，

八月　　白露　跟　秋分

八月白露跟秋分，

盯硯⿰牜莫⿰牜不黜浪垌。

liːu^{3} tʰan^{1} mo^{2} waːi^{2} ʔoːk^{7} laːŋ^{6} toŋ^{6}.

Liuj raen moz vaiz ok langh doengh.

看　见　黄牛水牛出 放　　垌

看见牛群出田垌。

九月寒露添霜降，

kau^{3}ŋuːt^{8} haːn^{2}lo^{6} tʰeːm^{1} ɬuːŋ^{1}kaːŋ^{5}，

Goujnyied hanzloh dem suenggangq，

九月　　　寒露　跟　　霜降

九月寒露跟霜降，

蛤⿰虫烈停⿱镸去不开⿰目它。

kop^{7} kjwe^{3} tiŋ^{2} pei^{1} pu^{3} kai^{1} ta^{1}.

Goep gvej dingz bae mbouj hai da.

蛙　蜗　停　去　不　开 眼

蛙类停嘴不开眼。

十月立冬添小雪，

ɬip^{7}ŋuːt^{8} lap^{8}toŋ^{1} tʰeːm^{1} ɬiːu^{3}ɬiːt^{7}，

Cibnyied laebdoeng dem siujsiet，

十月　　　立冬　　跟　小雪

十月立冬跟小雪，

眃吞各靓叫哎呀。

hɯn^{2} ŋon^{2} kaːk^{8} t^{h}an^{1} heu^{6} ʔei^{1}ja^{1}.

Hwnz ngoenz gag raen heuh aiya.

夜　　日　　自 见　叫　哎呀

日夜自见叫哎呀。

冬月大雪添冬至，

toŋ^{1}ŋuːt^{8} taːi^{6}ɬiːt^{7} t^{h}eːm^{1} toŋ^{1}tsi^{5},

Doengnyied daihsiet dem doengceiq,

冬月　　　　大雪　跟　冬至

冬月大雪跟冬至，

虮皝钻窿卦冬吗。

ŋou^{2}k^{h}eu^{1} tsoːn^{1} tsoːŋ^{6} kwa^{5} toŋ^{1} ma^{1}.

Ngwzheu con congh gvaq doeng ma.

蛇青　　钻　洞　过　冬　来

青蛇过冬钻洞来。

月腊双寒没节气，

ʔdɯːn^{1}laːp^{8} ɬuːŋ^{1} haːn^{2} mei^{3} tsiːt^{7}hei^{5},

Ndwenlab sueng hanz mij cietheiq,

月腊　　　双　寒 没 节气

腊月双寒完节气，

傟倱腩粝不腩芽。

ʔoŋ^{5} kɯn^{2} mei^{2} hau^{4} pu^{3} mei^{2} ŋa^{2}.

Oengq vunz miz haeux mbouj miz raz.

瓮　人 有 米　不　有 芝麻

缸里有米无芝麻。

𭋰髶条黔几条皓，

t^{h}u^{5}p^{h}ɯn^{1} tu^{2} ʔdam^{1} kei^{3} tu^{2} k^{h}aːu^{1}，

Duqbwn diuz ndaem geij diuz hau，

头发　条 黑　几 条　白

头发一黑夹几白，

汜督暂佃弹造䨲。

p^{h}ɯn^{1} tok^{7} tsam^{6} ʔdai^{3} t^{h}aːn^{2} tsaːu^{6} na^{2}.

Fwn doek caemh ndaej danz cauh naz.

雨　落　也　得　打　造　田

下雨也得把田挖。

南宁肨街三十层，

naːm^{2}niŋ^{2} ha^{1} kaːi^{1} ɬaːm^{1} ɬip^{7} tsaŋ^{2}，

Namzningz ha gai sam cib caengz，

南宁　条街　三　十　层

南宁街道三十层，

发䴉淰弄蠓吽鲃。

fa^{4} leːŋ^{4} nam^{4} loŋ^{2} mat^{8} kɯn^{1} pa^{1}.

Fax rengx raemx roengz moed gwn bya.

天　旱　水　下　蚁　吃　鱼

天旱水干蚁吃鱼。

这首节气歌①从正月立春说起，以腊月小寒大寒（即双寒）结束，把隆安的气候特点巧妙地表现出来。入了立春雨水，壮乡大地开始下起大雨，故说“天上云集雨

①此歌流传在隆安都结、布泉、屏山等地。由梁朝泰、林启枢、何生德、马成宁搜集，何生德解说。蒙树起订正音标。蒙树起系都结壮族人，从事壮文工作。

下来”。这雨是春雨、大雨。雨水一充足，二月就要耙田准备插秧。歌中“看见兄弟耕田地”，反映的就是壮乡春耕大忙的景象。隆安地处壮乡腹地，清明一过，天气很快进入炎热时节。歌中强调“天上日出过山来”，说的是到了清明谷雨，早上的太阳已经很晒人了。立夏之后洪水涨满河道，客商趁机贩盐牟取暴利。“客商贩盐上山寨”，指的就是这一回事。到了芒种和夏至，田地里的谷物已有收成，官家急不可待地要征粮收税赋。“官出告示在府衙”，这告示是要农民缴纳田赋的通令。六月酷暑找扇子，九月霜降蛙类停声，十一月天气转冷，蛇类钻进洞里冬眠，腊月河水断流，蚂蚁啃食干死的鱼类。这些是壮乡年年可见的事象。

歌中最为传神的一句是 $hɯn^2$ $ŋon^2$ $kaːk^8$ t^han^1 heu^6 $ʔei^1ja^1$，（Hwnz ngoenz gag raen heuh aiya），日夜自见叫哎呀。这是指十月秋收缴完税粮，家中粮食无多，大惊失色猛叫“哎呀”，用来隐喻内心的惊恐：粮完了怎么过一年？只有体会过农民苦难的人才明白这歌词中蕴含的无穷意味。像$ʔoŋ^5$ kɯn^2 mei^2 hau^4 pu^3 mei^2 $ŋa^2$（Oengq vunz miz haeux mbouj miz raz）缸里有米无芝麻，说穷人到了年底，即使缸中有一些米，也是缺少油盐、芝麻等过年的物资。$ʔoŋ^5$（oengq）是“瓮”，在句中指粮缸。这是一个转折让步的假设句，其意境同样是哀民生之多艰，很生动深刻。

因右江穿过隆安县境流向南宁跟左江交汇，从南宁到百色的水上交通相对比较便利。歌词之中也充分反映了这一地理特点。如说客商贩盐是 $to^4hɯn^3$ ma^1（doxhwnj ma），向上走来。这是因南宁地处右江的下游，船从南宁到隆安是溯流而上。再如七月“船去百色不回来”，说的是山区此时已是农闲，农民可以沿江上百色打工，短期内就不用回乡。

这类节气歌在壮乡各地均有发现，说明过去很盛行这类农事歌。如上思季节歌的农耕气息也很浓重，其季节歌在春节舞春牛时演唱。舞春牛的仪式用意在于娱神祈丰年，但人们在娱神之际自得其乐，故歌中有穷人借节日寻欢之说。歌词按12个月的次序排出二十四节气，配以当月的物候或农事，同样也是很好地起到了农事月历的作用。歌词①如下：

poi^{1} moi^{5} ma^{2} lo^{0},

Bi moq ma lo,

年 新 来 啦

新年到啦，

ʔbuːn^{1}tsiŋ^{1} lap^{8}ɬun^{1} liːn^{2} hou^{4}ɬuːi^{3}.

Ndwencieng laebcin lienz hawxsij.

月正 立春 连 雨水

正月立春连雨水。

ʔbun^{1} laːi^{1} t^{h}au^{3} lo^{0},

Mbwn lai raeuj lo,

天 多 暖 啦

天转暖啦，

mai^{4}min^{2} hoy^{1} ʔboːk^{7} lum^{3} t^{h}iːn^{1}taŋ^{1}.②

Faexminz hai mbok lumj diendaeng.

树棉 开 花 像 天灯

木棉开花像天灯。

mi^{3} kai^{3} t^{h}aŋ^{1} lo^{0},

Mij geij daengz lo,

不 几 到 啦

不多久啦，

①这是广西上思的民歌，系广西民族出版社黄革先生记录并翻译。1999年黄先生慷慨惠赠，笔者得以引用。

②桂南天气比桂中暖，故木棉正月开花。桂中则要到农历二月始见木棉开花。

ʔbuːn^{1}ȵoi^{4} kaŋ^{1}tsik^{8} ɬun^{1}fan^{1} kwa^{5}.

Ndwennyeih gingcig cinfaen gvaq.

月二　　　惊蛰　春分　过

二月惊蛰春分过。

ŋy^{2} ʔoːk^{7} tuŋ^{6} lo^{0},

Ngwz ok dungh lo,

蛇　出　洞　啦

蛇出洞啦,

hun^{2} lau^{2} tsam^{1}tsiːk^{7} jiːu^{5} noŋ^{2} p^{h}an^{1}.

Vunz raeuz caemciek yiuq roengz faen.

人　咱　斟酌　要　下　种

人们商量要播种。

kop^{7} wit^{7} weu^{2} lo^{0},

Goep vit heuh lo,

蛙　蜗　叫　啦

蛙鸣叫啦,

ɬaːm^{1}ŋuːt^{8} tsiŋ^{1}miŋ^{2} liːn^{2} kuk^{7}hou^{4}.

Samnyied cingmingz lienz goekhawx.

三月　　清明　连　谷雨

三月清明连谷雨。

ʔdam^{1} na^{2} kan^{3} lo^{0},

Ndaem naz gaenj lo,

种　田　紧　啦

种田忙啦,

kaːŋ^{1} ʔdoŋ^{1} nok^{8}p^{h}eːk^{7} mai^{4} tu^{2} han^{1}.

Gyang ndoeng roegfek moix duz haen.

中　　林　　鹧鸪　每　只　啼

林中鹧鸪纷纷啼。

ʔboːk^{7}nam^{1} hoy^{1} lo^{0},

Mbok nim hai lo,

花　　稔　开 啦

桃金娘花开啦,

ɬei^{5}ŋuːt^{8} lap^{8}ja^{6} liːn^{2} ɬiːu^{3}muːn^{4}.

Seiqnyied laebhah lienz siujmuenx.

四月　　　立夏　连　　小满

四月立夏连小满。

ʔbaːi^{1} na^{2} kan^{3} lo^{0},

Ndai naz gaenj lo,

耘　田　紧　啦

耘田忙啦,

pai^{2} p^{h}un^{1} pai^{2} ȵy^{3} tsan^{1} fai^{5}ɬan^{2}.①

Baez fwn baez nywj caen feiqsaenz.

次　　雨 次　草　真　　费神

雨后草长真费神。

laːi^{1} ʔai^{3} hoŋ^{5} lo^{0},

Lai ndaej hoengq lo,

多　得　　空　　啦

较得空啦,

①pai^{2} p^{h}un^{1} pai^{2} ȵy^{3}，一场大雨一场草，这是量词充当主语和谓语的主谓词组充当全句的主语。指一场大雨过后就出现一轮杂草疯长的局面，农民除草很费力。

ŋoi^{4}ŋuːt^{8} muːŋ^{2}tsuŋ^{5} liːn^{2} ja^{6}tsi^{5}.

Nguxnyied muengzcungq lienz hahceiq.

五月　　芒种　　连　夏至

五月芒种连夏至。

lum^{2} naːm^{2} ma^{3} lo^{0},

Rumz namz ma lo,

风　南　来 啦

南风来啦，

maːk^{7}kaːi^{1} han^{2} tam^{2} tok^{7} fan^{1}fan^{1}.

Makgai haenz daemz doek faenfaen.

果扁桃 边　塘　落　纷纷

塘边扁桃落纷纷。

ʔdit^{7} pan^{2} foy^{2} lo^{0},

Ndit baenz feiz lo,

阳光 成　火 啦

骄阳似火啦，

lok^{8}ŋuːt^{8} ɬiːu^{3}ɬou^{5} liːn^{2} taːi^{6}ɬou^{5}.

Loegnyied siujsawq lienz daihsawq.

六月　　小暑　连　大暑

六月小暑连大暑。

faːn^{1} na^{2} kan^{3} lo^{0},

Fan naz gaenj lo,

翻 田　紧　啦

犁田忙啦，

laːn^{2} loːŋ^{6} pai^{1} ʔdoi^{1} hit^{8} tam^{4} ʔdam^{1} ①.

Ranz rongh bae ndoi hit daemx ndaem.

屋　亮　去 坡 做　到　　黑

天亮上山干到黑。

①ʔdam^{1}是黑，指颜色。天黑、黑暗多说lap^{7}，但这里用ʔdam^{1}，比较独特。

koŋ^{1} laːi^{1} ʔbuŋ^{5} lo^{0},

Goeng lai mbungq lo,

工　　较　松　啦

活较松啦，

tsit^{7}ŋuːt^{8} lap^{8}sau^{1} liːn^{2} tsau^{5}ɬou^{5}. ②

Caetnyied laebcou lienz cawqsawq.

七月　　　立秋　连　　处暑

七月立秋连处暑。

②这两句是说，农历七月进入立秋、处暑，有一个相对短暂的农闲时段。农民可以在这个时段暂缓紧张的劳作。

lum^{2} ɬai^{1} hɯn^{5} lo^{0},

Rumz sae hwnj lo,

风　　西 起 啦

西风起啦，

maːk^{7}nam^{1} suk^{8} tsai^{2} kam^{5} piːn^{5} ʔdam^{1}.

Maknim cug caez gyaemq bienq ndaem.

果桃金娘熟 齐　紫　　变　　黑

桃金娘果紫变黑。

ʔan^{1} ʔbun^{1} ts^{h}iŋ^{1} lo^{0},

Aen mbwn cing lo,

个　天　 青 啦

天清莹啦，

peːt^{7}ŋuːt^{8} peːk^{8}loy^{6} sau^{1}fan^{1} kwa^{5}.
Betnyied begloh coufaen gvaq.
八月 白露 秋分 过
八月白露秋分过。

nok^{8} mi^{3} syːŋ^{5} lo^{0},
Roeg mij ciengq lo,
鸟 不 唱 啦
鸟不唱啦,

mei^{6} fa^{4} ɬau^{1} ɬiːŋ^{1} pai^{6} mi^{3} han^{1}.①
Meh fax sou sing baeh mij haen.
只 雷 收 声 避 不 啼
雷公收声不吼叫。

①这里把雷公比作公鸡。秋后雷不鸣,就像躲藏起来不啼叫的公鸡。

sou^{4} liːm^{2} lai^{6} lo^{0},
Cawx liemz raeh lo,
买 镰 利 啦
买新镰啦,

kau^{3}ŋuːt^{8} haːn^{2}loy^{6} liːn^{2} ɬuːŋ^{1}kaːŋ^{5}.
Goujnyied hanzloh lienz suenggangq.
九月 寒露 连 霜降
九月寒露连霜降。

lum^{2} sau^{1} t^{h}an^{5} lo^{0},
Rumz cou danq lo,
风 秋 叹 啦
秋风起啦,

ʔboy^{1} mai^{4} pan^{2} kim^{1} tok^{7} fan^{1}fan^{1}.

Mbaw faex baenz gim doek faenfaen.

叶　　树　成　金　落　纷纷

树叶如金落纷纷。

kwe^{3} hau^{4} kan^{3} lo^{0},

Gvej haeux gaenj lo,

割　　稻　　紧　啦

割稻忙啦，

sip^{8}ŋuːt^{8} lap^{8}toŋ^{1} liːn^{2} ɬiːu^{3}ɬit^{7}.

Cibnyied laebdoeng lienz siujsiet.

十月　　　立冬　　连　小雪

十月立冬连小雪。

tsit^{8} ma^{2} tam^{4} lo^{0},

Cid ma daemx lo,

冷　来　到　啦

冷天到啦，

lum^{2} pak^{7} taːi^{6}laːu^{4} tsaːm^{1}siːn^{2} pʰaːi^{5}.①

Rumz baek daihlaux cam cienz boiq.

风　　北　大佬　　问　钱　布

北风大佬问布钱。

sip^{8} ʔit^{7} ŋuːt^{8} lo^{0},

Cib it nyied lo,

十　一　月　啦

十一月啦，

① 这里把北风比作一个来催收布债的大老板，指一到冬天刮北风，人们就需要买布做冬衣御寒。

ʔbuːn^{1} nei^{4} taːi^{6}ɬit^{7} liːn^{2} toŋ^{1}tsi^{5}.

Ndwen neix daihsiet lienz doengceiq.

月　　这　大雪　连　冬至

此月大雪连冬至。

hit^{8} sou^{2} toŋ^{1} lo^{0},

Hit souz doeng lo,

做 糍粑 冬　啦

做冬糍粑啦，

ʔbaːn^{3} toi^{3} laːn^{2} taːŋ^{1} ① hau^{3} tsai^{2} wan^{3}.

Mbanj daej ranz sang haeuj caez vaenj.

村　底　家　高　入　齐　捏

下村上屋齐来捏。

ʔboːk^{7} man^{3} hoy^{1} lo^{0},

Mbok maenj hai lo,

花　　李　开 啦

李花开啦，

ʔbuːn^{1}laːp^{8} ɬiːu^{3}haːn^{2} liːn^{2} taːi^{6}haːn^{2}.

Ndwenlab siujhanz lienz daihhanz.

月腊　　小寒　连　大寒

腊月小寒连大寒。

niːn^{2} jiːu^{5} tam^{4} lo^{0},

Nienz yiuq daemx lo,

年　　要　到　啦

年将到啦，

① ʔban^{3} toi^{3} laːn^{2} taːŋ^{1}字面指下村上屋，其实是指周边人家，处处或家家之义。toi^{3}即tai^{3}，底、底下、下边；laːn^{2}是raːn^{2}。广西壮语北部方言的r-声母到了上思，有一部分双数调的字对应变化为l-声母。taːŋ^{1}是高，标准壮文的s-声母到上思，有一部分对应变化为t-声母。

kuŋ^{2}hun^2 paŋ^2 tsit^{7}hoy^5 tsey^3 faŋ^2.①

Gungzvunz baengh citheiq cij faengz.

穷人　　　凭　　节气才　欢

穷人凭节日欢乐。

正月立春雨水，木棉花开。二月惊蛰春分，蛇出洞，人们商量要播种。三月清明谷雨，蛙鸣叫，鹧鸪啼，插秧紧张。四月立夏小满，桃金娘花开，要中耕耘田除草。五月芒种夏至，扁桃果熟，农事稍有闲暇。六月小暑大暑，骄阳似火，夏收夏种一天从天亮忙到天黑。七月立秋处暑，桃金娘果熟，由紫变黑，农事暂得松闲。八月白露秋分，天高云淡，秋意渐生，雷声不鸣。九月寒露霜降，秋风起，树叶落，要买新镰准备秋收。十月立冬小雪，收割稻谷。十一月大雪冬至，冬至胜小年，家家户户做糍粑。腊月小寒大寒，李花开，新年到。

在春节欢庆的公众场合演唱这种节令歌，无疑能起到一种传播生产知识、劳动经验的效果。

值得注意的是扁桃果，上思壮语叫ma:k^{7}ka:i^1（makgai），学名*Mangifera persiciformis*，英文名Peachform Mango。② 不独上思，其实武鸣、马山、田阳、龙州等地壮语同样也叫ma:k^{7}ka:i^1。其树叫ko^{1}ka:i^1（gogai）或ko^{1}ma:k^{7}ka:i^1（gomakgai）。这是壮乡广泛分布的果树，古老的布洛陀经诗中已提到此物。③《壮汉词汇》以makgai 为方言词，却以makbenjdauz为通用词。④ pe:n^{3}ta:u^2（benjdauz）显然是“扁桃”的汉借词读音。其实壮语南北方言区有不少地方用ma:k^{7}ka:i^1（makgai）一词，若把ma:k^{7}ka:i^1（makgai）收为通用词，不见得有何不妥。壮文

①这首壮歌的记音承蒙同事黎曙光教授订正。黎曙光教授系广西上思壮族人，对上思壮语有深入研究，熟知本地语言文化事象。kuŋ^{2}hun^2，按壮语语法应是hun^{2}kuŋ^2，这是受汉语语法影响把修饰成分前置了。

②学名、英文名见中国科学院植物研究所编《新编拉汉英植物名称》第448页。

③张声震主编：《布洛陀经诗译注》第256页，南宁：广西民族出版社，1991年。武鸣、马山、田阳、龙州读音系笔者田野调查所得。

④广西壮族自治区少数民族语言文字工作委员会研究室编：《壮汉词汇》第501页，南宁：广西民族出版社，1984年。

的词汇规范，从宽从众多收一些民族固有词，于情于理都是应当的。

以农事和节气入歌，以歌声传播劳动经验，壮族浓郁的农耕文化在这方面得到淋漓尽致的展现。像马山、大化一带的叶子歌、劳动歌等等，都属这类题材的歌。

二、壮乡的农事与物候

中国农历中的二十四节气是根据天文和战国时代黄河流域的气候而定下的。其中不少节气名称与物候相关。[①] 二十四节气，说白了就是预告农时，为农业生产提供耕作依据。然中国幅员辽阔， 地有南北之别， 天有冷热之差。历书虽以皇权颁行， 但各地的气候、物候委实殊异。想获取丰收，还得依据自己所处的地理气候条件来耕作。壮族百姓也依二十四节气来操持农活，并把它与当地的气候、物候结合为一体来运用。各种农事歌和农谚即这些生产经验的高度概括。马山的种植歌就很能展现这一特点，这是歌圩上男女盘歌互答的试探歌[②]。

女：正月直脱角，六月提悲种。

çiːŋ^{1}ȵiːt^{8} çi^{6} tok^{7} kok^{7}，lok^{8}ȵiːt^{8} taɯ^{2} pai^{1} ʔdam^{1}.

Ciengnyied cix doek goek，loegnyied dawz bae ndaem.

正月　　就 播 根　　六月　拿 去 种

正月播主谷，六月移去栽。

①竺可桢、宛敏渭：《物候学》第143—144页，长沙：湖南教育出版社，2007年。

②这首壮歌流行于马山县西部及大化一带，系蒙树忠先生收集。蒙树忠先生为马山永州人，壮族，原任职于马山县文化局，后调到大化瑶族自治县文化局工作。

正月肝兴肝，种枯么正月？

çiːŋ¹ȵiːt⁸ taŋ² hiŋ⁵ taŋ²，ʔdam¹ ko¹ ma² çiːŋ¹ȵiːt⁸？

Ciengnyied daengz hingq daengz，ndaem go maz ciengnyied?

正月　　到　将　到　　种　棵　啥　正月

正月即将到，正月种什么？

男：正月交立春，伝种枯糇帝。

çiːŋ¹ȵiːt⁸ kjaːu¹ lap⁸çin¹，wun² ʔdam¹ ko¹ hau⁴tai⁵.

Ciengnyied gyau laebcin，vunz ndaem go haeuxdaeq.

正月　　交　立春　　人　种　棵　米帝

正月交立春，人们种玉米。

叹嗙表倍你，表勺记倍椤。

kou¹ taŋ⁵ piːu³ pai² nei⁴，piːu³ jak⁷ kei⁵ pai² ra².

Gou daengq biuj baez neix，biuj yaek geiq baez raz.

我　叮嘱　表　次　这　　表　要　记　次　情友

我叮嘱老表，今番记友情。

女：二月直脱角，六月提悲种。

ŋei⁶ȵiːt⁸ çi⁶ tok⁷ kok⁷，lok⁸ȵiːt⁸ taɯ² pai¹ ʔdam¹.

Ngeihnyied cix doek goek，loegnyied dawz bae ndaem.

二月　　就　播　根　　六月　　拿　去　种

二月播主谷，六月移去栽。

二月肝兴肝，种枯么二月？

ŋei⁶ȵiːt⁸ taŋ² hiŋ⁵ taŋ²，ʔdam¹ ko¹ ma² ŋei⁶ȵiːt⁸？

Ngeihnyied daengz hingq daengz，ndaem go maz ngeihnyied?

二月　　到　将　到　　种　棵　啥　二月

二月即将到，二月种什么？

男：二月交春分，幼遍圹种竹。

ŋei^{6}ȵiːt^{8} kjaːu^{1} çin^{1}fan^{1}，jou^{5} heːn^{2} tam^{2} ʔdam^{1} ʔdok^{7}.

Ngeihnyied gyau cinfaen，youq henz daemz ndaem ndoek.

二月 交 春分 在 边 塘 种 竹

二月交春分，在塘边种竹。

斗欧角悲种，吽名艮之记。

tau^{5} ʔau^{1} kok^{7} pai^{1} ʔdam^{1}，nau^{2} mɯŋ^{2} ŋan^{2} çi^{6} kei^{5}.

Daeuq aeu goek bae ndaem，naeuz mwngz ngaenz cix geiq.

挖 要 根 去 种 说 你 银 就 记

挖要根去种，说银妹须记。

女：三月直脱角，六月提悲种。

θaːm^{1}ȵiːt^{8} çi^{6} tok^{7} kok^{7}，lok^{8}ȵiːt^{8} taɯ^{2} pai^{1} ʔdam^{1}.

Samnyied cix doek goek，loegnyied dawz bae ndaem.

三月 就 播 根 六月 拿 去 种

三月播主谷，六月移去栽。

三月肘兴肘，种枯么三月？

θaːm^{1}ȵiːt^{8} taŋ^{2} hiŋ^{5} taŋ^{2}，ʔdam^{1} ko^{1} ma^{2} θaːm^{1}ȵiːt^{8}?

Samnyied daengz hingq daengz，ndaem go maz samnyied?

三月 到 将 到 种 棵 啥 三月

三月即将到，三月种什么？

男：三月交清明，伝变定种菾。

θaːm^{1}ȵiːt^{8} kjaːu^{1} çiŋ^{1}miŋ^{2}， wun^{2} pɯːŋ^{2} tiŋ^{6} ʔdam^{1} fɯːŋ^{3}.

Samnyied gyau cingmingz， vunz biengz dingh ndaem fiengj.

三月 交 清明 人 世间 定 种 粟

三月交清明，世人定种粟。

种菧浪种庆，吽名金之记。

ʔdam^{1} fɯːŋ^{3} laːŋ^{6} ʔdam^{1} hiŋ^{1}，nau^{2} mɯŋ^{2} kim^{1} ɕi^{6} kei^{5}.

Ndaem fiengj langh ndaem hing，naeuz mwngz gim cix geiq.

种 粟 连 种 姜 说 你 金 就 记

种粟连种姜，说金妹要记。

女：四月直脱角，六月提悲种。

θei^{5}ȵiːt^{8} ɕi^{6} tok^{7} kok^{7}，lok^{8}ȵiːt^{8} taɯ^{2} pai^{1} ʔdam^{1}.

Seiqnyied cix doek goek，loegnyied dawz bae ndaem.

四月 就 播 根 六月 拿 去 种

四月播主谷，六月移去栽。

四月肚兴肚，种枯么四月？

θei^{1}ȵiːt^{8} taŋ^{2} hiŋ^{5} taŋ^{2}，ʔdam^{1} ko^{1} ma^{2} θei^{5}ȵiːt^{8}?

Seiqnyied daengz hingq daengz，ndaem go maz seiqnyied?

四月 到 将 到 种 棵 啥 四月

四月即将到，四月种什么？

男：四月交立夏，伝拔萑种𦮀。

θei^{5}ȵiːt^{8} kjaːu^{1} lap^{8}ha^{6}，wun^{2} kiːm^{2} kja^{3} ʔdam^{1} na^{2}.

Seiqnyied gyau laebhah，vunz giemz gyaj ndaem naz.

四月 交 立夏 人 拔 秧 种 田

四月交立夏，人拔秧插田。

表加劲造奸，表眉麻不记。

piːu^{3} kja^{1} lɯk^{8} ɕaːu^{6}ja^{6}，piːu^{3} mi^{2} ma^{2} ʔbou^{5} kei^{5}.

Biuj gya lwg cauhyah，biuj miz maz mbouj geiq.

表 加 子 辈婆 表 有 啥 不 记

阿妹是女子，有何记不住。

女：五月直脱角，六月提悲种。

ŋu^{4}ɲiːt^{8} ɕi^{6} tok^{7} kok^{7}，lok^{8}ɲiːt^{8} taɯ^{2} pai^{1} ʔdam^{1}.

Nguxnyied cix doek goek，loegnyied dawz bae ndaem.

五月　就　播　根　六月　拿　去　种

五月播主谷，六月移去栽。

五月肝兴肝，种枯么五月？

ŋu^{4}ɲiːt^{8} taŋ^{2} hiŋ^{5} taŋ^{2}，ʔdam^{1} ko^{1} ma^{2} ŋu^{4}ɲiːt^{8}?

Nguxnyied daengz hingq daengz，ndaem go maz nguxnyied?

五月　到　将　到　种　棵　啥　五月

五月即将到，五月种什么？

男：五月交芒种，肝坪伝种豆。

ŋu^{4}ɲiːt^{8} kjaːu^{1} muːŋ^{2}ɕuŋ^{5}，taŋ^{2} pɯːŋ^{2} wun^{2} ʔdam^{1} tu^{6}.

Nguxnyied gyau muengzcungq，daengz biengz vunz ndaem duh.

五月　交　芒种　全　世间　人　种　豆

五月交芒种，世人皆种豆。

孙豆定歹收，欧斗囗豆俯。

lɯk^{8}tu^{6} tiŋ^{6} ʔdai^{3} θou^{1}，ʔau^{1} tau^{3} ku^{6} tau^{6}fou^{6}.

Lwgduh dingh ndaej sou，aeu daeuj guh daeuhfouh.

子豆　定　得　收　要　来　做　豆腐

黄豆定能收，拿来做豆腐。

女：六月直脱角，六月提悲种。

lok^{8}ɲiːt^{8} ɕi^{6} tok^{7} kok^{7}，lok^{8}ɲiːt^{8} taɯ^{2} pai^{1} ʔdam^{1}.

Loegnyied cix doek goek，loegnyied dawz bae ndaem.

六月　就　播　根　六月　拿　去　种

六月播主谷，六月移去栽。

六月肘兴肘，种枯么六月？

lok^{8}ȵiːt^{8} taŋ^{2} hiŋ^{5} taŋ^{2}，ʔdam^{1} ko^{1} ma^{2} lok^{8}ȵiːt^{8}?

Loegnyied daengz hingq daengz，ndaem go maz loegnyied?

六月 到 将 到 种 棵 啥 六月

六月即将到，六月种什么？

男：六月交大暑，四处伝种茄。

lok^{8}ȵiːt^{8} kjaːu^{1} taːi^{6}θaɯ^{5}，θei^{5}ɕaɯ^{5} wun^{2} ʔdam^{1} man^{2}.

Loegnyied gyau daihsawq，seiqcawq vunz ndaem maenz.

六月 交 大暑 四处 人 种 薯

六月交大暑，四处人种薯。

糈翻列不贫，种犰茄养命。

hau^{4}na^{2} le^{6} ʔbou^{5} pan^{2}，ʔdam^{1} lɯk^{8}man^{2} ɕɯːŋ^{4} miŋ^{6}.

Haeuxnaz leh mbouj baenz，ndaem lwgmaenz ciengx mingh.

米田 播 不 成 种 子薯 养 命

稻谷种不成，种甘薯保命。

女：七月直脱角，六月提悲种。

ɕat^{7}ȵiːt^{8} ɕi^{6} tok^{7} kok^{7}，lok^{8}ȵiːt^{8} taɯ^{2} pai^{1} ʔdam^{1}.

Caetnyied cix doek goek，loegnyied dawz bae ndaem.

七月 就 播 根 六月 拿 去 种

七月播主谷，六月移去栽。

七月肘兴肘，种枯么七月？

ɕat^{7}ȵiːt^{8} taŋ^{2} hiŋ^{5} taŋ^{2}，ʔdam^{1} ko^{1} ma^{2} ɕat^{7}ȵiːt^{8}?

Caetnyied daengz hingq daengz，ndaem go maz caetnyied?

七月 到 将 到 种 棵 啥 七月

七月即将到，七月种什么？

男：七月交立秋，斗种憐囗香。

ɕat^{7}ȵiːt^{8} kjaːu^{1} lap^{8}ɕou^{1}，tou^{1} ʔdam^{1} kjat^{7} ku^{6} jɯːŋ^{1}.

Caetnyied gyau laebcou，dou ndaem gyaet guh yieng.

七月　　交　立秋　我们　种　朴树　做　香

七月交立秋，种朴树做香。

欧肖社肖仙，吽名年之记。

ʔau^{1} θiːu^{1} θi^{4} θiːu^{1} θiːn^{1}，nau^{2} mɯɯŋ^{2} niːn^{2} ɕi^{6} kei^{5}.

Aeu siu six siu sien，naeuz mwngz nienz cix geiq.

要　烧 社 烧　仙　说　你　年　就　记

烧香敬神仙，说同年要记。

女：八月直脱角，六月提悲种。

peːt^{7}ȵiːt^{8} ɕi^{6} tok^{7} kok^{7}，lok^{8}ȵiːt^{8} taɯ^{2} pai^{1} ʔdam^{1}.

Betnyied cix doek goek，loegnyied dawz bae ndaem.

八月　就　播　根　六月　拿　去　种

八月播主谷，六月移去栽。

八月肝兴肝，种枯么八月？

peːt^{7}ȵiːt^{8} taŋ^{2} hiŋ^{5} taŋ^{2}，ʔdam^{1} ko^{1} ma^{2} peːt^{7}ȵiːt^{8}?

Betnyied daengz hingq daengz，ndaem go maz betnyied?

八月　到　将　到　种　棵 啥　八月

八月即将到，八月种什么？

男：八月交白露，伝种莪打三。

peːt^{7}ȵiːt^{8} kjaːu^{1} peːk^{8}lo^{6}，wun^{2} ʔdam^{1} ŋo^{4} ta^{3}θaːn^{1}.

Betnyied gyau begloh，vunz ndaem ngox dajsan.

八月　交　白露　人　种　芦苇 打编

八月交白露，人栽苇编织。

叴吽名了娘，名悲苒勺记。

kou^{1} nau^{2} mɯŋ^{2} liːu^{4} naːŋ^{2}，mɯŋ^{2} pai^{1} raːn^{2} jak^{7} kei^{5}.

Gou naeuz mwngz liux nangz，mwngz bae ranz yaek geiq.

我　说　你　了娘子　你　去　家　要　记

我说你阿妹，你回家谨记。

女：九月直脱角，六月提悲种。

kou^{3}ȵiːt^{8} ɕi^{6} tok^{7} kok^{7}，lok^{8}ȵiːt^{8} taɯ^{2} pai^{1} ʔdam^{1}.

Goujnyied cix doek goek，loegnyied dawz bae ndaem.

九月　就　播　根　六月　拿　去　种

九月播主谷，六月移去栽。

九月肝兴肝，种枯么九月？

kou^{3}ȵiːt^{8} taŋ^{2} hiŋ^{5} taŋ^{2}，ʔdam^{1} ko^{1} ma^{2} kou^{3}ȵiːt^{8}?

Goujnyied daengz hingq daengz，ndaem go maz goujnyied?

九月　到　将　到　种　棵　啥　九月

九月即将到，九月种什么？

男：九月交霜降，种北曼悲盖。

kou^{3}ȵiːt^{8} kjaːu^{1} ɕuːŋ^{5}kjaːŋ^{5}，ʔdam^{1} pjak^{7}man^{2} pai^{1} kaːi^{1}.

Goujnyied gyau suenggangq，ndaem byaekmaenz bae gai.

九月　交　霜降　种　菜薯　去卖

九月交霜降，种薯菜去卖。

霜降伝浪怀，伝放担浪马。

ɕuːŋ^{5}kjaːŋ^{5} wun^{2} laːŋ^{6} waːi^{2}，wun^{2} ɕuːŋ^{5} raːp^{7} laːŋ^{6} ma^{4}.

Suenggangq vunz langh vaiz，vunz cuengq rap langh max.

霜降　人　放　水牛　人　放　担子　放　马

霜降人放牛，卸担子放马。

女：十月直脱角，六月提悲种。

ɕip^{8}ȵiːt^{8} ɕi^{6} tok^{7} kok^{7}，lok^{8}ȵiːt^{8} taɯ^{2} pai^{1} ʔdam^{1}.

Cibnyied cix doek goek，loegnyied dawz bae ndaem.

十月　就 播 根　六月　拿 去 种

十月播主谷，六月移去栽。

十月肼兴肼，种枯么十月？

ɕip^{8}ȵiːt^{8} taŋ^{2} hiŋ^{5} taŋ^{2}，ʔdam^{1} ko^{1} ma^{2} ɕip^{8}ȵiːt^{8}?

Cibnyied daengz hingq daengz，ndaem go maz cibnyied?

十月　到　将　到　种 棵 啥　十月

十月即将到，十月种什么？

男：十月交立冬，伝变用种蕉。

ɕip^{8}ȵiːt^{8} kjaːu^{1} lap^{8}toŋ^{1}，wun^{2} pɯːŋ^{2} juŋ^{6} ʔdam^{1} kjoi^{3}.

Cibnyied gyau laebdoeng，vunz biengz yungh ndaem gyoij.

十月　交　立冬　人 世间 用　种　蕉

十月交立冬，世人皆种蕉。

劧贫双贫批，劧芽最高兴。

lɯk^{8} pan^{2} θuːŋ^{1} pan^{2} pe^{1}，lɯk^{8}ȵe^{2} ɕei^{5} kaːu^{1}hiŋ^{5}.

Lwg baenz sueng baenz be，lwgnyez ceiq gauhingq.

子　成　双　成　梳　子孩　最　高兴

蕉成双成梳，儿童最高兴。

在马山西部，这种盘歌互答通常只唱十个月，取十全十美的意思。歌中女问男答，一唱一和，很有生活情趣。“表”是老表，指情人；“椤”读 ra^{2}（raz），指初恋情人。这一句即“要记住恋人此番情意”。姑娘考问小伙子，每个月该种什么作物，所谓tok^{7} kok^{7}（doek goek），即种最重要的作物。tok^{7}（doek）是“播，播撒”；kok^{7}（goek）是“根”，引申为根本。根本是最重要的。正月种玉米，二月种竹，三月种粟，四月种水稻，五月种豆，六月种甘薯，七月种朴树，八月种芦苇，九月种红薯，兼采薯叶作蔬菜，十月种芭蕉。这是对歌时虚实结合的产物，举大端而省略细节。其实，壮乡的农活远比歌中列举的情形复杂得多。另外，过去只种一造水稻，四月才拔秧插大田。后来技术进步，提倡种双季稻，清明前后就要插秧了。不过，歌中种粟、种薯预防灾荒的思想意识，却是壮乡农户的传统主张。

壮乡每年的农活的确以开春种玉米为起点。ʔdɯːn^{1}çiːŋ^{1} ȵaŋ^{5} hoːŋ^{1} rei^{6}，ʔdɯːn^{1}ŋei^{6} ȵaŋ^{5} hoːŋ^{1} na^{2}（Ndwencieng nyaengq hong reih，ndwenngeih nyaengq hong naz），正月忙做旱地活， 二月忙做水田活。春节一过，春耕大忙就要开始。其实农民是看着李花犁地起垄准备种玉米的。只要man^{3}θei^{5}（maenjseiq ）四月李开花， 玉米就可以下种。种好玉米， 接着种南瓜、冬瓜、瓠瓜及豇豆等作物。所以农谚有haɯ^{4}θi^{3} ʔdam^{1} kwa^{1}，kiŋ^{1}çik^{8} tok^{7} tu^{6}（Hawxsij ndaem gva，gingcig doek duh），雨水种瓜，惊蛰播豆。柚树开花时， 要灌水浸泡冬翻过的农田，准备耙秧田，故谚语说ko^{1}puk^{8} haːi^{1} wa^{1} raːu^{5} na^{2} kja^{3}（Gobug hai va rauq naz gyaj），柚树开花耙秧田。

有些年份开春后会有三五天倒春寒，无经验的人在此寒潮前播下稻种，稻种才冒芽就被冻坏了。通常农民都高度警惕倒春寒天气，一是怕谷种被毁误了农时，二是害怕耕牛受冻而造成损失。haɯ^{4}θi^{3} taːi^{1} tu^{2} lɯk^{8}，kiŋ^{1}çik^{8} taːi^{1} tu^{2} me^{6}（Hawxsij dai duz lwg， gingcig dai duz meh），雨水死牛崽，惊蛰死母牛，这话强调的就是要在倒春寒中保护好耕牛。到了春分，青蛙鸣叫，万物复苏，天气转暖，故有çin^{1} ʔbou^{5} fan^{1} ʔbou^{5} rau^{3}（Cin mbouj faen mbouj raeuj）春不分不暖之说。另一句农谚çin^{1}fan^{1} fan^{1} hau^{4}çe^{6}（Cinfaen faen haeuxceh）春分分谷种，强调的就是要抓紧时间下种，此时再不播种就误了农时。

惊蛰末，春分初，苦楝开花，预示雨季来临。ko^{1}reːn^{6} haːi^{1} wa^{1} ram^{4} ta^{6}

roːŋ² (Gorenh hai va raemx dah rongz)，苦楝开花河水涨。到这个时节就要修整渔具，下春雨河水一涨，各种渔具就能派上用场。早花生与黄豆就是在苦楝开花期间下种的。春分时，豆角、丝瓜的藤蔓要攀缘上架，需用木棍、竹条来搭架子。支架叫toːŋ⁶ tu⁶ toːŋ⁶ kwe¹ (dongh duh dongh gve)，tu⁶ (duh) 是豆，kwe¹ (gve) 在此是丝瓜，toːŋ⁶ (dongh) 是柱子，这里专指瓜豆的支架。

gve 丝瓜（结瓜前）

清明时节金樱花到处开放，人们开始耙大田，进入插秧的紧张阶段。插完秧，玉米、芋头等旱地作物也要施肥培壅了。菜地里的冬瓜、节瓜、瓠瓜等藤蔓作物开始延伸，要打来蕨草铺垫在瓜架下。它们坐果时，果实不沾地，大热天时才不烂掉。农历的三四月间，农民整日都在不停地奔忙。料理了稻田、菜园后，有小块旱地的农户还要种粟，种䅟子和豆子等。劳作的艰辛程度，只有亲身体验才明白。pou⁴θaːi¹ ʔiŋ¹ fa² tan³ wa⁵，ɕaːu⁶ja⁶ kɯːt⁸ loːŋ³ hɯn³ pja¹ (Bouxsai ing faz daenj vaq，cauhyah gwed longj hwnj bya)，男人倚墙穿裤，女人扛砻上山。说的是这段农忙期间很累人，男人累得站不稳，要倚墙才能穿上裤子。妇女怀孕也得上山劳作，不能在家安心休息，因为农活催人。loːŋ^3（longj）是用大木头剖挖而成的舂谷槽，也音译作砻。kɯːt^8 loːŋ^3 hɯn^3 pja^1（gwed longj hwnj bya）并非真的把舂谷槽扛上山，这是隐喻，指孕妇腆着大肚子也要上山干活。θaːm^{1}ȵiːt^8 ʔbou^5 ta^{3}kok^7，lok^{8}ȵiːt^8 pai^1 laɯ^2 ʔau^1（Samnyied mbouj dajgoek，loegnyied bae lawz aeu），三月不打根基，六月去哪收取。一粒米饭一滴汗，一分耕耘一分收获，这话道出了春耕春种的重要性及紧迫性。

θei^{5}ȵiːt^8 hau^3 lap^{8}ha^6，tu^{2}pit^8 heu^6 ra^{1}ra^1（Seiqnyied haeuj laebhah，duzbid heuh rara），四月入立夏，蝉儿叫喳喳。蝉儿鸣叫， 意味着进入夏天的炎热多雨季节，水稻进入生长旺盛期。农谚说：θei^{5}ȵiːt^8 peːt^8，ram^4 na^2 riːu^2 reːt^{7}reːt^7（Seiqnyied bet，raemx naz riuz retret），四月八，田水流哗哗；θei^{5}ȵiːt^8 hau^3 lap^{8}ha^6，ram^4 kwa^5 ta^6 lin^{2}lin^2（Seiqnyied haeuj laebhah， raemx gvaq dah linzlinz），四月进立夏，河水流粼粼。这些谚谣不但表明夏季雨水丰盛，还寓有催人抓住时节耕作的深意。

然并非所有的夏天都是雨水丰足，若老天爷不按常规办事，旱魔在夏季也有肆虐的机会。谚语就有muːŋ^{2}ɕuŋ^5 wɯn^1 tok^7 ram^4 tum^4 ruŋ^6，muːŋ^2 ɕuŋ^5 ʔbou^5 wɯn^1 fei^2 ɕop^8 ruŋ^6（Muengzcungq fwn doek raemx dumx rungh，muengzcungq mbouj fwn feiz coeb rungh），芒种有雨水漫山，芒种无雨火烧山。芒种时节骄阳似火，此时若发生旱情，农民比任何时候都辛苦，要挑水抗旱保苗，早出晚归。用农民的话来说，是taːk^7 tɯk^7 paːi^{6}laŋ^1 hau^1 neːŋ^3 pai^1（Dak dwk baihlaeng haeu nengj bae），晒得脊背都有了焦味。

若是风调雨顺，到芒种的时候早玉米就开始有收成。马山农谚有muːŋ^{2}ɕuŋ^5 ʔdai^3 kɯn^1 ti^5，ha^{6}ɕi^5 ʔdai^3 kɯn^1 laːi^1（Muengzcungq ndaej gwn di，hahceiq ndaej gwn lai），芒种得吃点，夏至得吃多。玉米到夏至时已经可以大面积收获。通常早玉米收完之后，人们会抓紧把地翻耕再种一茬晚玉米，或种一茬红薯。此时早花生、黄豆等作物也相继成熟，菜地里的南瓜、冬瓜也果实累累。

六月是繁忙的季节。迟熟品种的大桃这时候成熟，但人们往往顾不上收果，故马山的谚语说 lok^{8}ȵiːt^{8} lok^{8}， lɯk^{8}taːu^{2} tok^{7} la^{3} kok^{7}（Loegnyied loeg，lwgdauz doek laj goek），六月六，桃果落树下。这些不值大钱的水果，便任由小孩们自己去摘拾。

才把旱地里的晚秋作物种下，田里的稻谷又黄熟要收割了。所谓ɕin^{1} ke^{5} ŋon^{2}，ha^{6} ke^{5} θei^{2}（Cin geq ngoenz，hah geq seiz），春数日子夏数时辰，指的便是春争日，夏争时。这一时段是抢种抢收的时节，须臾不可耽误。开始割稻之初，就要准备秧田播秧。大田收割完毕，即抓紧耙田。

稻谷割回来，并不意味着完成任务，要脱粒，扬去秕谷稻叶，还要翻晒，才能入仓收藏。可这段时间偏逢雷雨季节，me^{6} ʔbɯn^{1} ŋon^{2} θaːm^{1} piːn^{5}（Meh mbwn ngoenz sam bienq），老天一日三变。往往天边刚出现一抹黑云， 不一会就风雨交加。晒坪上晒得半干的稻谷常常来不及收就被雨淋，农民气得直跺脚，感叹hau^{4} ʔdei^{1} taŋ^{2} fɯŋ^{2} to^{5} ʔbou^{5} ʔdai^{3} taŋ^{2} paːk^{7}（Haeux ndei daengz fwngz doq mbouj ndaej daengz bak）， 好谷到手都不能到口。

夏天气温高，秧苗生长迅速，二十天左右即可移栽到大田里，所以小暑末大暑初播秧，立秋前后即可插田。若拖延到立秋过后尚未插完秧， 深秋扬花时就很容易遇上寒露风而减产失收。俗话说wun^{2} ŋu^{6} na^{2} θak^{7} θei^{2}，na^{2} ŋu^{6} kei^{2} toːn^{6} pi^{1}（Vunz nguh naz saek seiz，naz nguh geiz donh bi），人误田一时，田误期半岁。因此人们大都抢在农历七月十四前把田插完。

插完秧是大事，人们要在那天祭土地神：用熟鸡、熟猪肉、酒、新米饭及一些香烛，到土地庙上供即可。一般斟三轮酒就焚烧纸钱，结束仪式。俗话说θaːt^{8} rei^{6} ka^{3} ma^{1}，θaːt^{8} na^{2} ka^{3} kai^{5}（Sad reih gaj ma，sad naz gaj gaeq），种完地杀狗，种完田杀鸡。意思是旱地里的秋作物种完后，村里的青壮年就杀狗聚餐，这叫ku^{6} ko^{1}（guh go）或kɯn^{1} ko^{1}（gwn go）。ko^{1}（go）是烹而分食。大家凑份子出钱买狗买肉来聚餐，是为了在稻谷开镰前加强营养，以应付抢种抢收大忙。收完稻谷插好秧后，杀鸡祭祀土地神，以答谢神赐的丰收，并祈求下一造作物得到神的保佑。现在人们的生活比较富足，种完旱地作物，并不一定要聚餐，但插完田还是有不少人要杀鸡祭土地神。

其实不止插完田的那天祭祀土地神，农历七月初七、农历七月十四这两个节日都有人去土地庙上香上供。尤其是农历七月十四，几乎每家农户都在祭祖之后去祭土地神。俗话说koŋ^{1} to^{3}tei^{6}，kuːn^{3} tɯːk^{8}tei^{6}（Goeng dojdeih，guenj diegdeih），土地公，管地方。农民不敢怠慢土地神，想通过祭祀而求得丰收。其本质是人们无法控制旱涝等自然灾害，只能把希望寄托在神灵的保护上。谋事在人，成事在天，只要天地肯照应，人们就能心想事成。民间信仰观念是信则灵，认为诚心相求，不欺神鬼，天必佑之。种植歌中说的七月种苦楝树，就是用其来做香，祭祀社神和仙鬼。树不一定在七月种，但七月的祭祀活动最频繁却是事实。

在求神的同时，人们对不利的天气因素还是做积极预防的。比如：

lap^{8}ɕou^{1} mi^{2} wɯn^{1} tok^{7}，pai^{1} lit^{8} lok^{7} ma^{1} raːn^{2}；

Laebcou miz fwn doek，bae lid loek ma ranz；

立秋　有　雨　落　去 拆 水车 回　家

立秋有雨下，去把水车拆回家；

lap^{8}ɕou^{1} ʔdit^{7} ʔdaːt^{7} jaːn^{2}，ɕeːk^{7}ɕaːn^{2} pai^{1} ku^{6} lok^{7}.

Laebcou ndit ndat yanz，cek canz bae guh loek.

立秋　阳 光 热辣　拆 晒台 去　做 水车

立秋太阳大，拆了晒台做水车。

这是从立秋那天的天气状况来预测整个秋季的雨情。若立秋日逢雨，则秋季多雨；反之则秋旱，那就需要提早修理水车，做抗旱准备。

插完了晚稻后有一小段农闲，但许多旱地作物还得照料，如清理南瓜、冬瓜地，翻耕后要种上白菜、大蒜、萝卜等秋菜。有藕池的人，也开始挖取新藕。水稻返青分蘖后，紧接着要中耕、施肥、耘田。只要天气不干旱，这段时间的农活就相对轻松很多。

八月十五中秋节，芋头开始成熟。吃过新芋不久，晚稻就准备抽穗扬花。taŋ^{2} peːk^{8}lo^{6} ɕou^{1}fan^{1}，ko^{1} ʔbou^{5} pan^{2} ɕam^{6} ʔoːk^{7}（Daengz begloh coufaen，go mbouj baenz caemh ok），到白露秋分，禾长不好也抽穗。到这个时候，田间管理大局已定，稻谷长势一定，纵然有天大的本事也没法补救了。经验丰富的农民，都在中耕阶段注意加强水稻的水肥调控。基础打得好，秋后才不吃亏。

节气到了白露秋分，壮乡夜晚的气温渐渐变凉，大白菜、芥菜、芥蓝等喜凉的冬菜开始播种或移栽。谚语ɕou^{1} ʔbou^{5} fan^{1} ʔbou^{5} liːŋ^{2}（Cou mbouj faen mbouj liengz），秋不分不凉，就是说到了秋分天气才凉爽。气温若太低，对水稻生长不利。尤其是种得太迟或者田间管理跟不上，肥力不足，长势落后的禾苗到秋分还扬不了花，一遇上寒露风，天气骤然降温，影响授粉，结果秕谷太多，产量必然受损。hau^{4} laːu^{1} rum^{2} haːn^{2}lo^{6}，wun^{2} laːu^{1} ke^{5} liːu^{4} ho^{3}（Haeux lau rumz hanzloh，vunz lau geq liux hoj），禾怕寒露风，人怕老来穷，人们所担心的便是这种情形。

过了寒露，农活就轻松得多了。特别是那些前期、中期管理得好的禾苗，此时就看着它们ŋau^{1} liːm^{2}（ngaeu liemz），即稻穗像镰刀一样勾头，heːn^{3} kjoi^{3}（henj gyoij），像芭蕉一样由青变黄。霜降时，晚玉米已经成熟。收完玉米，役使了大半年的牛就任由它们满地啃食老玉米秆或地边的青草。在马山，壮语把这种自由放牧叫 laːŋ^{6} puːŋ^{5}（langh buengq），意思是放开游荡。故马山谚语说ɕuːŋ^{5}kjaːŋ^{5} laːŋ^{6} waːi^{2}（Suenggangq langh vaiz）霜降放牛。前述隆安节气歌的“八月白露跟秋分，看见牛群出田垌”、种植歌中的“霜降人放牛，卸担子放马”，说的也是这一回事。

晚玉米之后是红薯、甜薯成熟。接着晚稻也要收割。收完晚稻，再把旱地作物的木薯、芋头收回来，一年农事就到了尾声。

从前面的探讨可见，二十四节气的概念来自汉语。事实上也只有皇家才有权颁行历书。壮族没有自己的天文学，节气的概念虽是借自汉语，但人们对其内涵并不生疏。因它们与生产生活有着密切关联，于是人们用民歌形式把它们加以发挥，编成花歌或鸟歌，通过传唱而起到普及作用，进而利用它们来指导农业生产。

三、花歌表月令

壮乡大地虽然不说是繁花似锦，但一年四季鲜花不断却是事实。从初春到腊月，四野山花与人工种养的花卉均依时节而开放。受此环境熏陶，许多壮歌就以花为题，用花表示月令，把相应的农事编排到对应月份，使人明白到什么时节开什么花，应该干什么农活。这种地域性的花卉月历，也是壮族农耕文化的一大特色。如武鸣、马山一带传诵的fɯːn1wa1（fwenva），即花歌，就把12种植物与月份配对。

ɕiːŋ1ȵiːt8 haːi1 wa1 puk8，jiːt8 mup7 te1 jiːt8 raːŋ1.

Ciengnyied hai vabug，yied mup de yied rang.

正月　　开 花柚　　越　闻　它 越　香

正月开柚花，越闻它越香。

niːn2ɕo1ʔit7 tau3taŋ2，raːn2raːn2 ɕuŋ3 wuːn1hei3.

Nienz coit daeujdaengz，ranzranz cungj vuenheij.

年　初一 来到　　　家家　都　欢喜

年初一到来，家家都欢喜。

ŋei6ȵiːt8 haːi1 wa2taːu2，ʔdei pan2 ʔdaːu1 ɕip8θei5.

Ngeihnyied hai vadauz，ndei baenz ndau cibseiq.

二月　　开 花桃　　好　成　星星 十四

二月开桃花，若秋星明亮。

jou^{5} kɯn^{2} ko^{1} ɕi^{4} mai^{5}，ʔiŋ^{3} roŋ^{2} tei^{6} ɕi^{4} hoŋ^{2}.

Youq gwnz go cix maeq，ingj roengz deih cix hoengz.

在 上 棵 就 粉红 映 下 地 就 红

在枝头灿烂，满地映彤红。

θaːm^{1}ȵiːt^{8} tu^{3} wa^{1}weːŋ^{3}，jaɯ^{3} leːŋ^{5}leːŋ^{5} ɕuŋ^{3} haːi.

Samnyied duj vavengj，yawj lengqlengq cungj hai.

三月 朵 花金樱 看 处处 都 开

三月金樱花，处处齐开遍。

tu^{3} hup^{7} te^{1} ɕi^{4} kwaːi^{1}，tu^{3} haːi^{1} te^{1} ɕi^{4} leːŋ^{3}.

Duj hup de cix gvai，duj hai de cix lengj.

朵 闭 它 就 乖 朵 开 它 就 艳

蓓蕾亦乖巧，怒放诚娇艳。

θei^{5}ȵiːt^{8} haːi^{1} wa^{1}kwa^{1}，ŋa^{1}ŋa^{1} ɕuŋ^{3} kiːt^{7} ɕai^{2}.

Seiqnyied hai va’gva，nga’nga cungj giet caez.

四月 开 花瓜 枝枝 都 结 齐

四月开瓜花，枝丫都结瓜。

ʔan^{1} huŋ^{1} neːm^{1} ʔan^{1} θai^{5}，pan^{2} rei^{6} ɕuŋ^{3} fuŋ^{1}θou^{1}.

Aen hung nem aen saeq，baenz reih cungj fungsou.

个 大 黏 个 细 成 地 都 丰收

大个挨小个，遍地丰收景。

ŋu^{4}ȵiːt^{8} wa^{1}hau^{4}mai^{4}，weːn^{3} pan^{2} ŋai^{2} toŋ^{3}liŋ^{2}.

Nguxnyied vahaeuxmaex，venj baenz ngaez doengzlingz.

五月 花玉米 挂 成 耳环 铜铃

五月玉米花，似耳环铜铃。

jiːt^{8} jaɯ^{3} jiːt^{8} mi^{2} jin^{4}，rum^{2} ɕi^{1} ʔbin^{1} fe^{2}fe^{2}.

Yied yawj yied miz yinx，rumz ci mbin fezfez.

越 看 越 有 瘾 风 吹 飞 习习

越看越有趣，风吹习习飞。

lok^{8}ȵiːt^{8} haːi^{1} wa^{1}ʔbu^{1}，pu^{1}lu^{1} jou^{5} kjaːŋ^{1} ram^{4}.

Loegnyied hai va’mbu，bulu youq gyang raemx.

六月 开 花荷 灿然 在 中 水

六月荷花开，灿然在水中。

taːŋ^{6}nau^{2} mɯŋ^{2} ho^{2}han^{2}，taːŋ^{6} ram^{4} kwa^{5}pai^{1} ʔau^{1}.

Danghnaeuz mwngz hozhaenz，dangh raemx gvaqbae aeu.

若说 你 喉痒 蹚 水 过去 要

若你心羡慕，涉水去攀折。

ɕat^{7}ȵiːt^{8} wa^{1}maːu^{4}taːn^{1}，haːi^{1} rim^{1} raːn^{2} rim^{1} ruŋ^{6}.

Caetnyied vamauxdan，hai rim ranz rim rungh.

七月 花牡丹 开 满 屋 满 峷

七月牡丹花，山村屋旁开。

pou^{4}laɯ^{2} ran^{1} ɕuŋ^{3} muːŋ^{6}，kai^{3} pai^{1} tuːŋ^{6} taːu^{5}ma^{1}.

Boux lawz raen cungj muengh，gaej bae duengh dauqma.

个 哪 见 都 望 别 去 扯 回来

谁见都观望，别去折回来。

peːt^{7}ȵiːt^{8} haːi^{1} wa^{1}hau^{4}，jaɯ^{3} mau^{5}mau^{5} ɕuŋ^{3} mi^{2}.

Batnyied hai vahaeux，yawj maeuqmaeuq cungj miz.

八月 开 花稻 看 处处 都 有

八月稻花开，四处皆可见。

tu^{3} te^{1} haːi^{1} ʔa^{3}ʔi^{1}，rum^{2} ɕi^{1} hi^{4} ʔbou^{3} lon^{5}.

Duj de hai aji，rumz ci hix mbouj loenq.

朵 它 开微微 风 吹亦 不 落

花朵开细微，风吹也不落。

kou^{3}ȵiːt^{8} wa^{1}fou^{2}juŋ^{3}，θoŋ^{1}juŋ^{2} haːi^{1} to^{6} ʔbaːn^{3}.

Goujnyied vafouzyungz，soeng'yungz hai doh mbanj.

九月 花芙蓉 从容 开 遍 村

九月芙蓉花，从容开遍村。

pou^{4}pou^{4} ran^{1} ɕuŋ^{3} ʔaːŋ^{5}，θim^{1} waːn^{1} tiːm^{2} ʔdaɯ^{1} ho^{2} .

Bouxboux raen cungj angq，sim van diemz ndaw hoz.

个个 见 都 乐 心 甜 甜 里 脖

人人见都乐，心里甜滋滋。

ɕip^{8}ȵiːt^{8} wa^{1}kɯːŋ^{1}ha^{2}，paːi^{2} la^{1}la^{1} heːn^{2} raːn^{2}.

Cibnyied vagienghaz，baiz lala henz ranz.

十月 花姜野 排 密密 边 屋

十月野姜花，屋旁排成行。

hau^{3} ʔoːk^{7} ȵou^{5} wa^{1} raːŋ^{1}，laːu^{4} ɕo^{2} ʔaːŋ^{5} jou^{6} han^{6}.

Haeuj ok nyouq va rang，laux coz angq youh haenh.

入 出 嗅 花 香 老 年 青 乐 又 赞扬

出入闻花香，老少喜赞扬。

ɕip^{8} ʔit^{7} ȵiːt^{8} wa^{1}kut^{7}，ʔbɯn^{1} nit^{7} te^{1} hi^{4} haːi^{1}.

Cib it nyied vagut，mbwn nit de hix hai.

十 一 月 花菊 天 冷 它 亦 开

十一月菊花，天寒它也开。

tu^{3} te^{1} tɯk^{8}kjai^{2} laːi^{1}，ʔbou^{3} laːu^{1} ŋaːi^{2} rum^{2}pak^{7}.

Duj de dwggyaez lai，mbouj lau ngaiz rumzbaek.

朵 它 可爱 太 不 怕 挨 风北

菊花太可爱，不怕北风来。

ɕip^{8} ŋei^{6} ȵiːt^{8} wa^{1}man^{3}，haːi^{1} lum^{3} ŋan^{2} haːu^{1}θaːk^{7}.

Cib ngeih nyied vamaenj，hai lumj ngaenz hausak.

十 二 月 花李 开 像 银 白亮

十二月李花，开似银白亮。

pi^{1} taŋ^{2} pjaːi^{1} hoːŋ^{1} θaːt^{7}，rau^{2} waːi^{5}laːk^{8} kwa^{5} niːn^{2}.

Bi daengz byai hong sat，raeu vaiqlag gvaq nienz.

年 到 梢 工 结束 咱 快乐 过 年

岁末忙完活，咱快乐过年。

这是广西中部一首很有名的壮歌①。ɕiːŋ^{1}ȵiːt^{8} haːi^{1} wa^{1}puk^{8}（Ciengnyied hai vabug），正月柚子树开花，故说正月是柚花月。ŋei^{6}ȵiːt^{8} wa^{1}taːu^{2}（ngeihnyied vadauz），二月是桃花月。θaːm^{1}ȵiːt^{8} wa^{1}weːŋ^{3}（samnyied vavengj），三月是金樱花月。θei^{5}ȵiːt^{8} wa^{1}kwa^{1}（seiqnyied va'gva），四月是南瓜花月。ŋu^{4}ȵiːt^{8} wa^{1}hau^{4}mai^{4}（nguxnyied vahaeuxmaex），五月是玉米花月。lok^{8}ȵiːt^{8} wa^{1}ʔbu^{1}（loegnyied va'mbu），六月是荷花月。ɕat^{7}ȵiːt^{8} wa^{1}maːu^{4}taːn^{1}（caetnyied vamauxdan），七月是牡丹花月。peːt^{7}ȵiːt^{8} wa^{1}hau^{4}（betnyied vahaeux），八月是稻花月。kou^{3}ȵiːt^{8} wa^{1}fou^{2}juŋ^{2}（goujnyied vafouzyungz），九月是芙蓉花月。ɕip^{8}ȵiːt^{8} wa^{1}kɯːŋ^{1}ha^{2}（cibnyied vagienghaz），十月是野姜花月。ɕip^{8} ʔit^{7} ȵiːt^{8} wa^{1}kut^{7}（cib it nyied vagut），十一月是菊花月。ɕip^{8} ŋei^{6} ȵiːt^{8} wa^{1}man^{3}（cib

①此歌曾以英文对译收在笔者的《壮语常见植物的命名与分类》第255—261页，南宁：广西民族出版社，2006年。

ngeih nyied vamaenj），十二月是李花月。

以上歌中提到的或是水果，或是观赏花卉，或是农作物，它们都很常见，用来表示月令具有普遍意义。特别是柚花、金樱花和李花，常常用来作为季节的标志性指示物。尤其是wa^{1}puk^{8}（vabug）柚花，其树叫ko^{1}puk^{8}（gobug），柚树，学名*Citrus maxima*，英文名Pomelo。① 树高可达10米，花白色，有浓香。人们常在屋旁栽种。柚树不但可绿化环境，其果成熟时还有相应的经济效益。广西的柚果以桂北的沙田柚为名品。一闻到柚树花香，人们就能感觉到春天的气息。

芙蓉也叫木芙蓉，俗称“芙蓉花”，wa^{1}fu^{2}juŋ^{2}（vafuzyungz），是一种有意思的观赏花卉植物。通常是灌木，也能长成小乔木。学名*Hibiscus mutabilis*，英文名Cottonrose Hibiscus。秋风起，芙蓉花开，其花大朵、艳丽。神奇的是芙蓉花一日三变，故古人有“芙蓉三醉”之说。早上始开之花颜色是白色或淡黄色。随着阳光的照射，中午前后其花瓣慢慢变成粉红，花蕊部分则变紫。到下午，芙蓉花变成红色。其花、叶和树皮可入药，有清热、凉血、消肿、化脓、解毒的功效。②

壮语中“芙蓉”的说法跟汉语有密切关联，有fu^{2}juŋ^{2}、fou^{2}juŋ^{2}、puŋ^{2}ȵuŋ^{2}等说法。fu^{2}juŋ^{2}与“芙蓉”最贴近，当是借自现代汉语读音。“芙”读 fou^{2}，则是近古汉语说法的留存。比如“夫”读 fou^{1}，“副”读 fou^{5}，“府”及“斧”读 fou^{3}，“浮”读 fou^{2}，这是同一韵母的共同演变的结果。至于puŋ^{2}ȵuŋ^{2}则应当是中古甚至更久远的读音。“芙”读puŋ^{2}，声母是古无轻唇音的表现。而韵母读 -uŋ，是受后面“蓉”字的韵母影响而产生的同化现象。至于“蓉”读ȵuŋ^{2}，声母ȵ-与汉语的r-也很对应。如汉语的“染”，壮语

①覃海宁、刘演主编：《广西植物名录》第264页，北京：科学出版社，2010年。

②中国科学院华南植物研究所编，陈封怀主编：《广东植物志》第二卷第184页，广州：广东科技出版社，1998年第2次印刷。学名、英文名见中国科学院植物研究所编《新编拉汉英植物名称》第362页。

vafouzyungz　木芙蓉

是ȵum^{4}；“润”“闰”“认”，壮语均读ȵin^{6}；“任”，壮语是ȵam^{6}。这种一物多名现象，其实也是不同地方的语音演变历史层次各自不同的表现。壮语长期受汉语影响，借词读音会随时代的变化而变化。透过各地壮语的借词读音，能观察到汉语不同时代的语音变化。

kɯːŋ^{1}ha^{2}（gienghaz）即野姜，正名蘘荷，学名*Zingiber mioga*，英文名Mioga Ginger。① 多年生草本，根茎圆柱形，淡黄色。花白色或淡黄色。农家常种在屋旁。它一开花，就说明到了深秋时节。至于菊花、李花，那更是人们喜欢栽培的植物，它们简直就是季节变化的标志物。

①学名、英文名见中国科学院植物研究所编《新编拉汉英植物名称》第776页。

gienghaz　野姜

这类花歌常见于盘歌互答的场合。青年人去对歌，除了娱乐，利用对歌物色意中人，这才是最主要的目的。对方的相貌、身材和口才，现场即可一目了然。但人的才干是综合性的，只有充分了解对方的各方面情况，方能判定其才华的高下。各种技能和才干中，人们最看重生产知识。把劳动经验编成节令歌来相互盘查，对方的底子便在人前毕现。知识丰富、经验老到的人，一张口就是歌，相互盘问就话可答。花歌是互相盘问斗巧的产物。这些花歌经过民间歌手的加工点化，演变为完整的套歌，最后成了传播劳动知识的形式而四处传唱。

各地节令歌所用的动植物都不太一样。一个原因是传唱时有变异性，另一个原因可能是每个地方的物候不尽相同。人们以本地更为明显的事物来显示物候特征。

根据竺可桢等人的研究，比较贴近农民所需要的物候，是太平天国的“天历”。它把一年分为12个月，以366天为一年， 单月大31天，双月小30天。立春为元旦，惊蛰为农历二月一日，清明为农历三月一日，以此类推。每日除有干支、二十八宿名称、时令以外，还记有草木萌芽月令，把于南京所观测到的物候或草木萌芽列入其中。该历称为《萌芽月令》。历书将上一年于南京所观测到的物候结果附在下一年同月日历之后，以供农民耕种时参考。如太平天国辛酉十一年（清咸丰十一年，即公元1861年）新历每月之后，都附有庚申十年（公元1860年）同月份的萌芽月令。如说“立春九红梅开花，青梅出蕊”“雨水二雷鸣下雨，和风，青梅开花”等。此外，“天历”还传播一些生产知识。竺可桢等认为，太平天国是农民运动，对中国历法做了一个彻底改革。由于太平天国运动失败，“天历”犹如昙花一现。[①]

①竺可桢、宛敏渭：《物候学》第9页，长沙：湖南教育出版社，2007年。

太平天国农民运动兴于广西，其中不少高级将领是壮族出身，壮族士兵更是不计其数。壮族的传统文化观念及某些行事方式，势必影响到决策阶层。说不定参与制定“天历”的人中就有壮族人。考虑到壮族长期用植物表示月令的习惯做法，很可能是壮家人利用制定“天历”之机，把自己所熟知的这套东西具体运用到历法中。

壮家人在长期的农业生产实践中，摸索出了一套适宜于本地的耕作经验。通过观察植物来感知时节，用花歌、鸟歌来传播生产经验，这是壮族农耕文化的一大特色。注重农耕，讲究农业生产经验的传播，因此壮语里有不少农谚、歌谣涉及各种各样的本地植物。这不仅是壮族民众善于歌唱的表现，同时也是壮族植物文化丰富的表现。

第九章　植物与地名

人们在田野中劳作或在山林中捕猎，很重要的一件事情就是分辨方向，弄清自己所处的位置。在活动的区域内给各种地形地物命名，是古代先民识别周边环境的开始。先民们的地理知识，正是通过地名世代相传而流布至今的。地名是人们留给大地的标记，是语言中的专用名词，具有历史的稳定性和强大的承袭性。这种延续不变的特殊性，使地名的语音和词义能够保持古代的某些特点，因而成为语言中的活化石。研究壮语地名，特别是研究带有植物名称的壮语地名，更有民族植物文化方面的特殊意义，对了解壮族历史文化极有帮助。

大多数壮语地名没有很高的知名度，它们多是小范围的地形地物名称，仅为当地人所知。外地人能知道的，一般是自然村屯名或交通线上的重要地名。对当地人而言，每座山岭，每片田垌，每一河段，每道堤坝，都有自己的壮名。这些地名有很多是用当地植物来命名的，带着鲜明的壮族印记。

一、壮语地名的结构与分类

壮族聚居之所，以地貌复杂著称，因而地名异常丰富。壮语地名大多数按地形特点、物产或特殊标志物来命名。构成方式以通名 + 专名为常见。如马山县内就有$pja^{1}kaŋ^{1}$（Byagaeng）猴山、$pja^{1}ji:u^{6}$（Byayiuh）鹰山、$haɯ^{1}lo^{2}$（Hawloz）罗圩、$haɯ^{1}lim^{2}$（Hawlimz）林圩、$ʔba:n^{3}mau^{2}$（Mbanjmaeuz）谋屯、$ruŋ^{6}pou^{3}$（Runghbouj）弄甫等。倘若专名是双音节

或多音节词，通名则常常省略。如haɯ^{1}lap^{8}taːŋ^{2}（Hawlaebdangz）石塘圩、haɯ^{1}kim^{1}ɕaːi^{1}（Hawgimcai）金钗圩、ʔbaːn^{3}paːk^{7}puːŋ^{2}（Mbanjbakbuengz）百榜村、ruŋ^{6}ha^{2}ɕɯːŋ^{2}（Runghhazciengz）河祥村，这些地名就常常简称作lap^{8}taːŋ^{2}（Laebdangz）石塘、kim^{1}ɕaːi^{1}（Gimcai）金钗、paːk^{7}puːŋ^{2}（Bakbuengz）百榜、ha^{2}ɕɯːŋ^{2}（Hazciengz）河祥。地名以双音节居多，但三四个音节的地名也不少见。如马山县白山镇的西北角有一山湾叫ko^{4}kok^{8}taːu^{6}（Goxgoegdauh），县武装部的打靶场就在这个山湾里。ko^{4}（gox）是“角落”，kok^{8}（goeg）是“山旮旯”，taːu^{6}（dauh）是“道”，但在此处当作何解，不详。马山县白山镇西边约7千米处的南蛇岭上有一座山坡叫ɕak^{7}hai^{4} tak^{8}ɕɯ^{2}（Caekhaex Daegcwz）。ɕak^{7}hai^{4}（caekhaex）是“屁股”，tak^{8}（daeg）是“公，雄性”，亦即壮语“特”，ɕɯ^{2}（cwz）是“黄牛”，ɕak^{7}hai^{4} tak^{8}ɕɯ^{2}（caekhaex daegcwz）即“公黄牛屁股”。这座山坡的西南侧有一块突出的黄褐色巨石犹如黄牛的屁股，山坡因此得名。

从内涵上看，地名可分为自然地理名和人文地理名两类。自然地理名指人们给大自然的各种地形地物的命名。比如以pja^{1}（bya）山、ruŋ^{6}（rungh）弄、ʔdoi^{1}（ndoi）土坡、luːk^{8}（lueg）坡谷等起头的地名即是。这些地名本身显示出了所在之处的地貌特征。人文地理名是人类改造大自然后形成的各种村落、圩镇、堤坝、桥梁的名称。以ʔbaːn^{3}（mbanj）村、haɯ^{1}（haw）圩、waːi^{1}（fai）坝、kiːu^{2}（giuz）桥等起头的地名，尽归此类。这是人们为谋取生存而改造大地的杰作。

山川土地与人民生活的关系非常密切，丰富的地名显示了人们对生存资源的重视。这几个因素使壮语地名构成四个大的系列。

（一）石山系列

石山叫pja^{1}（bya）。在大石山地区，以pja^{1}（bya）为通名的地名最多。人们经常涉足的山头，肯定都会有当地的壮名。马山县城的白山镇，过去是一个很小的圩镇，环绕在县城周边的就有

pja^{1}leːŋ^{2}lou^{4}（Byalengzloux）、pja^{1}ko^{4}keːt^{8}（Byagoxged）、pja^{1}paːi^{6}laŋ^{1}haɯ^{1}（Byabaihlaenghaw）、pja^{1}la^{2}（Byalaz）、pja^{1}ŋaːu^{2}θaːn^{1}（Bya'ngauzsan）、pja^{1}kaŋ^{1}（Byagaeng）、pja^{1}kaːm^{3}taːi^{2}（Byagamjdaiz）、pja^{1}nim^{1}（Byanim）等等。①

pja^{1}leːŋ^{2}lou^{4}（Byalengzloux）在白山镇东偏北，leːŋ^{2}lou^{4}（Lengzloux）是马山壮语对“石榴”的叫法。但此山的汉名却叫白岫山而不称石榴山。

石榴也叫安石榴、丹若、若榴木，标准壮文叫θik^{8}lou^{4}（sigloux），学名*Punica granatum*，英文名Pomegranate。落叶灌木或小乔木，成株通常高3~5米。枝端常具长锐刺，嫩枝有棱角，老枝圆柱形。叶常对生，纸质，长圆状披针形，长3~9厘米，叶柄短。花大，1~5朵生于枝端，红色或淡黄色。果近球形，直径5~12厘米，肉质种皮红色、粉红色或黄白色，是食用部分。花期在夏季。故农谚说：“θik^{8}lou^{4} haːi^{1} wa^{1} θei^{2}ha^{6} taŋ^{2}（Sigloux hai va seizhah daengz），石榴开花夏季到。”因石榴叶子翠绿，花大而艳，颜色漂亮，人们常栽于庭园作景观植物。②

pja^{1}ko^{4}keːt^{8}（Byagoxged）在白山镇之东。ko^{4}（gox）是“角落”，keːt^{8}（ged）是“吝啬”。此山背后有一山弄叫ruŋ^{6}keːt^{8}（Runghged），土地平坦，但极易受涝，多数年份有种无收，故被视为吝啬之地。

pja^{1}paːi^{6}laŋ^{1}haɯ^{1}（Byabaihlaenghaw）坐落在白山镇的东南边上。paːi^{6}laŋ^{1}（baihlaeng）是“背后，后边”，haɯ^{1}（haw）是“圩”。顾名思义，即“圩后边的山”。白山镇的老街即依此山脚而建，山因圩得名。

pja^{1}la^{2}（Byalaz）在镇东南。马山壮语称骡子为tu^{2}la^{2}（duzlaz）。此山名即“骡山”之义。过去白山土司所在地

①本章涉及的地名，以马山县内的为主，引用他处地名则随文说明。马山县的白山、乔利、林圩等地部分地名资料系笔者调查所掌握，其余各乡镇的地名资料系马山县地名办公室的李贞然主任提供。李贞然先生是马山县合群乡上龙村上兑里屯人，壮族，长期从事壮语地名研究工作，熟知县内地名掌故。

②中国科学院华南植物研究所编，陈封怀主编：《广东植物志》第二卷第103页，广州：广东科技出版社，1998年第2次印刷。学名、英文名见中国科学院植物研究所编《新编拉汉英植物名称》第595页。

为pja^{1}haːu^{1}（byahau），在今白山镇东偏北民族村委会所辖的岜白村。① 父老相传，康熙年间，土司老爷王一璋的骡子曾多次走失，每每在pja^{1}la^{2}（byalaz）的崖根下都能找到。王一璋的师爷认为此处风水好，若在此建衙门，王家的基业便可以千秋永固。于是白山土司的府衙即迁至此地。此山名即因tu^{2}la^{2}（duzlaz）“骡子”而得名。

pja^{1}ŋaːu^{2}θaːn^{1}（Bya’ngauzsan）在镇正南。ŋaːu^{2}θaːn^{1}（ngauzsan）即“鳌山”。此山似一条浮于水面的大鳌鱼，山名因山形而得。

pja^{1}kaːm^{3}taːi^{2}（Byagamjdaiz）位于镇南偏西。kaːm^{3}（gamj）是“山洞，岩洞”，taːi^{2}（daiz）是“桌子”。此山有一洞，洞中有一巨石平滑如大桌子。洞以石得名，山又因洞得名。山边有一村庄，叫ʔbaːn^{3}kaːm^{3}taːi^{2}（mbanjgamjdaiz），也常简称kaːm^{3}taːi^{2}（gamjdaiz），汉语译作“甘台村”。今县城扩展，新兴街从甘台村前通过，该村已跟县城白山镇连成一片。

pja^{1}kaŋ^{1}（Byagaeng）位于镇北，kaŋ^{1}（gaeng）即“乌猿”，但在马山也常指猴类。此山南面有一崖壁，从前猴子很多，群居于此山崖上。猴群常结伴下山来盗食玉米、瓜果等，山即因猴多而得名。

pja^{1}nim^{1}（Byanim）在镇东北边，去县水泥厂即从此山的山根经过。nim^{1}（nim）是“桃金娘果”。此山形似一个倒置的桃金娘果，故而得名。

在马山县，以pja^{1}（bya）命名的山头成百上千，只是它们的知名度太低，唯有当地的人才知道其壮名。因山得名的自然村屯为数不少。离县城不远就有pja^{1}ɕɯ^{2}（Byacwz）、pja^{1}θo^{1}（Byaso）、pja^{1}toːk^{8}（Byadog）、

①王言纪修：《白山司志》，杨东甫、杨骥校注，第33—34页，南宁：广西人民出版社，2017年。

pja^{1}ɕaːu^2（Byacauz）、pja^{1}ŋaːm^2（Bya'ngamz）、pja^{1}ɕaːm^4（Byacamx）等。

pja^{1}ɕɯ^2（Byacwz）在县城西边约2千米处。ɕɯ^2（cwz）为“黄牛”。山下原有一村，因山而得村名，叫ʔban^{3}pja^{1}ɕɯ^2（Mbanjbyacwz），汉译作“巴徐村”。后来人口增多，一部分人家到外头不远处建房屋居住。于是人们就称老村为pja^{1}ɕɯ^{2}ʔdaɯ^1（Byacwzndaw），汉名为“内巴徐”，新村就叫pja^{1}ɕɯ^{2}roːk^8（Byacwzrog），汉名“外巴徐”。

pja^{1}θo^1（Byaso）在县城西北约4千米处。θo^1（so）为“铁锹”。有一小村依山而建，村与山同名。

pja^{1}toːk^8（Byadog）在县城西北5千米处，是一座孤峰。toːk^8（dog）即“独”。山下有一村庄与山同名。由马山往大化县城去的公路即从山根下经过。

pja^{1}ɕaːu^2（Byacauz）在县城北面约2千米处，往都安方向去的公路过其下。ɕaːu^2（cauz）为“槽”，因山间有一槽形谷地而得名。山下的村庄亦叫pja^{1}ɕaːu^2（Byacauz），村因山而得名。汉字记音为“巴朝”，或作“岜曹”。①

pja^{1}ŋaːm^2（Bya'ngamz）在县城北面约4千米处，属内学村委会辖区。ŋaːm^2（ngamz）义为“下部凹进的山崖”。如：jou^5 la^3 ŋaːm^2 rin^1 ʔdo^3 wɯn^1（Youq laj ngamz rin ndoj fwn），在石崖下躲雨。此山有一陡峭崖壁。村建于山下，因山得名。汉字记音为“巴岩”或“岜岩”。

pja^{1}ɕaːm^4（Byacamx）在县城北面约3千米处，亦属内学村委会辖区。ɕaːm^4（camx）义为“戳”。此山有一洞贯穿山体，似被巨物戳通，故而得名。山下的村庄与山同名。汉名为“巴站”，或记作“岜站”。②

① 张声震主编：《广西壮语地名选集》第28页，南宁：广西民族出版社，1988年。书中该条记作“岜曹”。

②张声震主编：《广西壮语地名选集》第29页，南宁：广西民族出版社，1988年。书中此条壮文记作byacamz，声调有误。按本地人的说法，camz读作第四调，即camx。

马山南边的大明山，是广西中部第一高峰。山上林木茂盛，奇花艳丽，溪泉淙淙，是旅游避暑的胜地。因其原始森林中植物品种丰富，有许多珍稀植物，加上景色宜人，故被列为生态系统保护区，也是南宁市的水源林保护区。大明山汉名的知名度相当高，但其壮名pja^{1}ɕɯ^4（Byacwx）却没有太大的名气，除了当地人外没有多少人知道。

ɕɯ^4（cwx）在壮语本义是“根，根蔸，宿根”，引申为“根源”的意思。因宿根可分蘖新植株，可用于移栽，故又引申为“种子，菌种，引子”等。从“菌种，引子”引申，ɕɯ^4（cwx）还有“坏榜样，不良影响”的义项。从“根蔸，宿根”还能引出“野生”之义。很自然，从“根，根源”引申出“始祖，神圣”的意思也很正常，毕竟一位始祖就是一个家族的“根”和“种子”。①

大明山的山体长约62千米，宽10~30千米，呈西北—东南走向，主峰龙头山海拔高度1760米②，是广西中部的最高山峰。pja^{1}ɕɯ^4（Byacwx）被尊为始祖之山、神山，却不仅仅是因为山体雄峻高大，其中还含有洪水淹没天下，伏羲兄妹成婚再造人类的神话因素。

在壮族创世神话里，雷王施放滔天洪水，要淹死全天下的人类，伏羲兄妹凭借一个巨大的葫芦随水漂流，最后停靠在大明山的山顶而躲过这场劫难。洪水消退后，他们从山上下来，在金龟、竹子和太白金星的劝说下成了亲，重新繁衍了人类。壮家人视伏羲兄妹为人祖和婚姻之神，同时也视大明山为祖山、神山。人祖即人类的种子、根源，理所当然就是ɕɯ^4（cwx），因此说pja^{1}ɕɯ^4（Byacwx）就是祖宗之神山、人种之发祥地。③

宁明县的明江边上，有著名的花山岩画，花山即因此

①蒙元耀：《壮语研究与壮学体系的构建》，载中国西南民族研究会、广西民族问题研究中心、广西壮学会编《2014年中国西南民族研究学会第17次会员代表大会暨学术研讨会论文集》第81—90页，南宁：广西人民出版社，2015年。文中对ɕɯ^{4}的各种引申变化和义项用法有详细讨论。

②广西大百科全书编纂委员会编：《广西大百科全书·地理（上）》第52页，北京：中国大百科全书出版社，2008年。

③ 蓝鸿恩：《神弓宝剑》第30—31页，北京：中国民间文艺出版社，1985年。但该书把 pja^{1}ɕɯ^{4}记为“岜赤”，“岜”当是“岜”，形近而误。

而出名。但其当地壮名 pja¹laːi²（Byaraiz）却鲜为人知。广西壮语南部方言部分l-声母的字对应到武鸣、马山的北部方言则是r-声母。如“咱们”，靖西是lau²（laeuz），马山是rau²（raeuz）；“亮”，靖西是loːŋ⁶（longh），马山是roːŋ⁶（rongh）；“风”，靖西说lum²（lumz），马山则说rum²（rumz）。可见laːi²（laiz）对应北部方言的raːi²（raiz）是一种严整的语音规律。

raːi²（raiz）在壮语有“麻，花麻，花点，花纹，壮锦”等义。na³ raːi²（naj raiz）是“麻脸”，pit⁷ raːi²（bit raiz）是“麻鸭”，mok⁸ raːi²（moeg raiz）是“壮锦被面”，paŋ² raːi²（baengz raiz）是“花点布、花纹布”。花山即因山崖上有花纹图形而得名。

壮族地区从南到北以pja¹（bya）出现的山名、地名很丰富，这是实际地貌的反映。广西素称“八山一水一分田”。山多，以pja¹（bya）开头的山名、村名自然就多。

石山地区与pja¹（bya）密切相关的地名还有ruŋ⁶（rungh）。ruŋ⁶（rungh）是“山弄，弄场”，指周围有山环绕，中间有小块平地的岩溶地貌。地质学上称此为峰丛深切圆洼地，简称峰丛洼地。壮族石山地区号称千山万弄，实不过分。以ruŋ⁶（rungh）为通称的地名异常丰富即是明证。

马山县城白山镇的附近，除了前边提到的 ruŋ⁶keːt⁸（Runghged）外，比较出名的山弄还有下列这些：

ruŋ⁶ma⁴（Runghmax），汉字记音为“弄马”。ma⁴（max）即“马”。这是一个壮族小山村，属白山镇中学街居委会辖地，在白岫山的背后，位于县城东偏北的方向。

ruŋ⁶pak⁷（Runghbaek），汉字记音为“弄北”。pak⁷（baek）是“北”。该村虽位于县城的东边，但因村的出口向北，故而得名。村中有四五户壮族人家，亦属中学街居委会辖地。

ruŋ⁶ʔbɯɯk⁷（Runghmbwk），汉字记音为“弄逼”。ʔbɯɯk⁷（mbwk）是“大”，村名意思即“大的山弄”。这个壮族山村有50余户人家，属白山镇西华街居委会辖地。

ruŋ^{6}juːŋ^{2}（Runghyuengz），此山弄无汉名，也无人居住。其山地近年有人去开荒种甘蔗。以前丢荒作牧羊地，juːŋ^{2}（yuengz）即“羊”，故此山弄的壮名含义是“羊弄”。

ruŋ^{6}taŋ^{1}（Runghdaeng），汉名为“龙灯”。这是白山镇西边约1千米处的村庄，壮汉杂居，属白山镇同富居委会的辖区。

方圆不出4千米的地方，就有这么多的山弄名，若把范围扩大到全县或整个壮族地区，其数目无疑是非常可观的。大化有七百弄之乡名，这绝非虚言。在壮族山区，凡用弄、弄、龙、隆、陇等字记音的小地名，地貌多属此类峰丛洼地。

在大石山区，常常出现的通名还有teu^{1}（deu）山口、keːm^{6}（gemh）山坳、kaːm^{3}（gamj）岩洞、kuk^{8}（gug）山湾等。

teu^{1}（deu）是有道路经过的山口、山坳、山隘。如白山镇东边的山口叫teu^{1}keːt^{8}（Deuged），因去ruŋ^{6}keːt^{8}（Runghged）须经此山口，山坳即因山弄而得名。由于位于镇东，故汉名为“东风坳”，也音译为“刁结坳”。过去马山往上林、宾阳的公路就过此山坳而往东去。壮乡大石山区以teu^{1}（deu）为地名的地方不少。马山县内就有teu^{1}keːŋ^{4}（Deugengx）刁更，在白山镇南约15千米处，属新汉村委会的一个自然屯。la^{3}teu^{1}（Lajdeu）拉刁，有三处，皆属白山镇。一处是合群村委会辖地，在白山镇西北约2千米处。一处是合作村委会辖地，在白山镇西北约7千米处。还有一处是新汉村委会辖地，在白山镇南约14千米处。teu^{1}waːŋ^{6}（Deuvangh）刁旺，在白山镇南约18千米处，山坳下有一小山村，村与山坳同名，属古零镇新杨村委会辖地。waːŋ^{6}（vangh）是ko^{1}waːŋ^{6}（govangh），即“苹婆”。①

keːm^{6}（gemh）是“山口，山坳”，指两座山峰之间的低下处，但不一定有路经过。白山镇西2千米处有一山坳叫keːm^{6}ŋan^{2}

①参见第三章第三节木本淀粉植物“苹婆”的相关讨论。

（Gemhngaenz），坳下有一村，因山坳而得名，汉名为“银峰村”。ŋan^{2}（ngaenz）即“银”。古零镇古零村委会有一自然屯叫keːm^{6}tam^{5}（Gemhdaemq），汉字记音为“乾邓”。tam^{5}（daemq）是“低，低矮”。古寨乡本立村委会有la^{3}keːm^{6}（Lajgemh），汉字记音为“拉俭”。因山村处于坳口的下边而得名。la^{3}（laj）即“下，下方”。加方乡加乐村委会辖地有一山口叫keːm^{6}kwaːn^{1}（Gemhgvan）俭关。kwaːn^{1}（gvan）是“关，关口，关隘”，即“有关卡的山口”。山下的村庄亦因此得名。

打柴放羊的人整天 pin^{1} pja^{1} pin^{1} keːm^{6}（bin bya bin gemh）翻山越坳，那些不出名的山坳各地不知有多少。keːm^{6}（gemh）虽然多用于石山地区，但丘陵土山地区亦有所见。马山县乔利乡东鸡村附近就有keːm^{6}rum^{2}（Gemhrumz），义为“多风的山口”。这一带的地形却是典型的丘陵土山。

kaːm^{3}（gamj）是“岩洞，山洞”。以kaːm^{3}（gamj）为地名之处，附近肯定有大山洞。马山县城西边的银峰村旁有一山，上有一大岩洞，下有一眼山泉，山名叫kaːm^{3}ɕoːŋ^{6}（Gamjcongh），此泉叫ʔbo^{5} kaːm^{3}ɕoːŋ^{6}（mboq Gamjcongh）。ɕoːŋ^{6}（congh）是“洞，窟窿”。白山镇南约2千米处，有一个山洞叫kaːm^{3}θiːn^{1}（Gamjsien）。θiːn^{1}（sien）是“仙”。洞名即“仙洞”之义。因洞中供有神偶、神像而得名。民众常于每月初一、十五来此上香祭拜。加方乡大陆村委会有一个小村叫kaːm^{3}waːi^{2}（Gamjvaiz）。waːi^{2}（vaiz）是“水牛”。此洞被村民用作牛栏关养水牛，村因山洞而得名，汉字记音为“敢怀”。乔利乡乐圩村委会辖地有kaːm^{3}kuk^{7}（Gamjguk）。kuk^{7}（guk）即“虎”。此处从前森林茂密，常有老虎出没，山洞因有虎而得名。后来人们建村于山下，村名亦因袭洞名，音译时记为“甘局”。古寨乡本立村委会有kaːm^{3}toːn^{2}（Gamjdonz）敢团。tu^{2}toːn^{2}（duzdonz）是马山壮人对刺猬的叫法，敢团即“有刺猬的山洞”。村因山洞得名。白山镇合作村委会有一小山村叫ʔdaɯ^{1}toːn^{2}（Ndawdonz），汉字记作“内团”，意指谷地内常有刺猬出没。村亦因此得名。

kuk^{8}（gug）是“湾，旮旯”，本来指河道弯曲之处。用来表示山湾，则指那些偏于一隅的山旮旯。白山镇民族村委会有 kuk^{8}ɕou^{1}（Gugcou），汉字记音为“局州”，在白山镇东约5千米处。该村三面环山，往宾阳去的公路过此村前。上龙村委会有kuk^{8}ʔdoŋ^{1}（Gugndoeng），汉字记作“局崇”，在白山镇南约6千米处。ʔdoŋ^{1}（ndoeng）是“山林、森林”。此村三面有山，树林环绕。永州镇德育村委会有kuk^{8}ʔboːk^{7}（Gugmbok）局朴。ʔboːk^{7}（mbok）是“竹筒”。该村地处山角落，近河，人们用竹子做水车，靠水车上的ʔboːk^{7}（mbok）提水灌溉农田，故而得名。

平果与马山相邻。明清时代，两地各有一部分地方同属白山土巡检司。平果也有kuk^{8}ɕuːŋ^{2}（Gugcuengz）局床、kuk^{8}kon^{1}（Guggoen）局均、kuk^{8}liːŋ^{2}（Gugliengz）局良①，皆属此类地形。ɕuːŋ^{2}（cuengz）是“床”。因村后有一土岭形似床铺而得名。kon^{1}（goen）是ko^{1}kon^{1}（gogoen），即“粉单竹”。建村之初，周边山角落有很多粉单竹，因此得名。liːŋ^{2}（liengz）是“凉”。该村地处偏僻，过去山林茂密，气候凉爽，村名因此而得。

除上述通名，石山地区还有许多地名用字，但最具系统性的还是这些，它们构成了石山地区的系列地名。尤其是pja^{1}（bya）和ruŋ^{6}（rungh），最有代表性。

（二）土山系列

丘陵地区中，ʔdoi^{1}（ndoi）是重要的地貌特征。壮语把一座座连绵起伏的土山、大丘称为ʔdoi^{1}（ndoi），这是一个常见地名用字。武鸣宁武有ʔdoi^{1}hoŋ^{2}（Ndoihoengz）雷红、ʔdoi^{1}θe^{5}（Ndoiseq）雷谢。hoŋ^{2}（hoengz）是“红”。因该岭为比较瘠瘦的红壤土质，故而得名。θe^{5}（seq）是ko^{1}θe^{5}

①张声震主编：《广西壮语地名选集》第206—207页，南宁：广西民族出版社，1988年。

（goseq）水蓼，方言的说法。在武鸣，蓼类植物多称ko¹fe⁵（gofeq）。θe⁵（seq）与fe⁵（feq）有对应的关系。该村旁边有一座土山，村前有一片水塘，塘中多长水蓼。土山因塘中多蓼而得名，村名亦由此而得。①

南宁市江南区苏圩镇有ʔdoi¹huŋ²（Ndoihoengz）蕾洪、ʔdoi¹θaːŋ¹（Ndoisang）蕾桑。huŋ²（hoengz）即“红”。该处有一红壤土山，村因土山而得名。θaːŋ¹（sang）是“高”，村名即指“高的土山”。该村所处的地势较高，故以此得名。②

ʔdoi¹ʔan⁵ɕaŋ³（Ndoiaenqcaengj）是南蛇岭上的一个高坡，在马山县白山镇西约5千米处，县城与乔利之间的交通须经此处。赶圩的人常常在此相互等候。ʔan⁵（aenq）是“估计”，ɕaŋ³（caengj）是“等候”。ʔdoi¹noːk⁷（Ndoinok）在马山的上龙与兴隆两地之间，noːk⁷（nok）即pjak⁷noːk⁷（byaeknok）雷公根。ʔdoi¹maːn⁶（Ndoimanh）在乔利圩与石塘圩之间，maːn⁶（manh）即“辣，辣椒”。这是两个圩镇之间的大土岭高坡。非交通线上的土岭土坡，尤其是村庄旁边的小丘小岗，只有当地人才熟知它们的壮名。

相比之下，以luːk⁸（lueg）为通名的地名更常见。两座丘陵土山之间的谷地叫luːk⁸（lueg）。人们常在谷地边沿建村，而不是把村庄建在高坡上。村因谷地得名，谷地以村扬名。所以地图上或书籍上用“六、渌、绿、洛”等字记录的壮语地名，多属这类地貌。

luːk⁸kjaːŋ¹（Lueggyang）六江，在马山县白山镇南约10千米处，属白山镇上龙村委会辖地。此处有一座水库，上龙、大同两个村委会的农田多受此水库之益。马山县双联乡的妙圩旁有luːk⁸mou¹（Luegmou）渌茂，mou¹（mou）即

①张声震主编：《广西壮语地名选集》第9页，南宁：广西民族出版社，1988年。

②张声震主编：《广西壮语地名选集》第22页，南宁：广西民族出版社，1988年。

“猪”。过去此地常有mou^{1}tuːn^{6}（mouduenh）野猪出没。这里是一座水库，周边稻田受益于此。马山县的光明山垦区有luːk^{8}ɕaːu^{2}（Luegcauz）六朝，亦是一座大水库。光明山地处丘陵地带，全垦区所辖14个居民点，除了luːk^{8}ɕaːu^{2}（Luegcauz）六朝，尚有luːk^{8}waːŋ^{6}（Luegvangh）六王、luːk^{8}meːk^{8}（Luegmeg）六脉、luːk^{8}tiŋ^{6}（Luegdingh）六停、luːk^{8}ma^{4}（Luegmax）六马等10余处以luːk^{8}（lueg）命名的地名。①

在丘陵地带，以luːk^{8}（lueg）命名的地方随处可见。马山县乔利乡东良村委会有luːk^{8}ɕei^{3}（Luegceij）六水、luːk^{8}taːu^{2}（Luegdauz）六桃，那料村委会有luːk^{8}muːn^{6}（Luegmuenh）六满，东鸡村委会有luːk^{8}jiːn^{2}（Luegyienz）六元，北良村委会有luːk^{8}paːk^{8}（Luegbag）六白、luːk^{8}roːm^{6}（Luegromh）六榄，古楼村委会有luːk^{8}rɯt^{8}（Luegrwd）六律、luːk^{8}ɕai^{6}（Luegcaeh）六在。半个乡的5个村委会就有8个自然村以luːk^{8}（lueg）得名。这只是有居民的村名，耕作区内以luːk^{8}命名的谷地或荒山野谷更多。

丘陵地带的植被比较茂密，人工林经常见到数岭连片的松树或杉树。从前人烟稀少，山林比现在丰茂，故用ʔdoŋ^{1}（ndoeng）“山林，林子”为地名者不少。

马山县白山镇合群村委会有ʔdoŋ^{1}jɯːŋ^{2}（Ndoeng'yiengz）东阳，在白山镇西偏南约3千米处。jɯːŋ^{2}（yiengz）是“阳”。大同村委会有ʔdoŋ^{1}kwaːn^{1}（Ndoenggvan）东关，在白山镇南约5千米处。kwaːn^{1}（gvan）是“关，关口”。上龙村委会有ʔdoŋ^{1}ʔdeu^{5}（Ndoengndeuq）东料。ʔdeu^{5}（ndeuq）是“撩，挑逗”。马山县乔利乡乐圩村委会有ʔdoŋ^{1}paːu^{1}（Ndoengbau）东包。paːu^{1}（bau）是“包”。东鸡村委会

①覃东楼主编：《马山县志》第49页，北京：民族出版社，1997年。1971—1974年，笔者曾在luːk^{8}ɕaːu^{2}六朝等处修建水库、渠道、涵洞等，故熟悉这一带的地形。

有ʔdoŋ^{1}kjai^1（Ndoenggyae）东鸡，在白山镇西约7千米处。kjai^1（gyae）即“远”。周鹿镇坛沙村委会有ʔdoŋ^{1}meu^2（Ndoengmeuz）东苗。meu^2（meuz）即“猫”。大化瑶族自治县的古感镇①有ʔdoŋ^{1}θi^4（Ndoengsix）东社，θi^4（six）即“社，社庙”；有ʔdoŋ^{1}θe^5（Ndoengseq）东些，θe^5（seq）是ko^{1}θe^5（goseq），即“杨梅”。

一般而言，以ʔdoŋ^1（ndoeng）得名的村庄或地名，命名之际周边很可能有大树林。相对于大石山区，丘陵土山更适宜林木生长，故以ʔdoŋ^1（ndoeng）得名的地方多见于丘陵地带。不过石山地区也有以ʔdoŋ^1（ndoeng）命名的地名。马山县合群乡兴华村委会就有ʔdoŋ^{1}wa^1（Ndoeng'va）东花，古零镇古零村委会有ʔdoŋ^{1}lak^8（Ndoenglaeg）东勒和ʔdoŋ^{1}kjaːŋ^1（Ndoenggyang）东江。这些地方都是大石山区。尽管如此，ʔdoŋ^1（ndoeng）仍不失为丘陵地带的地名代表用字，它与ʔdoi^1（ndoi）、luːk^8（lueg）一起成为土山系列的地名标志。

（三）水边系列

壮乡大地是沟溪河汊较多的地区，尤其是丘陵地带，往往水网密布，因而与水相关的地名也自成系列。壮语称河为ta^6（dah），如ta^{6}hoŋ^2（Dahhoengz）红水河、ta^{6}haɯ^{1}θo^1（Dahhawso）苏圩河（在都安）、ta^{6}tuːn^6（Dahduenh）驮段（在马山周鹿）。有河流，就有桥梁堤坝，人们活动的这些必经之处通常有自己的壮语地名。

kiːu^2（giuz）是“桥”。马山县内以kiːu^2（giuz）为村名的地方有不少。如：kiːu^{2}laːu^4（Giuzlaux）乔老，在白山镇东约10千米处，属古零镇辖地；kiːu^{2}mei^4（Giuzmeix）乔美，在白山镇南约4千米处，属大同村

①古感原属马山县，1988年大化瑶族自治县成立，古感即划归大化。

委会辖地；kiːu²koːŋ²（Giuzgongz）乔孔，在白山镇西北约8千米处，属乔利乡乐圩村委会辖地。乔利乡因乡政府驻地在乔利圩而得名。乔利圩叫haɯ¹kiːu²lei⁶（Hawgiuzleih）。kiːu²lei⁶（Giuzleih）是“乔利”，圩亦因桥而得名。

waːi¹（vai）是“水坝”，常见的水利设施。因waːi¹（vai）得名的地方不少。如：waːi¹ha²（Vaihaz）外河，百龙滩镇南新村委会驻地。ha²（haz）是“茅草，山草”。该村位于水坝的东头，故以坝名为村庄的专名。waːi¹taːk⁸（Vaidag）外托，合群乡立星村委会驻地，村边有一水坝。taːk⁸（dag）是ko¹taːk⁸（godag），即“山麻杆”。村因水坝得名，而水坝又因ko¹taːk⁸（godag）得名。

山麻杆，壮名ko¹taːk⁸（godag），学名*Alchornea davidii*，英文名David Christmashush。落叶灌木，成株高1~4米，嫩枝被灰白色短茸毛。嫩叶红色，老叶阔卵形或近球形，长8~15厘米，宽7~14厘米，顶部渐尖，边缘有齿。ko¹taːk⁸（godag）山麻杆的叶子可作牛羊饲料和绿肥，茎皮可作造纸原料，可编绳子，秆可作柴薪，故颇受农民的重视。①

ko¹taːk⁸（godag）山麻杆因叶背颜色有红色和绿色之分，在壮语之中还另分taːk⁸hoŋ²（daghoengz）红背山麻杆和taːk⁸heu¹（dagheu）绿背山麻杆两种。红背山麻杆叫 ko¹taːk⁸hoŋ²（godaghoengz），学名*Alchornea trewioides* var. trewioides，英文名Redback Christmashush。hoŋ²（hoengz）是“红”，因其叶背呈褐红色而得名；绿背山麻杆叫 ko¹taːk⁸heu¹（godagheu），学名*Alchornea trewioides* var. sinica，英文名Greenback Christmashush，别名月亮木。heu¹（heu）是“青”，因其叶背为浅青色而得名。医家用其根叶入药，治痢疾、血尿、外伤、风疹等。②叶用于外伤止血、消肿，根用于治疗跌打损伤、风湿骨痛。

①中国科学院华南植物研究所编，吴德邻主编：《广东植物志》第五卷第86页，广州：广东科技出版社，2003年。英文名见中医世家http://www.zysj.com.cn/zhongyaocai/yaocai_s/shanmagan.html，2016年7月28日搜索。

②中国科学院华南植物研究所编，吴德邻主编：《广东植物志》第五卷第86页，广州：广东科技出版社，2003年。英文名见中医世家http://www.zysj.com.cn/zhongyaocai/yaocai_h/hongbeiye.html，2016年7月28日搜索。黄燮才主编《实用中草药原色图谱（二）》第166页对红背山麻杆有形态描写，但给出的彩色照片却是绿背山麻杆，可见在医家眼里两者的药用功能一致。

godag　山麻杆

壮家人以栽培水稻为主业，拦河修建堤坝引水灌溉农田是传统生产的一大手段。故以 wa:i¹（vai）得名的地方在马山县白山镇就有不少。如 wa:i¹reu⁴（Vaireux）木棉坝有两处，一处在镇南3千米处，一处在马山县人民武装部的旧门前。这两处皆因水坝边上长有高大的木棉树而得名。reu⁴（reux）即“木棉树”。武装部前的那棵古老的木棉在1968年被人偷砍，而那道堤坝更是在1964—1965年间被拆除，在坝址上建了一座石桥，旧的地形地物已不存在，故年轻人大多不知道地名的得名因由。

除了这两处，还有wa:i¹waŋ²ɳɯ³ma⁴（Vaivaengznywjmax），waŋ²（vaengz）是“深水汪”，ɳɯ³（nywj）是“青草”，ma⁴（max）是“马”。这是马草水汪之坝，坝址在白山镇南约2千米处。wa:i¹ki:u²ɳe:ŋ⁶

（Vaigiuznyengh），在白山镇南的弄逼村前，kiːu^{2}（giuz）是“桥”，ȵeːŋ^{6}（nyengh）是“齿”。但此桥缘何以此为名，不详。其附近有一道石坝，坝因桥而得名。waːi^{1}ŋaːu^{2}θaːn^{1}（Vaingauzsan）鳌鱼山坝，在鳌鱼山下，ŋaːu^{2}θaːn^{1}（Ngauzsan）即“鳌鱼山”。waːi^{1}pja^{1}la^{2}（Vaibyalaz）骡山坝，在县人民政府旁的河段上，pja^{1}（bya）是“山”，la^{2}（laz）是“骡子”。坝因附近有骡山而得名。过去当地人就靠这些堤坝提高水位灌溉白山镇周边的农田。1976年兴修水利，把旧河道取直去弯，这些水坝才被废弃。后来白山镇扩展，这些农田之上皆建起楼房，连旧河道的痕迹都没留下，年轻后辈更不知道这些过去曾经发挥重要作用的灌溉设施了。这些地名也许就如此毫无声息地淹没在历史的长河之中。

马山的waːi^{1}（vai）对应武鸣的faːi^{1}（fai）。这是一条壮语内部语音对应规律，马山单数调不少w-声母的字到了武鸣会对应变化为f-声母。如：盖子wa^{1}（va）=fa^{1}（fa），拧干wan^{3}（vaenj）=fan^{3}（faenj），棉花waːi^{5}（vaiq）=faːi^{5}（faiq），鹧鸪rok^{8}weːk^{7}（roegvek）=ɣok^{8}feːk^{7}（roegfek）。

waŋ^{2}（vaengz）是河道中的深段，即“深水汪”。一般沿河地带以waŋ^{2}（vaengz）为地名的很常见。马山县白山镇周边的河段，几乎每个大水汪都有壮名。如waŋ^{2}loːŋ^{3}（Vaengzlongj），在县人民医院后，古称梅州钓台。loːŋ^{3}（longj）是“舂谷槽”，是用大木头挖成类似独木舟形状的打谷用具。waŋ^{2}ʔdu^{1}ɕaːu^{5}（Vaengznducauq），在县农械厂后。ʔdu^{1}（ndu）是“底心”，凹圆形物体的正中心；ɕaːu^{5}（cauq）是“锅头”。waŋ^{2}lin^{2}（Vaengzlinz），在鳌鱼山下。lin^{2}（linz）是“笕，引水槽”。

waŋ^{2}（vaengz）作为河段的小地名，只有靠近水边的人才熟知。由于不用作村落名称，所以一般地图上无法见到。

tiŋ^{6}（dingh）是“小山塘，小水洼，泥淖”。猪、牛打滚的水坑就叫tiŋ^{6}kjuːk^{7}（dinghgyuek）。kjuːk^{7}（gyuek）是“污、污烂”。因tiŋ^{6}（dingh）得名的村庄较常见。马山县乔利乡那料村委会有tiŋ^{6}kjaːm^{3}（Dinghgyamj）定简、tiŋ^{6}jit^{8}（Dinghyid）定月。kjaːm^{3}（gyamj）即

ko^{1}kjaːm^{3}（go’gyamj）橄榄。jit^{8}（yid）乃 ko^{1}jit^{8}（goyid）牛甘果。永州镇永州村委会有tiŋ^{6}la^{2}（Dinghlaz）定罗。la^{2}（laz）即“锣”。林圩镇黄番村委会有 tam^{2}tiŋ^{6}（Daemzdingh）坛定。tam^{2}（daemz）是“塘”。该村在始建之际，把原来的小山塘改挖为大鱼塘，村子依塘而建。

壮乡以 tam^{2}（daemz）得名的地方也很常见。马山县白山镇就有tam^{2}ʔbɯk^{7}（Daemzmbwk）塘逼村，属同富街委会所辖。该村后面有一个大鱼塘。ʔbɯk^{7}（mbwk）即“大”。合群村委会有 tam^{2}θiːu^{1}（Daemzsiu）塘肖、tam^{2}toːk^{7}（Daemzdok）塘托。上龙村委会有tam^{2}tau^{2}（Daemzdaeuz）塘头。tau^{2}（daeuz）即“大”。该村村口有一大鱼塘，故而得名。乔利乡乔利村委会有tam^{2}lou^{2}（Daemzlouz）塘流。古楼村委会有tam^{2}pɯːŋ^{4}（Daemzbiengx）塘榜、tam^{2}kai^{5}（Daemzgaeq）塘鸡。

此外，像ʔbo^{5}（mboq）泉、θoːk^{7}（sok）码头、raːi^{5}（raiq）滩、taːn^{1}（dan）滩等，也常常用作地名。如ʔbo^{5}raːi^{2}（Mboqraiz），在白山镇西北约2千米处，拉刁村的前面。raːi^{2}（raiz）即“露水”，意指该泉水珠晶莹如露。武鸣双桥镇伊岭村委会有ʔbo^{5}kum^{2}（Mboqgumz）布岑。kum^{2}（gumz）是“坑，低洼处”。武鸣锣圩镇有ko^{4}ʔbo^{5}（Goxmboq）可布。ko^{4}（gox）是“角落”。① θoːk^{7}kjau^{5}（Sokgyaeuq）、θoːk^{7}hoŋ^{2}to^{6}（Sokhoengzdoh），均是都安与马山之间的红水河渡口。θoːk^{7}kjau^{5}（Sokgyaeuq）即“桐树渡口”之义，在龙湾乡的中旧附近。中旧叫luːŋ^{1}kjau^{5}（Luenggyaeuq），意即“桐油树山谷”。luːŋ^{1}（lueng）是“峡谷”，kjau^{5}（gyaeuq）即“皱桐树”。θoːk^{7}hoŋ^{2}to^{6}（Sokhoengzdoh）汉名叫“红渡”。θoːk^{7}（sok）是“码

①张声震主编：《广西壮语地名选集》，南宁：广西民族出版社，1988年。ʔbo^{5}kum^{2}见第7页，ko^{4}ʔbo^{5}见第10页。

头”，hoŋ^{2}（hoengz）是“红”，to^{6}（doh）是“渡、渡口”。θoːk^{7}muŋ^{2}（Sokmungz）在武鸣府城镇永合村委会。muŋ^{2}（mungz）是“蒙”，该村全是姓蒙的人家。① raːi^{5}pa^{2}（Raiqbaz）濑琶、raːi^{5}ʔeːk^{7}（Raiqek）濑厄、raːi^{5}loi^{2}（Raiqloiz）濑雷，皆在武鸣。② taːn^{1}fuːŋ^{2}（Danfuengz）丹房，在马山县百龙滩镇大龙村委会东南部。taːn^{1}（dan）即“滩”，fuːŋ^{2}（fuengz）是gofuengz，一种竹子。同以taːn^{1}（dan）得名的尚有乔利乡的下滩，叫la^{3}taːn^{1}（Lajdan），la^{3}（laj）即“下”。

这一系列地名反映了壮乡近水地带的地貌特点。waːi^{1}（vai）、tiŋ^{6}（dingh）、tam^{2}（daemz）是这个系列的代表。其构词规律不仅突出表现了近水的特性，而且呈现出浓郁的水稻农耕文化色彩。可以说是稻作农耕引发了人们对水的高度依赖，而对水的依赖又表现在地名的命名方式上。

（四）平垌系列

栽种农作物的水田称为na^{2}（naz）。壮语tam^{2}na^{2}（daemznaz）表示“田园、土地”等意思。壮家人以种植水稻为主业，人们依稻田而建村落，故许多村名、地名都用na^{2}（naz）来命名，这是壮乡地名的一大特点。

有水的地方才能开垦水田。就地形特点而言，水田可分为几种：一是na^{2}toŋ^{6}piŋ^{2}（nazdoenghbingz）平垌田。toŋ^{6}（doengh）是“垌”，piŋ^{2}（bingz）是“平”，指平坦地方的水田。二是na^{2}kum^{2}（nazgumz）低洼田。kum^{2}（gumz）是“坑，低洼处”。三是na^{2}luːk^{8}（nazlueg）谷槽田，即土山之间的稻田。luːk^{8}（lueg）是两座土山之间的谷地。四是na^{2}kaːi^{1}（nazgai）梯田，即沿着山岭逐层开垦的水田。kaːi^{1}（gai）即“台阶”。梯田也叫na^{2}kjak^{7}（nazgyaek）。kjak^{7}

①张声震主编：《广西壮语地名选集》第12页，南宁：广西民族出版社，1988年。

②张声震主编：《广西壮语地名选集》，南宁：广西民族出版社，1988年。raːi^{5}pa^{2}、raːi^{5}ʔeːk^{7}见第2页，raːi^{5}loi^{2}见第8页。

（gyaek）是“级”，意指这种水田一级又一级，呈楼梯状。所以标准壮文把梯田称为na^{2}ʔbak^{7}lai^{1}（nazmbaeklae）。ʔbak^{7}（mbaek）是“台阶，台级”，lai^{1}（lae）是“梯子”，ʔbak^{7}lai^{1}（mbaeklae）即“阶梯”。壮乡的梯田以桂林龙胜的龙脊梯田最有名气。十月金秋，沿着山坡分布着一级级黄灿灿的稻田，很壮观。这是秋天游览桂林的一大热门景点。再一种是na^{2}ʔbɯt^{7}（nazmbwt）烂泥田、泥淖田。ʔbɯt^{7}（mbwt）是“泥淖，沼泽”。所以这种田又叫na^{2}poŋ^{2}（nazboengz），尤指谷地中长年积水，一踏入就下陷很深的冲积田。poŋ^{2}（boengz）是“泥浆，烂泥”。基于陷人、陷牛的特性，烂泥田又称na^{2}lom^{1}（nazloem）。lom^{1}（loem）是“陷入”。烂泥田也叫na^{2}lom^{5}（nazloemq）。lom^{5}（loemq）义为“坍塌，塌陷”。

壮族地区水田多在一些小盆地、谷地或平坝上，其面积普遍偏小，所以壮语中因na^{2}（naz）得名的地方特别多，na^{2}（naz）就构成了水稻地区的系列地名。

广西的地图，尤其是县乡一级的详细地图，壮族聚居的地方都会有大量的地名以“那、拿、纳”等起头。这是壮语na^{2}（naz）的记音用字。县名有“那”的如那坡县。过去马山的西部叫那马县。那马与隆山于1951年合并，才改称马山县。乡一级称“那”的就更为常见了。南宁市郊有那洪、那龙、那楼、那马、那陈。范围越小，“那”的地名就越密集。在1∶300000的马山县行政区划图上，仅见乔利乡那料村公所和周鹿镇的那龙水库。其实马山以na^{2}（naz）得名的地方非常多，只是它们多属自然村，或是小块地名。不标出自然村落地名的地图，自然是无法反映出这一特点。如那料村附近的东良村委会就有na^{2}jou^{2}（Nazyouz）那油、na^{2}reːŋ^{2}（Nazrengz）那良、na^{2}waːŋ^{1}（Nazvang）那旺、na^{2}kjaːŋ^{1}（Nazgyang）那江等小村庄。一般的地图很难标出这些小地名。

因na^{2}（naz）得名有三种情形最常见。

一是表示方位。如：na^{2}la^{3}（nazlaj）那下，白山镇合作村委会辖地。该村地势较高，农田皆在村子的下方。la^{3}（laj）是“下，下边”。kjaːŋ^{1}na^{2}

（Gyangnaz）江那，乔利乡古楼村委会辖地。kjaːŋ^{1}（gyang）是“中间”。该村地处田垌中间，周边尽是水田，故名。na^{2}roːk^{8}（Nazrog）那乐，林圩镇新华村公所辖地，分上、下那乐两个小村。roːk^{8}（rog）即“外，外边”。若论小地块地名，其方位指示性更强。如：乔利乡东鸡村的水田，就有na^{2}ko^{4}（nazgox），山湾角落里的田；na^{2} la^{3} ʔbaːn^{3}（naz laj mbanj），村前边的田；na^{2} la^{3} raːn^{2}（naz laj ranz），屋前边的田；na^{2} kɯn^{2} ʔdoŋ^{1}（naz gwnz ndoeng），山林边上的田；na^{2} la^{3} paːŋ^{4} ta^{6}（naz laj bangx dah），河边下的田；等等。

二是表示地势地貌。如：百龙滩镇勉圩村委会就有na^{2}peːn^{2}（Nazbenz）那便。peːn^{2}（benz）是“攀爬，攀登”。该村地势较高，从大路到村子里需往上走坡路，故称peːn^{2}（benz）。前述东良村委会的na^{2}jou^{2}（Nazyouz）那油、na^{2}waːŋ^{1}（Nazvang）那旺，皆属此类。jou^{2}（youz）是“油”，指土质肥沃得流油。waːŋ^{1}（vang）是“横”，意思是横的水田。na^{2}ʔdeːŋ^{3}（Nazndengj）那两，是东鸡村委会所辖的一个自然屯。ʔdeːŋ^{3}（ndengj）即“干硬”。该村水田的土质瘠薄粗劣，遇旱就干硬龟裂，故而得名。北良村委会有na^{2}θai^{5}（Nazsaeq）那细。θai^{5}（saeq）即“细，细小”，意指小块水田。

三是表明特殊种植对象。na^{2}（naz）大多数用来种水稻，但有的地方建村之初可能会种上一些其他作物，这些异于常规的作物很容易成为地名。如马山县白山镇西门桥以西原有一大片农田专用来种菜，后来这些农户就成了白山镇蔬菜生产队的成员。这些种菜的田就叫na^{2}pjak^{7}（nazbyaek）菜田。周鹿镇北边有一村叫na^{2}hiŋ^{1}（Nazhing）那兴。hiŋ^{1}（hing）即“姜”。村因作物而得名。百龙滩镇大球村委会有na^{2}ʔbu^{1}（Nazmbu）那不，ʔbu^{1}（mbu）是“莲藕”，此即藕田。故老相传，该村初建时常在村前一块大田里种藕，村名因此而得。武鸣陆斡镇那羊村委会也有一村叫na^{2}ʔbu^{1}（Nazmbu），但汉字记音写作“那坡”。① 武鸣府城镇永合村委会有na^{2}ʔiːn^{1}（Nazien）那烟，因该村前面有一垌田适宜种烟草而得名。ʔiːn^{1}（ien）是“烟草”。东兰县泗孟乡屯长村委会有na^{2}ho^{1}（Nazho）纳火。ho^{1}（ho）是“大蒜”。②

在平垌地带，ʔbaːn^{3}（mbanj）也是使用频度很高的地名用字。ʔbaːn^{3}（mbanj）是“村，村庄”，在地名中常作通名使用。ʔbaːn^{3}（mbanj）是人们的聚居点。壮族民众喜欢在依山傍水的地方聚族而居，故在地势比较平缓的谷地、盆地或平垌上，ʔbaːn^{3}（mbanj）是很常见的地名。如：马山县乔利乡有ʔbaːn^{3}puːn^{2}（Mbanjbuenz）盘屯、ʔbaːn^{3}ɕuːŋ^{2}（Mbanjcuengz）长屯。林圩乡有ʔbaːn^{3}mau^{2}（Mbanjmaeuz）谋屯。白山镇同富街委会有ʔbaːn^{3}mo^{5}（Mbanjmoq）新村（在县汽车站旁），合作村委会有ʔbaːn^{3}faːk^{2}（Mbanjfag）板伏。

上林县大丰镇有ʔbaːn^{3}wuːŋ^{2}（Mbanjvuengz）板黄，即“黄村”之义。wuːŋ^{2}（vuengz）是“黄”，为壮族的常见姓氏。该村系姓黄的人家先来建村，村名由此而得。该村全是壮族民众。大丰镇塘隆村委会有ʔbaːn^{3}tam^{2}（Mbanjdaemz）板塘，即有塘的村庄。因村子建在水塘旁边，故名。大丰镇三联村委会有ʔbaːn^{3}pou^{3}（Mbanjbouj）板甫。pou^{3}（bouj）是“补，补充”。该村先是李姓人家来建村，后来有陆姓的人家来共同居住，故说村子由陆姓来添补，因此而得名。③

ʔbaːn^{3}（mbanj）是一个人文地名的通名，在平垌和丘陵地带很常见。当ʔbaːn^{3}（mbanj）跟单音节专名结合时，通常不能省略；若是跟双音节专名结合时，通名的ʔbaːn^{3}

①张声震主编：《广西壮语地名选集》第4页，南宁：广西民族出版社，1988年。

②张声震主编：《广西壮语地名选集》，南宁：广西民族出版社，1988年。那烟见第12页，纳火见第413页。

③张声震主编：《广西壮语地名选集》第37—38页，南宁：广西民族出版社，1988年。

（mbanj）就可以省略。如马山县白山镇同富街委会的ʔbaːn^{3}kaːm^{3}taːi^{2}（Mbanjgamjdaiz）甘台村、ʔbaːn^{3}tam^{2}ʔbɯk^{7}（Mbanjdaemzmbwk）塘逼村，人们就常常说成kaːm^{3}taːi^{2}（Gamjdaiz）甘台、tam^{2}ʔbɯk^{7}（Daemzmbwk）塘逼，ʔbaːn^{3}（mbanj）就可以省略。

haɯ^{1}（haw）是圩，也是一个平垌地带常见的地名。如：马山县百龙滩镇的壮名是haɯ^{1}meːn^{4}（hawmenx），过去叫勉圩。因红水河上的百龙滩水电站坐落在附近，建水电站时就把这个小圩场扩建，并升格其行政建制为镇。乔利乡的乐圩叫haɯ^{1}lo^{2}（Hawloz），马山往大化县城的公路就从该圩经过。古零镇的杨圩叫haɯ^{1}jɯːŋ^{2}（hawyiengz），从马山去武鸣两江镇要经过该圩。

与ʔbaːn^{3}（mbanj）相似，haɯ^{1}（haw）也是一个人文地名。当专名是单音节时，haɯ^{1}（haw）不能省略；专名是双音节时，通名haɯ^{1}（haw）则可以省略。像武鸣的haɯ^{1}fou^{3}（Hawfouj）府城、haɯ^{1}kiːu^{2}（Hawgiuz）双桥、haɯ^{1}ʔiŋ^{1}（Hawing）英圩等，haɯ^{1}（haw）皆不可省略。而像南宁市郊的haɯ^{1}tam^{2}lak^{8}（hawdaemzlak）坛洛圩、武鸣陆斡的haɯ^{1}na^{2}jiːŋ^{2}（hawnazyiengz）那羊圩等，haɯ^{1}（haw）则经常省略。当然，haɯ^{1}（haw）作为贸易场所，不仅在平垌地带存在，在大石山区也同样存在。但山区的圩镇也常常建在交通比较方便的山脚谷地平缓处，故放在平垌系列一并讨论。

壮语地名用字远远不止这些，即便是通名，也还有paːk^{7}（bak）口、faːk^{8}（fag）村等等。但无论是水口、山口或是村庄，它们也可以包含在这四大系列之中。所以说这四个系列的地名数量可观，最具有系统性和代表性。它们大体反映了壮语地名的结构规律，同时也展示了壮族的农业文化内涵。

二、地名中的植物

农耕社会的自然经济迫使人们高度重视周边环境的植物。依靠植物，利用植物，是人们赖以生存的主要手段。正因如此，壮语之中才有丰富的植物地名。壮语地名涉及的植物很多，仅马山县乔利乡的南半部，就有$na^{2}leu^{4}$（Nazleux）那料、$lu{:}k^{8}ta{:}u^{2}$（Luegdauz）六桃、$ko^{1}rau^{1}$（Goraeu）古楼、$ti\eta^{6}kja{:}m^{3}$（Dinghgyamj）定简、$ti\eta^{6}jit^{8}$（Dinghyid）定月、$la^{3}kjau^{5}$（Lajgyaeuq）拉旧等6个村名用了6种植物。乔利的北良村委会还有一座山叫$pja^{1}jit^{8}$（Byayid），山下的村子与此同名，汉字记作“巴月”。

$ko^{1}leu^{4}$（goleux）木棉、$ko^{1}ta{:}u^{2}$（godauz）桃树、$ko^{1}rau^{1}$（goraeu）枫树、$ko^{1}kja{:}m^{3}$（gogyamj）橄榄、$ko^{1}jit^{8}$（goyid）余甘果、$ko^{1}kjau^{5}$（go’gyaeuq）桐油树，这些都是壮乡常见的植物。它们或许是人工栽培，或许是天然分布，用作地名，不外乎两种情形：一是表明为某地所盛产，二是某地以某一独特植物作为标记。

（一）物产为地名

用常见植物来作地名者，命名之初，该地定然盛产这一植物。以上列举的$ti\eta^{6}jit^{8}$（Dinghyid）、$pja^{1}jit^{8}$（Byayid）即属此类。红水河边百龙滩镇的勉圩村委会有一小村叫$ko^{1}jit^{8}$（Goyid）古日。据村中老人说，300多年前建村时，四周尽是余甘果树，故以此为村名。如今人迹罕至的地方，余甘果树依然连片生长。古代人烟稀少，遇到大片余甘果树不足为奇。地名用字相同，表明以前这一植物非常丰富。

余甘果是中国南方比较常见的野生水果。广西民族大学五坡广场上就有一棵 6 米多高、胸径 20 多厘米的余甘果树。因此树用途多样，人们老早就熟知其植物特性。宋代范成大的《桂海虞衡志》和周去非的《岭外代答》均对此物做了相应描写。

在壮乡，人们常采集其果来腌制酸品凉果，南宁街头四时可见。叶晒干，可填充枕芯。树皮富含单宁，泡水后可染麻质渔网，有防腐效果。根、果可入药，治喉咙疼痛、咳嗽等。

余甘果树的根系很发达，萌芽能力很强，特别耐旱，是绿化荒山的优良先锋植物，也是营造柴薪林的良好树种。

goyid　余甘果树

竹类是南方的常见植物，不少地方因盛产竹子而以之为地名。

白山镇西北约2千米处有一山村叫pa:k^{7}fa:i^{2}（Bakfaiz）百怀，其后山背面有一山村叫ruŋ^{6}fa:i^{2}（Runghfaiz）弄怀。fai^{4}fa:i^{2}（faexfaiz）是“麻竹”。ruŋ^{6}fa:i^{2}（Runghfaiz）即因盛产麻竹而得名。麻竹也叫甜竹，是良好的编织用材，直到今天该山村的人还以擅长编织竹器出名。因ruŋ^{6}fa:i^{2}（Runghfaiz）四周环山，只有一低矮山坳是出口，而pa:k^{7}fa:i^{2}（Bakfaiz）正好坐落在这个山坳下边，成了ruŋ^{6}fa:i^{2}

（Runghfaiz）人出入必经之处，故以此得名。

忻城县有ko^{1}fa:i^2（Gofaiz）古怀，金城江有la^{3}fa:i^2（Lajfaiz）拉怀，都安瑶族自治县有na^{2}fa:i^2（Nazfaiz）那怀，东兰县有na^{2}fa:i^2（Nazfaiz）纳怀、ruŋ^{6}fa:i^2（Runghfaiz）弄怀峒、ʔba:n^{3}fa:i^2（Mbanjfaiz）板怀。①这些地名皆因麻竹之名fai^{4}fa:i^2（faexfaiz）而得。

ko^{1}kon^1（gogoen）是粉单竹，以kon^1（goen）为地名的也很常见。马山县白山镇造华村委会东部山区里有一村叫ko^{1}kon^1（Gogoen）古坤，三联村委会东南部也有一村叫ko^{1}kon^1（Gogoen）。这两个地方都盛产此竹，故以此竹命名。白山镇立星村委会西南部、百龙滩镇大球村委会东南部各有一个山村叫ruŋ^{6}kon^1（Runghgoen），皆记作“弄昆”。白山镇兴华村委会西部有ʔdaɯ^{1}kon^1（Ndawgoen）内坤，百龙滩镇大龙村委会东南部亦有一村叫ʔdaɯ^{1}kon^1（Ndawgoen）内坤。

都安东庙乡有ruŋ^{6}kon^1（Runghgoen）弄坤，隆福乡百黄村委会也有ruŋ^{6}kon^1（Runghgoen）弄坤；高岭镇弄池村委会有ko^{1}kon^1（Gogoen）古昆，八合村委会有ruŋ^{6}kon^1（Runghgoen）弄坤。大化六也乡有ʔdaɯ^{1}kon^1（Ndaengoen）吞昆。巴马局桑乡有lu:k^{8}kon^1（Lueggoen）六坤。这些地方皆因粉单竹得名。

枫树是壮乡丘陵地带的常见植物。以枫树为地名的，不但常见，而且重名很多。马山县乔利乡有古楼村委会，村委会所在地是ʔba:n^{3}ko^{1}rau^1（Mbanjgoraeu）。ko^{1}rau^1（goraeu）即“枫树”，“古楼”是枫树的记音字；片联乡高德村委会有na^{2}rau^1（nazraeu）那楼；州圩乡亲爱村委会有po^{1}rau^1（Boraeu）坡楼，跑马村委会有lu:k^{8}rau^1（Luegraeu）

①张声震主编：《广西壮语地名选集》，南宁：广西民族出版社，1988年。古怀见第128页，拉怀见第300页，那怀见第331页，纳怀见第402页，弄怀峒、板怀见第414页。

六楼；永州镇德育村委会有pja^{1}rau^{1}（Byaraeu）巴楼。大化贡川乡贡川村委会有la^{3}rau^{1}（Lajraeu）下楼，共和村委会有po^{1}rau^{1}（Boraeu）坡楼。①

都安有ruŋ^{6}rau^{1}（Runghraeu）弄楼、ko^{1}rau^{1}（Goraeu）古楼、ʔdoŋ^{1}rau^{1}（Ndoengraeu）东楼、ʔbaːn^{3}rau^{1}（Mbanjraeu）板楼。大化有tiŋ^{6}rau^{1}（Dinghraeu）停楼。东兰有ʔdoŋ^{1}rau^{1}（Ndoengraeu）弄友。巴马有na^{2}rau^{1}（Nazraeu）那楼。凤山有po^{1}rau^{1}（Boraeu）坡楼。②

与此相似，石山地区盛产山茶野茶，以ɕa^{2}（caz）为地名的亦多有相重。如ruŋ^{6}ɕa^{2}（Runghcaz）弄茶，马山县白山镇上龙村委会、百龙滩镇勉圩村委会、加方乡龙开村委会、金钗镇龙印村委会这四个地方都各有一个。都安百旺乡及大化六也乡亦各有一个弄茶。③

ko^{1}ŋo^{4}（go'ngox）是南方芦苇，学名*Phragmites australis*，英文名Southern Reed。多年生草本，根状茎十分发达。成株秆高1~3米，直径0.6厘米，有20多节，最长节间为40厘米。叶披针状线形，长约30厘米，宽约2厘米。大型圆锥花序，长20~40厘米。④ 芦苇是全球广布的植物，壮乡近水地带很常见，因之得名的地方不少。

马山县白山镇造华村委会北边有na^{2}ŋo^{4}（Nazngox）那峨。此村旁边有一池塘，建村之初，塘中盛产芦苇。村民依塘而开辟农田，故名。后来人口增多，村中一部分人家搬到附近一小丘另立家园，一村分成两部分，故又有na^{2}ŋo^{4} huŋ^{1}（Nazngox Hung）大那峨（旧村）与na^{2}ŋo^{4} ʔi^{5}（Nazngox Iq）小那峨（新村）之分。na^{2}（naz）是“田”，ŋo^{4}（ngox）是“芦苇”，huŋ^{1}（hung）是“大”，ʔi^{5}（iq）是“小”。

马山县乔利乡东鸡村有一谷地叫luːk^{8}ŋo^{4}（Luegngox）。

①下楼与坡楼原属马山，今属大化。

②张声震主编：《广西壮语地名选集》，南宁：广西民族出版社，1988年。弄楼见第342页，古楼见第355页，东楼见第358页，板楼见第362页，停楼见第383，弄友见第408页，那楼见第425页，坡楼见第436页。

③张声震主编：《广西壮语地名选集》，南宁：广西民族出版社，1988年。都安弄茶见第344页，大化弄茶见第380页。

④中国科学院华南植物园编，吴德邻主编：《广东植物志》第九卷第338页，广州：广东科技出版社，2009年。学名、英文名见中国科学院植物研究所编《新编拉汉英植物名称》第540页。

luːk⁸（lueg）是“谷地、坡谷”。因山谷里林木茂密，水源充足，里边尽是泥淖沼泽或烂泥田，芦苇长得很茂盛，故而得名。乔利的苏博村委会亦有一村叫na²ŋo⁴（Nazngox）那峨。林圩镇合理村委会有tam²ŋo⁴（Daemzngox）坛峨。tam²（daemz）是“塘”。此村亦一分为二，老村叫旧坛峨，新村叫新坛峨。百龙滩镇大龙村委会有ʔdaɯ¹ŋo⁴（Ndawngox）内峨，ʔdaɯ¹（ndaw）是“内，里”。

都安百旺镇有 na²ŋo⁴（Nazngox） 那伍；东兰隘洞镇有ko¹ŋo⁴（Go'ngox） 可俄；巴马局桑乡有luːk⁸ŋo⁶（Luegngox）六午。[①] 以ko¹ŋo⁴（go'ngox）得名的地方多近水边，所以马山壮语俗话有laɯ¹ mi² ko¹ŋo⁴ laɯ¹ mi² ram⁴（Lawz miz go'ngox lawz miz raemx），哪有芦苇哪有水。这话比喻见到相关标志就能找到相应事物。这些村庄皆因芦苇而得名。

在马山，另有一种植物 ko¹ʔbuːŋ¹（go'mbueng）也是芦苇，当地汉语方言称其为过江芦荻，学名*Phragmites communis*，英文名Common Reed。多年生高大草本，有粗壮的匍匐根茎。叶舌有毛，叶片扁平，线形，长15~50厘米，宽1~3.5厘米。圆锥花序，顶生，稠密。[②] 这是古书上的葭，亦单称荻、芦或苇。《诗经》的“蒹葭苍苍，白露为霜”（《秦风·蒹葭》）、唐诗中的“故垒萧萧芦荻秋”（刘禹锡《西塞山怀古》）、“枫叶荻花秋瑟瑟”（白居易《琵琶行》），当指此物。

用ko¹ʔbuːŋ¹（go'mbueng）来作地名，也不乏其例。马山县古零镇新杨村委会就有ʔbaːn³na²ʔbuːŋ¹（Mbanjnazmbueng）那方村，常简称为na²ʔbuːŋ¹（Nazmbueng）。ʔbuːŋ¹（mbueng）即“过江芦荻”，“方”是ʔbuːŋ¹（mbueng）的记音用字。

①张声震主编：《广西壮语地名选集》，南宁：广西民族出版社，1988年。那伍见第343页，可俄见第400页，六午见第426页。因巴马壮语的第四、第六调不分，故全记作第六调。

②广西兽医研究所编著：《兽医中草药彩色图谱》第282页，南宁：广西科学技术出版社，1996年第2次印刷。学名、英文名见中国科学院植物研究所编《新编拉汉英植物名称》第540页。

壮语同样以ʔbuːŋ^{1}（mbueng）为专名的植物还有ʔeːm^{1}ʔbuːŋ^{1}ram^{4}（emmbuengraemx）芦竹，学名*Arundo donax*，英文名Giantreed。多年生草本，丛生，高大，有发达的根状茎。成株秆粗大直立，高2~6米，直径1.5~2.5厘米。叶片扁平，线状披针形，长30~60厘米，宽2~5厘米，基部抱茎。圆锥花序，顶生。多生于村边、河岸或溪旁。①

芦竹的根、茎、叶均可入药，有清热利尿之效，可治小便短赤、尿路感染、流感等。

无花果是壮乡常见的果树之一，石山土山均有分布，有野生的也有人工栽培的。壮语称无花果树为ko^{1}ŋu^{6}（go'nguh），学名*Ficus carica*，英文名Fig。落叶灌木。果托梨形，单生于叶腋，成熟时紫黑色，直径约2.5厘米。② 无花果树相当滥生，其种子往往因鸟类啄食后通过排泄粪便而四处传播。一旦在山野土壤适宜处生长，又会因成熟的果子掉落于地而再长新株，因而形成连片的果树丛，成为某一地方的标志。

无花果产量大，味道好，故很受人们重视，因之得名的地方也不少。马山县白山镇西约3千米处有一山村叫paːk^{7}ŋu^{6}（Baknguh）百悟。其村后有一山弄叫ruŋ^{6}ŋu^{6}（Runghnguh）弄悟。山弄里的ko^{1}ŋu^{6}（go'nguh）甚多，山弄因树得名。而出入ruŋ^{6}ŋu^{6}（Runghnguh），必须经过paːk^{7}ŋu^{6}（Bakngauh），其村名由此而得。ruŋ^{6}（rungh）是“山弄，山村”，paːk^{7}（bak）是“口”，这里指“山口”。

此外，马山县加方乡岑让村委会有la^{3}ŋu^{6}（Lajnguh）拉吾，古零镇新黄村委会有paːk^{7}ŋu^{6}（Baknguh）百吾，片联乡九平村委会有po^{1}ŋu^{6}（Bo'nguh）坡悟。都安加贵乡百旺村委会及东兰县东兰镇百豪村委会各有一个luːk^{8}ŋu^{6}

①广西兽医研究所编著：《兽医中草药彩色图谱》第298—299页，南宁：广西科学技术出版社，1996年第2次印刷。

②黄燮才主编：《实用中草药原色图谱（二）》第232页，南宁：广西科学技术出版社，2008年第5次印刷。学名、英文名见中国科学院植物研究所编《新编拉汉英植物名称》第317页。

（Luegnguh）六吾。巴马西山乡合乐村委会有kaːm³ŋu⁶（Gamjnguh）干吾。[1] la³（laj）是“下”，luːk⁸（lueg）是“谷地，山谷”，kaːm³（gamj）是“岩洞”。这些地名都是因生长着无花果树而得名。

无花果树多是灌木，但在土层肥厚的地方它们也能够长成小乔木。其厚大的叶子几张交互重叠能包裹东西，故称之为roːŋ¹ŋu⁶（rongnguh）。其子（果托）lɯk⁸ŋu⁶（lwgnguh）可当水果生食，也可加工为干果，能入药，有润肺止咳、滑肠之效。壮族民歌有：

go'nguh　无花果

①张声震主编：《广西壮语地名选集》，南宁：广西民族出版社，1988年。都安的六吾见第343页，东兰的六吾见第395页，巴马的干吾见第430页。

maːu^{4}taːn^{1} wa^{1} hoŋ^{2} fɯk^{8}，ʔbou^{5} ran^{1} lɯk^{8} jou^{5} laɯ^{1}.

Mauxdan va hoengz fwg，mbouj raen lwg youq lawz.

牡丹　花 红　彤　不　见 子 在　哪

牡丹花红彤，不见子何在。

ko^{1}ŋu^{6} taːm^{1} mi^{2} ʔbaɯ^{1}，ŋa^{1} ŋa^{1} ɕuŋ^{3} taɯ^{2} lɯk^{8}.

Go’nguh dan miz mbaw，nga nga cungj dawz lwg.

无花果　单 有　叶　枝 枝　都　结　子

无花果长叶，枝丫都结子。

这歌暗喻有真才实学能干的人，从不炫耀自己。从歌词中看到，人们早就注意到ko^{1}ŋu^{6}（go’nguh）是隐花植物，从不见其开花。壮语常用无花果开花来比喻那些难得一见的事物，尤其是走好运出奇迹的事情。如：laːu^{1} te^{1} pi^{1}nei^{4} ran^{1} ko^{1}ŋu^{6} haːi^{1} wa^{1} lo^{5}，jɯːŋ^{6} jɯːŋ^{6} θai^{6} ʔdei^{1} ɕuŋ^{3} te^{1} ʔdai^{3}!（Lau de bineix raen go’nguh hai va lo，yiengh yiengh saeh ndei cungj de ndaej!）恐怕他今年见到无花果开花了，样样好事都是他得到！

用桃、李、柚等经济植物作地名的也很常见。如：马山县白山镇玉业村委会有pja^{1}taːu^{2}（Byadauz）拔桃，即“桃山”之义。民新村委会有ko^{1}taːu^{2} kɯn^{2}（Godauz Gwnz）桃上、ko^{1}taːu^{2} la^{3}（Godauz Laj）桃下。ko^{1}taːu^{2}（godauz）是“桃树”。kɯn^{2}（gwnz）是“上”，la^{3}（laj）是“下”。民新还有两个村子叫ko^{1}lai^{6} kɯn^{2}（Golaeh Gwnz）利上、ko^{1}lai^{6} la^{3}（Golaeh Laj）利下。ko^{1}lai^{6}（golaeh）即“荔枝”。古零镇新杨村委会有一村庄叫na^{2}man^{3}（Nazmaenj）那敏，林圩镇甘豆村委会也有一个na^{2}man^{3}（Nazmaenj）那敏，音义皆相同。白山镇合作村委会有ruŋ^{6}man^{3}（Runghmaenj）弄敏，也有paːk^{7}man^{3}（Bakmaenj）百敏（在出入弄敏的山口下方）。man^{3}（maenj）就是ko^{1}man^{3}（gomaenj），即“李树”。白山镇合群村委会有一村子叫ʔdaɯ^{1}puk^{8}（Ndawbug）内卜，有一个山村叫ruŋ^{6}puk^{8}（Runghbug）弄卜；乔利乡兴科村委会也有一个山村叫ruŋ^{6}puk^{8}

（Runghbug）弄卜，另有一个山村叫pja^{1}puk^{8}（Byabug）巴卜。puk^{8}（bug）即“柚子”。金钗镇乐江村委会有kau^{1}ʔit^{7}（Gaeuit）九一。kau^{1}是“藤”，kau^{1}ʔit^{7}（gaeuit）即“葡萄藤”。白山镇上龙村委会有po^{2}kjoi^{3}（Bozgyoij）坡蕉。po^{2}（boz）是“土丘，土堆”，kjoi^{3}（gyoij）即“芭蕉”。

桃、李、柚、荔枝、葡萄和芭蕉，都是壮乡民众栽培较多的果类。农户常在自家屋旁种上这些果类，既获得经济效益，又能享受这些植物给环境带来的好处。一旦形成相应规模，为外界的人所熟知，人们就将物产用作地方之名。

广西简称桂，过去因所产的药材桂皮质量好而闻名天下。壮乡盛产桂皮，不少地方以桂为地名，如桂林、临桂、桂平、桂江等等。一些壮语地名也因产桂而得名。如马山县里当乡有龙桂村委会，其所在地ruŋ^{6}kwei^{5}（Runghgveiq）过去就盛产肉桂，村名即因物产而得。ruŋ^{6}（rungh）是“山弄”。kwei^{5}（gveiq）即“桂”，此指“肉桂”。龙州县水口镇有峒桂村委会，驻地所在的村子叫toŋ^{6}kwei^{5}（Doenghgveiq）。toŋ^{6}（doengh）是“峒”，即“田垌，弄场”；kwei^{5}（gveiq）是“肉桂，桂皮树”。①

①张声震主编：《广西壮语地名选集》第87页，南宁：广西民族出版社，1988年。

壮语称肉桂为ko^{1}kwi^{5}（go'gviq），kwi^{5}（gviq）常常音变为kwei^{5}（gveiq）。韵母-i和-ei之间的对应变化是常见现象。如：有mi^{2}（miz）=mei^{2}（meiz），醉fi^{2}（fiz）=fei^{2}（feiz），贵kwi^{5}（gviq）=kwei^{5}（gveiq），肥pi^{2}（biz）=pei^{2}（beiz），委屈wi^{1}（vi）=wei^{1}（vei）。

用物产来给地方命名，这是农耕民族重视土地的情结使然。透过ko^{1}ŋo^{4}（go'ngox）芦苇以及各种相关植物，再

go’gviq 肉桂

加上tiŋ^{6}（dingh）小山塘、tam^{2}（daemz）塘、wa:i^{1}（vai）坝、na^{2}（naz）田等带着农业文化气息的地名，我们可以窥探到壮族祖先开垦田园时的拓荒精神。而以ko^{1}ŋu^{6}（go’nguh）无花果、ko^{1}jit^{8}（goyid）余甘果、ko^{1}wa:ŋ^{6}（govangh）苹婆等野果为地名，则反映了先民对它们的器重。至于用桃、李、柚、荔枝、龙眼等果树作地名，也说明了壮族地区多种经营的思想已经逐渐形成。

（二）植物作标记

一个地方生长着某种比较独特的植物，或某一植物因体形巨大、年岁古老而成为当地的显著标志，人们就以之作为地名。

比如木棉，也叫英雄树，是壮乡很常见的高大乔木，即便是独立生长的一株，也很容易长成伟岸的大树。前述马山县乔利乡的na^{2}leu^{4}（Nazleux）那料村、县城白山镇附近的水坝wa:i^{1}reu^{4}（Vaireux）木棉坝，都是因木棉而得名。以木棉为地名的地方不少。

东兰县大同乡和龙村切庆屯有一田垌叫toŋ^{6} ko^{1}reu^{4}（Doengh Goreux），即“长有木棉的田垌”。这片田垌相当平阔，因长着一棵大木棉树而得名。ko^{1}reu^{4}（goreux）成了这一地块的标志物。reu^{4}（reux）与leu^{4}（leux）对应，这是不同地方的口音差异。

木棉树在不少地方还有ko^{1}mok^{8}miːn^{2}（gomoegmienz）、ko^{1}min^{2}（gominz）等说法。mok^{8}（moeg）是“木”，miːn^{2}（mienz）和min^{2}（minz）是“棉”。这是汉语借词的读音。如扶绥县昌平乡木民村委会，有木棉大村和木棉小村，壮名mok^{8}min^{2}（Moegminz）。这是连片村，唐武德六年（公元623年）建村，有600多户人家，全是壮族。村因周边有许多木棉树而得名。① 此外，宁明县有桐棉镇和桐棉村，这是记录壮语toŋ^{6}miːn^{2}（doenghmienz）的用字。toŋ^{6}（doengh）是“垌”，miːn^{2}（mienz）是“棉”，在此指“木棉树”。隆安县雁江镇联隆村有na^{2}min^{2}（Nazminz）那棉屯。na^{2}（naz）是“田”，min^{2}（minz）是“棉”。这是清雍正二年（公元1724年）建立的壮族村庄，因村旁田边长有木棉树而得名。②

榕树是壮乡常见的树木，因其体形高大，木质疏松不成材用，加上人们将其视作护村神树，故各地常有高大的老榕树在村旁，不少村庄亦因树而得名。

如马山县百龙滩镇大龙村委会东南有ko^{1}ruŋ^{2}（Gorungz）古榕。1938年建村时，村前的坳口上有一棵大榕树，人们即以树为村名。ko^{1}ruŋ^{2}（gorungz）是“榕树”。东兰县也有na^{2}ruŋ^{2}（Nazrungz）纳哄，因村前有一棵大榕树而得名。崇左市江州区板利乡有一个村叫ko^{1}ruŋ^{2}（Gorungz）枯隆，

①张声震主编：《广西壮语地名选集》第50页，南宁：广西民族出版社，1988年。

②张声震主编：《广西壮语地名选集》，南宁：广西民族出版社，1988年。桐棉见第73页，那棉见第103页。

因村边有一棵大榕树而得名。都安地苏镇上江村委会北边有一个村叫ko¹ruŋ²（Gorungz）古龙，村中原有一棵古老高大的榕树，故而得名。大化岩滩镇南有一个村也叫ko¹ruŋ²（Gorungz）古龙，因村后坡长有一棵大叶榕，故以之名。[①]

ko¹ruŋ²（gorungz）是榕类树木的泛称，最常见的有大叶榕和小叶榕。

大叶榕是高山榕，壮语叫ruŋ²paːŋ⁶（rungzbangh），学名*Ficus altissima*，英文名Lofty Fig。大乔木，高可达20米。叶互生，革质，卵形或广卵状椭圆形，长7~27厘米，宽4~17厘米。果卵圆形，直径1.7~2.8厘米，成熟时深红色或黄色。大叶榕树冠大，叶浓密，可作为园林绿化的观赏树栽培。[②]

小叶榕也叫细叶榕，壮语叫ko¹rei²（goreiz）或ɕit⁸rei²（cidreiz），学名*Ficus microcarpa*，英文名Smallfruit Fig。常绿高大乔木，树枝上常往下长有气根。叶互生，革质且带肉质，椭圆形、卵状形或倒卵形，长3.5~10厘米，宽2~5.5厘米。花序生于脱落的叶腋。果球形，直径0.5~1厘米，成熟时黄色或红色。[③]

榕树常被栽培为景观大树，壮乡农村视之为护村神树，故村旁的榕树往往是一些高大的老树。榕树的叶、根、皮、树汁均可入药。叶煮水当茶饮，可解暑解热；根煮水敷烫，可治跌打扭伤；嚼咬鲜树皮，可止牙痛；乳状树汁能除翳明目。

因榕树高大而成标志性物体，故人们常以之为地名，如忻城县古蓬镇有龙利村叫ʔdoŋ¹rei²（Ndoengreiz）。“龙”是ʔdoŋ¹（ndoeng）的记音用字，指“林子、树林”；rei²（reiz）是“小叶榕”。该村建于清康熙五十九年（公元1720年），全村民众皆壮族。[④]

①张声震主编：《广西壮语地名选集》，南宁：广西民族出版社，1988年。纳哄见第405页，桔隆见第65页，都安的古龙见第350页，大化的古龙见第385页。

②中国科学院华南植物研究所编，陈封怀主编：《广东植物志》第一卷第196页，广州：广东科技出版社，1987年。学名、英文名见中国科学院植物研究所编《新编拉汉英植物名称》第317页。

③中国科学院华南植物研究所编，陈封怀主编：《广东植物志》第一卷第198页，广州：广东科技出版社，1987年。学名、英文名见中国科学院植物研究所编《新编拉汉英植物名称》第317页。

④张声震主编：《广西壮语地名选集》第132页，南宁：广西民族出版社，1988年。

rungzbangh　大叶榕

goreiz　小叶榕

除了木棉、榕树，苦楝树也是常见树种，石山、土山或平垌均有分布。这是一种材用树。

苦楝树，壮名为ko¹reːn⁶（gorenh），学名*Melia azedarach*，英文名Chinaberry-tree。落叶乔木，高可超20米。苦楝树对环境要求不高，耐干旱，在瘠瘦土壤上也能生长。在土层肥厚处生长较快，7~8 年即可成材。苦楝树干通直，木材轻软，纹路漂亮，是家具、船舶、箱板、建筑等行业用材。苦楝树与菜豆树、杉木并称壮乡农村三大材用林木，人们喜欢在房前屋后栽种。因苦楝能长成大树，不少地名亦因此而得。

扶绥柳桥北有那练屯，“那练”即na²reːn⁶（Nazrenh），意为“苦楝树田”。崇左江洲那隆、宁明寨安、田东那拔各有一个那练村，不仅同名，得名方式也完全一致。南宁良庆区南晓镇有一个村叫古元，壮名叫 ko¹reːn⁶（Gorenh），这是因建村时周边多长苦楝树而得名。[①]

外形跟苦楝树类似的还有南酸枣，俗称五眼果、人面子、酸醋果等，壮语称其为ko¹mja²（go’myaz），学名*Choerospondias axillaris*，英文名Axillary Choerospondias Fruit。落叶乔木，高可达10米。树皮灰黑色，刮破表皮呈粉红色。果子成熟时黄色。果核顶有五个小孔，略似人的面部五窍。[②]

南酸枣的果子叫lɯk⁸mja²（lwgmyaz）或maːk⁷mja²（makmyaz），可食用或拿来酿酒，有些厂家以之为辅料制作糖果，亦可入药。果作药材时也称广枣，有行气活血、养心安神、消积等功效。果核常被农家小孩当作玩具。此树木材纹理直，容易干燥，不挠不裂，刨削光滑，可做一般家具及建筑材料。mja²（myaz）是“涂，涂抹”。6~7月份果子成熟掉落地面，稍不留神踩踏上去，浓稠的果浆即

①张声震主编：《广西壮语地名选集》，南宁：广西民族出版社，1988年。扶绥那练见第53页，崇左江州那隆的那练见第60页，宁明寨安那练见第73页，田东那拔那练见第182页，良庆区南晓镇古元见第20页。

②黄燮才主编：《中国民间生草药原色图谱》第276页，南宁：广西科学技术出版社，2009年第5次印刷。英文名见互动百科https://baike.baidu.com/item/互动百科/，2016年9月8日搜索。

lwgmyaz 南酸枣果

涂抹于鞋底。树名因果子的这一特性而得。

广西民族大学校园内常常可见此树。都安板岭乡带河村委会有个村叫ko¹mja²（Go'myaz）果麻，因村边有一棵很大的南酸枣树而得名。[①]

利用大树、古树作地名是普遍现象，壮乡各地皆是如此。如：扶绥县有paːk⁷ŋaːn⁴（Baknganx）百眼，因村口有两棵大龙眼树而得名。paːk⁷（bak）是“口”，ŋaːn⁴（nganx）即ko¹ŋaːn⁴（go'nganx），龙眼树。大新县昌明乡仁化村有格安屯，壮名kok⁷ŋaːn⁴（Goeknganx）。kok⁷（goek）是“根，根部，根蔸”，ŋaːn⁴（nganx）是“龙眼树”。建村时因该地有大龙眼树，故名。[②] 田州的壮名就叫haɯ¹ŋaːn⁴（Hawnganx），按壮语似是“龙眼之圩”。

壮家人把榅树、合欢皆称为ko¹kaːŋ²（gogangz），两者

①张声震主编：《广西壮语地名选集》第369页，南宁：广西民族出版社，1988年。

②张声震主编：《广西壮语地名选集》，南宁：广西民族出版社，1988年。百眼见第49页，格安见第91页。

均属含羞草科合欢属的高大植物。

楹树，学名*Albizia chinensis*，英文名Chinese Albizzia。落叶乔木，高可达30米，小枝被黄色柔毛。二回羽状复叶，羽片6~12对，小叶20~35（40）对，无柄，长6~10毫米，宽2~3毫米。花绿白色或淡黄色。荚果扁平，长10~15厘米，宽约2厘米。花期3~5月，果期6~12月。

合欢，学名*Albizia julibrissin*，英文名Silk Tree、Mimosa Tree。落叶乔木，高可达16米。树冠开展，小枝有棱角。嫩枝、花序和叶轴被茸毛或短柔毛。二回羽状复叶，羽片4~12对，栽培的可达20对。小叶10~30对，线形至长圆形，长6~12毫米，宽1~4毫米。花粉红色。荚果带状，长9~15厘米，宽1.5~2.5厘米。花期6~7月，果期8~10月。①

因$ko^1ka:ŋ^2$（gogangz）是高大的树木，很引人注目，故常作地名。忻城果遂有古抗村，壮名$ko^1ka:ŋ^2$（Gogangz）。建村时因周边多长楹树而得名。宁明寨安有枯罡，壮名亦叫$ko^1ka:ŋ^2$（Gogangz）。过去因村中有一棵高大的合欢树，故名。②楹树与合欢树生长迅速，树叶浓荫茂密，是栽培为城市路树的优良品种。在农村，这两种树木栽植于屋旁，可绿化环境，荫蔽阳光。其粗大的树干可做家具、楼板或包装箱板料等。

除了上述能作标志物的大树、古树，一些不太常见的植物也被用作地名。

马山县百龙滩镇兴华村委会有一个村叫$tiŋ^6ta:i^5$（Dinghdaiq）定代。1949年建村时，村前有一水潭，潭边有一棵大树叫$ko^1ta:i^5$（godaiq）。上龙村委会有一个村叫$lu:k^8ta:i^5$（Luegdaiq）六代，亦因建村时村后有一棵高大的$ko^1ta:i^5$（godaiq）而得名。

①中国科学院华南植物研究所编，吴德邻主编：《广东植物志》第五卷第148—149页，广州：广东科技出版社，2003年。学名、英文名见中国科学院植物研究所编《新编拉汉英植物名称》第37页。

②张声震主编：《广西壮语地名选集》，南宁：广西民族出版社，1988年。忻城古抗见第128页，宁明枯罡见第74页。

ko^{1}taːi^{5}（godaiq）是“白颜树”，因树干可作木材，故也叫fai^{4}taːi^{5}（faexdaiq），学名*Gironniera subaequalis*，英文名Subaequal Gironniera。常绿乔木或大灌木，成株高4~8米，少数可达12米。叶椭圆形或长圆形，长8~20厘米，宽3.5~8厘米。①

ko^{1}taːi^{5}（godaiq）木材纹理直，材质轻软，干后不变形不开裂，可做一般家具。其木质传音性能好，壮家人常用来做θaːŋ^{5} kjoːŋ^{1}（sangq gyong）鼓腔，即大鼓的鼓身。把长1.2~1.5米、直径60~80厘米的大木掏空，两端刨平，蒙上牛皮，用藤条或绳子把两面牛皮绷直绞紧，就得到音质雄浑的大鼓。马山县白山镇周边一带喜欢在春节期间赛鼓，过去几乎每个村庄都有一两面大鼓，过年时即敲锣打鼓去游村赛鼓，通宵达旦不停歇。

紫竹叫ko^{1}ʔdam^{1}（go'ndaem），是名贵的竹种，比较罕见。因个别地方偶有所产，故也用作地名。东兰县坡峨乡有ʔbaːn^{3}ʔdam^{1}（Mbanjndaem）板念。② ʔdam^{1}（ndaem）即ko^{1}ʔdam^{1}（go'ndaem）紫竹，亦称黑竹，是珍贵竹种。马山县百龙滩镇大龙村委会有一个村叫 ko^{1}ʔdam^{1}（Go'ndaem）古黑，村名含义亦是黑竹。

ko^{1}ɕau^{2}（gocaeuz）是“喙核桃”，学名*Annamocarya sinensis*，英文名Chinese Annamocarya。落叶乔木，高可达20米，胸径60~80厘米。树皮灰白色至灰褐色，有浅纵裂。奇数羽状复叶长30~40厘米，叶柄三棱形，长5~7厘米。小叶通常7~9枚，稀达11枚，成长后近革质，全缘，上面深绿色，具光泽，下面淡绿色。果实核果状，近球状或卵状椭圆形，长6~8厘米，直径5~6厘米，顶端具鸟喙状尖头。木材浅褐色或浅红色，越近髓心颜色越深，纹理直，有光泽，花纹美

①钟济新主编：《广西石灰岩石山植物图谱》第142页，南宁：广西人民出版社，1982年。学名、英文名见中国科学院植物研究所编《新编拉汉英植物名称》第332页。

②张声震主编：《广西壮语地名选集》第404，南宁：广西民族出版社，1988年。

观，结构细致均匀。重量中等，材质优良，为工业、军工及器具的上好用材。用来做高档家具，木纹及色泽非常漂亮。该属仅此一种，是孑遗植物。因科研价值与经济价值很大，故被列为国家二级保护植物。①

喙核桃的木材材质优良，加上树干高大，着眼于这两点，人们又称其为fai^{4}çau^{2}（faexcaeuz）。fai^{4}（faex）是“树，木”，çau^{2}（caeuz）即喙核桃树的专名，合起来汉字记作“费仇”。② 由于人们砍伐过度，现在已罕见。然作为地名，这一树种依旧存在于当地人的口语中。

马山县白山镇民新村委会有一个山村叫ko^{1}çau^{2}（Gocaeuz）古仇，上龙村委会有一个山村叫ruŋ^{6}çau^{2}（Runghcaeuz）弄仇。这两处皆因ko^{1}çau^{2}（gocaeuz）喙核桃而得名。这说明过去喙核桃在马山有一定的分布。

还有一些独特的树种用作地名，但至今仍不知其学名。如：马山县白山镇古腰村委会（在县城东边约4千米处）有一个山村叫ko^{1}puːi^{1}（Gobui）古杯。清光绪年间建村，村址位于一山坳下，山坳上有一大树叫ko^{1}puːi^{1}（gobui），人们即以树名作村名。

ko^{1}puːi^{1}（gobui）是石山上一种很坚韧的硬木，现已少见。其材质细密，淡粉红色，刨削光滑，硬度与韧度皆好。木匠喜欢用来做斧柄和凿柄，石匠用来做撬棒，练武的人用来做齐眉棍。一根长2米、直径6~7厘米的ko^{1}puːi^{1}（gobui），据老人说就有60年的树龄。其生长速度非常缓慢，若非几百年乃至上千年，ko^{1}puːi^{1}（gobui）绝难长成大树。ko^{1}puːi^{1}（gobui）的学名为何，至今依然未能查明。

综观这些地名中的植物，它们多数都很常见。比如：ko^{1}rei^{5}（goreiq）锥木、ko^{1}waːŋ^{6}（govangh）苹婆的果实可充

①谢福惠、徐峰、祝俊新、李重九编著：《木材树种识别、材性及用途》第529页，北京：学术书刊出版社，1990年。学名、英文名见中国科学院植物研究所编《新编拉汉英植物名称》第60页。

②谢福惠、徐峰、祝俊新、李重九编著：《木材树种识别、材性及用途》第529页，北京：学术书刊出版社，1990年。

饥，树干是木材。ko^{1}wa:ŋ^{6}（govangh）的树皮是重要的纤维。ko^{1}jit^{8}（goyid）余甘果、ko^{1}mja^{2}（go' myaz）五眼果、ko^{1}ŋu^{6}（go' nguh）无花果是产量较大的野果。ko^{1}puk^{8}（gobug）柚树、ko^{1}ta:u^{2}（godauz）桃树、ko^{1}man^{3}（gomaenj）李树、ko^{1}kjoi^{3}（go' gyoij）芭蕉、ko^{1}lei^{2}（goleiz）梨树、ko^{1}ŋa:n^{4}（go' nganx）龙眼树，皆为农家传统果树。植物在地名里出现得越频繁，说明它们与人们的生活关系越密切。如fai^{4}fa:i^{2}（faexfaiz）麻竹、ko^{1}kon^{1}（gogoen）粉单竹、ko^{1}kjau^{5}（go' gyaeuz）桐油树等，素来都因经济价值大而受到广泛重视。即使像ko^{1}ŋo^{4}（go' ngox）芦苇、ko^{1}ha^{2}（gohaz）茅草之类，经济价值虽不大，但在人们开拓田园之初，它们给垦荒者造成的麻烦肯定也不小。用这类植物作地名，自然含有对祖先的某种追思之情。从这一意义上说，地名中的植物，不论是普通常见的，或是珍稀罕见的，它们都曾对当地民众的生活产生过相应的影响。这种情形表明，壮家人对周边环境有独到的观察和感受，地名反映了人们对环境资源的评价及利用状况。

三、壮语地名的特点

从前边的分析可以看到，壮语地名系统性强是其一大特点。不独前述的四大系列，人们居住的聚落，其地名同样呈现系列化特点。如圩镇叫haɯ^{1}（haw），是有贸易功能的聚落。壮族地区的小圩镇很多。马山县内以haɯ^{1}（haw）得名的地方近30处。新设的圩镇不说，传统的圩镇皆有壮名。如：haɯ^{1}θa:i^{6}（Hawsaih）古寨，在马山县东部，是古寨乡政府驻地；haɯ^{1}wu:ŋ^{1}（Hawvueng）荒圩，加方乡属地；haɯ^{1}kau^{1}（Hawgaeu）高圩、haɯ^{1}pe:n^{5}（Hawbenq）片圩，在马山县西部，片联乡属地。

一些过去的圩镇现已丧失集市功能，仅是一般村落了，但人们仍将其称为haɯ^{1}（haw）。如：haɯ^{1}θɯ:ŋ^{6}luŋ^{2}（Hawsienghlungz）上龙街，在白山镇南8千米处，上龙村委会驻地；haɯ^{1}ʔdɯn^{1}（Hawndwn）东仑，新汉村委会驻地。ʔdɯn^{1}即“站立”，原指圩场狭窄，须站着买卖。haɯ^{1}mi:u^{6}

（Hawmiuh）庙圩，在马山县西部，双联乡属地。这些地方早已不是集市了，但其壮名仍旧不变。

ʔbaːn^{3}（mbanj）是人们聚居的村落，以ʔbaːn^{3}（mbanj）得名的地方非常多。用双音节作专名的村庄，常常可以省略ʔbaːn^{3}（mbanj）不用。专名是单音节的时候，ʔbaːn^{3}（mbanj）不能省略，这也是一个非常突出的特点。前边讨论壮语地名的结构时，已举了不少例子，此不赘述。不过有一点很值得注意，那些以pja^{1}（bya）山、luːk^{8}（lueg）谷地、na^{2}（naz）田等地名来作村名的地方，其实是省略了ʔbaːn^{3}（mbanj）“村”这个通名。千万不要把pja^{1}（bya）山、luːk^{8}（lueg）谷地、na^{2}（naz）田等也视为跟ʔbaːn^{3}（mbanj）“村”一样，都是“村”的通名。

有人居住的ruŋ^{6}（rungh），汉译时也叫山村、山寨。但ruŋ^{6}（rungh）与ʔbaːn^{3}（mbanj）明显不同。ʔbaːn^{3}（mbanj）是人文地理通名，有人居住的村落才叫ʔbaːn^{3}（mbanj）。ruŋ^{6}（rungh）是自然地理通名。不管有人居住与否，凡周边环山的峰丛洼地皆可叫ruŋ^{6}（rungh）。所以，很多以ruŋ^{6}（rungh）得名的山寨实际是无人居住的，仅作为一般的自然地名。

方位性强也是壮语地名的一个重要特点。kɯn^{2}（gwnz）上、la^{3}（laj）下、ʔdaɯ^{1}（ndaw）内、roːk^{8}（rog）外、kjaːŋ^{1}（gyang）中，这些方位词常被地名所用。如kɯn^{2}tan^{2}（Gwnzdaenz）琴屯，在马山县白山镇西约2千米处，属合群村委会辖地。其北边不远处即la^{3}teu^{1}（Lajdeu）拉刁。合群村委会还有ʔdaɯ^{1}puk^{8}（Ndawbug）内卜。puk^{8}（bug）即“柚子”。该村坐落在石山与土山之间的一条峡谷内，位于白山镇西南。村旁有一个大山洞，蜿蜒曲折穿过几座大山。洞的另一出口在tam^{2}θiːu^{1}（Daemzsiu）塘肖村。白山镇北面有ʔdaɯ^{1}haːk^{8}（Ndawhag）内学。该村处在一个大山湾里，又分成haːk^{8}kɯn^{2}（Haggwnz）上学、haːk^{8}kjaːŋ^{1}（Haggyang）中学、haːk^{8}la^{3}（Haglaj）下学、haːk^{8}ko^{4}（Haggox）固学等四个小聚落。内学的东边有两个小山村，叫ruŋ^{6}kau^{1} roːk^{8}（Runghgaeu Rog）外勾、ruŋ^{6}kau^{1} ʔdaɯ^{1}（Runghgaeu Ndaw）内勾。kau^{1}（gaeu）即“藤”。其

后山多大藤，故而得名。百龙滩镇南新村公所有ruŋ^{6}ʔdaːi^{3}（Runghndaij）弄来。ʔdaːi^{3}（ndaij）是“苎麻”，也叫青麻。该村因人口增多而一分为二。旧村叫ʔdaːi^{3} roːk^{8}（Ndaij Rog）外来，迁入后山侧背的部分人家组成的村就叫ʔdaːi^{3} ʔdaɯ^{1}（Ndaij Ndaw）内来。

这类方位词作村名，前边不少地方已述及。

paːk^{7}（bak）虽然不是方位词，但用作地名，往往表示某一出入必经之地，因而它也带有一定的方位指示性。如paːk^{7}luːk^{8}（Baklueg）百六，是马山县白山镇与乔利乡之间的必经之所。自此村以西，尽是土坡土岭，故其壮名之义为坡谷之口，村名亦因此而得。像paːk^{7}faːi^{2}（Bakfaiz）百怀、paːk^{7}ŋu^{6}（Baknguh）百悟之类，亦属此列。西林县的八达镇，壮名即paːk^{7}ta^{6}（Bakdah），即“河口，渡口”。

形象直观也是壮语地名的一个突出特点。壮家人擅长形象思维，故直观比况多，抽象概括较少。比如“害羞”，壮语是na^{3}moːŋ^{1}（najmong），字面意义为“脸灰”。脸面脏黑，当然显得不好意思了。“得意”，壮语是ʔdaŋ^{1}koːn^{1}（ndaenggon），即“鼻孔大张开”，可以大肆吸气呼气。言下之意是可以恣意妄为而无所顾忌。“愤怒，恼怒，恼火，生气”，壮语的直观说法有ho^{2}taŋ^{3}（hozdaengj）、ho^{2}kan^{1}（hozgaen）、ho^{2}ʔdaːt^{7}（hozndat）、ho^{2}hɯn^{3}（hozhwnj）、ho^{2}ʔboŋ^{1}（hozmboeng）、ho^{2}ɲak^{7}（hoznyaek）等等，皆从脖子的变化来表现当事人的情绪。taŋ^{3}（daengj）、kan^{1}（gaen）皆指“竖起”，ʔboŋ^{1}（mboeng）是“蓬松”。它们与ho^{2}（hoz）连用，则表示火气上来了，把脖子涨得竖起来，涨得大大的。火气上涌，所以说ho^{2}hɯn^{3}（hozhwnj）、ho^{2}ʔdaːt^{7}（hozndat）。hɯn^{3}（hwnj）是“上，上来”，ʔdaːt^{7}（ndat）是“热”。ɲak^{7}（nyaek）是“怨怒在心而不作声”，故ho^{2}ɲak^{7}（hoznyaek）是“生闷气板着脸”。

以此心态观察地形地物，直观的形象思维必然要占主导地位。各种根据形状命名的地名，无疑是这种思维的直接结果。如武鸣有一个村叫ho^{2}fɯ^{1}（Hozfw）何夫，义即“鳖颈”。因该村地形似鳖的脖子而得名。

$na^2wa{:}i^2$（Nazvaiz）那怀，即“水牛田”。该村有一片水田形似水牛。$tiŋ^6fɯ^1$（Dinghfw）定富，即“鳖塘”之义。该村前边有一小水塘似鳖的形状。[①]

南宁市的望州岭至新风岭一带，壮语叫$ho^2luŋ^2$（Hoz-lungz），即“龙颈”。人们把高峰林场至人民公园这一溜土岭土丘视为一条巨龙。龙头在人民公园，龙尾在高峰林场。过去没有汽车，远离河道之处，运输货物全凭人力肩挑。都安、大化、马山、武鸣一带的商人常雇挑夫把桐油、纱纸（即绵纸）、木耳等土特产品挑来南宁，再把食盐、火油等日用品运回去。挑夫们把$ho^2luŋ^2$（Hozlungz）视为南宁的地头。到了$ho^2luŋ^2$（Hozlungz），就算到了南宁。

其实不止这类动物地名，植物地名也是形象思维的结晶。

稳固与古老也是地名的一个重要特点。人们世代沿用同一名称来指某个地点，所以部分地名能够保持语音的某些古老特征。许多地名如今只知读音，早已不明其义了，但人们依旧代代相传而不加改变。

当然，老地名并非全无可考。一些地名在当地语言中或许无法查证了，但若把视野扩大，其中所蕴含的内容有时还是可以揭示的。例如白山镇西南侧有一道槽形谷地叫$ʔdaɯ^1ŋa{:}ŋ^2$（Ndawngangz），汉字记作“内昂”。$ŋa{:}ŋ^2$（ngangz）为何物，马山壮语今无所指。然地形得名自有缘故，古人不会用一个无意义的音节来作地名。考虑到旁边有一槽形谷地叫$ʔdaɯ^1puk^8$（Ndawbug）内卜，是植物地名，而且$ʔdaɯ^1ŋa{:}ŋ^2$（Ndawngangz）的南端有一水坝叫木棉坝，即$wa{:}i^1reu^4$（vaireux），也是植物地名，这个$ŋa{:}ŋ^2$（ngangz）极有可能是$ko^1ŋa{:}ŋ^2$（go' ngangz）或$fai^4ŋa{:}ŋ^2$

①张声震主编：《广西壮语地名选集》，南宁：广西民族出版社，1988年。何夫见第3页，那怀见 第11页，定富见第13页。

（faexngangz），即肥牛树。据老人说，过去这道山谷里边草木很茂密，野兽常出没其间。后来修筑公路，加上乱砍滥伐山林，这一带才成为秃山。ŋaːŋ²（ngangz）在壮语中除表示肥牛树外，不见其他用法。该树种天然分布于石山地带，如今龙州、大新、天等、隆安、田林及靖西尚有分布。[①]马山与隆安近邻，纬度比田林还低，古代林木多，有ko¹ŋaːŋ²分布亦不足为奇。

①钟济新主编：《广西石灰岩石山植物图谱》第85页，南宁：广西人民出版社，1982年。

从前面的分析可见，植物作地名，只作专名而不用作通名，这是一个颇为有趣的特点。双音节的植物作专名，可以单独使用，如前述的ko¹jit⁸（Goyid）古日、ko¹rau¹（Goraeu）古楼。但单音节的植物名称必须与地理通名或方位词结合才能使用，如 ruŋ⁶faːi²（Runghfaiz）弄怀、ʔdaɯ¹ puk⁸（Ndawbug）内卜。

从语法的角度看，壮语地名以通名居前，专名居后的格式最发达。有人把这种地名称为齐头式，意思是这类地名的开头部分是整齐一致的。这种前正后偏的语法结构，跟语言中名词的同类构词方法一致。由此亦可看到壮语这一语法现象的古老与稳固。

就大体情况而言，壮语地名的农业色彩非常鲜明。tam²（daemz）塘、na²（naz）田、waːi¹（vai）坝、tiŋ⁶（dingh）山塘等通名自不待言，专名之中的农作物、经济作物以及各种反映农业文化的词语比比皆是。壮家人积数千年的农耕经验，方形成今天的文化格局，地名里沉淀着祖祖辈辈对土地的厚望。

然而，壮乡大地多是贫瘠的山区，并非富庶的平原，开辟田园实属不易，凡能耕种的土地皆会被充分利用，因此各种pja¹（bya）山、ruŋ⁶（rungh）弄、ʔdoi¹（ndoi）土岭、luːk^{8}（lueg）坡谷、na^{2}（naz）田起头的地名特别多。这也表明了人们对土地的高度重视。

俗话 ɕip^{8} ɕaːŋ^{2} kim^{1} ʔbou^{5} jaɯ^{2} me^{6}tin^{1} naːm^{6}（Cib cangz gim mbouj yawz mehdin namh），十两黄金不如一大脚趾土地，说的是黄金有价，土地无价。土地属不可再生资源，是农业之本。安土重迁的农本思想导致了壮家人普遍的恋乡恋土情结。所以千百年来壮家人一直守着这片热土，精耕细作，创造了光辉灿烂的稻作文化。老人常告诫后辈：jiːm^{2} tɯːk^{8} pai^{1} kjaɯ^{2} kɯn^{1}，jiːm^{2} ʔbɯn^{1} pai^{1} kjaɯ^{2} jou^{5}（Yiemz dieg bae gyawz gwn，yiemz mbwn bae gyawz youq），嫌地去哪吃，嫌天去哪住。这句话是劝人要热爱家乡，辛勤劳动。在传统观念的熏陶下，人们倚重土地，崇尚务实，活动区域内拥有大量的壮语地名，自是势所必然。过去壮族民众能得到学校教育的机会很少，加上教学用语跟日常用语互不相同，壮族民众文盲很多，抽象概括非其所长。农耕的社会生活，日常接触的尽是各种动植物，用它们来作地名，形象传神，人们容易接受。

结论

语言是人的思维工具和交际工具，也是各种经验和知识的结晶。人们观察周边世界获得相应的知识，把这些知识加以分类概括，凝固成语言中的词，此即思维上的概念。一个民族的语言能承载其历史上所创造的文化，关键是语言中的词汇蕴藏了这个民族的各种知识，思维与经验感觉有一定的关联。植物名称是人们认识大自然的思辨结果，其结构规则和命名方式必然反映语言的特点，同时也反映概念分类的特点。

壮族对植物的分类富有层级性。第一章讨论植物名称结构时已提及，ko^{1}（go）是植物的大类别词，toŋ^{6}ko^{1}（doenghgo）是第一层级。第一层级之下，fai^{4}（faex）树、kau^{1}（gaeu）藤、ʔeːm^{1}（em）芒草、ȵa^{1}（nya）杂草、ȵɯ^{3}（nywj）青草、pjak^{7}（byaek）菜、hau^{4}（haeux）粮、wa^{1}（va）花、lɯk^{8}（lwg）子、maːk^{7}（mak）果、rat^{7}（raet）菌菇等等，是小类别词，它们跟ko^{1}（go）结合构成第二层级，泛指植物的某一类，如ko^{1}fai^{4}（gofaex）树木、

ko^{1}pjak^{7}（go’ byaek）青菜、ko^{1}maːk^{7}（gomak）果树。小类别词跟专名结合，是第三层级，表示具体物种，如fai^{4}ra^{5}（faexraq）楠木、pjak^{7}rom^{1}（byaekroem）苋菜。壮族民众利用这些大类别词和小类别词对植物命名的同时，也把它们分别统摄到各自的体系之下。草药类的ko^{1}jɯ^{1}（goyw）、藤类的ko^{1}kau^{1}（gogaeu）、草类的ko^{1}ȵa^{1}（go’ nya）和豆类的ko^{1}tu^{6}（goduh），这些大类别词加小类别词构成的泛称，每类下边都还有多种植物，而且不少品种还可以再分成细类。这种层级关系显示，壮家人很善于对同类事物做类比概括。

壮语之中，偏正式的名词或名词性词组以前正后偏的形式为最发达。如：no^{6}mou^{1}（nohmou）是猪肉，mou^{1}no^{6}（mounoh）是肉猪（饲养来宰杀的肉用猪）；ɕaŋ^{6}puːn^{2}（caenghbuenz）是盘秤（带有盛物盘的秤），puːn^{2}ɕaŋ^{6}（buenzcaengh）是秤盘（秤上的盘）；等等。植物名称中，同样以这种形式为最丰富。如pjak^{7}kaːt^{7}（byaek-gat）芥菜、ko^{1}kaːn^{6}θiːk^{8}（goganhsieg）一点红、ko^{1}rɯːŋ^{1}pja^{1}lei^{4}（goriengbyaleix）射干等。不仅是植物，动物名称和地名也是以这种构成方式居多，故语法上这一特点格外引人注目。

壮语的根词以单音节为主。但从植物名称及地名来看，单音节的植物名称不多，单音节地名也很少见。由这两类专用名词便可窥探到壮语词汇的大体面貌。这种情况表明，壮语词汇体系中，单音节根词虽然很重要，但词汇总体上仍以多音节词为主。其中双音节词有明显的优势。以声韵调组成的音节有限，会产生许多同音词，所以语言会自动向双音节发展。双音节植物专名大多是合成词，但也有不少是单纯的联绵词。这类词拆开了音节无意义，或者虽有意义，但词义与原所指的事物无关。如wit^{8}waːŋ^{2}（vidvangz）芸香竹、ȵap^{8}ȵai^{2}（nyaebnyaez）鹅不食草、ȵaːŋ^{5}ȵuŋ^{2}（nyangqnyungz）芦荟、ȵa^{5}ra^{6}（nyaqrah）秽草、puŋ^{2}ȵuŋ^{2}（bungznyungz）芙蓉等。不少地方把芙蓉读作fu^{2}juŋ^{2}（fuzyungz）或fu^{2}joːŋ^{2}（fuzyoengz）。① 马山除读作puŋ^{2}ȵuŋ^{2}（bungznyungz），尚可读作fou^{2}juŋ^{2}（fouzyungz）。“芙”读puŋ^{2}（bungz），韵母当是同化的结果。这一例声母可二读，展示了辅音由p向f发展的演变轨迹。

壮语中有丰富的汉借词，借词与民族固有词之间形成同义关系，反映到植物名称上，就构成同物异名现象。如前举的芦荟，ȵaːŋ^{5}ȵuŋ^{2}（nyangqnyungz）是民族词，此外还有ɕoŋ^{1}jou^{2}（coeng' youz）、lu^{6}wei^{4}（luzvei）两个不同的说法。前者是其汉语别名油葱的老借词，后者是芦荟的新借词。墨旱莲叫ko^{1}mi^{3}ɕaːu^{5}（gomijcauq），也叫hə^{6}mə^{6}ɕaːu^{3}（hwzmwzcauj），前者是民族词，后者是其汉语别名黑墨草的音译词。不少植物名称是民族词与借词并存并用，或是新老借词一起混用。这种并存现象表现了汉语对壮语的深刻影响，同时也展示了借词语音的不同历史层次。

不少植物名称能显示植物的来路。像蒜的ho^{1}（ho）是“葫”，“葫”即“胡”，表明其从西域传入。玉米叫hau^{4}tai^{5}（haeuxdaeq），tai^{5}（daeq）是“帝，皇帝”，可见玉米进入中国后得到皇家的赏识而下令推广。豌豆叫tu^{6}ho^{6}laːn^{5}（duhhozlanz），ho^{6}laːn^{5}（hozlanz）是“荷兰”，可知豌豆由荷兰人带到南洋，进入台湾，再传到大陆，尔后传入壮乡。像菠萝，马山直接借用西南官话叫po^{5}lo^{6}（bohloz），但宁明的说法是maːk^{7}naːm^{1}keu^{1}（maknamgeu）。maːk^{7}（mak）是“果，水果”，maːk^{7}naːm^{1}（maknam）是“木波罗”，keu^{1}（geu）是交趾。可见宁明一带的菠萝是从越南传入的。

壮乡复杂的地貌造就了物产的多样性，但崇山峻岭阻

①广西壮族自治区少数民族语言文字工作委员会研究室编：《壮语通用词与方言代表点词汇对照汇编》第599—600页，南宁：广西民族出版社，1998年。

隔了交通，也阻碍了经济发展的步伐。壮族聚居的地方面积广阔，地理条件制约了人们的交往。方言分歧与缺乏通行的民族文字，更增加了语言的隔膜。除了那些意义重大的经济作物、粮食作物、果类或重要的竹木类植物外，很多不显眼的植物未必在壮语南北方言各土语里有统一的名称。

因方言差异造成的同物异名与同名异物的现象显得非常普遍。如：蒲公英，武鸣的说法是ko^{1}lin^{2}kai^{1}（golinzgaeq），马山说ko^{1}lin^{4}haːn^{5}（golinxhanq）或ko^{1}taːk^{8}haːn^{5}（godaghanq）；仙人掌，武鸣叫ko^{1}lin^{4}waːi^{2}（golinxvaiz），马山叫ko^{1}tai^{3}haːi^{2}（godaejhaiz）；大罗伞，武鸣叫ko^{1}waːi^{2}θaːŋ^{1}（govaizsang），马山叫ko^{1}ja^{6}θaːŋ^{1}（goyahsang）。姑且不论不同地方的不同说法，即使在同一县境之内，不少植物也有多个名称。在马山县城周边，叶下珠就有ko^{1}lɯk^{8}luːŋ^{6}（golwgluengh）、ko^{1}kaːm^{1}ram^{4}（gogamraemx）、ko^{1}reːŋ^{5}rou^{1}（gorengqrou）等名称，含羞草也有ȵɯ^{3}fuːm^{4}（nywjfuemx）、ko^{1}na^{3}moːŋ^{1}（gonajmong）等名称。同物异名对信息交流来说肯定会产生诸多不便。

golinzgaeq 蒲公英

golwgluengh 叶下珠

相比之下，同名异物更不利于沟通。如烟草叫ʔiːn^{1}（ien）或ko^{1}ʔiːn^{1}（goien），木荷也叫ko^{1}ʔiːn^{1}（goien），篱竹也称ko^{1}ʔiːn^{1}（goien）。类似情况不是个别现象。如：龙葵叫ko^{1}wa^{1}haːu^{1}（govahau），青篱柴也叫ko^{1}wa^{1}haːu^{1}（govahau）①；巴豆叫tu^{6}paːp^{7}（duhbap），蚕豆也叫tu^{6}paːp^{7}（duhbap）。这种同名异物现象在一般的语言环境中因有上下文或特定的背景，对话的双方通常不至于误解。但背景信息不足时，这类植物需要加以解说才能明白所指的对象。

特别是黄花菜、断肠草之类，本身既是一物多名，其中又有某个名称可另指他物，因而又形成一名多物。黄花菜，又名萱草，俗称金针菜，学名*Hemerocallis citrina*，英文名Citron Daylily，② 壮名有pjak^{7}wa^{1}heːn^{3}（byaekvahenj）、pjak^{7}kim^{1}çim^{1}（byaekgimcim）等。着眼于植株，也叫它作ko^{1}wa^{1}heːn^{3}（govahenj）。然而，ko^{1}wa^{1}heːn^{3}（govahenj）除

①青篱柴学名*Tirpitzia sinensis*，英文名Chinese Tirpitzia，见中国科学院植物研究所编《新编拉汉英植物名称》第733页。为了避免误解，口语中青篱柴也常叫n̥eːŋ^{4}wa^{1}haːu^{1}，而龙葵则多叫pjak^{7}wa^{1}haːu^{1}，即白花菜。

②黄花菜的学名、英文名见中国科学院植物研究所编《新编拉汉英植物名称》第356页。

了指黄花菜，尚可指断肠草和千里光①。碰上这种情形，要告诉人家$ko^1wa^1he:n^3$（govahenj）有何用途时，必须加以说明是哪一种植物，以免让人误解。

①千里光，也叫九里明，学名*Senecio scandens*，英文名Climbing Groundsel，见中国科学院植物研究所编《新编拉汉英植物名称》第677页。

byaekvahenj　黄花菜

govahenj　千里光

同物异名与同名异物现象说明了壮语植物名称与标准学名并非一一对应，而有可能是一对多或多对一的关系。从语文规范角度看，无论是同物异名还是同名异物，均可能影响信息交流。口头交谈有时可以不讲究严谨，一问一答之间若不明白，随时就能补充说明。但付诸文字，则必须要求准确规范。因而语文词典选用什么来作为植物的正式名称，这一工作不仅体现编纂者的取舍标准，体现规范化的倾向，而且需要编纂者有全局的眼光和科学严谨的态度。特别是编纂中型以上的工具书，其规范化、标准化工作应要求更加细致、扎实。这类同物异名或同名异物现象要条分缕析。何者作主条目，何者作别名、方言名，也必须梳理妥当。不仅中文名称及拉丁学名要附上，还需要尽可能提供各种有用的信息，如形态、生长环境及用途等，以便参考或做比较。

广西有植物标本馆16个（南宁12个，桂林3个，柳州1个），共收藏标本55万余份。[①] 经鉴定和统计，广西野生的维管束植物有288科，1717属，8354种（含亚种、变种及变型等）。[②] 这些植物大部分在壮乡有出产。已识别的植物中，壮名能跟学名对应的，仅是其中一小部分。尚有大量的壮语植物名称亟待对比甄别，落实其标准学名。无论是从民族植物资源调查还是从壮语词汇研究的规范角度来考虑，这项工作都需要投入大量的人力、物力，还有广阔的学术领域需要开拓。

①李树刚：《广西现代植物分类学研究的发展》，载《广西植物》1995年第3期。

②韦毅刚：《广西野生植物最新统计简报》，载《广西植物》1993年第3期。资料截至1992年12月31日。

植物学家与药物学家对壮族地区的植物已做了相当深入的调查和描写，把这两个部门的研究成果与壮族语言文化的研究结合起来，这是一个很有价值的研究课题。以壮语文的自身建设而论，有两大基础性工作尚无成果：一是编写解释完备的语文词典，二是建立规范化、标准化的语料库。这两者都要求壮语植物名称研究有一个新的突破。推而广之，壮语植物术语工作做好了，就能带动许多相关领域的标准化工作。植物名称的标准化是一项细致的研究工作，从壮名到拉丁学名，要付出大量的查核劳动方有可能构建相对完备的术语体系。语言学家必须与植物分类学家互相配合才能胜此大任。

给植物正名，其语文工作方面的重大意义自不待言。对民众来说，有了标准学名，就能准确识别植物，能掌握相关的信息，现实意义更大。利用本地的优势植物来营造材用林、薪炭林、防护林或水源林，不管对个人还是对全社会，都是百益而无一害。当今自然环境及资源条件因人口压力增大而急剧恶化，石山地带不少地方已是一片裸露的秃山。水土流失，旱涝灾害频繁，生态环境恶化已严重危及人们的生存。

绿化造林的紧迫性在石山地区尤其突出。毁林容易造林难。石山的原生植被一旦遭到破坏就很容易导致石漠化，再想恢复就很困难。广西石灰岩面积达12.2万平方千米，占土地总面积的 51.8%[①]，主要分布在桂西南、桂西北和桂北，这些地方恰恰是壮族的聚居地。石山光秃并非历来如此。远古时代，广西境内91%的土地面积被森林所覆盖。唐、五代时期，广西仍是古树参天。明末清初，广西依然是人烟稀少，荒地很多。康熙年间后，广西人口剧增，大片天然林遭到砍伐。毁林垦荒导致森林面积锐减，森林覆盖率仅为39.1%。[②] 然而目前广西的森林覆盖率依然不高。丘陵土山的土层比较深厚，宜林面积比较大，且低矮植被有遮阳效果，对幼树有一定的保护作用，故造林相

①《壮族百科辞典》编纂委员会编：《壮族百科辞典》第18页，南宁：广西人民出版社，1993年。

②阳雄飞主编：《广西林业史》第9—12页，南宁：广西人民出版社，1997年。

对容易。加上近年水果林的营造速度较快，速生桉的发展势头也很迅猛，丘陵地区的绿化效果有了明显提高，而且林业的经济效益也日渐显现，壮乡民众对林地的投资有很高的积极性。不过，如果考虑大石山区的森林覆盖率，壮族地区的绿化程度则被拉低了层次。按林业界的意见，石山地区森林覆盖率要达到50%以上才能产生良好的生态效益。可见壮乡石山地区的生态环境形势非常严峻。要实现良好的生态环境恢复，尚需投入大量的人力物力。

恢复生态植被，在宜林荒山、荒地上种植树木、水果，这是石山地区农业立体综合开发的发展方向。事实上，一些科研单位和林场已在这方面做了有益的尝试。广西植物研究所在桂林七星岩进行的石山植被恢复工作试验，就是探索石山绿化的途径。百色地区林业部门在田东、田阳等地的石山地带推广种植速生树种任木，也取得喜人的成功经验。① 广西林科所、夏石林业试验站、大青山林场、高峰林场等单位开展了蚬木、金丝李、格木、红锥、樟树、木荷、肥牛树、构树等几十个树种的家化栽培试验研究，取得了一批成果。其中红锥、格木、蚬木、樟树、任木、扁桃等品种推广种植比较普遍。② 广西还通过建设自然保护区来开展科学研究，解决了银杉、金花茶、蚬木、金丝李、擎天树等珍贵植物的繁殖和育苗技术难题。③

就民众的心态而言，壮族百姓是很乐意植树造林的。像苦楝、椿树、樟树、菜豆树、杉树、松树等等，素来是人们喜欢种植的树种。各类竹子也是村边宅旁的常见栽培对象。人们很明白，ta^{6} mi^{2} ram^{4} pja^{1} çi^{6} jou^{5}，ʔdoŋ^{1} mi^{2} fai^{4} rok^{8} çi^{6} tou^{6}（Dah miz raemx bya cix youq，ndoeng miz faex roeg cix douh），河中有水鱼才宿，林中有树鸟方栖。这话

①此为广西植物研究所韦发南先生所告知。

②阳雄飞主编：《广西林业史》第166页，南宁：广西人民出版社，1997年。

③阳雄飞主编：《广西林业史》第106—108页，南宁：广西人民出版社，1997年。

比喻无相应的环境条件，吸引不来优秀人才。这话同时也道出了大自然与物种之间的相互依赖关系。壮家农谚有：waːt^{7} tam^{2} ɕɯːŋ^{4} pja^{1}，ɕaːu^{6} ʔdoŋ^{1} ɕɯːŋ^{4} na^{2}（Vat daemz ciengx bya，cauh ndoeng ciengx naz），挖塘养鱼，造林养田；ʔdam^{1} ko^{1}ʔdok^{7} ko^{1}kjau^{5}，ɕiːn^{2} kau^{5} lɯk^{8} laːn^{1} juŋ^{6}（Ndaem go'ndoek go'gyaeuq，cienz gaeuq lwg lan yungh），栽种竹和桐，钱够子孙用。前者指出森林与水源对农业的影响，后者指明营造竹林、桐林的经济意义。这些农谚以精练的语言概括了人与自然环境的关系，道出森林生态的综合价值。由此推知，壮族人民很早就对周边自然环境有了深刻的认识。

这种深刻的认识也体现在丰富的植物名称上。壮乡各地常见的植物大多有自己的壮名，而且富有浓郁的壮语特点。这足以说明，壮族不但有一套自己的植物命名法则，同时也有自己的民族植物知识体系。当然，这种认知也许跟其他民族相同，但也可能有所差异。如：荞麦是蓼科植物，壮语、汉语、英语都把它归入麦类。这是人们都把它当作粮食作物的缘故。而蛇瓜，汉语着眼于它的果实形态长条似蛇，英语的snake gourd也同样是基于这一点。snake 是“蛇”，gourd 是“瓜”。但壮语却侧重于瓜的外皮颜色，称之为kwe^{1}moːŋ^{1}（gvemong）或lɯk^{8}kwe^{1}moːŋ^{1}（lwggvemong）。lɯk^{8}（lwg）是“子”，kwe^{1}（gve）是“瓜”，moːŋ^{1}（mong）是“灰色”。这种民间的经验性分类，与现代科学的分类不一定完全吻合。比如壮家人按颜色把大豆分为tu^{6}na^{2}heu^{1}（duhnazheu）青大豆、tu^{6}na^{2}heːn^{3}（duhnazhenj）黄大豆、tu^{6}na^{2}ʔdam^{1}（duhnazndaem）黑大豆三种，把苋菜也分为红、青、斑三种，但植物学界都没有再对它们进行细分。而壮家人认为是同一物的ko^{1}waːŋ^{6}（govangh）苹婆与粉苹婆、pjak^{7}kaːt^{7}rok^{8}（byaekgatroeg）蔊菜和青蓝菜、pjak^{7}rom^{1}raːi^{5}（byaekroemraiq）野苋和凹叶苋，植物学家却把它们做了区分。科学的分类，自有其严格的划分标准和依据，而民间的自然分类却是依靠经验和主观感受。两者互有参差是不用怀疑的。植物学界对植物的命名，主要是属名加种名的二名命名法。但壮乡植物的壮名既有大类名加小类名加专名、大类名加专名，也还有小类名加专名、单用专名或专名加细类名称等多种形式。

综合前述各章，可以清晰地观察到，壮家人的很多重要观念都跟植物相关。

医药方面，人们认为药食同源，治病的药物大多是植物，动物和矿物的药品比较少。入药植物之中，不少物种是有毒植物。壮医善用毒物来治病，说明人们对这些毒物有深刻的理解。当然，民间这种药物知识的传承，是一种大众的医药实践经验的传播。人们从生活中获得这些有效的经验知识，代代口耳相传，一直沿用下来，最后变成常识。

时间方面，壮语不仅用鲜花来表示月序，还用植物的根梢来表示时间的起止。例如：kok^{7}pi^{1}（goekbi）年头，pjaːi^{1}pi^{1}（byaibi）年末，kok^{7}ʔdɯːn^{1}（goekndwen）月初，pjaːi^{1}ʔdɯːn^{1}（byaindwen）月底，rok^{8}kok^{7}（roeggoek）起初、开初，θaːt^{8}pjaːi^{1}（sadbyai）结尾、末尾、最后。语言中时间概念的形成不会太晚，因为这些概念是用植物来表达的，所以更见其原始性。

亲属方面，兄弟分家后的各自支系就以ŋa^{1}（nga）来表示。ŋa^{1}（nga）是“树枝”。人们常用 ɕam^{6} kok^{7} taːŋ^{5} ŋa^{1}（caemh goek dangq nga）“同根异枝”来形容同一祖先各宗支的兄弟。与此相关，亲戚关系也说是ŋa^{1}（nga），如 kei^{3} ŋa^{1} ɕan^{1}ɕik^{7}（geij nga caencik）几支亲戚。

按壮家人的创世神话，姆六甲从花中诞生，然后捏土造人，故壮族的生育观、轮回观皆与植物密切相关。人们认为人是花婆花园里的花朵，花婆把花朵送给谁家，那家就有婴儿降生。人到老故去，也魂归花山，回到花婆的花园里。在花园修炼好后，又被送来人间投生。所以，人类总是以“人—花—人”的形式轮回转世。花婆是生育之神，管凡间的人口繁衍，司妇女儿童的保护职责，同时还管人间男女的姻缘和福祉。

在精神生活方面，植物与文学的关系也非常密切。用植物入歌谣入谚语，用植物来起兴和比喻，这是壮族文学里的常见现象。如：pou^{4}mi^{2} kɯn^{1} no^{6}pja^{1}，pou^{4}ho^{3} kɯn^{1} pjak^{7}kat^{7}（Bouxmiz gwn noh bya，bouxhoj gwn byaekgat），富人吃鱼肉，穷人吃芥菜。这两句山歌是通过对比，把贫富两种生活的差异呈现在人们的面前。像θei^{6} ɕoŋ^{1} ro^{4} θei^{6} kiːu^{4}，ɕi^{6} ɕaːu^{6} ɕiːu^{6} θoːŋ^{1} pai^{2}（Seih coeng rox seih giux，cix cauh ciuh song baez），是葱或是藠，就为人二世。这句名言是寡妇说宁可艰难支撑穷家，守着孩子，也不肯改嫁。葱可以拔起来后剪掉叶子，用葱头再种植，能重新萌发新株。藠种下长出叶子三四寸之后，放一把火烧掉地表上的叶子，它会再长出鲜嫩新叶。这两者象征着二次繁衍再生。寡妇以此表明心迹，自己不是葱或藠，不可能抛弃孩子再重新组建家庭。农谚里涉及的植物更是不胜枚举。

壮族是一个传统的农耕民族，在长期的精耕细作实践中，壮家人积累了自己的一套生产经验和生活常识，这些经验和生活常识构成了民族文化的内核。人们借助植物栽培技艺，达到了改善生活、丰富生活的目的，同时也造就了自己多姿多彩的民族文化。

着眼于水稻，可把壮族看成是稻作民族，把壮族农耕文化概括为稻作文化。着重于竹子，也可以把壮族视为竹的民族，其文化构成离不开竹子。其实，任何民族的文化都是多元的、多层次的。从地理环境的角度看，广西号称“八山一水一分田”，因此也可以把壮族定性为居住在丘陵山区地带的农耕民族。稻作农业的基础是田园和水渠。稻作生产引发人们对土地的依恋与珍重。人们崇尚农耕，务农则安土重迁。人口压力大了就毁林开荒，结果必然陷入“越穷越垦山，越垦山越穷”的恶性循环中。

人多耕地少是导致贫困的原因之一，但这不是绝对因素。壮乡还有大量的宜林荒山，这是非常有利用价值的土地资源。要让山区农民真正富裕起来，最根本的出路是把荒山加以充分利用。如果能够因地制宜，发展多种经营，林木、水果、药物多种植物同时并举，人们的生活就不至于单纯依靠粮食生产。

发展至今，壮族的文化虽然不断有外来因素融入，但传统文化的核心依旧保持本民族的独特风格。饮食、节庆、民居、婚姻、丧葬、文学等诸多方面的民俗事象便是明证。其宇宙观、生育观、宗教观、人生观、价值观，不仅民族风格浓郁，而且具有自己的思辨特点。这些核心层面显露出

haeuxnaz　水稻

来的是强烈的农耕文化色彩。

农业生产离不开土地，重视土地必然重视植物。植物名称一端，能反映壮族语言文化的特质。由植物而推求语义，再通过语言考究民俗事象，则壮族文化的发展脉络可循迹探察。

研究壮语中的植物名称，最终目标是反思历史，深入研究壮族的植物文化内涵，借此弘扬其中的精华，并发展经济，保护环境，使人民能够过上更好的生活。生态环境保护、资源永续利用和可持续发展，这是当今学术界和各国政府极为关注的世界性问题。什么时候把环境问题解决了，社会发展才能进入良性循环的轨道。

附录一 马山壮语音系

马山壮语属北部方言的红水河土语。从语音上看，除调值略有差异外，马山壮语的语音系统非常接近标准壮文，词汇大多数与标准壮文相同。由于地处壮乡腹心地带，且属于比较封闭的山区，马山壮语的民族文化特色十分鲜明。现以县城白山镇的语音为代表，简介如下。

一、声母（21个）

p	ʔb	m	f	w
t	ʔd	n	θ	l
k		ŋ	r	h
ɕ	j	ȵ		
kw		ŋw		
	kj			ʔ

声母例词：

p	pi^1 年	pan^2 成	$paŋ^2$ 布
ʔb	$ʔbo^5$ 泉	$ʔbu^1$ 藕	$ʔbaːŋ^1$ 薄
m	ma^1 狗	$meːu^2$ 猫	mou^1 猪
f	$faːm^6$ 犯	$faːŋ^2$ 鬼	feu^2 浅
w	$waːi^1$ 水坝	$wuːŋ^2$ 王	$waːn^1$ 甜
t	ta^1 眼睛	te^1 他	$toːŋ^1$ 堆
ʔd	$ʔdei^1$ 好	$ʔdaŋ^3$ 顽皮	$ʔdoːŋ^5$ 明亮
n	na^1 厚	nak^7 重	nou^1 鼠
θ	$θaːŋ^1$ 高	$θei^1$ 丝	$θau^3$ 抖
l	$laːn^1$ 孙	$liːn^2$ 连	$luːn^6$ 乱
k	ke^5 老	ka^1 脚	ko^2 弯曲
ŋ	$ŋau^1$ 钩	$ŋaːŋ^4$ 仰	$ŋoːŋ^2$ 傻
r	ra^1 找	$raːŋ^2$ 笋	rin^1 石头
h	ha^3 五	$hoːm^1$ 香	$huŋ^1$ 大
ç	$ça^1$ 叉	$ço^1$ 粗	$çuŋ^1$ 钟
j	$jaŋ^1$ 商量	jou^1 忧	ja^6 婆婆
ȵ	$ȵaːŋ^5$ 韧	$ȵaːu^3$ 爪子	$ȵou^5$ 嗅
kw	kwa^1 瓜	kwi^3 骂	$kweːn^5$ 惯
ŋw	$ŋwe^1$ 刮	$ŋwaːi^4$ 脏黑	$ŋwaːn^6$ 思考
kj	kja^3 稻秧	$kjaːŋ^1$ 中间	$kjoːŋ^1$ 鼓
ʔ	$ʔan^1$ 个	$ʔaːŋ^5$ 高兴	$ʔaːn^5$ 压

声母说明：

1. 武鸣壮语的舌面后音ɣ在马山多数地方读舌尖前音r，也有读作颤音ɹ或闪音ɾ，或读作腭化音hj的。这里一律处理为r。

2. w实际上可以跟v自由互换，在e、i前多读v，在a、u前多读w。

3. pj、mj声母的字到白山分别归入p、m，如$pjaːi^3$=$paːi^3$走、$pjak^7$=pak^7

菜、mja^{2}=ma^{2}涂抹、mjaːi^{2}=maːi^{2}口水。但东部各乡镇及西部的双联、片圩、州圩等地尚保持腭化音不变。本书从众照标作腭化音。

4. m、n、ȵ、j 等前边有时带有喉塞音ʔ，如ʔmaːm^{4}脾脏、ʔnan^{4}压实、ʔȵou^{6}尿、ʔjɯ^{1}药等。若发成相应的单纯声母亦可。这仅是一种发音色彩，不构成对立，故不予区分。

5. ʔ声母的音节有一部分可以二读，其中以i行韵母最明显，如：个ʔan^{1}=ʔdan^{1}、饱ʔim^{5}=ȵim^{5}、痛ʔin^{1}=ȵin^{1}、怨ʔiːn^{5}=jiːn^{5}、腌ʔiːp^{7}=jiːp^{7}。

6. ʔb和ʔd这两个浊声母不是复辅音，实验语音学证明，这是内爆音ɓ和ɗ。因沿用过去的资料，故按传统写法标记。

二、韵母（85个）

a	aːi	aːu		aːm	aːn	aːŋ	aːp	aːt	aːk
	ai	au	aɯ	am	an	aŋ	ap	at	ak
e	ei	eu		eːm	eːn	eːŋ	eːp	eːt	eːk
						eŋ	ep	et	ek
i		iu		iːm	iːn	iːŋ	iːp	iːt	iːk
				im	in	iŋ	ip	it	ik
o	oi	ou		oːm	oːn	oːŋ	oːp	oːt	oːk
				om	on	oŋ	op	ot	ok
u	uːi			uːm	uːn	uːŋ	uːp	uːt	uːk
				um	un	uŋ	up	ut	uk
ɯ	ɯi				ɯːn	ɯːŋ		ɯːt	ɯːk
					ɯn	ɯŋ		ɯt	ɯk
ə									

韵母例词：

a	θa^{1} 沙	ma^{3} 生长	kwa^{2} 右
aːi	haːi^{1} 开	kaːi^{1} 街	ʔbaːi^{1} 分派
aːu	θaːu^{1} 姑娘	haːu^{1} 白	paːu^{1} 包
aːm	faːm^{6} 犯	haːm^{3} 跨	paːm^{2} 笨
aːn	maːn^{6} 辣	ȵaːn^{5} 焦躁	θaːn^{1} 编织
aːŋ	haːŋ^{1} 生铁	ʔbaːŋ^{1} 薄	naːŋ^{4} 长矛
aːp	haːp^{7} 碰撞	raːp^{7} 挑	taːp^{8} 叠
aːt	faːt^{7} 发	kaːt^{7} 割	maːt^{8} 抹
aːk	ʔbaːk^{7} 劈开	faːk^{8} 饱满	raːk^{8} 根
ai	kai^{5} 鸡	hai^{4} 粪便	rai^{2} 长
au	θau^{1} 柱子	hau^{1} 臭	ʔbau^{1} 轻
aɯ	θaɯ^{1}书	haɯ^{1} 圩	ʔbaɯ^{1} 叶子
am	ham^{1} 埋	ɕam^{1} 沉	tam^{1} 舂捣
an	ran^{1} 见	han^{5} 急	pan^{2} 成
aŋ	kaŋ^{1} 猴子	raŋ^{1} 筛	θaŋ^{1} 罾
ap	tap^{7} 肝	ʔdap^{7} 熄灭	hap^{8} 咬
at	θat^{7} 跳	pat^{8} 佛	rat^{8} 剪
ak	tak^{7} 舀	θak^{7} 色	fak^{8} 剁
e	re^{1} 提防	ke^{3} 解开	me^{6} 母
ei	pei^{2} 扇	θei^{2} 时	fei^{2} 火
eu	feu^{2} 浅	heu^{1} 青	peu^{1} 冒犯
eːm	keːm^{3} 颊	heːm^{5} 喊	teːm^{6} 垫
eːn	keːn^{1} 手臂	heːn^{3} 黄	peːn^{2} 爬
eːŋ	θeːŋ^{1} 生	teːŋ^{1} 挨	heːŋ^{1} 砧板
eːp	heːp^{7} 嘶哑	reːp^{8} 谷壳	teːp^{8} 碟
eːt	peːt^{7} 八	θeːt^{7} 钓竿	heːt^{8} 磨损

eːk	teːk⁷ 裂	keːk⁷ 格	θeːk⁸ 撕开
eŋ	teŋ⁴ 对顶	kweŋ⁶ 扔掉	ɕeŋ² 腾腾（火气上涌）
ep	θep⁷ 倏地	jep⁸ 一闪	mep⁸ 冒（火焰）
et	ȵet⁷ 一丁点	ȵet⁸ 塞（食）	met⁸ 轻浮样
ek	lek⁷ 侧面	lek⁸ 细小	tek⁸ 捶打
i	pi¹ 年	mi² 有	kwi¹ 龟
iːu	riːu¹ 笑	piːu² 浮萍	jiːu² 窑
iːm	jiːm² 嫌	liːm² 镰刀	tiːm² 甜
iːn	kiːn³ 卷	θiːn⁶ 善	piːn⁴ 辫子
iːŋ	kiːŋ⁶ 跳下	liːŋ² 凉	tiːŋ² 亭子
iːp	riːp⁷ 蚊帐	ɕiːp⁷ 接	tiːp⁸ 踏上
iːt	ɕiːt⁷ 节日	kiːt⁷ 结	θiːt⁸ 蚀耗
iːk	kiːk⁷ 基	tiːk⁷ 踢	θiːk⁸ 勺子
im	rim¹ 满	kim¹ 金	ɕim¹ 瞧
in	tin² 黄蜂	lin⁴ 舌头	nin² 睡
iŋ	niŋ¹ 动	hiŋ² 赢	liŋ² 灵
ip	kip⁷ 拣	ɕip⁸ 十	rip⁸ 收拾
it	pit⁷ 鸭	ɕit⁷ 淡	pit⁸ 蝉
ik	kik⁷ 懒	ɕik⁷ 尺	tik⁸ 笛
o	po⁶ 父	ho¹ 蒜	lo² 箩
oi	ɕoi¹ 催	toi¹ 推	hoi¹ 石灰
ou	kou¹ 我	tou¹ 我们	θou¹ 你们
oːm	koːm¹ 掴	roːm⁶ 清早	hoːm⁵ 泥泞
oːn	koːn⁵ 先	θoːn¹ 教	roːn⁵ 切
oːŋ	θoːŋ¹ 二	toːŋ³ 触碰	roːŋ⁴ 吼叫
oːp	hoːp⁷ 周岁	poːp⁷ 泡	foːp⁸ 揉捣
oːt	koːt⁷ 搂抱	toːt⁷ 啄	moːt⁸ 蛀虫

o:k	fo:k^{7} 斥责	θo:k^{7} 码头	ro:k^{8} 外
om	kom^{1} 亏	hom^{3} 扑跌	lom^{5} 坍塌
on	hon^{2} 烟	pon^{2} 玩弄	ron^{4} 溢出
oŋ	poŋ^{2} 泥巴	toŋ^{5} 浑浊	koŋ^{1} 功
op	ɕop^{7}遇上	kjop^{8} 合并	mop^{8} 打
ot	kot^{7} 搅拌	mot^{8} 蚂蚁	tot^{8} 凸
ok	jok^{7} 捅	θok^{7} 削	fok^{8} 肿
u	kju^{1} 盐	ru^{2} 船	hu^{5} 货
u:i	tu:i^{3} 推搡	lu:i^{3} 铜圆	ɕu:i^{3} 倒霉
u:m	ju:m^{3} 怯	fu:m^{4} 黄昏	lu:m^{3} 闪亮
u:n	ku:n^{1} 官	tu:n^{6} 段	pu:n^{5} 贩运
u:ŋ	ku:ŋ^{2} 狂妄	θu:ŋ^{1} 双	tu:ŋ^{5} 篮子
u:p	ʔbu:p^{7} 挎篓	pu:p^{7} 壳	fu:p^{8} 起伏摇曳
u:t	pu:t^{7} 跑	tu:t^{7} 脱	pu:t^{8} 拔
u:k	ku:k^{7} 国	θu:k^{7} 包裹	ru:k^{8} 呕吐
um	hum^{2} 痒	kum^{6} 低洼	mum^{6} 胡子
un	kun^{4} 驯服	kun^{1} 汉语	wun^{2} 人
uŋ	fuŋ^{1} 封	juŋ^{6} 用	luŋ^{2} 伯伯
up	ʔdup^{7} 退缩	rup^{8} 抚摸	tup^{8} 捶打
ut	kut^{7} 蕨草	wut^{7} 掏	kut^{8} 掘
uk	huk^{7} 愚蠢	juk^{7} 厉害	muk^{8} 鼻涕
ɯ	lɯ^{1} 剩	jɯ^{1} 药	fɯ^{1} 鳖
ɯi	fɯi^{1} 蒸汽	kɯi^{2} 女婿	rɯi^{1} 蜜蜂
ɯ:n	ʔdɯ:n^{1} 月	θɯ:n^{3} 喊	ŋɯ:n^{4} 头绪
ɯ:ŋ	fɯ:ŋ^{2} 稻草	mɯ:ŋ^{1} 沟	θɯ:ŋ^{1} 伤
ɯ:t	hɯ:t^{7} 腰	lɯ:t^{8} 血	kɯ:t^{8} 扛
ɯ:k	hɯ:k^{7} 恐吓	pɯ:k^{7} 芋头	rɯ:k^{8} 换（衣）

ɯn	kɯn^{1} 吃	hɯn^{2} 深夜	θɯn^{3} 连接
ɯŋ	mɯŋ^{2} 你	fɯŋ^{2} 手	pɯŋ^{2} 讥讽
ɯt	fɯt^{7} 猛地	lɯt^{7} 纱管	θɯt^{8} 喝（粥）
ɯk	ʔbɯk^{1} 大	hɯk^{7} 鳃	hɯk^{8} 刻痕
ə	fə^{1} 撸	rə^{3} 理睬	ŋə^{3} 吭声

韵母说明：

1. a、e、i、o、u、ɯ单独充当韵母时都念长音。

2. ə独自成韵，不跟其他韵尾结合，多出现在新借词中，如pə^{6}θə^{6}百色、taːu^{4}tə^{2}道德。民族固有词中也偶有出现，如fə^{1}斥责、rə^{3}理睬。

3. e行韵母多数无长短对立，多读长音。只有eŋ、ep、et、ek读短音，但所构成的音节不多，以摹状词居多。ep、et 两韵实际可二读，还能读作ap、at。以前未发现这四个短元音韵母，此番仔细检索才找到例字。

4. iːŋ、iːk与ɯːŋ、ɯːk是分别对立的韵母，如miːŋ^{1}诅咒、mɯːŋ^{1}沟，kiːk^{7}基础、kɯːk^{7}沉渣。但有一些音节它们可以自由互换，如ɕiːŋ^{1}、ɕɯːŋ^{1}春节，liːŋ^{3}、lɯːŋ^{3}敏捷，riːk^{8}、rɯːk^{8}换（衣服）。在马山的林圩、周鹿等处，它们同标准壮文一样全读 iːŋ、iːk。

5. i、u、ɯ三个高元音带韵尾且读长音时常伴随有一个过渡流音 -ə-，跟 -ŋ、-k 结合时最明显。如ti^{ə}ːŋ^{1}黄瓜、ɕɯ^{ə}ːŋ^{2}墙、θu^{ə}ːk^{7}裹、jɯ^{ə}ːk^{7}饿。

三、声调

调类	调值	例词		
第一调	35	heu^{1}青	θa^{1}沙	to^{1}过滤
第二调	42	heu^{2}搅拌	θa^{2}煨	to^{2}图
第三调	55	heu^{3}牙	θa^{3}纺车	to^{3}赌
第四调	24	heu^{4}缠绕	θa^{4}不黏稠	to^{4}围裙

第五调	33	heu^5气孔	θa^5抽打	to^5马蜂
第六调	21	heu^6叫	θa^6冲洗	to^6遍及
第七调长	33	$ha{:}p^7$碰撞	$\theta a{:}k^7$舂杵	$to{:}k^7$敲打
第七调短	55	hap^7喝问	θak^7堵塞	tok^7掉落
第八调长	21	$ha{:}p^8$盒	$\theta a{:}k^8$夭折	$to{:}k^8$独
第八调短	13	hap^8咬	θak^8洗	tok^8毒

声调说明：

马山壮语共有八个调。个别词有跑调现象，如标准壮文noi^4→noi^6少、li^3→lei^4还、$ʔbɯ{:}ŋ^3$→$ʔbɯ{:}ŋ^5$边。其余绝大部分与标准壮文对应严整。无派调分化现象。不过在乔利乡部分地方第四、第六调合并，全读作第六调；在古寨乡部分地方第一、第五调合并，全读作第一调。

西南官话新借词的阴平、阳平、上声、去声四个调分别对应为马山壮语的第五、六、三、四调，如ko^5jo^6科学、$pa{:}u^3wei^4$保卫。

附录二　植物名录

壮名	汉名	学名	英文名
beghab	百合	*Lilium brownii*	Greenish Lily
biek	芋头	*Colocasia esculenta*	Dasheen, Taro
biekhing	姜芋	*Canna edulis*	Edible Canna
biuzheu	浮萍	*Lemna minor*	Common Duckweed
biuzhoengz	紫萍	*Spirodela polyrrhiza*	Common Ducksmeat
biuznuenz	芜萍	*Wolffia arrhiza*	Rootless Wolffia
bizbaz	枇杷	*Eriobotrya japonica*	Loquat
bongzbiz	赪桐	*Clerodendrum japonicum*	Japanese Glorybower
buqhaz	紫苏	*Perilla frutescens*	Common Perilla
byaekaen	水芹	*Oenanthe javanica*	Water Fennel
byaekbat	假蒌	*Piper sarmentosum*	Runner Pepper
byaekboiq	红背菜	*Gynura bicolor*	Gynura
byaekdingaeq	荠菜	*Capsella bursa-pastoris*	Shepherd' s-purse
byaekdoengzhau	茼蒿菜	*Chrysanthemum coronarium*	Crowndaisy Chrysanthemum
byaekgat	芥菜	*Brassica juncea*	India Mustard
byaekgatraemx	水八角	*Limnophila rugosa*	Winkled Marshweed
byaekgatroeg	蔊菜	*Rorippa dubia*	Petalless Rorippa
byaekgatroeg	青蓝菜	*Rorippa indica*	Indian Rorippa
byaekgep	韭菜	*Allium odorum*	Fragrant-flowered Garlic
byaekgut	蕨菜	*Pteridium aquilinum*	Eagle-fern, Bracken Fern
byaekgwx	长叶莴苣	*Lactuca dolichophylla*	Longleaf Lettuce
byaekgyap	花叶竹夹菜	*Zebrina pendula*	Wandering Jew Zebrina
byaekgyu	藜	*Chenopodium album*	Lambsquarters

续表

壮名	汉名	学名	英文名
byaekgyuhoengz	杖藜	*Chenopodium giganteum*	Gigant Goosefoot
byaekhaeu	蕺菜	*Houttuynia cordata*	Heartleaf Houttuynia
byaekhau	小白菜	*Brassica chinensis*	Pakchoi
byaekhaugienj	大白菜	*Brassica pekinensis*	Peking Cabbage
byaekhom	芫荽	*Coriandrum sativum*	Coriander
byaekhomnyengh-gawq	刺芹	*Eryngium foetidum*	Foecid Eryngo
byaekitndoeng	绞股蓝	*Gynostemma pentaphyllum*	Fiveleaf Gynostemma
byaekmbawrap-raeh	透骨消	*Glechoma longituba*	Longtube Ground Ivy
byaekmbej	羊角菜	*Cassia occidentalis*	Coffee Senna
byaekmbengq	田字草	*Marsilea quadrifolia*	Pepper Wort , Water-clover, Water Shamrock
byaekmbonq	赤苍藤	*Erythropalum scandens*	Climbing Erythropalum
byaekmbungj	蕹菜	*Ipomoea aquatica*	Aquatic Morning Glory
byaekmbungjcwx	过塘蛇	*Ludwigia adscendens*	Creeping Water Primrose
byaekmen	大青	*Clerodendrum cyrtophyllum*	Manyflower Glorybower
byaekmiek	苦苣菜	*Sonchus oleraceus*	Common Sowthistle
byaekmiekhaz	苦荬菜	*Sonchus arvensis*	Field Sowthisle
byaekmoq	野茼蒿	*Crassocephalum crepidioides*	Hawksbeard Velvetplant
byaeknda	半边莲	*Lobelia chinensis*	Chinese Lobelia
byaekngaih	艾菜	*Artemisia argyi*	Argy's Wormwood
byaeknok	雷公根	*Centella asiatica*	Asiatic Pennywort
byaeknyinz	繁缕	*Stellaria media*	Chickweed, Common Chi-ckweed
byaekohswnj	莴苣	*Lactuca sativa* L. var. *aspara-gina* Bailey	Garden Lettuce
byaekroem	苋菜	*Amaranthus tricolor*	Threecolored Amaranth, Flower Gentle
byaekroemhau	白苋菜	*Amaranthus tricolor*	White Threecolored Amaranth

续表

壮名	汉名	学名	英文名
byaekroemhoengz	红苋菜	*Amaranthus tricolor*	Red Threecolored Amaranth
byaekroemmou	青葙	*Celosia argentea*	Feather Cockscomb
byaekroemoen	刺苋	*Amaranthus spinosus*	Thorny Amaranth, Spiny Amaranth
byaekroemraiq	野苋菜	*Amaranthus viridis*	Wrinkledfruit Amaranth
byaekroemva	千日红	*Gomphrena globosa*	Globeamaranth
byaekroux	泥胡菜	*Hemistepta lyrata*	Lyrate Hemistetea
byaekrwzvaiz	莙荙菜	*Beta vulgaris*	Leaf Beet
byaeksuekgienj	球叶莴苣	*Lactuca sativa* var. capitata	Lettuce Iceberg
byaeksuekhai	皱叶莴苣	*Lactuca sativa* var. crispa	Lettuce Iceberg
byaekva	菜心	*Brassica parachinensis*	False Pakchoi
byaekvaehenzloh	路边菊	*Kalimeris indica*	Indian Kalimeris
byaekvahenj	黄花菜	*Hemerocallis citrina*	Citron Daylily
byaekvan	鳞尾木	*Urobotrya latisquama*	
byaekyouzcaiq	油菜	*Brassica campestris*	Bird Rape
caeglamz	泽兰	*Lycopus lucidus*	Hirsute Shiny Bugleweed
caetdoq	七叶莲	*Schefflera arboricola*	Scandent Schefflera
caqyouz	赛葵	*Malvastrum coromandelianum*	Coromadele Coast Falsemallow
cazdaeng	苦丁茶	*Ilex kudingcha*	Kuding Tea
cazgim	金花茶	*Camellia chrysantha*	Golden Camellia
cazlad	吴茱萸	*Evodia rutaecarpa*	Medicinal Evodia
cazyouz	油茶树	*Camellia oleifera*	Oiltea Camellia
cidmou	莎草	*Cyperus rotundus*	Nutgrass Galingale
cidvaiz	一箭球	*Kyllinga monocephala*	Unispike Kyllinga
ci' gvemq	石韦	*Pyrrosia lingua*	Japanese Felt Fern
cinhaeu	臭椿	*Ailanthus altissima*	Tree of Heaven
cinhoengz	红椿	*Toona sureni*	Suren Toona

续表

壮名	汉名	学名	英文名
cinhom	香椿	*Toona sinensis*	Chinese Toona
coenghom	香葱	*Allium ascalonicum*	Shallot
coengmbouj	大葱	*Allium fistulosum*	Fistular Onion
cuenghenj	黄樟	*Cinnamomum parthenoxylon*	Yellow Cinnamomum
daihngaih	艾纳香	*Blumea balsamifera*	Balsamiferous Blumea
dancaz	山茶	*Camellia japonica*	Japanese Camellia
deihfung	地枫皮	*Illicium difengpi*	Anisetree Bark, Cortex Illicii
deihgoek	了哥王	*Wikstroemia indica*	Indian Stringbush
dojsamcaet	佛甲草（土三七）	*Sedum lineare*	Linear Stonecrop
duhbap	巴豆	*Croton tiglium*	Purging Croton
duhbap	蚕豆	*Vicia faba*	Broadbean, Bean
duhbyaek	豇豆	*Vigna unguiculata*	Common Cowpea, Cowpea, Black-eyed Pea
duhciennian	木豆	*Cajanus cajan*	Cajan, Pigeon Pea
duhheu	绿豆	*Vigna radiata*	Mung Bean
duhhoengz	赤豆	*Vigna angularis*	Adsuki Bean
duhhozlanh	豌豆	*Pisum sativum*	Garden Pea
duhmeuz	黧豆	*Mucuna pruriens* var. utilis	Florida Velvet Bean
duhnamh	花生	*Arachis hypogaea*	Peanut
duhnamhfangz	金钱草	*Desmodium styracifolium*	Snowbell-leaf Tickclover
duhnaz	大豆	*Glycine max*	Soybean
duhngaizndaem	黑种豇豆	*Vigna stipulata*	Peltate-stipule Cowpea
duhnoh	长豇豆	*Vigna unguiculata* subsp. *sesquipedalis* (L.) Verdc.	Yard-long Bean, Asparagus Bean
duhringh	赤小豆	*Vigna umbellata*	Rice Bean
duhyangj	刀豆	*Canavalia gladiata*	Sword Bean
dwngxsen	棕竹	*Rhapis excelsa*	Broad-leaf Lady Palm
em	芭芒	*Miscanthus sinensis* Anderss.	Silvergrass, Swordgrass
emgaeq	甜根子草	*Saccharum spontaneum*	Wild Sugarcane

续表

壮名	汉名	学名	英文名
emmbueng	斑茅	*Saccharum arundinaceum*	Reedlike Sugarcane
emmbuengraemx	芦竹	*Arundo donax*	Giantreed
faenghndiengq	卜芥	*Alocasia cucullata*	Chinese Taro
faexbuimou	木蝴蝶	*Oroxylum indicum*	Indian Trumpetflower
faexcaeuz	喙核桃	*Annamocarya sinensis*	Chinese Annamocarya
faexcenzreiz	喜树	*Camptotheca acuminata*	Common Camptotheca
faexdinbit	广西鹅掌柴	*Schefflera kwangsiensis*	Guangxi Schefflera
faexdued	格木	*Erythrophleum fordii*	Ford Erythrophleum
faexfaiz	麻竹	*Dendrocalamus latiflorus*	Broad-flower Dendrocalamus
faexgauj	大果樟	*Cinnamomum migao*	Migao Cinnamon
faexlaux	擎天树	*Parashorea chinensis* var. kwangsiensis	Kwangsi Parashorea
faexluij	金丝李	*Garcinia paucinervis*	Fewnerve Garcinia
faexmiek	球序鹅掌柴	*Schefflera glomerulata*	Glomerule Schefflera
faexndoek	簕竹	*Bambusa stenostachya*	Narrow-spike Bambusa
faexndoek	印度簕竹	*Bambusa arundinacea*	Thorny Bambusa
faexndoek	鸡窦簕竹	*Bambusa funghomii*	Funghom Bambusa
faexngangz	肥牛树	*Cephalomappa sinensis*	Chinese Cephalomappa
faexnimbya	米念芭	*Tirpitzia ovoidea*	
faexraq	闽楠	*Phoebe bournei*	Borne’s Phoebe
faexraqhau	白楠	*Phoebe neurantha*	Nervedflower Phoebe, White Nanmu
faexraqhoengz	红楠	*Machilus thunbergii*	Common Machilus, Red Nanmu
faexraqndaem	紫楠	*Phoebe sheareri*	Purple Nanmu
faexreiq	锥木	*Castanopsis chinensis*	Chinese Evergreen Chinquapin
faexsamoeg	杉木	*Cunninghamia lanceolata*	Chinese Fir
faexsa’nyaek	毛叶羽叶楸	*Stereospermum neuranthum*	
faexsei	吊丝竹	*Dendrocalamus minor*	Small Dendrocalamus

续表

壮名	汉名	学名	英文名
faexyangq	顶果木	*Acrocarpus fraxinifolius*	Shingle Tree
gaeubiz	扣匹	*Uvaria tonkinensis*	Tonkin Uvaria
gaeucukdwngx	宽筋藤	*Tinospora sinensis*	Caulis Tinosporae Sinensis
gaeu'enq	龙须藤	*Bauhinia championii*	Champion Bauhinia
gaeufueng	四方藤	*Cissus pteroclada*	Winged Branch Treebine
gaeugat	葛	*Pueraria lobata*	Lobed Kudzuvine
gaeugei	断肠草	*Gelsemium elegans*	Graceful Jessamine
gaeuhoh	毛钩藤	*Uncaria hirsuta*	Hirsute Gambir-plant
gaeujgeq	云南苏铁	*Cycas siamensis*	Siam Cycas
gaeujgij	枸杞	*Lycium chinense*	Chinese wolfberry
gaeulimq	六方藤	*Cissus hexangularis*	Wingedstem Treebine
gaeulwed	鸡血藤	*Spatholobus suberectus*	Suberect Spatholobus
gaeumong	藤商陆	*Ipomoea digitata*	Fingerleaf Morningglory
gaeungva	菟丝子	*Cuscuta Chinensis*	Chinese Dodder
gaeuniuj	榼藤子	*Entada phaseoloides*	Climbing Entada
gaeunuem	大血藤	*Sargentodoxa cuneata*	Sargentgloryvine
gaeunuem	厚果鸡血藤	*Millettia pachycarpa*	Thickfruit Millettia
gaeunyangj	威灵仙	*Clematis chinensis*	Chinese Clematis
gaeurenz	酸藤根	*Embelia laeta*	Joyful Embelia
gaeurit	细圆藤	*Pericampylus glaucus*	Grey-blue Pericampylus
gaeuroetma	鸡屎藤	*Paederia scandens*	Chinese Fevervine
gailanzroujgaeq	花椰菜	*Brassica oleracea* var. botrytis	Cauliflower
gaiqlanzdouz	擘蓝	*Brassica caulorapa*	Kohlrabi
gaiqlanzgienj	甘蓝	*Brassica oleracea* var. capitata	Cabbage
gaiqlanzreuz	芥蓝	*Brassica alboglabra*	White Glabrous Mustard
gambangz	椪柑	*Citrus poonensis*	Poonen Citrus
gamhoengz	红橘	*Citrus deliciosa*	Mandarin
gaujbya	岩樟	*Cinnamomum saxatile*	Rockdwelling Cinnamon
gaujhom	毛桂	*Cinnamomum appelianum*	Hair Twig Cassia

续表

壮名	汉名	学名	英文名
gaujveh	乌药	*Lindera aggregata*	Combined Spicebush, Chinese Allspice, Black Medicine
gaujyaem	阴香	*Cinnamomum burmannii*	Burmann's Cassia, Batavia Cinnamon
gieng	姜黄	*Curcuma longa*	Common Turmeric
gienghaz	野姜	*Zingiber mioga*	Mioga Ginger
gietlungz	麒麟角	*Euphorbia neriifolia*	Crested Neriumleaf Euphorbia
gietlungzbangh	量天尺	*Hylocereus undatus*	Night-blooming Cereus, Honolulu Queen
gietlungzgaeu	铁海棠	*Euphorbia milii*	Crown of Thorns Euphorbia
giux	藠，薤	*Allium chinense*	Chinese Onion
goaen	菜豆树	*Radermachera sinica*	Asia Belltree
go'gvang	棕榈	*Trachycarpus fortunei*	Fortunes Windmill Palm
go'gviq	肉桂	*Cinnamomum cassia*	Cassia Bark Tree; Chinese Cinnamon
go'gyaemq	山蓝	*Peristrophe roxburghiana*	Roxburgh Peristrophe
go'gyaet	朴树	*Celtis sinensis*	Chinese Hackberry
go'gyak	大飞扬草	*Euphorbia hirta*	Garden Euphorbia
go'gyakhoengz	小飞扬草（千根草）	*Euphorbia thymifolia*	Thymifolious Euphorbia
go'gyamj	橄榄	*Canarium album*	White Canary Tree
go'gyang	鱼尾葵	*Caryota ochlandra*	Fishtail Palm
go'gyoeg	皂荚	*Gleditsia sinensis*	Common Honeylocust
go'gyoij	芭蕉	*Musa basjoo*	Japanese Banana
go'iemgaeq	田基黄（地耳草）	*Hypericum japonicum*	Lesser St. John's Wort
go'ien	木荷	*Schima crenata*	Crenate Gugertree
go'ienhau	银木荷	*Schima argentea*	Silvery Gugertree
go'ienhaz	六棱菊	*Laggera alata*	Winged Laggera
go'ienhoengz	红木荷	*Schima wallichii*	Chilauni Darjeeling Gugertree

续表

壮名	汉名	学名	英文名
go' mbej	决明	*Cassia tora*	Sickle Senna
go' mbinj	席草（水毛花）	*Scirpus triangulatus*	Triangular Bulrush
go' mbon	箬叶竹	*Indocalamus longiauritus*	Longauricle Indocalamus
go' mbu	藕	*Nelumbo nucifera*	Hindu Lotus, Sacred Lily
go' mbueng	过江芦荻	*Phragmites communis*	Common Reed
go' myaz	南酸枣（五眼果）	*Choerospondias axillaris*	Axillay Choerospondias Fruit
go' ndae	柿树	*Diospyros kaki*	Persimmon
go' ndaem	紫竹	*Phyllostachys nigra*	Black Bamboo
go' ngaih	艾	*Artemisia princeps*	First Wormwood
go' ngaihyuengz	羊耳菊	*Inula cappa*	Sheepear Inula
go' nganx	龙眼树	*Dimocarpus longan*	Longan
go' ngox	南方芦苇	*Phragmites australis*	Southern Reed
go' nguh	无花果	*Ficus carica*	Fig
go' nguxcauj	五加皮	*Acanthopanax gracilistylus*	Slenderstyle Acanthopanax
go' nyangqyouz	胜红蓟	*Ageratum conyzoides*	Tropic Ageratum
go' nyiengh	大蓟	*Cirsium japonicum*	Japanese Thistle
gobaeng	落葵	*Basella rubra*	Red Vinespinach
gobaenghau	白落葵	*Basella alba*	White Vinespinach
gobaeq	摆竹	*Indosasa shibataeaoides*	Shibataealike Indosasa
gobaeuz	苦竹	*Pleioblastus amarus*	Bitter Bamboo
gobakcae	犁头草	*Viola inconspicua*	Longsepal Violet
gobangj	桄榔树	*Arenga pinnata*	Sugar Palm, Arenga Palm, Gomuti Palm
gobangj	董棕	*Caryota obtusa*	Giant Mountain Fishtail Palm
gobauqciengh	秀丽海桐	*Pittosporum pulchrum*	Beautiful Pittosporum
gobeizgvaj	蒲葵	*Livistona chinensis*	Chinese Fan Palm
gobek	侧柏	*Biota orientalis*	Chinese Arborvitae
gobeu	撑篙竹	*Bambusa pervariabilis*	Punting Pole Bambusa

续表

壮名	汉名	学名	英文名
gobienmax	马鞭草	*Verbena officinalis*	European Verbena
gobo	家麻树	*Sterculia pexa*	Woolly Sterculia
gobongq	黎檬	*Citrus limonia*	Lemonlike Citrus
gobop	倒地铃（三角泡）	*Cardiospermum halicacabum*	Balloonvine Heartseed
gobudeih	地胆头	*Elephantopus scaber*	Scabrous Elephantfoot
gobug	柚树	*Citrus maxima*	Pomelo
gocaed	篱竹	*Pseudosasa cantori*	Hinds Cane
gocamz	木蓝	*Indigofera tinctoria*	True Indigo
gocanghdat	岩黄连	*Corydalis saxicola*	Rockliving Corydalis
gocaqso	葫芦茶	*Desmodium triquetrum*	Triquetrous Tadehagi
gocaz	茶树	*Camellia sinensis*	Tea Tree
goceiz	慈竹	*Bambusa emeiensis*	Omei Mountain Bambusa
gocengq	枸橘（枳）	*Poncirus trifoliata*	Trifoliate-orange
goceu	山花椒	*Zanthoxylum planispinum*	Bambooleaf Prickly Ash
gociddwngx	铁扫把	*Lespedeza cuneata*	Cuneate Bush Clover
gocidmou	莎草	*Cyperus rotundus*	Nutgrass Galingale
gocieg	野芭蕉	*Musa balbisiana*	Balbis Banana
gociengzseng	落地生根	*Bryophyllum pinnatum*	Life-plant
gociepndokhung	大驳骨	*Adhatoda ventricosa*	Obliqueswollen Adhatoda
gociepndokiq	小驳骨	*Gendarussa vulgaris*	Common Gendarussa
gocijcwz	五指牛奶	*Ficus simplicissima* var. hirta	Roughhair Fig
gocoenggyaj	石仙桃	*Pholidota chinensis*	Chinese Pholidota
gocoengh	蓖麻	*Ricinus communis*	Castorbean, Castor-oil-plant, Palma Christi
goconcienz	穿心草	*Canscora lucidissima*	Common canscora
gocuemx	葡萄叶艾麻	*Laportea violacea*	Grape-leaved Woodnettle
gocueng	樟树	*Cinnamomum camphora*	Camphor Tree, Camphorwood
gocuenghing	山苍子	*Litsea cubeba*	Mountain Spicy Tree
godaeb	大叶千斤拔	*Flemingia macrophylla*	Largeleaf Flemingia

续表

壮名	汉名	学名	英文名
godaebcienz	叠钱草	*Desmodium pulchellum*	Beautiful Phyllodium
godaebdoengz	笔管草（木贼）	*Equisetum debile*	Frail Horsetail
godaezmax	车前草	*Plantago major*	Asiatic Plantain, Rippleseed Plantain
godag	山麻杆	*Alchornea davidii*	David Christmashush
godagheu	绿背山麻杆	*Alchornea trewioides* var. sinica	Greenback Christmashush
godaghoengz	红背山麻杆	*Alchornea trewioides* var. trewioides	Redback Christmashush
godahfouh	水蜈蚣	*Kyllinga brevifolia*	Shortleaf Kyllinga
godaihfung	大叶紫珠	*Callicarpa macrophylla*	Bigleaf Beautyberry
godaiq	白颜树	*Gironniera subaequalis*	Subaequal Gironniera
godan	单竹	*Bambusa cerosissima*	Cerated Bambusa
godau	桄榔（毛秆）	*Arenga pinnata*	Sugar Palm, Arenga Palm, Gomuti-Palm
godauz	桃树	*Prunus persica*	Peach
godoeg	见血封喉	*Antiaris toxicaria*	Common Antiaris
godoengj	橙	*Citrus sinensis*	Sweet Orange
godoengz	梧桐	*Firmiana simplex*	Phoenix Tree
godonghmboengq	虎杖	*Reynoutria japonica*	Giant Knotweed, Japanese Fleece-flower
godonghmeiq	火炭母	*Polygonum chinense*	Chinese Knotweed
godongz	刺桐（海桐）	*Erythrina variegata*	India Coral Tree, Tiger's Claw, Variegated Coralbean
godongzheu	麻风树	*Jatropha curcas*	Manioca
godumh	茅莓	*Rubus parvifolius*	Japanese Raspberry
godumhgaeq	蔷薇莓	*Rubus rosaefolius*	Salem-rose
godumhhoengz	蛇莓	*Duchesnea indica*	Indian Mock Strawberry
godumhvaiz	粗叶悬钩子	*Rubus alceaefolius*	Roughleaf Raspberry
godungxmou	鸦胆子	*Brucea javanica*	Java Brucea
gofaengh	香花海芋	*Alocasia odora*	Fragrant Alocasia

续表

壮名	汉名	学名	英文名
gofob	薜荔	*Ficus pumila*	Climbing Fig
gofobraemx	凤眼莲	*Eichhornia crassipes*	Common Water-hyacinth
gofwngzmaxlaeuz	骨碎补	*Drynaria fortunei*	Fortune's Drynaria
gogaenggaeuj	铁包金	*Berchemia lineata*	Lineate Supplejack
gogam	柑	*Citrus reticulata*	Satsuma orange
gogamnyap	独脚金	*Striga asiatica*	Asiatic Striga
gogangz	合欢树	*Albizia julibrissin*	Silk Tree, Mimosa Tree
gogangz	楹树	*Albizia chinensis*	Chinese Albizzia
goganhsieg	一点红	*Emilia sonchifolia*	Sowthistle Tasselflower
gogaujhaux	无根藤	*Cassytha filiformis*	Filiform Cassytha
goge	马尾松	*Pinus massoniana*	Masson Pine
gogehoengz	红松	*Pinus koraiensis*	Korean Pine
gogiengh	青凡木	*Breynia fruticosa*	Fruticose Breynia
gogimsienq	无娘藤	*Cuscuta japonica*	Japanese Dodder
goging	黄荆	*Vitex negundo*	Negundo Chastetree
goginqsauj	铁皮石斛	*Dendrobium officinale*	Officinal Dendrobium Stem
gogoen	粉单竹	*Bambusa chungii*	Chung Bambusa
gogoenx	罗裙带	*Crinum asiaticum*	Chinese Crinum
gogoux	乌桕	*Sapium sebiferum*	Chinese Tallow Tree
gogut	铁芒萁	*Dicranopteris linearis*	Linear Forked Fern
goheiqguk	秤星木	*Ilex asprella*	Roughhaired Holly
golaezgaeq	金钱豹（土党参）	*Campanumoea javanica*	Java Campanumoea
goleiz	梨树	*Pyrus betulifolia*	Birchleaf Pear
goleux	木棉树	*Bombax malabaricum*	Common Bombax, Cotton Tree, Silk-cotton Tree
golimh	红花柴	*Lespedeza bicolor*	Bicolor Bush Clover
golimz	海红豆（相思树）	*Adenanthera pavonina*	Coralwood, Redwood
golinxvaiz	仙人掌	*Opuntia dillenii*	Cholla

续表

壮名	汉名	学名	英文名
golinzgaeq	蒲公英	*Taraxacum mongolicum*	Mongolian Dandelion
goliu	类芦	*Neyraudia reynaudiana*	Burmareed
golwgdop	打额草	*Physalis minima*	Cutleaf Groundcherry
golwgluengh	叶下珠	*Phyllanthus urinaria*	Blattbulume
golwgmuh	磨盘草	*Abutilon indicum*	Indian Abutilon
golwgrongh	青天葵	*Nervilia fordii*	Ford' s Orchid
gomaenj	李树	*Prunus Salicina*	Japanese Plum
gomat	藿香	*Pogostemon cablin*	Cablin Patchouli
gomienhdiuz	糖胶树	*Alstonia scholaris*	Common Alstonia
gomijcauq	墨旱莲	*Eclipta prostrata*	Yerbadetajo
gomoiz	梅树	*Armeniaca mume*	Japanese Apricot
gomunzcauj	灯心草	*Juncus effusus*	Common Rush
gonaenh	鹰不扑	*Aralia armata*	Spine Aralia
gonap	野牡丹	*Melastoma candidum*	Common Melastoma
gonim	桃金娘	*Rhodomyrtus tomentosa*	Downy Rosemyrtle
gonoegnieg	天南星	*Arisaema consanguineum*	Red Berry Arisaema
gonoenh	盐肤木	*Rhus chinensis*	Chinese Sumac
gononsei	桑树	*Morus alba*	White Mulberry
goraeg	野漆树	*Toxicodendron succedaneum*	Field Lacquertree
goraeu	枫树	*Liquidambar formosana*	Beautiful Sweetgum
goraizngwz	磨芋	*Amorphophallus konjac*	Giant Arum
goram	任木	*Zenia insignis*	Common Zenia
goreiz	小叶榕	*Ficus microcarpa*	Smallfruit Fig
gorenh	苦楝树	*Melia azedarach*	Chinaberry-tree
goriengbyaleix	射干	*Belamcanda chinensis*	Blackberrylily
goriengbyanouq	大田基黄	*Lysimachia fortunei*	Fortune Loosestrife
goriengguk	虎尾兰	*Sansevieria trifasciata*	Snake Sansevieria
goriengroeggae	井栏边草	*Pteris multifida*	Chinese Brake, Huguenot Fern, Serrulate Brake, Spider Brake

续表

壮名	汉名	学名	英文名
goroed	毛金竹	*Phyllostachys nigra* var. henonis	Henon Bamboo
goromj	板蓝（马蓝）	*Baphicacanthus cusia*	Common Baphicacanthus
gorongfaengx	柊叶	*Phrynium capitatum*	Capitate Phrynium
goruenz	铁冬青	*Ilex rotunda*	Ovateleaf Holly
goruk	假烟叶	*Solanum verbascifolium*	Mullein Nightshade
gosa	构树	*Broussonetia papyrifera*	Common Papermulberry
gosaheu	人字草	*Kummerowia striata*	Striate Kummerowia
gosamaz	千斤拔	*Flemingia latifolia*	Broad Leaf Flemingia
gosauqbaet	岗松	*Baeckea frutescens*	Shrubby Baeckea
gosen	崖棕（石山棕）	*Guihaia argyrata*	
goseq	杨梅	*Myrica rubra*	Chinese Bayberry
gosoemjmeiq	酢浆草	*Oxalis corniculata*	Creeping Oxalis, Creeping Lady' s Sorrel
gosoemjsan	雀梅藤	*Sageretia thea*	Hedge Sageretia
gosomoeg	苏木	*Caesalpinia sappan*	Sappan Caesalpinia
gosuenqbuenz	算盘子	*Glochidion puberum*	Puberulous Glochidion
goswnh	萤蔺	*Scirpus juncoides*	Rush-like Bulrush
gouxhoengz	山乌桕	*Sapium discolor*	Red Chinese Tallow Tree
gouxmbawnduen	圆叶乌桕	*Sapium rotundifolium*	Round Leaf Chinese Tallow Tree
govaeng	稗草	*Echinochloa crusgalli*	Barnyard Grass
govahaeux	常山	*Dichroa febrifuga*	Antifebrile Dickroa
govahau	龙葵	*Solanum nigrum*	Black Nightshade
govahenj	千里光	*Senecio scandens*	Climbing Groundsel
govai	省藤	*Calamus platyacanthus*	Broad-spine Rattan Palm
govaiq	海岛棉	*Gossypium barbadense*	Barbados Cotton
govak	秋枫	*Bischofia javanica*	Autum Maple
govangh	苹婆	*Sterculia nobilis*	Common Sterculia
govangh	粉苹婆	*Sterculia euosma*	Wellflavoured Sterculia

续表

壮名	汉名	学名	英文名
govanghgaeq	假苹婆	*Sterculia lanceolata*	Scarler Sterculia
govanghliemx	阔叶十大功劳	*Mahonia bealei*	Leatherleaf Mahonia
govangzbaj	乌饭树	*Vaccinium bracteatum*	Sweet Fruits Blueberry
govau	对叶榕	*Ficus hispida*	Oppositeleaf Fig
govengj	金樱	*Rosa laevigata*	Cherokee Rose
goveq	蓼（蓼属）	*Polygonum* Linn.	Knotweed
govuengzngoh	三白草	*Saururus chinensis*	Chinese Lizardtail
goyahdaemq	小罗伞	*Ardisia crenata*	Coral Ardisia
goyahsang	大罗伞	*Psychotria rubra*	Red Psychotria
goyaxgaz	水茄	*Solanum torvum*	Water Nightshade
goyid	余甘果	*Phyllanthus emblica*	Fructus Phyllanthi
goyiemsiuq	黄精	*Polygonatum sibiricum*	Siberian Solomonseal
goyienq	蚬木	*Burretiodendron hsienmu*	Hsienmu Burretiodendron
goyiux	桂竹	*Phyllostachys bambusoides*	Giant Timber Bamboo
gutgeuj	海金沙	*Lygodium japonicum*	Japanese Climbing Fern
gutgvaj	乌毛蕨	*Blechnum orientale*	Oriental Blechnum
gutgvajleg	半边旗	*Pteris semipinnata*	Semi-pinnated Brake
gutgvajnoeg	苏铁	*Cycas revoluta*	Sago Palm
gutheu	大金花草	*Stenoloma chusana*	Common Wedgelet Fern
gutliengz	桫椤	*Alsophila spinulosa*	Spiny Alsophila
gutndaem	黑脚蕨	*Adiantum flabellulatum*	Flabelate Maidenhair
gutndok	福建观音座莲	*Angiopteris fokiensis*	Fokien Angiopteris
gutnyungq	灯笼草	*Palhinhaea cernua*	Cernuous Clubmoss, Nodding Clubmoss
gvefangz	栝楼	*Trichosanthes kirilowii*	Mongolian Snakegourd
gvehoengz	西瓜	*Citrullus lanatus*	Watermelon
gvehom	香瓜	*Cucumis melo*	Muskmelon
gvelimq	有棱丝瓜	*Luffa acutangula*	Singkwa Towelgourd

续表

壮名	汉名	学名	英文名
gvemong	蛇瓜	*Trichosanthes anguina*	Serpentgourd, Edible Snakegourd
gvenou	老鼠拉冬瓜	*Zehneria indica*	Indian Zehneria
gveraemx	水瓜	*Luffa cylindrica*	Suakwa Vegetablesponge
gyaemqfangz	狗肝菜	*Dicliptera chinensis*	Chinese Dicliptera
gyaeuqgeu	千年桐	*Vernicia montana*	Wood Oil Tree
gyaeuqyouz	光桐	*Vernicia fordii*	Tung Tree
gyamjgak	方榄	*Canarium bengalense*	Bengal Canary Tree
gyoijhom	香蕉	*Musa nana*	Dwarf Banana
gyoijvaiz	大蕉	*Musa sapientum*	Common Banana
haeux	水稻	*Oryza sativa*	Rice
haeuxbit	鬼稻	*Oryza meyeriana*	Meyer Rice
haeuxcid	糯稻	*Oryza sativa* var. glutinosa	Sticky Rice
haeuxcwx	普通野生稻	*Oryza rufipogon*	Wild Rice
haeuxfiengj	粟	*Setaria italica*	Foxtail Millet
haeuxreih	旱稻	*Oryza sativa* var. spontanea	Dry Rice
haeuxrou	薏苡	*Coix lacryma-jobi*	Job’s Tears
haeuxsuen	粳米	*Oryza sativa* subsp. japonica	Round-grained Rice
haeuxvaeng	䅟子	*Eleusine coracana*	Ragimillet
haeuxyangz	玉米	*Zea mays*	Maize, Indian Corn
hazbiz	龙须草	*Eulaliopsis binata*	Common Eulaliopsis
hazranz	白茅	*Imperata cylindrica*	Lalang Grass
heiqvaiz	青蒿	*Artemisia apiacea*	Celery Wormwood
heiqvaizmbawhung	土荆芥	*Chenopodium ambrosioides*	Mexican Tea
hing	姜	*Zingiber officinale*	Common Ginger
hingndoeng	七叶一枝花	*Paris polyphylla*	Manyleaf Paris
ho	蒜	*Allium sativum*	Crown’s Treacle, Garlic
hofangz	石蒜（野蒜）	*Lycoris radiata*	Shorttube Lycoris
hozceu	胡椒	*Piper nigrum*	Black Pepper

续表

壮名	汉名	学名	英文名
ien	烟草	*Nicotiana tabacum*	Common Tobacco
iennamh	罂粟	*Papaver somniferum*	Opium Poppy
ienseng	黄花烟草	*Nicotiana rustica*	Aztee Tobacco
iethoux	杜仲	*Eucommia ulmoides*	Eucommia
itbya	野葡萄	*Vitis adstricta*	Wild Grape
itroeg	小果野葡萄	*Vitis balanseana*	Littlefruit Grape
laehcei	荔枝	*Litchi chinensis*	Lychee
lauxbaeg	萝卜	*Raphanus sativus*	Garden Radish, Radish
lauxbaeghoengz	胡萝卜	*Daucus carota*	Carrot
leizroeg	豆梨	*Pyrus calleryana*	Callery Pear
linxdangh	瓶尔小草（一支枪）	*Ophioglossum vulgatum*	Adder’s Tongue
luijgyaemq	紫檀	*Pterocarpus indicus*	Rose Wood, Burma Coast Padauk
lwgcid	荸荠	*Heleocharis dulcis*	Waterchestnut
lwgdazcaengh	黑老虎	*Kadsura coccinea*	Scarlet Kadsura
lwgdazcaengh-raeh	南五味子	*Kadsura longipedunculata*	Longpeduncle Kadsura
lwgdieng	黄瓜	*Cucumis sativus*	Cucumber
lwgdumhnuengx	黄毛猕猴桃	*Actinidia fulvicoma*	Yellowhairy Actinidia
lwgfaeg	冬瓜	*Benincasa hispida*	White Gourd, Chinese Waxgourd
lwggaeng	华南猕猴桃	*Actinidia glaucophylla*	Greyleaf Actinidia
lwggaengndoq	中华猕猴桃	*Actinidia chinensis*	Yangtao Actinidia
lwggaexhaet	长叶柄猕猴桃	*Actinidia cinerascens*	Longstalk Actinidia
lwggak	诃子	*Terminalia chebula*	Medicine Terminalia
lwggut	肾蕨	*Nephrolepis auriculata*	Tuberous Sword Fern
lwggva	南瓜	*Cucurbita moschata*	Cushaw, Pumpkin
lwggwz	茄子	*Solanum melongena*	Eggplant
lwggyoh	瓠瓜（牛角瓜）	*Lagenaria siceraria* var. makinoi	Makino Bottle Gourd

续表

壮名	汉名	学名	英文名
lwggyoux	葫芦	*Lagenaria siceraria*	Bottle Gourd
lwghaemz	苦瓜	*Momordica charantia*	Balsampear
lwgheuj	慈姑	*Sagittaria sagittifolia*	Oldworld Arrow-head
lwgheujndoeng	野百合	*Lilium brownii*	Brown Lily
lwglut	胡颓子	*Elaeagnus pungens*	Thorny Elaeagnus
lwgmanh	辣椒	*Capsicum annuum*	Bush Redpepper
lwgraejgaeq	五味子	*Schisandra chinensis*	Chinese Magnoliavine
lwgraz	芝麻	*Sesamum indicum*	Oriental Sesame
lwgrazbag	火麻（大麻）	*Cannabis sativa*	Hemp
lwgrazbya	山芝麻	*Helicteres angustifolia*	Narrowleaf Screwtree
lwgrok	瓢葫芦	*Lagenaria siceraria* var. turbinata	Turbinate Bottle Gourd
lwgsaeg	无患子	*Sapindus mukorossi*	Chinese Soapberry
lwgsez	节瓜	*Benincasa hispida* var. chieh-qua	Chieh-gua
lwgswj (makyungz)	西红柿	*Lycopersicon esculentum*	Tomato
maenzbwn'gyaemq	参薯（紫毛薯）	*Dioscorea alata*	Winged Yam
maenzbwnhau	甘薯（白毛薯）	*Dioscorea esculenta*	Chinese Yam
maenzbya	山薯	*Dioscorea fordii*	Ford Yam
maenzbyaj	黄独	*Dioscorea bulbifera*	Air Potato Yam
maenzcienz	薯蓣	*Dioscorea batatas*	Common Yam, Cinnamon Vine
maenzdiengz	番薯	*Ipomoea batatas*	Sweet Potato
maenzdoengzlingz	马铃薯	*Solanum tuberosum*	Potato
maenzfaex	木薯	*Manihot esculenta*	Cassava
maenzgat	凉薯（豆薯）	*Pachyrhizus erosus*	Wayaka Yambean
maenzgex	土茯苓	*Smilax glabra*	Glabrous Greenbrier

续表

壮名	汉名	学名	英文名
maenzgutgeuj	天门冬	*Asparagus cochinchinensis*	Cochinchinese Asparagus
maenzraeu	百部	*Stemona tuberosa*	Tuber Stemona
maenzrengq	金果榄（青牛胆）	*Tinospora sagittata*	Arrowshaped Tinospora
maenzyok	洋金花	*Datura metel*	Hindu Datura
maexbep	仪花	*Lysidice rhodostegia*	Redbracted Lysidice
maexbik	青檀	*Pteroceltis tatarinowii*	Whinghackberry
maexbui	尾叶紫薇	*Lagerstroemia caudata*	Tailleaf Crapemyrtle
maexdanq	闭花木	*Cleistanthus saichikii*	
maexduengz	茶条木	*Delavaya yunnanensis*	Yunnan Delavaya
maexfongz	割舌树	*Walsura robusta*	Robust Walsura
maexgi	麻栎	*Quercus acutissima*	Sawtooth Oak
maexgijlet	鱼骨木	*Canthium dicoccum*	Butulang Canthium
maexgyaeplinh	黄连木	*Pistacia chinensis*	Chinese Pistache
maexgyaeuj	石栗	*Aleurites moluccana*	
maexgyuj	人面子	*Dracontomelon duperreanum*	Indochina Dragonplum
maexlaeklaeq	斜叶澄广花	*Orophea anceps*	Kwangsi Orophea
maexlauxlangz	大叶山楝	*Aphanamixis grandifolia*	Largeleaf Aphanamixis
maexlwd	海南风吹楠	*Horsfieldia hainanensis*	Hainan Horsfieldia
maexmax	火焰花	*Saraca chinensis*	Chinese Saraca
maexmieng	海南椴	*Hainania trichosperma*	Hairy-seeded Hainania
maexnaemznau	粗糠柴	*Mallotus philippinensis*	
maexndi' bya	灰毛浆果楝	*Cipadessa cinerascens*	Greyhair Cipadessa
maexnong' yaet	米扬噎	*Teonongia tonkinensis*	Tonkin Teonongia
maexsinbit	粗柄槭	*Acer tonkinense*	Tonkin Maple
maexswenz	翻白叶树	*Pterospermum heterophyllum*	Heterophyllous Wingseedtree
maexyalwt	山榄叶柿	*Diospyros siderophylla*	Jungleplumleaf Persimmon
maexyanxbya	龙州细子龙	*Amesiodendron integrifoliolatum*	Entireleaflet Amesiodendron

续表

壮名	汉名	学名	英文名
maexyuengq	东京桐	*Deutzianthus tonkinensis*	
makbed	蝴蝶果	*Cleidiocarpon cavaleriei*	
makcanghcij	枣	*Ziziphus jujuba*	Chinese Date
makdaemz	云南山楂	*Crataegus scabrifolia*	Yunnan Hawthorn
makdauzhongz	核桃	*Juglans regia*	English Walnut
makfeiz	火果	*Baccaurea ramiflora*	Burmese Grape
makfiengz	阳桃	*Averrhoa carambola*	Carambola, Caramba, Blimbing
makgai	扁桃	*Mangifera persiciformis*	Peachform Mango
makgak	八角	*Illicium verum*	Truestar Anisetree
makguihvaiz	大叶酸藤果	*Embelia subcoriacea*	Subcoriaceous-leaf Embelia
makhaeuq	草果	*Amomum tsaoko*	Tsaoko Amomum
makien	佛手瓜	*Sechium edule*	Chayote, Christophine
makit	葡萄	*Vitis vinifera*	Grape
maklaeq	板栗	*Castanea mollissima*	Chinese Chestnut
maklangz	槟榔	*Areca catechu*	Betel-nut Palm, Areca-nut Palm, Catechu
maklanzhaeuj	蒜头果	*Malania oleifera*	Oil Malania
maklozhan	罗汉果	*Siraitia grosvenorii*	Lohanguo Siraitia
makmbi	乌榄	*Canarium pimela*	Black Canary Tree
makmbongq	山楂	*Crataegus pinnatifida*	Chinese Hawthorn
makmeuz	水东哥	*Saurauia tristyla*	Common Saurauia
makmoed	黄皮	*Clausena lansium*	Chinese Wampee
makmuengzbya	林生杧果	*Mangifera sylvatica*	Nepal Mango
maknaenj	单果阿芳	*Alphonsea monogyna*	Onepistil Alphonsea
maknam	木波罗	*Artocarpus heterophyllus*	Diversileaf Artocarpus
maknangzgaeq	鸡桑	*Morus australis*	Japanese Mulberry
maknaz	大果榕	*Ficus auriculata*	Eared Strangler
maknengx	砂仁	*Amomum villosum*	Villous Amomum
maknyaujgaeq	枳椇	*Hovenia acerba*	Raisin Tree

续表

壮名	汉名	学名	英文名
maksaejgaeq	水槟榔	*Capparis masaikai*	Masaikai Caper
manhbyaek	菜椒	*Capsicum annuum* var. *grossum*	Thick Redpepper
manhceu	小辣椒	*Capsicum minimum*	Smallest Redpepper
manhdingjmbwn	指天椒	*Capsicum annuum* var. *conoides*	Conelike Redpepper
manhhaeux	米椒	*Capsicum frutescens*	Bush Redpepper
mauxdan	牡丹	*Paeonia suffruticosa*	Subshrubby Peony
maxcienzceij	马钱子	*Strychnos nux-vomica*	Strychnos
maxlienzan	地榆	*Sanguisorba officinalis*	Garden Burnet
megdoeng	麦冬	*Ophiopogon japonicus*	Dwarf Lilyturf
meggak	荞麦	*Fagopyrum esculentum*	Common Buckwheat
meggangj	大麦	*Hordeum vulgare*	Barley
megmax	高粱	*Sorghum vulgare*	Sorghum, Broomcorn
megmienh	小麦	*Triticum aestivum*	Wheat
megsieng	金荞麦	*Fagopyrum dibotrys*	Cymose Knotweed
mehnaeuh	莪术	*Curcuma zedoaria*	Zedoary Turmeric
meznyungq	金鱼藻	*Ceratophyllum demersum*	Hornwort
mezreb	黑藻	*Hydrilla verticillata*	Verticillate Hydrilla
mezsei	水绵	*Spirogyra* Link	
moedbya	小芸木	*Micromelum integerrimum*	Entire Micromelum
moedgaeq	鸡皮果	*Clausena anisum-olens*	Wild Wampee
moedndoeng	野黄皮	*Clausena excavata*	Hollowed Wampee
moegbiet	木鳖子	*Momordica cochinchinensis*	Cochinchina Momordica
moeggva	番木瓜	*Carica papaya*	Papaya, Pawpaw
mungzguk	海芋	*Alocasia macrorrhiza*	Giant Alocasia
mungzoen	刺芋	*Lasia spinosa*	Spiny Lasia
naprenz	铺地粘	*Melastoma dodecandrum*	Twelve Stamen Melastoma
ndaekdan	何首乌	*Polygonum multiflorum*	Fleeceflower
ndaekndaeu	薯莨	*Dioscorea cirrhosa*	Shoulang Yam
ndaij	苎麻	*Boehmeria nivea*	Ramie

续表

壮名	汉名	学名	英文名
ndoekdoengzien	佛竹	*Bambusa ventricosa*	Buddha Bamboo
ndoekfueng	方竹	*Chimonobambusa quadrangularis*	Square Bamboo
ndoekgim	黄金间碧竹	*Bambusa vulgaris* cv. Vittata	Greenstripe Common Bamboo
ndoekhohfoeg	大佛肚竹	*Bambusa vulgaris* cv. Wamin	Buddha Common Bamboo
ndoekmauzcuz	毛竹	*Phyllostachys edulis*	Moso Bamboo
ndoekmbaengq	车角竹	*Bambusa sinospinosa*	Chinese Thorny Bambusa
ngaihseiq	五月艾	*Artemisia vulgaris*	Mugwort Wormwood
ngaihvaj	鼠曲草	*Gnaphalium affine*	Cudweed
nimvaiz	伊桐	*Itoa orientalis*	Oriental Itoa
ningzmungx	柠檬	*Citrus limon*	Lemon
nyaebnyaez	鹅不食草	*Centipeda minima*	Small Centipeda
nyangqnyungz	芦荟	*Aloe vera* var. chinensis	Chinese Aloe
nyaqrah	秽草（广防风）	*Epimeredi indica*	Indian Epimeredi
nyaqrahgaeq	荆芥	*Nepeta cataria*	Catnip
nyengxvahau	青篱柴	*Tirpitzia sinensis*	Chinese Tirpitzia
nyienghvamaeq	小蓟	*Cirsium chinense*	Chinese Thistle
nyinzunq	马齿苋	*Portulaca oleracea*	Purslane
nywjfuemx	含羞草	*Mimosa pudica*	Sensitive Plant
nywjlamhvaiz	牛筋草	*Eleusine indica*	Goosegrass, Wiregrass
nywjndok	硬骨草	*Panicum repens*	Torpedograss
nywjriengma	狗尾草	*Setaria viridis*	Green Bristlegrass
oenceu	两面针	*Zanthoxylum nitidum*	Shinyleaf Pricklyash
oenciq	构棘	*Cudrania cochinchinensis*	Cochinchina Cudrania
oendangj	簕榄	*Zanthoxylum avicennae*	Avicennia Pricklyash
oenmeuzhau	南蛇簕	*Caesalpinia minax*	Whiteflower Caesalpinia
oijdangz	竹蔗	*Saccharum sinense*	Chinese Sugarcane
oijgangz	剑叶龙血树	*Dracaena cochinchinensis*	Swordleaf Dracaena
oijhaeux	甘蔗	*Saccharum officinarum*	Sugarcane

续表

壮名	汉名	学名	英文名
raetfaex	云耳	*Auricularia auricula*	Jew's Ear, Judas's Ear
raetge	松口蘑	*Tricholoma matsutake*	Matsutake Mushroom
raethau	白口蘑	*Tricholoma album*	White Tricholoma
raethaz	草菇	*Volvariella volvacea*	Straw Mushroom
raethom	香菇	*Lentinus edodes*	Shiitake
raetndaem	黑木耳	*Auricularia polytricha*	Black Fungus
raetndangq	灵芝	*Ganoderma lucidum*	Glossy Ganoderma
raetngaenz	银耳	*Tremella fuciformis*	White Butter
raetrin	地衣	*Lichenes*	Lichen
raeuvaiz	半枫荷	*Pterospermum heterophyllum*	Heterophyllous Wingseedtree
ranghhaq	红豆蔻	*Alpinia galanga*	Galanga Galangal
rangzoq	菰（芦笋）	*Zizania aquatica*	Annual Wildrice
reiqhau	甜槠	*Castanopsis eyrei*	Eyer Evergreenchinkapin
reiqhoengz	红锥	*Castanopsis hystrix*	Spingbract Evergreenchinkapin
reiqnou	米槠	*Castanopsis carlesii*	Carlese Evergreenchinkapin
reiqnyangj	高山锥	*Castanopsis delavayi*	Delavay Evergreenchinkapin
rungzbangh	高山榕	*Ficus altissima*	Lofty Fig
rungzbanghhenj	黄葛榕	*Ficus lacor*	Bigleaf Fig
sagieng	沙姜	*Kaempferia galanga*	Glanga Resurrectionlily
salingz	榔榆	*Ulmus parvifolia*	Chinese Elm
samcaet	三七	*Panax pseudo-ginseng*	Sanchi
samcienzsam	博落回	*Macleaya cordata*	Pink Plumepoppy
samvengq	三叉苦	*Evodia lepta*	Thin Evodia
samvengqlueg	益母草	*Leonurus heterophyllus*	Wormwoodlike Motherwort
sandauz	番石榴	*Psidium guajava*	Guava
seida'gyoq	大眼竹	*Bambusa eutuldoides*	Large-eye Bambusa
seimong	青皮竹	*Bambusa textilis*	Chinese Textile Bambusa

续表

壮名	汉名	学名	英文名
seujma'ngengq	金毛狗蕨	*Cibotium barometz*	East Asian Tree Fern, Scythian Lamb
sigloux	石榴	*Punica granatum*	Pomegranate
siujcuenq	小钻	*Kadsura longipedunculata*	Longpeduncle Kadsura
soemjrumz	米碎花	*Eurya chinensis*	Chinese Eurya
somoeg	苏木	*Caesalpinia sappan*	Sappan Caesalpinia
suenqbuenzbwn	毛果算盘子	*Glochidion eriocarpum*	Hairy-fruited Abacus Plant
swjfangz	牛茄子	*Solanum surattense*	Sodaapple Nightshade
va'ndoklwed	夹竹桃	*Nerium oleander*	Common Oleander
vaceu	花椒	*Zanthoxylum bungeanum*	Bunge Pricklyash
vadaengngoenz	向日葵	*Helianthus annuus*	Sunflower
vaetcim	虾钳草	*Bidens pilosa*	Railway Beggarticks
vaetcwz	竹节草（粘人草）	*Chrysopogon aciculatus*	Aciculate Chrysopogon
vaetdauq	土牛膝	*Achyranthes aspera*	Common Achyranthes
vaetdauz	地桃花	*Urena lobata*	Rose Mallow, Cadillo
vaetmou	苍耳	*Xanthium sibiricum*	Siberian Cocklebur
vafuzyungz	芙蓉花	*Hibiscus mutabilis*	Cottonrose Hibiscus
vagimngaenz	金银花	*Lonicera confusa*	Wild Honeysuckle
vagut	菊花	*Dendranthema morifolium*	Florists Dendranthema
vaiq	棉花	*Gossypium* Linn.	Cotton
vaiqciennienz	树棉	*Gossypium arboreum*	Asiatic Tree Cotton
vaiqfangz	黄葵	*Abelmoschus moschatus*	Muskmallow
valwgbaenq	牵牛花	*Pharbitis nil*	Imperial Japanese Morningglory
vamaedlaeh	茉莉花	*Jasminum sambac*	Arabian Jasmine
vamai	密蒙花	*Buddleja officinalis*	Pale Butterflybush
varenj	杜鹃	*Rhododendron simsii*	Sims's Azalea
varenjgyaemq	紫花杜鹃	*Rhododendron mariae*	Southeast China Rhododendron
varenjhau	白杜鹃	*Rhododendron moulmainense*	Moulmein's Rhododendron

续表

壮名	汉名	学名	英文名
varenjhenj	黄杜鹃	*Rhododendron molle*	Chinese Azalea
varibfwngz	凤仙花	*Impatiens balsamina*	Garden Balsam
varoujgaeq	鸡冠花	*Celosia cristata*	Common Cockscomb
vengjhoengz	月季	*Rosa chinensis*	China Rose
vengjmaeq	玫瑰	*Rosa rugosa*	Rugosa Rose
vengjmbawmwnz	蔷薇	*Rosa multiflora*	Manyflowered Rose
veqbwn	毛蓼	*Polygonum barbatum*	Hairy Knotweed
veqhoengz	红辣蓼	*Polygonum posumbu*	Clustered Knotweed
veqhom	香蓼	*Polygonum viscosum*	Viscidhairy Knotweed
veqhung	荭草	*Polygonum orientale*	Prince's Feather
veqndok	大马蓼	*Polygonum lapathifolium*	Dockleaved Knotweed
veqnyap	糙刺蓼	*Polygonum strigosum*	Hispid Knotweed
veqraemx	水蓼	*Polygonum hydropiper*	Red-knees, Marshpepper Smartweed
vidvangz	芸香竹	*Monocladus amplexicaulis*	Gramineae, Rue Bamboo
vuengzgae	黄栀子	*Gardenia jasminoides*	Cape Jasmine
vuengzlienzoen	刺黄连	*Berberis virgetorum*	Soulie Barberry Bark
yaed	黄麻	*Corchorus capsularis*	Roundpod Jute
yiengcimz	薄荷	*Mentha haplocalyx*	Wild Mint
yiengfuz	石菖蒲	*Acorus gramineus*	Grassleaved Sweetflag
yiengfuzraemx	水菖蒲	*Acorus calamus*	Calamus

附录三　植物图片

byaekmbej　羊角菜

byaekmbengq 田字草

byaekmbungjcwx 过塘蛇

byaeknda 半边莲

byaekngaih 艾菜

byaekvaehenzloh　路边菊

cazgim 金花茶

daihngaih 艾纳香（大风艾）

deihfung　地枫皮

faexbuimou　木蝴蝶

gaeuhoh 毛钩藤

go'ndae 柿树

go' ngaihyuengz　羊耳菊

gobienmax　马鞭草

gocanghdat　岩黄连

gociengzseng　落地生根

gociepndokhung　大驳骨

gociepndokiq　小驳骨

godaeb　大叶千斤拔

godahfouh　水蜈蚣

gofwngzmaxlaeuz　骨碎补

gogangz　合欢树

gaeurenz　酸根藤

gogaujhaux　无根藤

goging　黄荆

gomienhdiuz　糖胶树

goliu 类芦

golwgmuh　磨盘草

gonaenh　鹰不扑（虎刺楤木）

gonap　野牡丹

govanghliemx　阔叶十大功劳

govau　对叶榕

govengj 金樱

lwgvengj 金樱子

govuengzngoh　三白草

gutliengz　桫椤

itroeg　小果野葡萄

lwgdazcaengh　黑老虎

lwgdazcaenghraeh 南五味子

lwgheujndoeng 野百合

lwgraejgaeq　五味子

lwgsaeg　无患子

lwgrazbya 山芝麻

lwgvangzbaj　乌饭子

maenzgex　土茯苓

makdauzhongz　胡桃（核桃）

makhaeuq　草果

mehnaeuh 莪术

ndaekdan 何首乌

oijgangz　剑叶龙血树

ranghhaq　红豆蔻

samvengq　三叉苦

suenqbuenzbwn 毛果算盘子

vaetmou 苍耳

vagut　菊花

vaetcim　鬼针草（虾钳草）

varenjgyaemq　紫花杜鹃

vengjhoengz　月季

yiengfuz　石菖蒲

参考书目

[1] 蔡谷荣，苏汉良，王志文等. 中国当代民族医药集成［M］. 成都：四川科学技术出版社，1995.

[2] 陈重明等. 民族植物与文化［M］. 南京：东南大学出版社，2004.

[3] 戴启惠. 广西竹种及其栽培［M］. 南宁：广西人民出版社，1987.

[4] 段成式. 酉阳杂俎［M］. 曹中孚，校点. 上海：上海古籍出版社，2012.

[5] Dulcie Levitt. Plants and people［M］. Canberra: The Australian Institute of Aboriginal Studies, 1981.

[6] 齐治平. 桂海虞衡志校补［M］. 南宁：广西民族出版社，1984.

[7] 耿煊. 诗经中的经济植物［M］. 台北：台湾商务印书馆股份有限公司，1996.

[8] 广西兽医研究所. 兽医中草药彩色图谱［M］. 2次印刷. 南宁：广西科学技术出版社，1996.

[9] 广西药用植物园. 药用植物花谱：1—4［M］. 重庆：重庆大学出版社，2009.

[10] 广西科学院广西植物研究所. 广西植物志：第1卷［M］. 南宁：广西科学技术出版社，1991.

［11］广西壮族自治区中国科学院广西植物研究所. 广西植物志：第2卷［M］. 南宁：广西科学技术出版社，2005.

［12］广西壮族自治区中国科学院广西植物研究所. 广西植物志：第3卷［M］. 南宁：广西科学技术出版社，2011.

［13］广西壮族自治区中国科学院广西植物研究所. 广西植物志：第5卷［M］. 南宁：广西科学技术出版社，2016.

［14］广西壮族自治区中国科学院广西植物研究所. 广西植物志：第6卷［M］. 南宁：广西科学技术出版社，2013.

［15］广西壮族自治区革命委员会卫生管理服务站. 广西中草药：第1—2册［M］. 南宁：广西人民出版社，1970.

［16］广西壮族自治区环境保护局，广西植物研究所. 金花茶彩色图集［M］. 南宁：广西科学技术出版社，1992.

［17］广西中药资源普查办公室. 广西中药资源名录［M］. 南宁：广西民族出版社，1993.

［18］何明，廖国强. 中国竹文化研究［M］. 昆明：云南教育出版社，1994.

［19］黄汉儒，黄冬玲. 发掘整理中的壮医［M］. 南宁：广西民族出版社，1994.

［20］黄汉儒. 中国壮医学［M］. 南宁：广西民族出版社，2001.

［21］黄燮才. 中国民间生草药原色图谱［M］. 5次印刷. 南宁：广西科学技术出版社，2009.

［22］黄燮才，实用中草药原色图谱：1［M］. 7次印刷. 南宁：广西科学技术出版社，2008.

［23］黄燮才，实用中草药原色图谱：2［M］. 5次印刷. 南宁：广西科学技术出版社，2008.

［24］黄燮才，杨松年. 实用中草药原色图谱：4［M］. 4次印刷. 南宁：广西科学技术出版社，2009.

[25] 江苏新医学院. 中药大辞典 [M]. 9次印刷. 上海：上海科学技术出版社，2007.

[26] 李炳东，弋德华. 广西农业经济史稿 [M]. 南宁：广西民族出版社，1985.

[27] 李炳东，俞德华. 中国少数民族科学技术史丛书：农业卷 [M]. 南宁：广西科学技术出版社，1996.

[28] 李树刚. 广西现代植物分类学研究的发展[J]. 广西植物, 1995（3）：256–267.

[29] 刘小媛，黄应钦，王惠英，等. 热带亚热带主要树木种子果实图谱 [M]. 南宁：广西科学技术出版社，1989.

[30] 商壁，潘博. 岭表录异校补 [M]. 南宁：广西民族出版社，1988.

[31] 刘意榕. 中国民间常见草药原色图集 [M]. 南宁：广西民族出版社，1995.

[32] 龙春林. 民族地区自然资源的传统管理 [M]. 北京：中国环境科学出版社，2009.

[33] 罗钰. 云南物质文化：采集渔猎卷 [M]. 昆明：云南教育出版社，1996.

[34] 蒙元耀. 壮语常见植物的命名与分类 [M]. 南宁：广西民族出版社，2006.

[35] 莫青，魏同，等. 蔬菜栽培与加工技术 [M]. 北京：农村读物出版社，1996.

[36] 潘富俊. 楚辞植物图鉴 [M]. 上海：上海书店出版社，2003.

[37] 潘富俊. 诗经植物图鉴 [M]. 上海：上海书店出版社，2003.

[38] 裴盛基，淮虎银. 民族植物学 [M]. 上海：上海科学技术出版社，2007.

[39] 覃海宁，刘演. 广西植物名录 [M]. 北京：科学出版社，2010.

[40] 覃尚文，陈国清. 壮族科学技术史 [M]. 南宁：广西科学技术出版

社，2003.
［41］覃尚文，万辅彬，王同良，蒙元耀，等. 壮族科学技术史［M］. 南宁：广西科学技术出版社，2019.
［42］裘树平，刘仲苓. 中国保护植物［M］. 上海：上海科技教育出版社，1994.
［43］王宏志. 热带亚热带主要树种物候图谱［M］. 南宁：广西人民出版社，1988.
［44］温太辉. 中国竹类彩色图鉴［M］. 台北：淑馨出版社，1993.
［45］吴德邻. 红水河上游地区植物调查研究报告集［M］. 北京：科学出版社，1996.
［46］谢惠芹，黄礼义. 南方花卉［M］. 南宁：广西科学技术出版社，1989.
［47］谢福惠，徐峰，祝俊新，等. 木材树种识别、材性及用途［M］. 北京：学术书刊出版社，1990.
［48］许再富，岩罕单，段其武，等. 植物傣名及其释义［M］. 北京：科学出版社，2015.
［49］薛愚. 中国药学史料［M］. 北京：人民卫生出版社，1984.
［50］叶强. 广西多来源药材及混杂品种的调查与考证［M］. 南宁：广西科学技术出版社，1989.
［51］游修龄，曾雄生. 中国稻作文化史［M］. 上海：上海人民出版社，2010.
［52］张超良，曹庆荣，李保真. 药用蔬菜［M］. 南宁：广西科学技术出版社，1985.
［53］张声震. 广西壮语地名选集［M］. 汉文版. 南宁：广西民族出版社，1988.
［54］赵翼. 檐曝杂记［M］. 曹光甫，校点. 上海：上海古籍出版社，2012.
［55］中国科学院华南植物研究所. 广东植物志：第1卷［M］. 广州：广东

科技出版社，1987.
［56］中国科学院华南植物研究所. 广东植物志：第2卷［M］. 2次印刷. 广州：广东科技出版社，1998.
［57］中国科学院华南植物研究所. 广东植物志：第3卷［M］. 2次印刷. 广州：广东科技出版社，1998.
［58］中国科学院华南植物研究所. 广东植物志：第4卷［M］. 广州：广东科技出版社，2000.
［59］中国科学院华南植物研究所. 广东植物志：第5卷［M］. 广州：广东科技出版社，2003.
［60］中国科学院华南植物园. 广东植物志：第6卷［M］. 广州：广东科技出版社，2005.
［61］中国科学院华南植物园. 广东植物志：第7卷［M］. 广州：广东科技出版社，2006.
［62］中国科学院华南植物园. 广东植物志：第8卷［M］. 广州：广东科技出版社，2007.
［63］中国科学院华南植物园. 广东植物志：第9卷［M］. 广州：广东科技出版社，2009.
［64］中国科学院华南植物园. 广东植物志：第10卷［M］. 广州：广东科技出版社，2011.
［65］中国科学院植物研究所. 新编拉汉英植物名称［M］. 北京：航空工业出版社，1996.
［66］钟济新. 广西石灰岩石山植物图谱［M］. 南宁：广西人民出版社，1982.
［67］杨武泉. 岭外代答校注［M］. 2次印刷. 北京：中华书局，2006.
［68］朱华，蔡毅. 中国壮药原色图谱［M］. 南宁：广西民族出版社，2003.
［69］竺可桢，宛敏渭. 物候学［M］. 长沙：湖南教育出版社，2007.

后记

本书系广西民族文化保护与传承研究中心建设成果，获得民族特色学科中国少数民族语言文学建设经费、广西特聘专家专项经费、国家民族文字出版专项资金资助。

本书得以顺利出版，首先要感谢广西民族大学文学院的领导及学术委员会的诸位同仁。书稿写作完成之后，得到学院领导的重视，并立即提供出版资金支持，故能及时付梓。

我关注壮语植物名称的分类和文化问题，缘起于常年的壮语工具书编纂工作。1998年7月，我赴澳大利亚墨尔本大学留学，导师贺大卫教授嘱我注意壮语植物名称研究，言及该领域空白多，值得钻研。按照导师的指引，我往这个方向开拓，发觉其中果真学位蕴含着丰富的语言文化内容。在攻读博士学位的过程中，贺大卫教授不仅在理论方法上给我精心点拨，答疑解惑，还在田野调查、研究分析、论文写作诸多环节上给予尽心指导和鼎力扶助。这种倾注心血的支持，我终生铭记。

资料是研究的基础。搜集资料时，我得到很多慷慨帮助。其中，广西科学院陆益新先生介绍的植物分布及分类，广西植物研究所韦发南先生介绍的壮族地区植物研究，广西林业厅苏扬先生介绍的广西林业发展情况，广西弄岗国家级自然保护区陆茂新先生提供的龙州壮语植物资料，马山县林业局黄永彪先生介绍的石山植物植被情况，使我获益匪浅。马山县地名办公室的李贞然先生在壮语地名方面也给了我很大的帮助。

田野作业时，很多亲友给了我无私的援助。他们热心给我提供各种见闻及线索，介绍壮语植物名称和实物以及各种植物的使用常识，介绍壮族的民间医药，讲解造纸、染布、加工食品等方面的工艺技术。正是这些热心人的大力帮助，我才有机会获取大量与植物相关的壮语资料。

另外，还要感谢广西植物研究所的植物学家和药物学家。他们对壮族地区很多植物做了形态上的科学描写，让我得以直接引用相关成果，免去了自己摸索的繁难。倘若没有这些成果，由我从实物标本另行描述，老实说，自己将力所不逮。

特别感谢广西国际壮医医院明秀分院药师蓝日春、广西民族出版社美术编辑何世春为本书提供部分图片。

要感谢的还有硕士研究生覃彬刚、陆世初和蓝盛。覃彬刚、陆世初两位硕士研究生不仅帮助我查核许多壮语植物名称的相关资料，还协助拍摄了部分精美的植物照片。蓝盛则通读全稿，帮我发现了不少疏漏或笔误之处。

书稿交到出版社后，得到韦秀美和卢芳芳两位编辑的细心审读。书中复杂的音标和艰涩的术语，给两位编辑增添了很多麻烦。承蒙她们指出不少的错漏之处并贡献了中肯的修改意见，使本书避免了许多谬误。更为重要的是，她们为这部书稿申请了国家民族文字出版专项资金，让其得以顺利付梓。笔者在此表示由衷的感激。

最后要感谢我的妻子。在书稿写作阶段，她不仅帮我核对资料，校读文稿，还在许多植物使用的细节上提供资料，使文稿不少地方得到完善与强化。

承惠良多，无法一一列举帮助者的大名，谨在此表示诚挚的谢意。

需要补充说明的是，本书壮语植物名称和语料的国际音标为当地读音（以马山壮语为主），壮文为标准壮文，两者不完全对应。

蒙元耀　谨记

2020年3月12日